双書⑨・大数学者の

高木貞治
類体論への旅

彌永健一

現代数学社

序

2, 3, 5, 7, ... と果てしなく並ぶ素数について，古くから多くの神秘が知られている．それらの中には一見素朴だが奥が深く数学のあらゆる分野につながり，それらの理論発展の契機にもなっているものがある．整数論，なかでも類体論も群，環，体それに n 次元空間やガロア理論という代数的理論の他に解析学やトポロジーなど現代数学の基本理論の上に構築された壮大な伽藍ともいえる．高木類体論という高峰のふもとに立ち，山の姿を望むためには数々の森や渓谷のあいだを通る，ときには険しい道をたどることが必要になる．予備知識としては，基本的に高校数学で学ぶもので足りるとして，この「旅」をしてみようという，いささか無謀とも思える試みに敢えてチャレンジしたのは，通常の「定義，定理，証明」という道筋とは別の方法で数学について語ってみたいという思いがあったからである．そのために，シンプルな具体例を導き手とし，ときには大きくジャンプしながらも，出来る限り正確に話を進め，理論の「感じをつかむ」ことができるように心掛けた．

私自身の専門分野は「代数群の数論」といわれるものの一部で，類体論と縁はあるが本書を書くにあたって改めて学びなおすことが多かった．不十分な点も多々あると思う．多くの書物を参考にしたが，なかでも小野孝さんの「数論序説」（裳華房）からは多くを学ばせていただいた．類体論と非可換類体論については，加藤和也さんによる「フェルマーの最終定理・佐藤 − テイト予想解決への道」（岩波書店）という，初学者にとっても読みやすい好著もある．

四方山話も交え，肩の力を抜いて，それでも正確に数学を学ぼうというスタイルは，高校の数学教員の友人岩崎春男さんを中心とする「数学研究会」のメンバーたちとの長年にわたる交流の中から育ってきた．岩崎さん，そして本書を書くにあたって力をいただいた方々に感謝する．（表紙写真の使用は弟の彌永信美に快諾いただいた．）

ギリシャ文字

A,α アルファ，B,β ベータ，Γ,γ ガンマ，Δ,δ デルタ，E,ε エプシロン，Z,ζ ゼータ，Y,η エータ，Θ,θ テータ，I,ι イオタ，K,κ カッパ，Λ,λ ラムダ，M,μ ミュー，N,ν ニュー，Ξ,ξ グザイ，O,o オー，Π,π パイ，R,ρ ロー，Σ,σ シグマ，T,τ タウ，Y,υ ユプシロン，Φ,φ ファイ，X,χ カイ，Ψ,ψ プサイ，Ω,ω オメガ

ドイツ文字

$\mathfrak{A},\mathfrak{a}$ アー，$\mathfrak{B},\mathfrak{b}$ ベー，$\mathfrak{C},\mathfrak{c}$ ツェー，$\mathfrak{D},\mathfrak{d}$ デー，$\mathfrak{E},\mathfrak{e}$ エー，$\mathfrak{F},\mathfrak{f}$ エフ，$\mathfrak{G},\mathfrak{g}$ ゲー，$\mathfrak{H},\mathfrak{h}$ ハー，$\mathfrak{I},\mathfrak{i}$ イ，$\mathfrak{J},\mathfrak{j}$ イヨット，$\mathfrak{K},\mathfrak{k}$ カー，$\mathfrak{L},\mathfrak{l}$ エル，$\mathfrak{M},\mathfrak{m}$ エム，$\mathfrak{N},\mathfrak{n}$ エヌ，$\mathfrak{O},\mathfrak{o}$ オー，$\mathfrak{P},\mathfrak{p}$ ペー，$\mathfrak{Q},\mathfrak{q}$ クー，$\mathfrak{R},\mathfrak{r}$ エル，$\mathfrak{S},\mathfrak{s}$ エス，$\mathfrak{T},\mathfrak{t}$ テー，$\mathfrak{U},\mathfrak{u}$ ウー，$\mathfrak{V},\mathfrak{v}$ ファウ，$\mathfrak{W},\mathfrak{w}$ ヴェー，$\mathfrak{X},\mathfrak{x}$ イクス，$\mathfrak{Y},\mathfrak{y}$ ユプシロン，$\mathfrak{Z},\mathfrak{z}$ ツェット

目　次

第1章　素数の峰みね

1.1　素数

ケン　雨が小やみになったね．高木貞治先生というと，世界でも高名な数学者で，類体論という理論の創設者として知られているんだ．

ナツ　類体論て何？

ケン　整数論という学問の最高峰のひとつでね，整数論というのは，一言で言うと，素数の魅力に惹かれて展開しつつある学問とも言える．

ユキ　素数っていうと，2, 3, 5, 7 みたいな数ね．$9=3\times 3$ だから素数ではないんでしょ．

ケン　自然数 1, 2, 3… が面白いのはね，足し算とかけ算という，実はかなり違うふたつの演算があることから来ていると思うんだ．例えば，自然数 a, b の間に大小関係

$$a>b$$

が成り立つということは，自然数 c があって

$$a=b+c$$

とかけることでしょ．足し算のかわりにかけ算を考えて

$$a=b\times c \quad ただし \quad b, c>1$$

となるとき，つまり a が b の倍数（ただし $a\neq b$）となるときに，“a は b よりも低い” ということにしてね，

$$a \prec b$$

とかくことにしよう．すると，自然数の間に大小関係とはかなり違う“高低関係”が生まれる．

ナツ

$$4 \prec 2, \quad 6 \prec 3, \quad 6 \prec 2$$

とかがいえるね．高低関係を決める上の式だと，a, b, c は皆 1 よりも大きいじゃない．1 だけは除外されているわけね．

ユキ　それとさ，低いほうはどこまでも低くなるけど，2 とか 3 はピークになって，それ以上高い数はないわけね．そうか，ピークになる数こそ素数ってわけね！素数の定義ってさ，1 より大きい自然数 p で，その約数が 1 と p しかないっていうでしょ．どうして 1 は除外なのかと思っていたけど，今の話し聞くと何となく納得！

ケン　1 でも素数でもない数，例えば $6=2\times 3$ のような数を合成数と呼ぶことも知っているよね．一般に合成数 $a=b\times c$　$(1<b, c<a)$ について，その約数 b, c のどちらかが素数ではないならば，両方ともまた合成数になって，それぞれがもっと高い数同士の積になるね．そうして，次々に高い約数が現われ，やがてピークの素数が現われる．こうして，1 以外のすべての自然数は，素数の積として表わされるわけだね．素数って，自然数のなかのピークになるだけじゃなくて，積を使って 1 以外のあらゆる自然数を合成する素になる数でもあるわけさ．

ところで，最初の三個の素数の積に 1 を足すと

$$31=2\times 3\times 5+1$$

になるでしょ．この 31 は合成数か素数かわかる？

ナツ　合成数なら，それより高い素数で割り切れるわけだよね．素数 2, 3, 5 で 31 を割ったら余り 1 になって割り切れないからさ，もし $31=a\times b$ が合成数ならば，その約数 a, b をそれぞれ割り切る素数を p, q とすれば，$p\leq a, q\leq b$．今 $p\leq q$ とするね．そのとき p^2

$\leq p \times q \leq a \times b = 31$ でしょ．31 を割り切る素数 p で $p^2 \leq 31$ となるものがないと困る．でも p は 2, 3, 5 よりも大きい素数，つまり $7 \leq p$ だけど，これは $p^2 \leq 31$ にはならない．つまり，31 は素数ってことね！

ユキ　31 の替わりに 47 とかとっても似たことが言える．47 が合成数になるなら，それを割り切る素数 p で $p^2 \leq 47$ となるものがあるよね．p としてとれるのは 2, 3, 5 だけど，どれも 47 を割り切らない！　だから 47 も素数．

ケン　すごい，ユキチャンたちは今ひとつの定理を見つけたんだよ．ある数が素数かどうか判定するために使われる定理だ．まとめとこうね．

定理 1.1　自然数 $a > 1$ は，$p^2 \leq a$ を満たす素数 p では割り切れないとき，また，そのときに限って素数である．

この定理を使うと，49 までの自然数が素数かどうか調べるには，それを 2, 3, 5, 7 で割ってみて，どれでも割り切れなければよいということになるね．49 までの素数がリストアップできたら，それらを使って今度は 2357 が素数になるかどうか調べられる．計算してみるといいよ．

ユキ　素数ってどっかで，打ち止めになるのかしら？

ケン　実は，それがね，素数って無限にあるんだ．銀河系にあるすべての星の数よりも更に大きい素数がいくらでもあるってわけなんだ．

ユキ　え～！でも，そんなこと，どうやって分かるわけ？

ケン　それが論理のすごさでね，実はさっき考えた計算がヒントになっているんだ．今，仮に，素数が有限個しかないとしてみよう．すべての素数を並べて $p_1, p_2, \cdots p_n$ としてね，

$$a = p_1 p_2 \cdots p_n + 1$$

としよう．a はどの素数よりも大きいから，素数ではあり得ない．合成数になるよね．だから，n 個の素数のどれかで割り切れるはず

だ．

ナツ　そうか，a を p_1 で割れば 1 余る．他のどの素数で割っても 1 余る！素数が有限個しかないとすると矛盾が起るわけね！

ユキ　なるほど！では，一万桁以上の素数をひとつ書いてみてなんていったらできるわけ？

ケン　実は，**メルセンヌ**（M. Mersenne）**数**という素数があってね，2^p-1　（p は素数）と書ける数なんだけど，それが素数になるときに，メルセンヌ数というんだ．それらの中にすごく大きい素数が出てくるんだよ．

ユキ　$2^2-1=3, 2^3-1=7, 2^5-1=31$ …　なんか，みんな素数になるね．

ケン　$2^7-1=127$ も素数なんだけど，$2^{11}-1=2047=23\times 89$ となって，$p=11$ のときには分解してしまう．ところが，$p=13, 17, 19, 31$ などのときにはまた素数になり，次第にすごく大きい数になる．高木先生が書かれた「初等整数論講義」（第 2 版，1971）には，それまでに見つかったメルセンヌ数のなかで最大のものは $2^{127}-1$（39桁）であり，それがその当時知られていた最大の素数だと記されている．ところがね，それからまた，計算方法やコンピューターも発展して，2006 年 9 月 4 日には，44 番目のメルセンヌ数 $2^{32582657}-1$ が発見されたんだって．なんと，9, 808, 358 桁の素数だって！それでもね，メルセンヌ数が無限にあるかどうかさえ，まだ分かってないようだ．

1.2　ユークリッドの互除法

ケン　台風が近づいているね．ユキチャン合成数のことで，話があるって？

ユキ　合成数を分解するとき，例えば

$$30=5\times 6=3\times 10=2\times 15$$

のようにいろいろなやり方があるけど，素数だけを使って分解して，出てくる素数を小さい方から大きい方へ並べると

$$30=2\times3\times5$$

のように一通りしかやり方がないでしょ．他の合成数の場合にも同じことになりそうだけど，本当かしら？

ケン　素数の本質に係わる疑問だね．ユキチャンのカンが正しいのだけど，それについて考えるために，先ずユークリッドの互除法について話そう．その前に，公約数や最大公約数のことについて思いだしておこう．

a, b を自然数とするとき，それらの共通の約数を a, b の**公約数**といい，公約数のなかで最大のものを a, b の**最大公約数**といって (a, b) と書くんだね．例えば，

$$(6, 10)=2, \quad (8, 12)=4, \quad (10, 15)=5, \quad (24, 7)=1$$

などは直ぐ分かるよね．最大公約数を簡単な計算で求める方法に，**ユークリッド**（Euclid）**の互除法**というものがあるんだ．それについて話す前に，自然数 a, b, c, d についてね

$$a=bc+d \quad \Rightarrow \quad (a, b)=(b, d)$$

となるんだけど，分かるかな？

ナツ　え～と，a, b の公約数 k があるとするでしょ．$a=ka_1,\ \ b=kb_1$ のように自然数 a_1, b_1 が取れるわけ．すると，$d=a-bc=k(a_1-b_1c)$ だから，k は d の約数にもなってる．k は b の約数でもあったから，b, d の公約数になる．結局，a, b の公約数は必ず b, d の公約数にもなっているでしょ．逆に l が b, d の公約数なら，それは a, b の公約数にもなるね．つまり，a, b の公約数と b, d の公約数とは同じになるからさ，それらの最大公約数も同じだよね．

ケン　そうだ．それでね，$(24, 7)$ のことだけど，先ず 24 を 7 で割ってね，$24=7\times3+3$ となるね．すると，$(24,7)=(7,3)$ となる．

次に 7 を 3 で割ると $7=3\times2+1$ になり，$(7,3)=(3,1)$ となるけど，$(3,1)=1$ は当たり前だよね．

ユキ　わり算を続けてやって自然に最大公約数を出せるわけね．

ケン　そう，わり算のことを除法ともいうでしょ．このやりかたはギリシャ時代の数学者ユークリッド（Euclid）が考えたのだろうね．だから，ユークリッドの互除法というわけ．少し整理しておこう．

自然数 $a_1 \geq a_2$ が与えられたとき，最大公約数 $(a_1, a_2)=c$ を求める方法だ．先ず，a_1 が a_2 で割り切れるなら $c=a_2$ となるのは当たり前だよね．だから，そうではない場合を考えて，a_1 を a_2 で割ってみると

$$a_1=a_2b_2+a_3$$

となって余り a_3 が出てくる．a_3 は a_2 より小さい自然数だね．

ユキ　すると，$c=(a_1, a_2)=(a_2, a_3)$ ってわけね．a_2 が a_3 で割り切れれば最大公約数 $c=a_3$ だし，そうでなければ，また a_2 を a_3 で割って，余り a_4 を出し，$c=(a_3, a_4)$ を計算しようってわけでしょ！

ケン　このプロセスが続く限り，$a_1>a_2>a_3>\cdots$ となってさ，だんだん小さくなって行く自然数の列ができるね．

ナツ　自然数の列で小さくなって行くのならどこかでストップだね．つまり，ある番号 n までゆくと，a_n は，その次の a_{n+1} で割り切れて，$c=a_{n+1}$ になるというわけか！

$(a_1, a_2)=(24, 7)$ の場合だと，$(a_2, a_3)=(7, 3)$，$(a_3, a_4)=(3, 1)=c=a_4=1$ になるね．

ケン　そう，ここで，$c=a_4=1$ はさ，$a_2=7$ を $a_3=3$ で割って，

$$7=3\times2+1$$

から出てくるでしょ．一般の場合にも，初めから a_1 が a_2 で割り切れている場合は別として，最大公約数 $c=a_{n+1}$ が初めて現われるのは

$$a_{n-1}=a_nb_n+a_{n+1}$$

の式だよね．この式から，

$$c=a_{n+1}=a_{n-1}-a_nb_n$$

のように，c を a_{n-1} と a_n で表わすことが出来るね．

ユキ　そのひとつ手前の式にもどると，

$$a_{n-2}=a_{n-1}b_{n-1}+a_n$$

だから，c を表わす式に出てくる a_n は，もっと番号をさかのぼって a_{n-2} と a_{n-1} で表せる．それを次々にやってゆくと，c は a_1 と a_2 の式で書けるじゃない！

ナツ　$(24, 7)=1$ の場合だと，どうなるかな．$c=1$ は $7=3\times2+1$ から $1=7-3\times2$ と書ける．次に3が出てくる一つ手前のわり算の式に戻って $24=7\times3+3$ から，$3=24-7\times3$ だよね．そうか，これを $1=7-3\times2$ に代入すると，$1=7-(24-7\times3)\times2=-24\times2+7(1+3\times2)$ となって，結局

$$c=1=24\times(-2)+7\times7$$

となるね！

ケン　その通り！この場合，マイナスの数とか0とかも出てくるから，数の範囲を自然数から整数まで広げておくとね，$c=(a_1, a_2)$ を

$$c=a_1s+a_2t \quad \text{ただし} \quad s, t \quad \text{は整数}$$

のように表わすことができるんだ．

特に $(a_1, a_2)=1$ ならば $a_1s+a_2t=1$ となるように整数 s, t を選ぶことが出来るけど，実は逆も成り立つんだ．だって，$(a_1, a_2)=c$ ならば $a_1=cu, a_2=cv$ となるような自然数 u, v が取れるわけで，これを上の式に代入すれば1も c の倍数ということになるでしょ．だから，$c=1$ となるわけ．

さて，素数の話しに戻ろう．素数 p と，それでは割り切れない自然数 a が与えられたとして，最大公約数 (p, a) を考えよう．

ユキ　でも，素数 p の約数っていったら，1 と p だけじゃない．a は p では割り切れないわけだから，$(p, a)=1$ でしょ！

ナツ　はは～，そうすると，$ps+at=1$ となるように整数 s, t を選ぶことが出来るってわけね！

ケン　(7, 3) ならどうなる？

ユキ　さっき，やったじゃない！ $7=3\times2+1$ から $1=7+3\times(-2)$ でしょ．

ケン　そうだね．ところで，素数 p と自然数 a, b について，

$$(p, a)=(p, b)=1 \quad \Rightarrow (p, ab)=1$$

となるんだけど，なぜだかわかるかな？

ユキ，ナツ　a も b も p で割り切れないなら積 ab も p で割り切れないってわけね．う～んと，

$$ps+at=1, \quad pu+bv=1$$

となるように整数 s, t, u, v が選べるわけでしょ．この二つの式を掛けてみたらどうかしら．

$$(ps+at)(pu+bv)=p(spu+sbv+atu)+ab(tv)=1\times1=1$$

すると，$pk+abl=1$ となるように整数 k, l が取れるってことでしょ．だから $(p, ab)=1$.

ケン　ピンポ～ン！そうすると，自然数 $a_1, a_2, \cdots, a_n$ がそれぞれ素数 p で割り切れないならば，それらの積 $a_1a_2\cdots a_n$ も p で割り切れないことも分かるね．これで，「**素因数分解の一意性**」と呼ばれる定理が証明できることになる．「一意的」とは，「一通りしかない」という意味なんだ．また，「因数」とは，約数の意味だよ．

定理 1.2　自然数 $a>1$ は素数の積：

$$a=p_1p_2\cdots p_n$$

に分解され，素因数 $p_1, p_2, \cdots p_n$ は順序を除いて a により一意的に決まる．

証明を考えようね．

因数の個数 n についての数学的帰納法を使おう．$n=1$ のときは，a が素数だから問題ないね．今，素因数の個数がある $n \geq 1$ に等しいかそれ以下の時には定理が正しいとし，a が $n+1$ 個の素因数に分解されるとしよう：

$$a = p_1 p_2 \cdots p_{n+1}$$

この a が他にも素因数分解を持ち

$$a = q_1 q_2 \cdots q_m$$

と書けるとしようね．$q_1, q_2, \cdots q_m$ は皆素数で，$m \geq n+1$ となる．もし，$m \leq n$ ならば，帰納法の仮定から定理は正しいわけで，何もする必要がなくなるからね．さて，ここで，素因数 p_1 は素因数 $q_1, q_2, \cdots, q_m$ のなかの一つと等しくなることがいえる．何故って，もしそうでなければ，素数 p_1 は素数 $q_1, q_2, \cdots, q_m$のどれをも割り切らないでしょ．だから，それらの積である a をも割り切らなくなって，矛盾だよね．だから，例えば，$p_1 = q_1$ としてよいね．すると，

$$a' = p_2 \cdots p_{n+1} = q_2 \cdots q_m$$

は n 個の素因数を持つ自然数だから，帰納法の仮定によって，その素因数分解は一意的になり，必要に応じて積の順序を変えれば

$$p_2 = q_2, \cdots p_{n+1} = q_m \quad (n+1 = m)$$

としてよい．つまり，元の a も一意的な素因数分解を持つことになる．こうして，帰納法によって，定理が証明されたことになるね．

1.3 合同関係

ケン 三角形の合同のこと知っているよね.

ナツ ある三角形をずらして，もう一つの三角形にぴったりと重ねられるとき，それらの三角形は合同というんでしょ．中学で習ったわ.

ケン 三角形の替わりに，数直線の上に二つの整数を考えてね，そのうちの一つをずらしてもう一つの整数に重ねることを考える．ずらすといっても，ずらし方に基準を考え，例えば，3 の倍数だけ右か左にずらすとするね．そうすると，1 と 4 とか，4 と 10 などは 3 を基準として合同だということになる．「3 を基準として」を英語で言うと “modulo 3”，これを簡約して

$$1 \equiv 4 \pmod 3, \qquad 4 \equiv 10 \pmod 3$$

なんて書く.

ユキ 基準として，2 をとれば，

$$1 \equiv 3 \pmod 2, \quad 0 \equiv 10 \pmod 2$$

とか書けるわけ？

ナツ それとさ，上の式で $1 \equiv 10 \pmod 3$ もいえるでしょ．それから，mod 2 で考えると，奇数は 1 と合同，偶数は 0 と合同になるでしょ.

ケン その通り！ここらで少しまとめとこうね．基準となる自然数 m を一つ決めておこう．今，a, b を整数として，$a-b=km$ (k は整数) と書けるとき，またその時に限って，a は mod m で b と**合同**であるといって，$a \equiv b \pmod m$ と書く．すると，整数 a, b, c について

$$a \equiv a \pmod m \tag{1.1}$$

$$a \equiv b \pmod m \implies b \equiv a \pmod m \tag{1.2}$$

$$a \equiv b \pmod m, b \equiv c \pmod m \implies a \equiv c \pmod m \tag{1.3}$$

が成り立つけど，分かるかな？

ユキ，ナツ　初めの二つの式は当たり前．最後の式だけど，

$$a-b=km,\ b-c=lm \quad (k,\ l\ は整数)$$

だから，二つの式を足すと

$$(a-b)+(b-c)=a-c=(k+l)m \quad \therefore a\equiv c \pmod{m}$$

となるよね．

ケン　その通り！もう一歩進んで，整数 a_1, a_2, b_1, b_2 についてね

$$a_1\equiv a_2 \pmod{m}, b_1\equiv b_2 \pmod{m} \tag{1.4}$$

$$\Longrightarrow a_1+b_1\equiv a_2+b_2 \pmod{m},\ a_1b_1\equiv a_2b_2 \pmod{m} \tag{1.5}$$

となるけど，これはどうかな？

ユキ，ナツ　足し算の式は当たり前だけど，かけ算の方はどうやるのかしら？

ケン　ちょっとしたトリックを使う．$a_1-a_2=sm$, $b_1-b_2=tm$ (s, t は整数) だよね，ここで，

$$\begin{aligned} a_1b_1-a_2b_2 &= a_1b_1-a_2b_1+a_2b_1-a_2b_2 \\ &= (a_1-a_2)b_1+a_2(b_1-b_2) \\ &= (sb_1+a_2t)m \end{aligned} \tag{1.6}$$

となって，かけ算の式もでるでしょ．さて，ここでちょっと遊んでみよう．2357 を 3 で割ると余りがいくつになるか，わり算をしないでも分かる．それにはね，

$$10\equiv 1 \pmod{3}$$

を使う．ナッチャン，$100\equiv 1 \pmod{3}$ となるけど，何故か説明できる？

ナツ　$100=10^2\equiv 1^2 \pmod{3}$ だからでしょ．$10^n\equiv 1 \pmod{3}$ もいえるよね．

ユキ　あ，分かった！

$$2357 = 2\times 10^3 + 3\times 10^2 + 5\times 10 + 7 \equiv 2+3+5+7 \equiv 2 \pmod 3$$

だよね！そうすると，$2357-2=3k$ と書けて，$2357=3k+2$ となるじゃない．これは，2357 を 3 で割ったら 2 余るということになるじゃない！もっと大きな数でも同じだね．前に出てきたメルセンヌ数だけど，計算してみたら $2^{13}-1=8191$, $2^{17}-1=131071$ になるのよ．これで試してみようかな．

$$8191 \equiv 8+1+9+1 \equiv 1 \pmod 3,\ 131071 \equiv 1+3+1+0+7+1 \equiv 1 \pmod 3$$

あれ，どっちも 1 と合同だね．

ナツ　$2^2-1=3$, $2^3-1=7$, $2^5-1=31$, $2^7-1=127$ についても $3\equiv 0 \pmod 3$ だけが例外で，他はみな mod 3 で 1 と合同になるね．もしかすると，メルセンヌ数って始めの 3 以外は皆 mod 3 で 1 と合同になるのかしら？

ケン　実は，a を奇数とすると $2^a-1\equiv 1 \pmod 3$ となるんだよ．メルセンヌ数だけについて成り立つことじゃないんだ．

ユキ　分かったわ！ $2\equiv -1 \pmod 3$ じゃない．だからさ，a を奇数とすれば，$2^a-1\equiv -1+(-1)\equiv -2\equiv 1 \pmod 3$ になるよね．b が偶数なら，同じように $2^b-1\equiv 1-1\equiv 0 \pmod 3$ となるね！

第2章　素数を取り巻く関数達

2.1　対数関数，指数関数

ケン　一直線上を連続的に流れる実数．その中に規則的に並ぶ整数達．また，その中に不思議なリズムで連なる素数達．その素数の性質と密接に関係づけられる関数達がある．対数関数って知ってるよね．

ナツ，ユキ　$\log 10=1, \log 100=2$ とかでしょ？

ケン　あ～，その $\log x$ はね，常用対数っていって，正確には $\log_{10} x$ って書くんだね．これから話すのは，**自然対数関数**といって，$\log_e x$ のように書かれる関数なんだ．e については，もう少し後で説明するね．$\log_e a$　$(a>0)$ を単に $\log a$ と書いてね，次の式で定義する．

$$\log a=\int_1^a \frac{1}{x}dx \qquad (0<a)$$

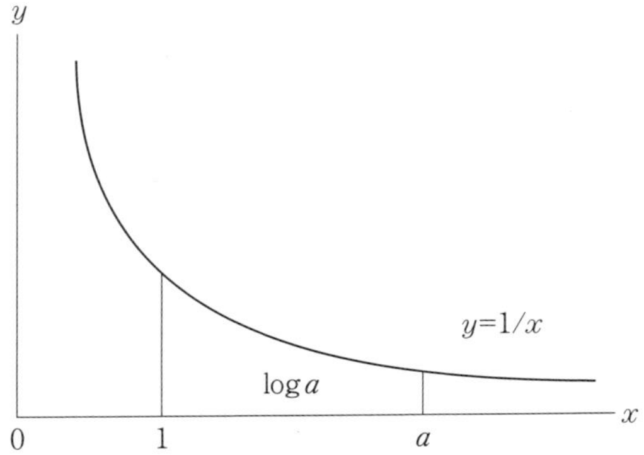

ナツ　そうすると，$1<a$ なら $\log a$ は図にある面積だから正数. $\log 1=0$ ね．それと，$0<a<1$ なら

$$\log a=\int_1^a \frac{1}{x}dx=-\int_a^1 \frac{1}{x}dx<0$$

となるね．

ユキ　$y=\log x \quad (x>0)$ は x が増えるにつれてだんだん大きくなる．x が大きいときには増え方がにぶくなりそうだけど，x が 1 から 0 にむかって小さくなると急激に落ちこんで行くみたいね．

ナツ　$\log x$を微分するとさ，

$$(\log x)'=\left(\int_1^x \frac{1}{x}dx\right)'=\frac{1}{x}$$

となるね！

ケン　こんどは，次の図を見てごらん．これから何が言えるかな？

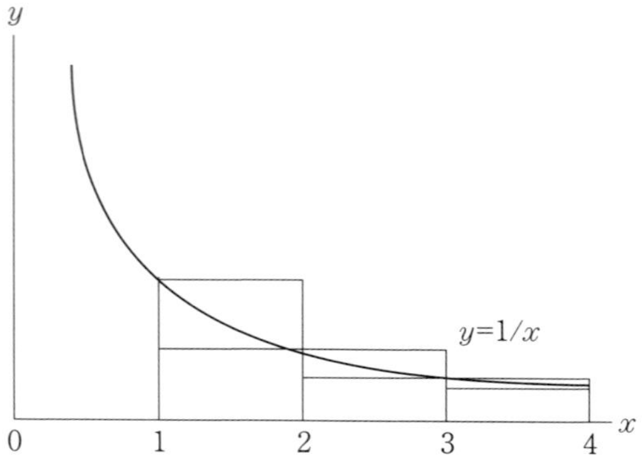

ナツ　わかった！

$$\frac{1}{2}+\frac{1}{3}+\frac{1}{4}<\log 4<1+\frac{1}{2}+\frac{1}{3}$$

でしょ.

ユキ

$$\frac{1}{2}+\frac{1}{3}+\cdots+\frac{1}{n}<\log n<1+\frac{1}{2}+\cdots+\frac{1}{n-1}$$

も言えるよね.

ナツ

$$\frac{1}{2}+\frac{1}{3}+\frac{1}{4}=\frac{13}{12}>1$$

じゃん. それと, $\log 2<1$ だよね. 結局

$$\log 2<1<\log 4$$

ってことになるね.

ユキ　するとさ, 2と4の間に

$$\log a=1$$

となるような a があるわけね!

ケン　まさに, その a こそこの節の初めに現れた e で, **ネイピア**(J. Napier) **数**と呼ばれる. e は自然科学に現われるいろいろな定数のなかで, 円周率 π と並んで重要な数なんだ.

$$e=2.71828183\cdots$$

は無理数だということも分かっている.

ところでね, 正の定数 c を選んで, 関数 $y=\log cx$ を 考え, これを微分してごらん.

ユキ　合成関数の微分でしょ. $u=cx, y=\log u$ と置いて, 計算すると

$$\frac{dy}{dx}=\frac{dy}{du}\,\frac{du}{dx}=\frac{1}{u}\times c=\frac{1}{cx}\times c=\frac{1}{x}$$

あれ,

$$(\log cx)' = (\log x)' = \frac{1}{x}$$

じゃない！

ケン　そうなんだ！するとさ,

$$(\log cx - \log x)' = 0$$

だよね，つまり

$$\log cx - \log x = \gamma$$

は定数になるね．この定数 γ は何になるか分かる？

ナツ　x に 1 を代入してみようかな．$\log 1 = 0$ だったでしょ．そしたら，$\log c = \gamma$ じゃない．すると,

$$\log cx = \log c + \log x$$

になるね！

ケン　a, b を正数とすると,

$$\log ab = \log a + \log b$$

という式が出てくるね．特に,

$$\log a^2 = 2\log a$$

一般に n を自然数とすると,

$$\log a^n = n\log a$$

となるね．$\log a^{-1} = -\log a$ も成り立つんだけど，何故か分かる？

ユキ，ナツ

$$\log a^{-1}a = \log 1 = 0 \quad \log a^{-1}a = \log a^{-1} + \log a$$

だからね！ところでさ,

$$\log e^n = n\log e = n \quad (n\text{は整数})$$

でしょ，すると関数$y=\log x$ってxを大きくすればいくらでも大きな値をとるし，xを1から0に向けて小さくしてゆけば，いくらでも小さい負の値をとるわけね．

ケン　そう，$y=\log x$のグラフはね，xが正数のときに限って意味があるんだけど，そのxが0に近いところから段々1に向って増えると奈落の底から駆け上って激しい勢いで0へ向かい，xが1から右方向へ向うと，yは次第におとなしい増え方になりながらも，どこまでも大きくなって行く．今，勝手に実数aをとると，$a=\log b$を満たす正数bが一つだけとれることも分かるよね．特に，$a=n$　(nは整数)とすると，今いった$b=e^n$となる．この考え方を少し広げて，$a=\log b$によって決まる正数$b=e^a$と書くことにするんだ．まとめると，

$$a=\log b \Longleftrightarrow b=e^a$$

ここで，aを変数xで置き換え，bをそれに対して決まる関数の値と考えてyと書くと，

$$y=e^x \Longleftrightarrow x=\log y \qquad (y>0)$$

と書ける．$y=e^x$のグラフ上に点(a, b)を取ると，それを直線$y=x$に関して対称に折り返した点(b, a)が$y=\log x$のグラフに現れる．$y=e^x$を**指数関数**と呼ぶ．

$e^a=b$なら$a=\log b$つまり$e^{\log b}=b$　$(b>0)$だね．逆に$\log e^a=a$という式もでてくる．ところで，実数a, bについて，

$$e^{a+b}=e^a e^b$$

が成り立つけど，何故か分かる？

ナツ　$\log e^a e^b=\log e^a+\log e^b=a+b$になるけど，$\log x=a+b \Longleftrightarrow x=e^{a+b}$でしょ．だから，$e^a e^b=e^{a+b}$になるよね．

ユキ　すると，自然数nについて，$(e^a)^n=e^{na}$，一方，$e^0=1$だから$e^{-a}e^a=1$となって，$(e^a)^{-1}=e^{-a}$, $(e^a)^{-n}=e^{-na}$となるわけ

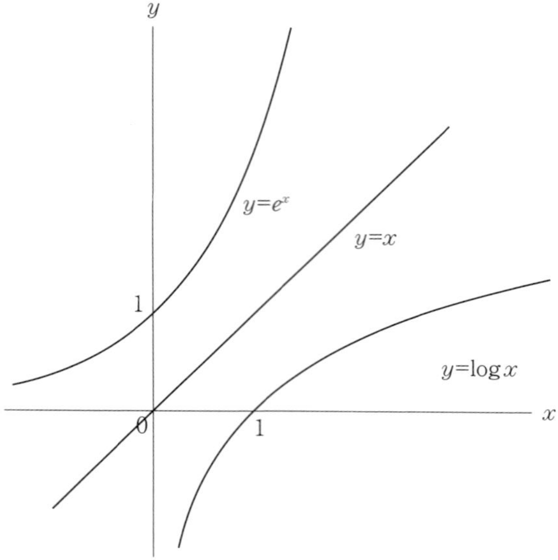

ね！ところで，e については，どんな実数 a を選んでも e^a が決まるでしょ．e の替わりに，例えば 2 をとっても，2^a が決まるのかしら？

ケン　a を正の実数としよう．整数 k について，

$$e^{k\log a} = e^{\log a^k} = a^k$$

となるよね．ここで，b として勝手な実数をとって，

$$a^b = e^{b\log a}$$

と置いて，a の b 乗 a^b を定義するんだ．例えば，$2^{\sqrt{2}} = e^{\sqrt{2}\log 2}$，$2^{\log 2} = e^{(\log 2)^2}$ などなど．この書き方を使うと，勝手な実数 b, c について

$$a^{b+c} = a^b a^c, \quad \log a^b = b\log a, \quad a^{bc} = (a^b)^c$$

それと，正数 a_1, a_2 と実数 b について

$$a_1^b a_2^b = (a_1 a_2)^b$$

も言えるんだけど，二人とも確かめておいてね．

ここで，もう一つ，$y=e^x$ の導関数 y' を考えてみよう．指数関数のグラフ上に点 (a, b) をとる．$b=e^a$ となるわけだね．この点を通るグラフの接線の傾きが y' の $x=a$ における値だね．

ユキ　直線 $y=x$ に関して点 (a, b) と対称な点 (b, a) をとると，これは対数関数のグラフ上にあるのよね．この点を通る $y=\log x$ のグラフの接線の傾きは，$(\log x)'=\dfrac{1}{x}$ の $x=b$ に於ける値だから $\dfrac{1}{b}$ になるわね．

ナツ　その接線を直線 $y=x$ に関して折り返すと指数関数のグラフ上の点 (a, b) を通る接線になるじゃない．すると，この接線の傾きは，対数関数のグラフの接線の傾きの逆数になるでしょ！つまり $(e^x)'$ の $x=a$ における値は b になる！ $x=a$ のとき $y=b$ だったから，$y'=y$，$(e^x)'=e^x$ となるわけね．すっきりしてるわね！

ケン　さて，一つ実験をしてみよう．正数 x に等しいか，それより小さい素数の個数を $\pi(x)$ と書く慣わしなんだ．

ナツ　$\pi(2)=1$，$\pi(3)=2$，$\pi(10)=4$ などなど．増え方は少しずつ緩くなるみたいだけど，いくらでも大きくなるね．

ケン　ここでね，自然数 $n=1, 2, 3\cdots$ について $\pi(e^n)$ を求めてみよう．一万までの素数表があるから，見てみよう．まず，

$$e^1=2.71\cdots, e^2=7.38\cdots, e^3=20.08\cdots, \cdots, e^9=8103.08\cdots, e^{10}=22026.46\cdots$$

だから，$1\leq n\leq 9$ について考える．ついでに，$\dfrac{e^n}{\pi(e^n)}$ も計算してね．この比率については，四捨五入して整数値だけ求めてみよう．

ナツ，ユキ

n	1	2	3	4	5	6	7	8	9
$\pi(e^n)$	1	4	8	16	34	79	183	429	1019
$\dfrac{e^n}{\pi(e^n)}$	3	2	3	3	4	5	6	7	8

おやま～！これは，何かありますね！ $\dfrac{e^n}{\pi(e^n)}$ と $n=\log e^n$ とが何となく近いじゃない？

ケン　でしょ！実は，$\log x/\left(\dfrac{x}{\pi(x)}\right)=\dfrac{\pi(x)\log x}{x}$ について，x をどこまでも大きくしたときの極限が 1 になるというすごい定理があって，**素数定理**として知られている．

定理 2.1（素数定理）

$$\lim_{x\to\infty}\frac{\pi(x)\log x}{x}=1$$

この定理については，ガウス（C.F. Gauss）が 15 歳のころに（1792 年頃）予想していたらしい．大勢の大数学者達が証明にチャレンジしたがなかなか成功せず，それらの試みのなかで，後で話すリーマン（G.F.B. Riemann）のゼータ関数と呼ばれるものが考えられ，その性質を深く探るなかで，1896 年になってようやくアダマール（J. Hadamard）とド・ラ・ヴァレ・プーサン（C. de la Vallée - Poussin）が証明に成功した．その後も，1949 年にセルバーグ（A. Serberg）が別の証明を考え，フィールズ賞を貰っている．

2.2　べき級数

ケン　r を実数とするとき

$$(1-r)(1+r+r^2+\cdots r^n)=1-r^{n+1}$$

となること，二人とも知ってるよね．この式から，$r\neq 1$ のとき

$$\sum_{k=0}^{n} r^k = \frac{1}{1-r} - \frac{r^{n+1}}{1-r}$$

となるね. ここで, $|r|<1$ ならば, $\lim_{n\to\infty} r^{n+1}=0$ だから, $\lim_{n\to\infty}\sum_{k=0}^{n} r^k = \sum_{k=0}^{\infty} r^k$ と書くと,

$$\sum_{k=0}^{\infty} r^k = \frac{1}{1-r} \quad (|r|<1)$$

となるでしょ.

ユキ　例えば $r=\dfrac{1}{2}$ とすると,

$$\sum_{k=0}^{\infty}\left(\frac{1}{2}\right)^k = \frac{1}{1-\frac{1}{2}} = 2$$

となるわね.

$$1+\frac{1}{2}+\frac{1}{4}+\cdots=2$$

ってわけね.

ケン　さて, 正数 r と実数変数 x について, 関数

$$f(x) = \sum_{k=0}^{\infty} \frac{x^k}{r^k}$$

を考えよう. この関数が収束するためには変数 x がどんな条件を満たしたらいい?

ユキ　$\dfrac{x^k}{r^k}=\left(\dfrac{x}{r}\right)^k$ だよね, そしたら $\left|\dfrac{x}{r}\right|<1$ つまり $|x|<r$ が条件になるでしょ.

ケン　そうだね. ところで, もう少し話しを広げて, 変数 x のべき, つまり $x^0=1, x^1=x, x^2, x^3, \cdots$ をとり, それらの定数倍 $a_k x^k$

を次々に足してできる関数

$$g(x)=\sum_{k=0}^{\infty}a_k x^k$$

を考える．係数 a_k は適当な実数とする．このようにしてできる関数 $g(x)$ を**べき級数**とか**整級数**といって，ある x についてこの無限和が収束する時，$g(x)$ は x で**収束**，そうでないときべき級数 $g(x)$ は x で**発散**するという．特に $g(x)=f(x)$ のときは，$a_k=\dfrac{1}{r^k}$ となってるね．今，$a_k\neq0$ の場合を考えて $\dfrac{|a_{k+1}|}{|a_k|}$ をみると $f(x)$ の場合はこの比率は $\dfrac{1}{r}$ になるよね．そして，ユキチャンが見つけたように，$f(x)$ は $|x|<r$ のとき，またこのときに限って収束する．じつはここに強力な定理があるんだ．

定理 2.2　$g(x)=\sum_{k=0}^{\infty}a_k x^k$ について，その**収束半径**と呼ばれる $0\leq r\leq\infty$ が決まり，$g(x)$ が収束するための必要十分条件は

1)　$r=0$ ならば $x=0$

2)　$0<r<\infty$ ならば $|x|<r$

3)　$r=\infty$ ならば x はすべての実数

となる．特に $a_k\neq0$ で

$$\lim_{k\to\infty}\frac{|a_{k+1}|}{|a_k|}=\rho$$

ならば，収束半径は $r=\dfrac{1}{\rho}$ に等しい．

さらに，一般の場合，$|x|<r$ のとき，次の項別微分，項別積分の式が成り立つ．

$$g'(x)=\sum_{k=1}^{\infty}ka_k x^{k-1}$$

$$\int_0^x g(t)\,dt = \sum_{k=0}^{\infty} \frac{a_k x^{k+1}}{k+1}$$

ナツ　定理に現われる $\rho=0$ ならばどうなるの？

ケン　そのときはね，$r=\infty$ として，収束半径は無限大，$g(x)$ はあらゆる x について収束することになる．

$\rho=\infty$ なら収束半径 0，べき級数は $x=0$ のときに限って収束し，$g(0)=a_0$ になるけど，それ以外の x については発散するんだ．それとね，定理にでてくる，$g(x)$ の微分や積分も $g(x)$ と同じ収束半径を持つことも分かっている．この定理の証明には，かなり緻密な議論が使われる．大学に入ってのお楽しみにしとこう．

ところで，こんなべき級数の収束半径を計算してみない？

$$g(x) = \sum_{k=1}^{\infty} (-1)^{k+1} \frac{x^k}{k} = x - \frac{x^2}{2} + \frac{x^3}{3} - \cdots$$

ナツ　x^k の係数は $a_k = (-1)^{k+1}\dfrac{1}{k}$ でしょ．定理に現われる比率は

$$\frac{|a_{k+1}|}{|a_k|} = \frac{k}{k+1}$$

だから，その極限 $\rho=1$，収束半径 r はその逆数だから $r=1$ でしょ．

ケン　そうだ！今度はこの $g(x)$ を微分してごらん．

ナツ，ユキ　項別微分の式を使うんでしょ．

$$g'(x) = x' - \left(\frac{x^2}{2}\right)' + \left(\frac{x^3}{3}\right)' - \cdots = 1 - x + x^2 - x^3 - \cdots$$

これも収束半径 1 でしょ．すると，$|x|<1$ のとき収束してさ，あれ，これって等比級数じゃない！ $g(x)' = \dfrac{1}{1+x}$　$(|x|<1)$ となる

ね.

ケン　その通り！ところで，$\log(1+x)$ を微分してごらん．$u=1+x$ と置いて合成関数の微分法を使うんだ．

ナツ，ユキ

$$\frac{d\log(1+x)}{dx}=\frac{d\log u}{du}\frac{du}{dx}=\frac{1}{u}=\frac{1}{1+x}$$

ははあ～ $(g(x)-\log(1+x))'=0$ だから，二つの関数の差は定数ね！ $x=0$ のとき，$g(0)-\log(1+0)=0$ でしょ！すると，この定数も 0 つまり，$g(x)=\log(1+x)$ だわ！

$$\log(1+x)=\sum_{k=1}^{\infty}(-!)^{k+1}\frac{x^k}{k}\quad(|x|<1)$$

になるわけね.

ケン　その通り！今度は

$$h(x)=\sum_{k=0}^{\infty}\frac{x^k}{k!}=1+x+\frac{x^2}{2!}+\frac{x^3}{3!}+\cdots$$

について考えてみよう.

ナツ，ユキ　$\rho=\lim_{k\to\infty}\dfrac{k!}{(k+1)!}=0$ すると，収束半径 $r=\infty$ になるケースね！項別微分して見ましょうね.

$$h'(x)=1'+x'+\left(\frac{x^2}{2!}\right)'+\left(\frac{x^3}{3!}\right)'+\cdots=1+x+\frac{x^2}{2!}+\cdots$$

おやおや，$h'(x)=h(x)$ じゃない！ $(e^x)'=e^x$ だったよね．すると，今度は $h(x)=e^x$ って言いたいんでしょ！でも，これってどうしたら言えるわけ？

ケン　$(h(x)e^{-x})'$ を計算してごらん．関数の積の微分法：$(uv)'=u'v+uv'$ とね，$(e^u)'=e^u u'$ を使うんだ．最後の式は合成関数の微分法の式から直ぐに分かるね．特に定数 c について $(e^{cx})'=ce^{cx}$

となることに注意しよう．

ナツ，ユキ

$$(h(x)e^{-x})' = h'(x)e^{-x} + h(x)(e^{-x})' = h(x)e^{-x} - h(x)e^{-x} = 0$$

なるほど！

$$h(x)e^{-x} = c$$

は定数になるわけね．$x=0$ のとき，$h(0)=e^0=1$．するとこの定数 $c=1$.

ナツ　あ！ユキチャンわかった！ $e^{-x}=(e^x)^{-1}$ だったよね．だから，$h(x)=e^x$ となるね！

ユキ

$$e^x = 1 + x + \frac{x^2}{2!} + \frac{x^3}{3!} + \cdots = \sum_{k=0}^{\infty} \frac{x^k}{k!}$$

がすべての x について成り立つのね．

ケン　今度は，二つのべき級数のペアを考えよう：

$$u(x) = 1 - \frac{x^2}{2!} + \frac{x^4}{4!} - \cdots = \sum_{k=0}^{\infty} (-1)^k \frac{x^{2k}}{2k!} \tag{2.1}$$

$$v(x) = x - \frac{x^3}{3!} + \frac{x^5}{5!} - \cdots = \sum_{k=0}^{\infty} (-1)^k \frac{x^{2k+1}}{(2k+1)!} \tag{2.2}$$

ナツ　両方とも e^x の親戚みたい．$u(x)$ は $t=x^2$ と置いて考えれば，収束半径は無限大でしょ．$v(x)$ のほうも，似たようなやりかたで，やはり収束半径は無限大になる．それぞれのべき級数を微分してみようかな：

$$u'(x) = -x + \frac{x^3}{3!} - \cdots \tag{2.3}$$

$$v'(x) = 1 - \frac{x^2}{2!} + \frac{x^4}{4!} - \cdots \tag{2.4}$$

おや！ $u'(x)=-v(x)$, $v'(x)=u(x)$ になるわ！

ケン　今度は u^2+v^2 を微分してごらん.

ナツ, ユキ

$$(uu)'+(vv)'=uu'+vv'=-uv+vu=0$$

すると, $u^2+v^2=c$ は定数. $x=0$ のとき $u(0)=1$, $v(0)=0$ だから, $c=1$ となって, ペア $(u(x), v(x))$ は原点から距離1の点になってるのね！変数 x が動くとこのペアは原点を中心とする半径1の円周上を動くわけね！

ケン　そうだね. だから, $(u(x), v(x))=(\cos\theta(x), \sin\theta(x))$ と書けるでしょ. $\theta(x)$ は座標原点 O から出発して円周上の点 $(u(x), v(x))$ に到るベクトルが x 軸の正方向となす角（ラジアン）を表わす x の関数だね. ここで

$$(\cos\theta(x))'=\theta'(x)(-\sin\theta(x))=-\theta'(x)v(x)$$

だよね. 一方, $u'(x)=-v(x)$ だったから, $\theta'(x)=1$ になることが分かるね.

ユキ　すると, $(\theta(x)-x)'=0$ だから $\theta(x)=x+c$ （c は定数）となるけど, $u(0)=1$ だったでしょ, それで $\cos\theta(0)=\cos c=1$ になるわけね.

ナツ　すると $c=0$ になるわけ？いや, 他にもある, $c=2\pi k$ （k は整数）よね.

ユキ　でも $\cos(x+2\pi k)=\cos x, \sin(x+2\pi k)=\sin x$ だから, $u(x)=\cos x, v(x)=\sin x$ となって

$$\cos x=1-\frac{x^2}{2!}+\frac{x^4}{4!}-\cdots, \sin x=x-\frac{x^3}{3!}+\frac{x^5}{5!}-\cdots$$

が言えたわけね. 何かこの式って e^x の展開式と関係ありそうなのよね.

ケン　鋭い疑問だ！実はね, 後で話すように, 数の範囲を実数直線から, 複素数平面に広げて考えるとユキチャンの疑問は見事に解

決されるんだ.

2.3　リーマンのゼータ関数

ケン　対数関数の話しをしていたときにユキチャンが見つけた式：

$$\frac{1}{2}+\frac{1}{3}+\cdots+\frac{1}{n}<\log n<1+\frac{1}{2}+\cdots+\frac{1}{n-1}$$

があったよね. この式から, $\sum_{k=1}^{\infty}\frac{1}{k}=\infty$ となること, 分かるね.

ユキ　$\log n$ は n がどこまでも大きくなるとき, 限りなく増加するからでしょ.

ケン　ここでさ, $\frac{1}{k}$ の替わりに $\frac{1}{k^s}$ の総和を考えるんだ. ただし, $s>1$ とする. k が 1 よりも大きい自然数だとすると $0<\frac{1}{k^s}<\frac{1}{k}$ だから, 総和は有限の値になるかも知れないでしょ.

ユキ　ちょっと待って. $s>1$ のとき本当に $0<\frac{1}{k^s}<\frac{1}{k}$ となるかしら？ s は 1 より大きい実数なら何でもよいのでしょう？

ナツ　定義に戻って考えようよ. k は 2 以上の自然数で, $k^s=e^{s\log k}$ だったでしょ. 今 $\log k>0$, $s>1$ だから $s\log k>\log k$ じゃない！指数関数は増加する関数だから, $k^s=e^{s\log k}>e^{\log k}=k$ となって, $0<\frac{1}{k^s}<\frac{1}{k}$ となる. でも, $\sum_{k=1}^{\infty}\frac{1}{k^s}$ $(s>1)$ が収束するかどうかは, どうすれば分かるのかしら？

ユキ　今日の話しの始めに出てきた不等式だけど, あれって $\log n=\int_1^n\frac{1}{x}dx$ から分かった式でしょ. 積分式に現われる関数 $\frac{1}{x}$ の替わりに $\frac{1}{x^s}$ を考えれば,

$$\frac{1}{2^s}+\frac{1}{3^s}+\cdots+\frac{1}{n^s}<\int_1^n\frac{1}{x^s}dx$$

が言えるじゃない．$\int_1^n \frac{1}{x}dx=\log n$ は n と一緒にどこまでも増えていったわけだけど，今度の積分はどうなるのかな？

ケン　積分について考える前に微分してみよう．t として勝手な実数をとり，関数 $y=x^t$ $(x>0)$ を微分してごらん．

ナツ　$x^t=e^{t\log x}$ だから，$(x^t)'=(t\log x)'e^{t\log x}=t\frac{1}{x}x^t=tx^{t-1}$ これって，自然数 n についての微分 $(x^n)'=nx^{n-1}$ の拡張になってるね！

ユキ　すると

$$\int x^t dx=\frac{1}{t+1}x^{t+1}$$

になるわね．これは，$t+1\neq 0$ つまり $t\neq -1$ のとき以外なら意味を持つよね．例外の $t=-1$ のときに，対数が現われたわけね！それで，特に $t=-s$ $(s>1)$ のときについて考えれば

$$\int_1^n\frac{1}{x^s}dx=\int_1^n x^{-s}dx=\frac{1}{1-s}[x^{1-s}]_1^n=\frac{1}{1-s}(n^{1-s}-1)$$

となるね．

ナツ　$\lim_{n\to\infty}n^{1-s}=0$ だから，$\int_1^\infty\frac{1}{x^s}dx=\frac{1}{s-1}$ となって $s>1$ のときには

$$1+\frac{1}{2^s}+\frac{1}{3^s}+\cdots\leq 1+\frac{1}{s-1}=\frac{s}{s-1}$$

となるのね．

ケン　単調増加数列が上から押さえられている，つまり一定の値を超えないときには，数列は極限値を持つということが言えるん

だ．これって，大体明らかでしょ．でもこのことをきちんと証明しようとすると実数の本質に係わることを使うことになるんでね，これも大学に入ってからのお楽しみにしとこう．特に

$$\zeta(s)=\lim_{n\to\infty}\sum_{k=1}^{n}\frac{1}{k^s}=\sum_{k=1}^{\infty}\frac{1}{k^s}$$

は $s>1$ のときに定義されて，これが**リーマン**（G.F.B. Riemann）**のゼータ関数**と呼ばれるものなんだ．彼が1859年に発表した論文のなかで導入され，素数定理の探求に重大な役割を果たすことになった関数だと言うことは前にも言ったけど，その他にも

$$\zeta(2)=\frac{\pi^2}{6},\quad \zeta(4)=\frac{\pi^4}{90}$$

のように神秘的な式も出てくる．

それと，もう一つ大事なことに，ゼータ関数の積公式という話しがある．今ね，ゼータ関数の総和記号のなかに現われる $\frac{1}{k^s}$ のなかで，$k=1, 2, 2^2, 2^3, \cdots$ となってるものだけを選び出して足したらどうなる？

ナツ

$$1+\frac{1}{2^s}+\frac{1}{2^{2s}}+\frac{1}{2^{3s}}+\cdots=\frac{1}{1-2^{-s}}\quad (s>1)$$

でしょ．

ケン　そうだ！それじゃね，積 $\frac{1}{1-2^{-s}}\frac{1}{1-3^{-s}}$ はなんだか分かる？これもゼータ関数の総和記号のなかに現われるものの一部なんだけど．

ナツ，ユキ

$$\left(1+\frac{1}{2^s}+\frac{1}{2^{2s}}+\cdots\right)\left(1+\frac{1}{3^s}+\frac{1}{3^{2s}}+\cdots\right)$$

$$= 1 + \frac{1}{2^s} + \frac{1}{3^s} + \cdots + \frac{1}{2^{ls}3^{ms}} + \cdots$$

だから，リーマンのゼータ関数の式 $\sum_{k=1}^{\infty} \frac{1}{k^s}$ で $k = 2^l 3^m$ （$l, m = 0, 1, 2, 3, \cdots$）のような k についての総和になるのね．

ナツ　ははあ，すると，すべての素数 2, 3, 5, 7, 11, … について似た式をつくり，それらをみんな掛け合わせればゼータ関数になるんじゃない？

ユキ　でも，掛け合わせるって言っても，素数は無限にあるんだから，無限に続く積になるでしょ．それって，意味があるのかしら？

ケン　素数達を $p_1, p_2, p_3, \cdots$ と並べて，極限：

$$\lim_{n \to \infty} \prod_{k=1}^{n} \frac{1}{1 - p_k^{-s}}$$

を考えると，これが収束してゼータ関数 $\zeta(s)$ になることが示せるんだ．ここで，$\prod$ は総積記号と言って，上の極限もこの記号を使って書くと，**積公式**：

$$\zeta(s) = \prod_{k=1}^{\infty} \frac{1}{1 - p_k^{-s}} \quad (s > 1)$$

が得られる．ゼータ関数が素数と関係していることが分かるでしょ．でもね，ゼータ関数がその本領を発揮するのは，数の範囲を実数から複素数まで広げたときなんだ．

第3章　ガウス平面で見える景色

3.1　ガウス平面

ケン　複素数って知ってるよね．

ナツ　二次方程式 $x^2+x+1=0$ の解は $\dfrac{-1\pm\sqrt{-3}}{2}$ で，複素数なんでしょ．

ケン　そう，この解はね $\dfrac{-1}{2}\pm\dfrac{\sqrt{3}i}{2}$ $\left(i=\sqrt{-1}\right)$ とも書くね．a, b を実数として $\alpha=a+bi$ のように書かれる数を複素数と言うのだったね．複素数 $\alpha=a+bi, \beta=c+di$ について，

$$\alpha=\beta \Longleftrightarrow a=c,\ b=d$$

として，二つの複素数が = で結ばれるための条件を決めておく．つまり，$\alpha=a+bi$ は実数のペア (a, b) によって決まるわけなんだ．ここで，a は複素数 α の実部といい，$Re(\alpha)=a$，b は α の虚部といって $Im(\alpha)=b$ と書くことも習ったでしょ．

ユキ　すると，複素数 $\alpha=a+bi$ に座標平面の点 $P(a, b)$ やベクトル $\overrightarrow{OP}$ を対応づけることができるね．

ケン　そう，こうして複素数全体の集合に対応づけられる平面を**複素数平面**と言ったり，**ガウス**（C.F. Gauss）**平面**と呼んだりするんだ．実数のときには直線だった数の世界が平面に広がる．特に $\alpha=a+0i=a$ とも書いてこれを実数 a と同じと考えると，ガウス平面の横軸の上に実数が並び，実数直線はガウス平面に含まれることになる．だから，横軸を**実数軸**とも呼ぶんだ．

一方，$\alpha=0+bi=bi$ は縦軸の上に並ぶよね．このような数は**純虚**

数と呼ばれ，縦軸は**虚数軸**とも呼ばれる．

ナツ　複素数 $\alpha=a+bi, \beta=c+di$ の和と積が

$$\alpha+\beta=(a+c)+(b+d)i, \quad \alpha\beta=(ac-bd)+(ad+bc)i$$

となることも習ったけど，複素数の和は対応するベクトルの和に対応しているね！積の方はどうなのかしら？ベクトルの積といっても，内積とも違いそうだし．

ケン　積についても面白いことがあるんだけど，その話をする前に複素数の共役ということについて話しておこう．

複素数 $\alpha=a+bi$ とそれに対応するベクトル $\overrightarrow{OP}$ $(P=(a, b))$ を考えてね，そのベクトルを実数軸に関して折り返してできるベクトルを $\overrightarrow{OP'}$ と書こう．このベクトルに対応する複素数は $\bar{\alpha}=a-bi$ になるでしょ．これを α の**共役**と呼ぶ．

ユキ　$\bar{\bar{\alpha}}=\alpha$ ね！それと

$$\bar{\alpha}=\alpha \Longleftrightarrow \alpha \text{ は実数}$$

も成り立つね．

ナツ　$\overline{(\alpha+\beta)}=\bar{\alpha}+\bar{\beta}$，$\overline{(\alpha\beta)}=\bar{\alpha}\bar{\beta}$ も言えるわね．それと $\bar{\alpha}\alpha=a^2+b^2$ になるじゃない．これって，対応するベクトル $\overrightarrow{OP}$ $(P=(a, b))$ の長さのちょうど 2 乗になってるわね．

ケン　その通り！そこで，$|\alpha|=\sqrt{\bar{\alpha}\alpha}$ と定義して α の**絶対値**を導入する．特に $\alpha=a$ (実数) ならば $|\alpha|=\sqrt{a^2}=|a|$ と，普通の絶対値になるよね．定義から

$$|\alpha|\geq 0, \quad |\alpha|=0 \Longleftrightarrow \alpha=0, \quad |\alpha\beta|=|\alpha||\beta|$$

が言えるね．

ユキ　α に対応するベクトル $\overrightarrow{OP}$ と，β に対応するベクトル $\overrightarrow{OQ}$ を考えてさ，$\alpha+\beta$ にベクトル $\overrightarrow{OR}$ が対応するとするでしょ．このとき，$\overrightarrow{OR}=\overrightarrow{OP}+\overrightarrow{OQ}$ になるじゃない．三角形の一辺の長さは，他の二辺の長さの和を超えないってことを使えば，$|\alpha+\beta|\leq|\alpha|+|\beta|$ も成り立つわね．

ケン　そう，この式は絶対値についての**三角不等式**と呼ばれるんだ．

ところで，集合論の記号でね，$\{\heartsuit|\clubsuit\}$ って $\clubsuit$ の条件を満たす $\heartsuit$ 全体の集まりを表わすこと知ってるよね．いま，$\mathbb{C}$ を複素数全体の集合としよう．$z\in\mathbb{C}$ と書いたら z は $\mathbb{C}$ のメンバー，つまり複素数ってことだね．数学用語ではメンバーのことを**元**（げん）と呼んだり**要素**とも呼ぶことが普通だけど，ここでは**メンバー**ということにしよう．さて，$\boldsymbol{T}=\{z\in\mathbb{C}||z|=1\}$ と置いて $\boldsymbol{T}$ を定義したら，これってどんな図形になるか分かる？

ナツ，ユキ　絶対値1の複素数，つまり原点からの距離が1となる複素数全体の集合でしょ．原点を中心とする半径1の円周になるわね．

ケン　そう，これを，ガウス平面上の**単位円周**と言う．この円周上の点に対応する複素数 z は，それに対応するベクトル $\overrightarrow{OP}$ と実数軸の正方向がなす角（ラジアン）を θ とすると $z=\cos\theta+i\sin\theta$ と書けるよね．これは θ で決まる複素数だから $z=E(\theta)$ と書くことにしよう．$E(0)=1, E\left(\dfrac{\pi}{2}\right)=i, E(\pi)=-1, E(2\pi)=1$ などが言えるね．ここで，$E(\theta_1)E(\theta_2)$ を計算してごらん．

ナツ，ユキ

$$
\begin{aligned}
E(\theta_1)E(\theta_2) &= (\cos\theta_1+i\sin\theta_1)(\cos\theta_2+i\sin\theta_2)\\
&= (\cos\theta_1\cos\theta_2-\sin\theta_1\sin\theta_2)+i(\cos\theta_1\sin\theta_2+\sin\theta_1\cos\theta_2)
\end{aligned}
$$

あれ，これってサイン，コサインの加法定理の形じゃない！すると，

$$
E(\theta_1)E(\theta_2)=E(\theta_1+\theta_2)
$$

になるわね！

ケン　その通り！ところで，複素数 z はね，$z\neq0$ ならば $r=|z|>0$，$z=rE(\theta)$ のように書けること分かるね．z に対応するベクトルを

$\overrightarrow{OP}$ とし，これと実数軸の正方向がなす角を θ としてるわけだね．この角は z の**偏角**（argument）と呼ばれて $\theta=\arg(z)$ と表わされるんだ．いま，$z_1, z_2 \neq 0$ のとき，$r_1=|z_1|, r_2=|z_2|$ と置いて $z_1=r_1E(\theta_1), z_2=r_2E(\theta_2)$ と書くとさ，$z_1z_2=r_1r_2E(\theta_1+\theta_2)$ となって，積の形が分かるわけなんだ．

ナツ　前にコサインとサインのべき級数展開の式の話がでたとき，ユキチャンが指数関数との親戚関係がありそうだって言ってたでしょ．今 $E(\theta)$ の話しがでたけど，

$$
\begin{aligned}
E(\theta) &= \cos\theta + i\sin \\
&= \left(1-\frac{\theta^2}{2!}+\frac{\theta^4}{4!}-\cdots\right)+i\left(\theta-\frac{\theta^3}{3!}+\frac{\theta^5}{5!}-\cdots\right) \\
&= 1+i\theta+\frac{(i\theta)^2}{2!}+\frac{(i\theta)^3}{3!}+\frac{(i\theta)^4}{4!}+\cdots
\end{aligned}
$$

と書いてみると，最後の式って

$$
e^x = 1+x+\frac{x^2}{2!}+\frac{x^3}{3!}+\frac{x^4}{4!}+\cdots
$$

の x に $i\theta$ を代入してできる式じゃない．

ユキ　そうなのよ！でもね，コサインとサインのべき級数展開式を足して，各項の順序を入れ替えてるでしょ．それって大丈夫かしら？それと，e^x の x は実数でしょ．$i\theta$ を代入するわけに行かないよね．ただ，そうはいっても何かありそうね！

ケン　この話の向こうにあるのは，複素数の世界での極限や，べき級数，それに複素数変数の関数の導関数などのこと，複素関数論という理論の入り口の話なんだ．

3.2　2次元の数の世界での関数と微分法

ケン　複素数 z に $w=z^2$ を対応させる関数 $w=f(z)=z^2$ を考えよう．特に変数 $z=x+iy$ が $y=1+x$ の条件を満たしながら動く

場合を考えよう．

ナツ　変数 $z=x+i(1+x)=i+x(1+i)$ と書ける．x が実数値を取りながら動く時 $x(1+i)$ はガウス平面の原点と点 $1+i$ を通る直線 l の上を動く．だから，このとき変数 $z=i+x(1+i)$ はガウス平面のなかで点 i を通って直線 l と平行な直線 L の上を動くでしょ．一方値 $w=z^2$ の方は $w=(x+iy)^2=(x^2-y^2)+2ixy$．$w=u+iv$ と書くと $y=1+x$ だから $u=x^2-(1+x)^2=-(1+2x)$, $v=2x(1+x)$ でしょ．そしたら，$x=-\dfrac{u+1}{2}$ を v の式に代入してみると $v=-(u+1)\dfrac{-u+1}{2}=\dfrac{u^2-1}{2}$．おや，これは (u,v) 平面の放物線の方程式じゃない！ $u=\pm1$ のとき $v=0$，それと $u=0$ ならば $v=-\dfrac{1}{2}$ つまりこれは $w=f(z)$ が動くガウス平面のなかで ±1 と $-\dfrac{i}{2}$ を通る放物線になるのね．

ケン　その通り！こうしてできる放物線を C と書こう．今度は，今の直線 L を原点を中心に直角だけ回転させてできる直線を考える．この直線を iL と書こう．直線 L の各点に i を掛けてできる直線だね．この直線 iL の上で変数 $z=x+iy$ を走らせよう．すると値 $w=z^2$ はどんな動きをするかしら？

ユキ，ナツ　直線 L の上を動く変数に i を掛けてそれを2乗するわけね．$i^2=-1$ だから，今度の値 $w=z^2$ は，前の放物線 C を上下にひっくり返した放物線 $-C$ の上を動く．

ケン　そうだね！そこで次に最初の直線 L に -1 を掛けて直線 $-L$ を作る．これは1と $-i$ を通る直線になるでしょ．変数 z がこの直線の上を通るとき，値 $w=z^2$ の方は $(-1)^2=1$ だから最初の放物線 C の上を通るわけだね．二番目の直線 iL に -1 を掛けて出来る直線 $-iL$ の上を変数 z が通るなら，やはり値 $w=z^2$ は二番目の放物線 $-C$ の上を通るわけ．

このようなことを目で見るためにグラフを描いてみよう．z 平面

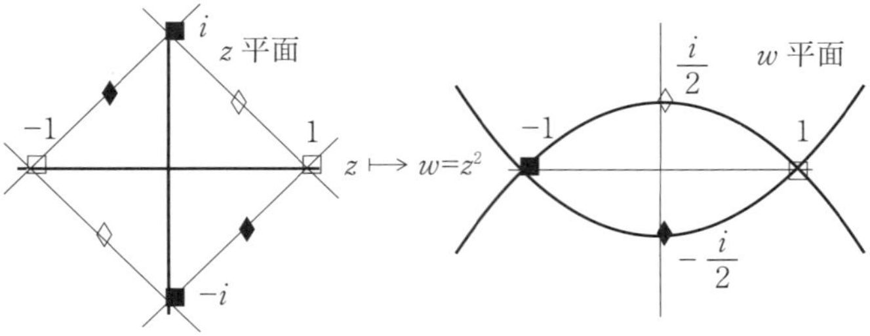

と w 平面の 2 枚を考える．z 平面のなかに今考えている 4 本の直線 $L, iL, -L, -iL$ を描いてね，w 平面にはそれらに対応する 2 本の放物線 $C, -C$ を描くんだ．

ナツ　変数 z が -1 から i へ向う直線 L の上を動くとき，値 $w=z^2$ は 1 から放物線 C に乗って下へ向い，$\dfrac{-i}{2}$ を通って -1 に到達するわけね．変数 z が i に到達した後，ぐっと直角に向きを変えて，i から 1 に到達する直線 $-iL$ の上を動くとき，w は -1 から出発して放物線 $-C$ に乗り $\dfrac{i}{2}$ を通り 1 に帰る．z が i で直角に方向転換するとき，w の方も直角に方向転換するのかしら？

ユキ　$\dfrac{i}{2}$ を通る放物線 $-C$ の方程式は，$w=u+iv$ とするとき，$v=\dfrac{1}{2}-\dfrac{u^2}{2}$ となるでしょ．$\dfrac{dv}{du}=-u$ だから $w=-1$ での放物線 $-C$ の接線の傾きは 1 だよね．一方もう一つの放物線 C は，今考えた放物線に -1 を掛けたもの，つまり w 平面の横軸に対して対称なものでしょ．だから，放物線 C の $w=-1$ における接線の傾きは -1 になるわね．値 w も直角に方向転換している．ナッチャンのカンが当たっているわけね．

ところで，実数関数 $v=\dfrac{1}{2}-\dfrac{u^2}{2}$ を変数 u について微分したけど，複素数関数 $w=z^2$ を変数 z について微分できないのかしら？

ケン　複素数変数 z を複素数値 w に対応させる関数 $f(z)=w$ が $z=\alpha$ とその周辺で定義されているとしよう．「周辺」なんて言ったけど，正確に言うと，α を中心とする小さな円 $V_\varepsilon(\alpha)=\{z\in\mathbb{C} \,|\, |z-\alpha|<\varepsilon\}$ $(\varepsilon>0)$ のなかで定義されているということだ．ここで，円の半径 ε は小さい正の実数だ．変数 z をこの円のなかで中心 α から少しずらして $z=\alpha+\varDelta z$　$(|\varDelta z|<\varepsilon)$ とするとき，値 $w=f(z)$ も $w+\varDelta w$ に移るとしよう．このとき，実数値関数のときと同じように，

$$\lim_{\varDelta z\to 0}\frac{\varDelta w}{\varDelta z}=\beta$$

となるとき，$f(z)$ は $z=\alpha$ で**微分可能**だと言って，$f'(\alpha)=\beta$ と書く．極限の式で，$\varDelta z\to 0$ とあるのは，絶対値 $|\varDelta z|$ が限りなく 0 に近づくという意味で，このとき $\left|\frac{\varDelta w}{\varDelta z}-\beta\right|$ が限りなく 0 に近づくとき上の式が成り立つわけだ．上の式は

$$\lim_{\varDelta z\to 0}\frac{\varDelta w}{\varDelta z}=\frac{dw}{dz}\Big|_{z=\alpha}=\beta$$

とも書く．

$f(z)=w=z^2$ の場合について考えてごらん．

ナツ，ユキ

$$\begin{aligned} f(\alpha+\varDelta z)-f(\alpha) &= (\alpha+\varDelta z)^2-\alpha^2 \\ &= 2\alpha\varDelta z+(\varDelta z)^2 \end{aligned}$$

だから，

$$\frac{\varDelta w}{\varDelta z}=2\alpha+\varDelta z$$

だよね．すると，

$$\lim_{\varDelta z\to 0}\frac{\varDelta w}{\varDelta z}=2\alpha$$

つまり，$f(z)=z^2$ のとき $f'(\alpha)=2\alpha$ となって実数関数 $g(x)=x^2$ について $g'(a)=2a$ となるのとそっくりね．

ケン 定義から直ぐ分かることだけどね，複素数関数 $f(z)$, $g(z)$ が z で微分可能になってるとき，

$$(\alpha f(z)+\beta g(z))'=\alpha f'(z)+\beta g'(z) \quad (\alpha, \beta\text{は定数})$$
$$(f(z)g(z))'=f'(z)g(z)+f(z)g'(z)$$

それに合成関数の微分法の式も成り立つ．つまり，

$$z\mapsto u=u(z)\mapsto w=w(u)=w(u(z))$$

のように，u が z の関数で z で微分可能，w は $u=u(z)$ で微分可能になっているとしようね．関数 w を z の関数として考えると，これは z で微分可能になってね，

$$\frac{dw}{dz}=\frac{dw}{du}\frac{du}{dz}$$

となるんだ．$z'=1$ なんかも実数関数の場合と同じだね．さっき計算した $(z^2)'=2z$ だけどね，これは積の微分の式を使うと

$$(z^2)'=(zz)'=z'z+zz'=z+z=2z$$

のようにも計算できるでしょ．

ナツ そしたら

$$(z^3)'=(z^2z)'=(z^2)'z+z^2z'=2z^2+z^2=3z^2$$
$$(z^4)'=(z^3z)'=(z^3)'z+z^3z'=4z^3$$

同じようにして $(z^n)'=nz^{n-1}$ となる．これも実数関数の場合と同じね．なんだか，せっかく複素数関数のこと考えても，実数関数のことと同じ事ばかりだわ．

ケン そう思うでしょ．では，こんな関数 $f(z)=\bar{z}$ が微分できるかどうか考えてごらん．

ナツ $\overline{x+iy}=x-iy$ だったでしょ．すごく簡単な関数だから，

微分できそうだけど．前と同じように $w=f(z)$ と書いて $z=0$ での微分係数を考えましょうか．$\Delta z=\Delta x$ が実数軸の上にあれば，$\Delta w=\Delta z$ だから $\dfrac{\Delta w}{\Delta z}=1$ でしょ．あれ，待ってよ，$\Delta z=i\Delta y$ が虚数軸の上にあると，$\Delta w=-\Delta z$ になるじゃない！すると，この場合には $\dfrac{\Delta w}{\Delta z}=-1$ になるわ．これは困った．Δz が 0 に近づこうとしても，近づき方によって $\dfrac{\Delta w}{\Delta z}$ の動き方がいろいろだわ！これでは，$\Delta z\to 0$ のときの $\dfrac{\Delta w}{\Delta z}$ の極限は決まらないわよ．

ケン　その通り！実数関数の場合と違ってね，$\Delta z\to 0$ と言っても 0 に近づく道はずいぶんいろいろあるわけだから，複素数関数が微分可能というのは，実はかなり厳しい条件になるんだよ．

ユキ　そう言えば，$w=f(z)=z^2$ のとき $w'=f'(z)=\dfrac{dw}{dz}=2z$ だったから，$f'(i)=2i$ よね．つまり，z が i にとても近いなら $\dfrac{\Delta w}{\Delta z}\fallingdotseq 2i$ になるじゃない．これは，$\Delta w\fallingdotseq 2i\Delta z$ となることでしょ．変数 z が i の近くを動きながら Δz だけ変化するとき，値の変化 Δw は Δz の約 $2i$ 倍になる，これはベクトルとしての Δw がベクトル Δz を先ず同じ方向に 2 倍し，それを正の方向に直角だけ回転させてできるものとほとんど同じだという意味よね．Δz が小さい限りそれがどういう方向を向いていても，それに対応する Δw の方向はいつでも Δz を正の方向に直角だけ回転させた方向にほぼ等しいわけでしょ．そしたら，前にナッチャンが言ってたことだけど，変数 z が i で直角に方向変換するとき値の w もやはり直角に方向変換するってこと，それで説明できるじゃない．

ケン　そうだ！変数 z が i で方向変換するとき，変換の角度は直角でなくても同じだね．つまり，

$$\frac{dw}{dz}=\lim_{\Delta z\to 0}\frac{\Delta w}{\Delta z}=2i \quad (z=i)$$

となることから，i を通って角度 θ で交わる 2 曲線 C_1, C_2 は変換 $z \mapsto w = z^2$ によって $i^2 = -1$ を通って同じ角度 θ で交わる 2 曲線 C'_1, C'_2 に移されることが分かるね．

ユキ　2 曲線が角度 θ で交わるって，それぞれの曲線に i で引いた接線が角度 θ で交わるってわけ？そうすると，曲線としては接線が引けるようなものを考えてるわけね．

ケン　鋭いね．ガウス平面の曲線というけど，その意味をもう少しはっきりさせておこう．今ね，実数直線 $\mathbb{R}$ からガウス平面への関数 $\gamma(t) = x(t) + iy(t)$ $(t \in \mathbb{R})$ を考える．$x(t), y(t)$ はどちらも t について微分可能だとし，$\dfrac{d\gamma}{dt} = \dfrac{dx}{dt} + i\dfrac{dy}{dt}$ と置いて $\gamma(t)$ の t についての導関数を定義する．この導関数の $t=a$ における値を $\dot{\gamma}(a)$ と書こう．さて，曲線として特に始点と終点のあるものを考えることにしてね，

$$\Gamma = \{z = \gamma(t) \mid 0 \leq t \leq 1\}$$

を $\gamma(t)$ によって決まる**曲線**と言うことにする．実数直線に方向がついていることから，曲線にも方向が考えられるね．いま，$0 < a < 1, \gamma(a) = \alpha$ のとき，α における曲線 Γ への**接線**を

$$T_\alpha = \{\alpha + s\dot{\gamma}(a) \mid s \in \mathbb{R}\}$$

と置いて定義する．ただし，このとき $\dot{\gamma}(a) \neq 0$ とする．そうでないと，T_α は直線でなくて点になってしまうものね．$\alpha = \gamma(a)$ は $\dot{\gamma}(a)$ が存在して 0 とは違うとき，曲線 Γ 上の**正則点**と呼ばれるんだ．

例えば，$\gamma(t) = 2(t + it^2) = x(t) + iy(t)$ と置くと $x = x(t) = 2t$, $y = y(t) = 2t^2$ だから $y = x^2/2$．t が実数の上を動く時 $\gamma(t)$ はガウス平面の中で原点を通る放物線を描いて動くね．

ナツ　その放物線って前に出てきた放物線 C を上に $\dfrac{i}{2}$ だけずら

したものでしょ．

ケン　そうだね．ここで $\Gamma=\{z=\gamma(t)\,|\,0\leq t\leq 1\}$ と置くとこれはこの放物線の一部で，原点を始点，$2(1+i)$ を終点とする曲線になる．この曲線の上に $\alpha=\gamma\left(\frac{1}{2}\right)=1+\frac{i}{2}$ を取り，この点における Γ の接線 T_α を考えよう．

ナツ　α って前の放物線 C の上の点 1 を上に $\frac{i}{2}$ ずらしたものよね．だから，この接線 T_α の傾きは C の点 1 における接線の傾き 1 と同じになるはずでしょ．いま，$\gamma(t)=2(t+it^2)$ の導関数を計算すると $\dot{\gamma}(t)=2(1+2it)$ だから $\dot{\gamma}\left(\frac{1}{2}\right)=2(1+i)$．これから $T_\alpha=\{\alpha+2s(1+i)\,|\,s\in\mathbb{R}\}$．$\{2s(1+i)\,|\,s\in\mathbb{R}\}$ ってガウス平面の原点と点 $1+i$ を通る直線だよね．傾きは 1 になる．やはり接線 T_α は α を通って傾きが 1 の直線になる．

ユキ　ところで，関数 $w=f(z)$ の例として $w=z^2$ のことばかり考えてきたけど，他の関数についても，それが $z=\alpha$ で微分可能ならば，変数 z が α の近くをほんの少し Δz だけ動けば対応する値 w の変化 Δw の方向は，$f'(\alpha)\Delta z$ の方向とほぼ一致する．$f'(\alpha)\neq 0$ なら，これはゼロではない定数．この定数を Δz に掛けて偏角を考えると，やはり z が α の回りで θ だけ方向変換すれば，$w=f(z)$ も $f(\alpha)$ の回りで θ だけ方向変換することが言えるでしょ．

ケン　ユキチャンは良く知られた「**等角写像**」についての定理を見つけたんだ．整理しておこう．

定理 3.1　$w=f(z)$ が $z=\alpha$ を含む z 平面の部分集合 D の各点で微分可能，$f'(\alpha)\neq 0$ とする．D に含まれる曲線 Γ_1, Γ_2 が α をそれぞれの正則点として共有し，それらの α における接線がなす角を θ $(0\leq\theta<2\pi)$ とする．いま，$f(\alpha)=\beta$ とし，$f(z)$ によって曲線 Γ_1, Γ_2 を w 平面に移して出来る曲線を Γ'_1, Γ'_2 とすると，それらは β を正則点として共有し，β におけるそれらの接線がなす角は θ に

等しい.

3.3 ガウス平面の開集合，閉集合，領域

ナツ 実数関数は微分可能なら連続だって習ったけど，複素数関数の場合はどうなるのかしら？例えば，$y=x^2$ のグラフは破れたりしてなくて，連続だから，実数関数 $f(x)=x^2$ は連続なわけだけど，複素数関数で $f(z)=z^2$ の場合には，微分可能だけど，この関数のグラフといっても，イメージしにくいよね.

ケン $y=x^2$ のグラフが連続だってことは，変数 x がほんの少し，$x+\Delta x$ まで動くときに y の値が $y+\Delta y$ まで動くとして値の変化 Δy もうんと小さいというようなことだね．似たようなことは複素数関数についてもいえるでしょ．例えば $w=f(z)=z^2$ の場合 $\Delta w=f(z+\Delta z)-f(z)$ と置くと，$\Delta w=(z+\Delta z)^2-z^2=2z\Delta z+(\Delta z)^2$ だから，絶対値 $|\Delta z|$ が 0 に近ければ Δw も 0 に近くなる．もっと一般に複素数関数 $w=f(z)$ が $z=\alpha$ を含むガウス平面の一部 D で定義され，変数を α から $\alpha+\Delta z$ まで変化させて，$|\Delta z|$ を十分 0 に近くするとき値の変化 $\Delta w=f(\alpha+\Delta z)-f(\alpha)$ についても $|\Delta w|$ がどんなにでも 0 に近くになるなら，関数 $f(z)$ は α で**連続**だといい，関数 $f(z)$ がすべての複素数 z で連続なとき，$f(z)$ は**連続**だというんだ．複素数関数 $f(z)$ が $z=\alpha$ で微分可能なら，そこで連続になること，すぐにわかるから考えておいてね.

ところで，このことに関連して，ガウス平面の開集合というものがあって，これを使うと関数の連続性の定義ももう少しすっきりするんだ．ガウス平面の一部 U について，U に含まれるどんな z をとっても，それを中心とする円で十分半径が小さいものをとれば，その円も U に含まれるようにできるなら，U は**開集合**というんだ．例えば U として複素数 α を中心とする半径 $r>0$ の円の内部 $U=V_r(\alpha)=\{z\in\mathbb{C}\,|\,|z-\alpha|<r\}$ をとれば，これは開集合になるね.

ユキ $\overline{V}_r(\alpha)=\{z\in\mathbb{C}\,|\,|z-\alpha|\leq r\}$ つまり今の円の円周をも込め

た集合を考えると，円周上の点 z については，それを中心とする円は，半径をどんなに小さくとっても $\overline{V}_r(\alpha)$ からはみだしちゃうでしょ．すると，$\overline{V}_r(\alpha)$ は開集合にはならないわけね．

ナツ　でもね，ユキチャン，その円をガウス平面から切り取った残りの部分はまた開集合になってるよ．

ケン　集合 D をガウス平面 $\mathbb{C}$ から切り取ったものを $\mathbb{C}-D=D^c$ と書いて，D の**補集合**というんだけどね，この D^c が開集合になるとき，D を**閉集合**と呼ぶんだ．円周を含む円の内部は閉集合になるわけだね．

ナツ　一点は閉集合，有限個の点も閉集合だね．直線もそうだし．

ユキ　ガウス平面全体は開集合でしょ．平面全体は空集合の補集合だから，空集合は閉集合ってわけだ．

ケン　ところでね，その空集合は開集合でもあるんだ．

ユキ，ナツ　え〜っ！それはないでしょ！閉じていながら開いているなんて変だし，第一開集合ってそれに含まれる点があれば，それを中心とする小さい円の内部も同じ集合に含まれるわけでしょ．空集合だったら，含まれる点がそもそも無いじゃない．

ケン　そう，それだからこそ，空集合は開集合なんだ．とんでも無いって顔してるね．ちょっと待って，ここで，こんなこと考えてごらん．今ね，王様のためにダイヤを運んできた商人たちが，お城の門で運んできた袋を見せるとしよう．王様の命令で，袋の中に一つでもダイヤ以外のもの，ガラスとか石ころとかが入っていたら，門から中には入れないんだ．袋の中に入っているものがすべてダイヤであるものだけが，中に入れるんだ．商人の列に混じっていた一人の人の袋を開けたら，何と何も入っていなかった．その人は門から中に入れるかどうか，どっちだと思う？

ユキ　なるほど，命令に従えば空っぽの袋にはダイヤ以外のものは何も入っていないのだから，その人は入れるわけだ．それと，同じ事で，空集合も開集合ってわけね．でも，開いているのに閉じてもいるなんて変よ！それとさ，空集合が閉集合でも開集合でもあるのなら，平面全体も開集合でもあり，閉集合でもあることになるわよ．

ケン　その通りそれでいいんだよ．居直るみたいだけどね，数学の言葉って常識から言うと変なものが結構あるんだ．例えば，ある集合はそれ自身の部分集合でもあるとかね．でも，王様の命令みたいに，すべて言葉の定義に従って話が進むんだ．平面全体や空集合は**閉開集合**とも呼ばれるんだよ．

ナツ　へ〜っ．閉開集合って他にもあるのかしら？

ケン　ガウス平面に含まれる閉開集合は，他にはないんだ．仮にさ，平面全体でも，空集合でもない U がガウス平面に含まれる閉開集合だったとしようよ．この U の補集合 U^c も平面全体とも空集合とも違う閉開集合になるでしょ．しかも，$U \cup U^c = \mathbb{C}$ だよね．繰り返しになるけど，U もその補集合も空集合ではないから，U, U^c のそれぞれの中に含まれる点があって，それは互いに別だよね．α, β をそれぞれ U, U^c に含まれる点とし，それらを結ぶ線分を考えよう．いま，α, β を書き直して α_0, β_0 と書いてね，それらの中点を γ_0 と置こう．

ユキ　γ_0 は U か U^c のどちらか一方に入るんだ．

ケン　もし，γ_0 が U に入るなら，また記号を書き直してね，今度は γ_0 を α_1 と書き，β_0 を β_1 と書く．初めの線分の半分で，一つの端っこ α_1 は U に属し，もう一つの端 β_1 は U^c に含まれる線分ができた．一方，もし γ_0 が補集合 U^c の方に入るならば，α_0 を α_1，γ_0 を β_1 と書き直す．

ユキ　どちらの場合でも，初めの線分の長さを半分にした線分で，その端点 α_1, β_1 はそれぞれ U, U^c に含まれるものができたわけね．分かったわ，今度はこの新しい線分の中点をとって，同じプロセスを繰返すんでしょう．

ナツ　すると，また長さ半分の線分で端点 α_2, β_2 がそれぞれ U, U^c に属しているものができる．以下同様に，長さが次々に前のものの半分になっている線分の列で α_k, β_k を端点，それぞれが U, U^c に属するものができるのね．

ケン　そうだ！すると，すべての線分に共通に入っている点が一つだけ決まるでしょ．それをγとしよう．これは，さて，U, U^cのどちらに入るでしょう？

ユキ　もしγがUに入るなら，Uは開集合でもあるのだから，γのごく近くの点はすべてUに入らなければならないでしょ．ところが，γからどんなに近いところにもU^cの点β_kがあるじゃない！これは矛盾．だから，γはU^cの点じゃないとだめだと言うことになる．だけど，U^cも開集合でしょ．だから，γにすごく近い点はすべてU^cに入るわけだけど，やはり，Uの点α_kでγにいくらでも近い点があるじゃない．八方ふさがりだわ．すると，そもそも空集合でも全体集合でもないUで閉開集合になるものがあるなんて考えたのがだめだったということね！

ケン　ガウス平面の開集合全体の集まりを$O(\mathbb{C})$と書こう．これは，次の性質を持っているよね：

1) $\phi \in O(\mathbb{C})$，$\mathbb{C} \in O(\mathbb{C})$

2) $U, V \in O(\mathbb{C}) \Longrightarrow U \cap V \in O(\mathbb{C})$

3) 与えられた集合Λの各メンバーλに開集合U_λが対応付けられているとき，それらの合併$\bigcup_{\lambda \in \Lambda} U_\lambda \in O(\mathbb{C})$

これってかなりシンプルな性質でしょ．ここでね，話を一挙に広げて，何でも良いけどある集合Sとその部分集合の集まり$O(S)$が与えられ，いま話した1), 2), 3)で$O(\mathbb{C})$とあるのを皆$O(S)$で置き換えたものが成り立っているとしよう．このとき，Sは$O(S)$を**開集合の族**とする**位相**を与えられているといって，Sを**位相空間**というんだ．たった三つの簡単な性質だけど，これは**開集合の公理**と呼ばれてね，これをもとにして驚くべき豊かな位相空間論が展開される．この理論は現代数学の大きな柱のひとつで，類体論をきちっと理解するためにも必要になるんだ．

いま，位相空間Sとその部分集合Tが与えられているとしよう．このとき，

$O(T) = \{T \cap U \mid U \in O(S)\}$

と置くとさ，これも開集合の公理をみたすことが直ぐに分かる．こうして出来る位相空間 T を S の**部分空間**というんだ．

ナツ　実数直線 $\mathbb{R}$ はガウス平面 $\mathbb{C}$ の一部でしょ．ガウス平面の中の開いた円の内部と実数直線との共通部分は，もしも空集合でなければ普通の開区間になるでしょ．すると，実数直線をガウス平面の部分空間として見た場合，$V \in \mathbb{R}$ がその開集合っていうのは，$P \in V$ ならば，P を中点とする十分に短い開区間は，また V に含まれるってことになるわね．

ユキ　$\mathbb{C}$ の部分空間としての $\mathbb{R}$ も，さっきと同じように考えて閉開集合は空集合か直線全体かのどちらかしかないわね．

ケン　そうだね．閉開集合が空集合か空間全体かのどちらかに限られるような位相空間を**連結空間**と呼ぶんだよ．そしてね，ガウス平面に含まれる空集合ではない開集合があって，それが連結になるとき，その開集合のことをガウス平面の**領域**と呼ぶんだ．領域 D の中に 2 点 P, Q をとるとね，それらを結ぶ曲線で D の中を通るものがあることも証明できるんだ．

ところで，始めにもどって，連続関数のことを考えよう．関数っていうと，数を数に対応させるわけだけど，位相空間 S, T が与えられ，S の各点 P に T の点 Q を対応させる $f(P)=Q$ を考えよう．このような f は関数というより，**写像**と呼ばれる．S の部分集合 X に対応してその f による**像** $f(X)=\{f(P) \mid P \in X\}$ を考えることがよくあるんだけど，その逆に，T の部分集合 Y の f による**逆像** $f^{-1}(Y)=\{P \in S \mid f(P) \in Y\}$ と呼ばれるものも，よくとりあげられる．この言い方を使うと，S から T への写像 f が**連続**であるとは，Y を T の開集合とするとき必ず $f^{-1}(Y)$ は S の開集合であることを意味すると定義できるんだ．

ユキ　すっきりした定義ね！ガウス平面の z に $w=f(z)=z^2$ を対応させる関数というか，写像に戻ってみましょうね．これは $\mathbb{C}$ からそれ自身への写像でしょ．Y を開集合として逆像 $f^{-1}(Y)$ を考え，その中に z が入るとしましょうよ．つまり，$f(z)=w \in Y$ になってるわけね．Yは開集合だから，wを中心とする十分小さな円の内部BはYに含まれる．ところで，Δzがごく小さいなら，$f(z+\Delta z)$もごく$f(z)=w$に近い，つまりzを中心とする十分小さな円の内部Aをとると，$f(A)\subset B$になるでしょ．すると$A\subset f^{-1}(Y)$になるじゃない．これは$f^{-1}(Y)$が開集合になるってことを意味するわけね．な〜るほど！

3.4　複素数関数の線積分

ナツ　ガウス平面に含まれる曲線として，すごく単純だけど，実数直線の上の閉区間$[0, 1]$があるでしょ．関数$f(z)=z^2$の変数zをこの閉区間の上に限って動かすと，$z=x, 0\leq x\leq 1$となって，このとき$f(x)=x^2$の閉区間$[0, 1]$の上での積分

$$\int_0^1 x^2 dx=\left[\frac{x^3}{3}\right]_0^1=\frac{1}{3}$$

となるよね．ここで，曲線としてもっと自由にガウス平面のなかを走るものをとって，関数$f(z)$をそれに沿って積分できないかしら？

ユキ　曲線というと，閉区間$[0, 1]$から$\mathbb{C}$への連続関数$\gamma(t)$をとって，それによる像$\Gamma=\gamma([0, 1])$のことよね．$f(z)$を$[0, 1]$に沿って積分するってことは，線分$[0,1]$を細かく分け，$t_0=0<t_1<\cdots<t_n=1$として，$\Delta t_1=t_1, \Delta t_2=t_2-t_1, ..., \Delta t_n=t_n-t_{n-1}$のように微小線分の長さの列を考えて，

$$\sum_{k=1}^{n} f(t_k)\Delta t_k$$

の極限を考えるってことよね．極限っていうのは，線分$[0, 1]$の細切れの入れ方を限りなく小さくしたときの極限ってことだけどさ．つまり，Δt_kの最大値$\max_{1\leq k\leq n}\Delta t_k$を限りなく0に近づけるってこ

とよ．この考え方を，もっと普通の曲線の場合に広げるとどうなるかしら？

ナツ　t_k　$(1 \leq k \leq n)$はそのままにしといて，$\Delta\gamma_k = \gamma(t_k) - \gamma(t_{k-1})$と置いてみたらどうかしら？こうすると，曲線$\Gamma$を細かい折れ線で近似して，その$k$番目の折れ線に当たる小さいベクトル$\Delta\gamma_k$を考えることになるよね．これは小さい複素数でしょ．これを使って

$$\sum_{k=1}^{n} f(\gamma(t_k))\Delta\gamma_k$$

の極限を考えるってのはどう？

ケン

$$\Delta\gamma_k = \frac{\Delta\gamma_k}{\Delta t_k}\Delta t_k$$

でしょ．そうすると，ナッチャンの考えた極限は

$$\int_0^1 f(\gamma(t))\frac{d\gamma}{dt}dt = \int_0^1 f(\gamma(t))\dot{\gamma}(t)dt$$

になるわけだね．ただし，この積分ができるために，$f(\gamma(t))$も$\dot{\gamma}(t)$もtの連続関数だって条件を入れとこう．こうして考えられた積分を$f(z)$の曲線Γに沿った**線積分**といって，

$$\int_\Gamma f(z)dz$$

のように書くんだ．

ナツ　$f(z) = z^2$をガウス平面の単位円周Cに沿って積分したらどうなるかしら？ Cを決める関数としては$\gamma(t) = E(2\pi t) = \cos 2\pi t + i\sin 2\pi t$とすればよいでしょ．この場合

$$\dot{\gamma}(t) = 2\pi(-\sin 2\pi t + i\cos 2\pi t) = 2\pi i(\cos 2\pi t + i\sin 2\pi t) = 2\pi i E(2\pi t)$$

になるじゃない．すると，

$$\int_C z^2 dz = 2\pi i \int_0^1 E(2\pi t)^2 E(2\pi t)\, dt = 2\pi i \int_0^1 E(6\pi t)\, dt$$

になるわね．

ユキ　$y = \cos 2\pi x$ のグラフって，x が 0 から 1 まで動く間に x 軸の上に出る部分と下にもぐる部分との面積が同じになるでしょ．同じ事は $y = \cos 2\pi kx$ や $y = \sin 2\pi kx$ （k は自然数）についても言えるから，

$$\int_0^1 \cos 2\pi kt\, dt = \int_0^1 \sin 2\pi kt\, dt = 0$$

$$\therefore \quad \int_0^1 E(2\pi k)\, dt = 0 \quad (k\text{は自然数})$$

になるでしょ．すると，C をガウス平面の単位円周とすると

$$\int_C z^n dz = 0 \quad (n = 0, 1, 2, \ldots)$$

が言えるじゃない！

ナツ

$$\int_C z^{-1} dz = 2\pi i \int_0^1 dt = 2\pi i$$

になるわね！これは面白い．

ユキ

$$\int_C z^{-n} dz = 0 \quad (n = 2, 3, 4, \ldots)$$

も言えるわね．z^{-1} だけが特別なんだ．こういうことって，曲線 Γ として，例えば楕円のようなものをとったらどうなるのかしら？

ケン　実はね，単位円周を連続的に動かしたような曲線 Γ についても同じようなことが言えるんだ．つまり，Γ を定義する関数 $\gamma(t)$ $(0 \leq t \leq 1)$ が t について連続，また $0 < t < 1$ のとき微分可能としよう．そして，$\gamma(0) = \gamma(1)$ つまり，曲線の始点と終点が一致する

とする．このとき，曲線 Γ は**閉曲線**って言うんだけどね．それに，この曲線が途中でよじれたりしているとまずいんで，$0<r<s<1$ ならば，$\gamma(r)\neq\gamma(s)$ という条件も入れとく．こういう曲線を**単純閉曲線**と呼ぶんだ．曲線 Γ に囲まれる領域を D としてね，関数 $f(z)$ がこの領域の各点で微分可能になっているとする．このとき，$f(z)$ は領域 D で**正則**っていうんだ．するとね，こんな強力な定理が成り立つ：

定理 3.2　コーシー（A.L. Cauchy）の積分定理

$f(z)$ が単純閉曲線 Γ によって囲まれる領域で正則であるとき

$$\int_{\Gamma} f(z)\,dz=0$$

が成り立つ．

ユキ　C を単位円周とするとき

$$\int_{C} z^{-1}dz=2\pi i$$

だったでしょ．これも一般化できるの？

ケン　そう，これについては，留数（りゅうすう）定理っていうのがあってね，先ず $f(z)=\dfrac{1}{z-\alpha}$ という関数を考えてみよう．これは，$0<|z-\alpha|$ で正則でしょ．いま，正数 r を半径とする中心 α の円周を $C_{r(\alpha)}$ としよう．すると

$$\int_{C_{r(\alpha)}}\frac{1}{z-\alpha}dz=2\pi i$$

$$\therefore\frac{1}{2\pi i}\int_{C_{r(\alpha)}}\frac{1}{z-\alpha}dz=1$$

になるね．ここで，もっと一般に関数 $f(z)$ が $0<|z-\alpha|<R$ で正則だとすると，$0<r<R$ のような r については

$$\frac{1}{2\pi i}\int_{C_{r(\alpha)}}f(z)\,dz$$

は r によらない一定の数になるんだ．これを $f(z)$ の α における**留数**といって $\mathbf{Res}_{f(z)}(\boldsymbol{\alpha})$ と書く．いまね，$f(z)$ が単純閉曲線 Γ の各点で微分可能，それにこの曲線で囲まれる領域 D に含まれる有限個の点 $\alpha_1, \alpha_2, \cdots, \alpha_n$ を除けば D で正則になっているとしよう．すると，こんな定理が成り立つ：

定理 3.3

$$\int_\Gamma f(z)\,dz = 2\pi i \sum_{k=1}^{n} \mathrm{Res}_{f(z)}(\alpha_k)$$

これを**留数定理**って言うんだ．

実際にはね，線積分のルート曲線としては，半円とか長方形のように，角があってそこでは曲線を定義する関数 $\gamma(t)$ が微分できないようなものを考えることが多い．そういう曲線は，これまで考えてきたような曲線をいくつか継ぎ合わせたものと考えられるね．そのような単純閉曲線についても，コーシーの積分定理や留数定理は成り立つんだ．

3.5　$e^{i\theta} = \cos\theta + i\sin\theta$

ケン　ナッチャンが言ってた問題にいよいよ入るよ．実数変数の無限級数として表わされた指数関数を複素数変数のものに拡張できないかしらということだったね．実はね無限級数について，実数のときに成り立っていたことと似たことが複素数についても成り立つんだ．極限の性質のもとにあるのが絶対値の性質で，これは実数についても複素数についても同様なので，結果も似ているんだけどね．

いま，α, α_k　$(k=0, 1, 2, ...)$ を与えられた複素数定数とし，z を複素数変数としよう．ここで，**整級数**と呼ばれる

$$f(z) = \sum_{k=0}^{\infty} \alpha_k (z-\alpha)^k$$

という式を考える．すると，$0 \leq r \leq \infty$ のような r が決まり，$r=0$ ならば $f(z)$ は $z=\alpha$ のときに限って収束し，$0<r<\infty$ のときは，$f(z)$ は $|z-\alpha|<r$ つまり，z が α を中心とする半径 r の円の内部にあるときは必ず収束，その円の外部にあれば必ず発散する．そして，$r=\infty$ ならば $f(z)$ はすべての複素数 z について収束することが分かるんだ．この r は整級数 $f(z)$ の**収束半径**と呼ばれ，α を中心とする半径 r の円の内部をこの整級数の**収束円**と呼ぶんだ．

ユキ　$r=0$ ならば半径 0 の円に内部はないから収束円は空集合になるわね．$r=\infty$ のときは収束円は全平面になるのね．それとさ，定数 α, α_k　$(k=0, 1, 2, \ldots)$ が皆実数なら，ケンちゃんが言った収束半径って，実数のべき級数について考えた収束半径と同じになるのね．

ケン　その通り！だから，整級数

$$f(z)=\sum_{k=0}^{\infty}\frac{z^k}{k!}$$

は収束半径 ∞ つまり全平面で収束する関数になり，これを e^z と書くんだ．$z=x$ が実数なら，これは前に考えた指数関数だよね．それと前にナッチャンが考えてたように

$$e^{i\theta}=1+i\theta-\frac{\theta^2}{2!}-i\frac{\theta^3}{3!}+\frac{\theta^4}{4!}+\cdots$$

となるね．

ユキ　ここで足し算の順序を変えてもいいのかしら？

ケン　実はね，変数 z が整級数 $f(z)$ の収束円の内部にある限り，級数の足し方の順序をいくら変えても同じ答えになるってことが証明できるんだ．それとね，整級数 $f(z)=\sum_{k=0}^{\infty}\alpha_k(z-\alpha)^k$, $g(z)=\sum_{k=0}^{\infty}\beta_k(z-\alpha)^k$ が同じ収束円を持つときには，それらの和も積も同じ収束円を持っていて

$$f(z)+g(z)=\sum_{k=0}^{\infty}(\alpha_k+\beta_k)(z-\alpha)^k \tag{3.1}$$

$$f(z)g(z)=\sum_{k=0}^{\infty}\gamma_k(z-\alpha)^k \tag{3.2}$$

$$\gamma_k=\sum_{i+j=k}\alpha_i\beta_j \tag{3.3}$$

が成り立つ．

ユキ　やったね！ナッチャン！確かに

$$e^{i\theta}=\cos\theta+i\sin\theta$$

になるわね！

ケン

$$e^{\alpha z}e^{\beta z}=\sum_{k=0}^{\infty}\frac{(\alpha z)^k}{k!}\sum_{k=0}^{\infty}\frac{(\beta z)^k}{k!}=\sum_{k=0}^{\infty}\gamma_k z^k$$

を計算してみよう．

ナツ

$$\gamma_k=\sum_{i+j=k}\frac{\alpha^i}{i!}\frac{\beta^j}{j!}$$

でしょ．

ケン　そうだね．ところで，**二項定理**って覚えてるかな？

$$(\alpha+\beta)^k=\sum\nolimits_{i=0}^{k}{}_kC_i\alpha^i\beta^{k-i}$$

のことだけど．ここで，${}_kC_i=\dfrac{k!}{i!(k-i)!}$ は組合せの数だ．$k-i=j$って書き直すと ${}_kC_i=\dfrac{k!}{i!j!}$ となるでしょ．

ナツ　はは〜，これを使って上の式を書き直すと

$$\gamma_k=\frac{1}{k!}\sum\nolimits_{i=0}^{k}{}_kC_i\alpha^i\beta^j=\frac{(\alpha+\beta)^k}{k!}$$

になるわね．そうか！すると

$$e^{\alpha z}e^{\beta z}=e^{(\alpha+\beta)z}$$

となる！これも実数の指数関数と同じね．

ユキ　複素数の整級数についても項別微分の式は成り立つの？

ケン　そうだよ．

$$f(z)=\sum_{k=0}^{\infty}\alpha_k(z-\alpha)^k$$

は収束円の内部で微分することができてね，

$$f(z)'=\sum_{k=1}^{\infty}k\alpha_k(z-\alpha)^{k-1}$$

となる．この級数も初めの級数と同じ収束半径を持つんだ．

ユキ

$$f(\alpha)=\alpha_0,\ f'(\alpha)=\alpha_1,\ f''(\alpha)=2\alpha_2,\ \cdots f^{(k)}(\alpha)=k!\alpha_k$$

となるわね．

ナツ　そうするとさ，

$$f(z)=\sum_{k=0}^{\infty}\frac{f^{(k)}(\alpha)}{k!}(z-\alpha)^k$$

となるわけね．

ケン　実は，複素数関数については実数の場合と違って，すごく強いことがいえてね，複素数 α を含む領域で微分可能な関数 $f(z)$ は，その領域で無限回微分可能になって，しかも，α を中心とするある円の内部で

$$f(z)=\sum_{k=0}^{\infty}\frac{f^{(k)}(\alpha)}{k!}(z-\alpha)^k$$

と整級数に展開できるんだ.

ユキ　そうすると, e^z の場合は級数の形から $(e^z)'=e^z$ になるわね. これも実数の場合と同じね. そういえば, 2^i とかも定義できるのかしら?

ナツ　a が実数の場合は $2^a=e^{a\log 2}$ だったよね. すると $2^i=e^{i\log 2}$ と置けばいいのかしら? これはガウス平面上の単位円周上の点になるわね.

ケン　そうなんだ. 一般に c を正の実数, z を複素数とするとね

$$c^z=e^{z\log c}$$

と置いて c^z が定義できるんだ. 実は, もっと一般に, α として 0 とは違う複素数をとるとき, α^z も定義できるんだけど, ここではそこまでは踏み込まないことにするね.

3.6　リーマン予想

ナツ　正の実数 c と複素数 z について c^z が定義されるなら, 自然数 $k=1,2,3,\ldots$ についても k^z が定義できるでしょ. そしたら, 前に話がでたリーマンのゼータ関数

$$\zeta(s)=\sum_{k=1}^{\infty}\frac{1}{k^s}\quad(s>1)$$

を複素数変数に広げて

$$\zeta(z)=\sum_{k=1}^{\infty}\frac{1}{k^z}\quad(z\in\mathbb{C})$$

という関数が考えられないかしら?

ユキ　でも, $\zeta(1)$ は発散したでしょ. $z=1$ のときはだめじゃない.

ケン　そうだったね. 実は $\mathrm{Re}(z)>1$ つまり $z=x+iy$ の実数部

分 $x>1$ のとき，またそのときに限って，ナッチャンがいった $\zeta(z)$ $(\mathrm{Re}(z)>1)$ が定義できる．この関数は領域 $D=\{z|\mathrm{Re}(z)>1\}$ で正則になる．それだけでなく，実はガウス平面全体から $z=1$ の一点だけを除外した領域 $\tilde{D}$ で正則になる関数 $Z(z)$ で，その変数を領域 D に制限したときにちょうど $\sum_{k=1}^{\infty}\frac{1}{k^z}$ $(z\in D)$ と一致するようなものがとれるんだ．この関数 $Z(z)$ も**リーマンのゼータ関数**といって $\zeta(z)$ と書くんだよ．このゼータ関数のゼロ点，つまり $\zeta(z)=0$ を満たすような点 z はとりわけ神秘的な性質を持っている．例えば，前に出てきた素数定理はね，1 を通って虚数軸と平行になる直線上にはゼータ関数のゼロ点がないことと同値になる事も分かっているんだ．ゼータ関数は，$\frac{1}{2}$ を通って，やはり虚数軸と平行になる直線 L に関して，ある意味で対称性を持つことも知られていてね，そのことから $z=-2, -4, -6, \ldots$ がゼータ関数のゼロ点になることが分かるんだ．実はリーマンは 1859 年に発表された論文のなかで，それ以外のゼロ点はすべて直線 L 上にあるだろうと書いている．これが有名な**リーマン予想**で，2003 年にはコンピューターを使って 2000 億個ものゼロ点を計算したところ，それらすべてについて，リーマン予想が正しいことが確かめられたんだって（「興奮する数学」キース・デブリン，山下純一訳，岩波書店）．この予想が正しいことが分かれば，素数についての深い結果も分かる．これまで，大勢の数学者達がチャレンジしたけど，いまもなおリーマン予想を証明することは現代数学の最重要問題の一つであり続けて居るんだ．「興奮する数学」によるとね，直線 L 上に並ぶゼータ関数のゼロ点同士の間隔を表わすモンゴメリーの公式というものがあり，それが理論物理学で量子カオス系と呼ばれるもののエネルギー・レベルの間の間隔を表すものと同じになるんだって．1859 年にリーマンが発表した論文の初めの部分の杉浦光夫さんによる訳とその解説が佐武さんの「現代数学の源流」（上）（佐武一郎，朝倉書店）にのっている．そのなかで，関数 $\zeta(z)$ のことやリーマン予想のことなど，

どきどきするようなことが説明されている．易しくはないけど高木先生の「解析概論」(岩波書店) を参考にすれば読めるよ．

第4章　透き通った代数の世界へ

4.1　α システム

ケン　数っていってもいろいろあるよね．自然数全体の集合 $\mathbb{N}=\{1, 2, 3, \ldots\}$，整数全体の集合 $\mathbb{Z}=\{\ldots -3, -2, -1, 0, 1, 2, 3, \ldots\}$，実数全体の集合 $\mathbb{R}$，複素数全体の集合 $\mathbb{C}$ とか，有理数全体の集合 $\mathbb{Q}$ など，それぞれ数の世界といえる．

ユキ　有理数っていうと，$\dfrac{1}{2}$とか$\dfrac{2}{3}$のように $\dfrac{k}{l}$　$(k, l \in \mathbb{Z}, l \neq 0)$ のように書ける数のことね．$\dfrac{k}{1}=k$ だから整数も有理数になるけど，整数にはならない有理数もたくさんある．整数の範囲のなかでは割算は自由にできないけど，有理数までゆけば，0 でない数で割ることができるわけよね．

ナツ　整数の世界では足し算，引き算，かけ算が自由にできるけど，自然数の世界では足し算とかけ算しか自由にできないわね．でも，足し算とかけ算といえば，関数どうしでもできるし，行列の足し算やかけ算もあるでしょ．関数とか行列となると，もう数というには変だけどね．それとさ，普通こういう話では加減乗除の計算だけ考えてるけど，それ以外にも計算があるのかしら？

ケン　数学って俳句とか生け花と似てるとこがあってね，様々な現象の世界からエッセンスを選び出して最大限シンプルな概念に煮詰め，そこから出発して澄み切ったシステムを築こうとする．ユキチャン，ナッチャンが言ってることでいうと，出発点として考えられるのは **α システム**という概念なんだね．これは，集合 $S(\neq \phi)$ と S のメンバーの間に考えられる演算 $*$ と呼ばれるもののペア $(S, *)$

なんだ．**演算**というのは加減乗除をイメージとし，それを最大限ふくらませたものなんだけど，$a, b \in S$ に $c = a * b \in S$ を対応させる仕組みといえる．a, b は S のメンバーなら何でも良い．$a = b$ の場合も考えるしそうでない場合も考える．演算 $*$ によって a, b から S のメンバー c を産み出すことができる．この $c = a * b$ がまた S のメンバーになるというところがミソで，これによって，集合 S のなかで演算 $*$ が自由にできることになる．

ユキ　$(\mathbb{N}, +)$ とか $(\mathbb{N}, \times)$ は α システムになるけど $(\mathbb{N}, -)$ はだめね．$3-2=1 \in \mathbb{N}$ だけど $2-3=-1 \notin \mathbb{N}$ だものね．

ナツ　$(\mathbb{Z}, -)$ なら α システムになるわね．

ケン　もう一つ面白い α システムを紹介しよう．集合としては実数成分の 2 行 2 列の行列全体 $\boldsymbol{M}_2(\mathbb{R})$，そのメンバー A, B について演算 $*$ を

$$A * B = \frac{1}{2}(AB + BA)$$

と決めるんだ．**ジョルダン**（C. Jordan）**積**と呼ばれる．

ナツ

$$A * B = B * A$$

となるわね．特に E を単位行列 $\begin{pmatrix} 1 & 0 \\ 0 & 1 \end{pmatrix}$ とすると

$$E * A = A * E = A$$

となって，ジョルダン積でも E は単位行列みたい．

ユキ　その一方

$$J = \begin{pmatrix} 0 & 1 \\ 1 & 0 \end{pmatrix}, A = \begin{pmatrix} a & b \\ c & d \end{pmatrix}$$

とすると

$$J*A=\frac{1}{2}\begin{pmatrix} b+c & a+d \\ a+d & b+c \end{pmatrix}$$

になる．特に $J*J=E$ だけど

$$J*\begin{pmatrix} a & b \\ 2-b & -a \end{pmatrix}=E$$

となって $J*A=E$ となる行列 A は J 自身の他にもいくらでもあるわね．

ケン　単位行列のような役割を持つものを一般の α システム $(S, *)$ についても考えることがある．もし集合 S のメンバー e があって

$$e*a=a*e=a \quad (a\in S)$$

が常に成り立つならば，e を S の演算 $*$ に関する**単位元**というんだ．単位行列 E はジョルダン積に関する $M_2(\mathbb{R})$ の単位元になるし，1は普通のかけ算に関する $\mathbb{N}$ の単位元になるね．

ユキ　$(\mathbb{Z},+)$ の単位元としては0がとれるわね．でも，$(\mathbb{N},+)$ には単位元がないようね．

ナツ　単位元ってあるとしたら，ただ一つだけなのかしら？

ケン　いい質問だ！ α システム $(S, *)$ に単位元 e, e' があるとしてみよう．$e*e'$ を計算したら何が言えるか考えてごらん．

ナツ，ユキ　単位元の定義の式にでてくる $e*a=a$ で，a として e' をとれば $e*e'=e'$ よね．一方，e' の方も単位元のわけだから，今度は定義式にある $a*e=a$ の e の替わりに e' をとり，a としては e をとれば，$e*e'=e$ となるじゃない！すると，$e=e'$ になる！

ユキ　ところで，さっきの $(\mathbb{N},+)$ と $(\mathbb{Z},+)$ だけど，足し算について α システムになっている $\mathbb{N}$ は，やはり足し算についての α システム $\mathbb{Z}$ の一部でしょ．$(\mathbb{N}, \times)$ と $(\mathbb{Z}, \times)$ についても似たようなことがいえるし．

ケン　ユキチャンがいったことを突き詰めると，部分 α システ

ムの概念がでてくる．つまり，集合 S とその部分集合 $T\neq\phi$ があってね，$(S, *)$ が α システムになっていて，T のメンバー a, b については，それらをどのようにとっても $a*b\in T$ となっているとするね．そのとき $(T, *)$ は $(S, *)$ の**部分 α システム**と呼ばれる．

4.2　写像

ケン　§3.3 で，位相空間のことを話したとき写像のこともいったよね．もう一度整理してみよう．S, T を集合，$s\in S$ を自由にとるとき，それに対応して $f(s)$ と書かれる T のメンバーを指定することができるときに，S から T への**写像** f が与えられたといって，「写像 $f: S\longrightarrow T$」とか $S\xrightarrow{f}T$ のように表わす．

冬のよく晴れた月の夜に林の小道を歩いていると，裸の枝の蔭がくっきりと道に揺れているのが見える．木々の世界から小道への写像が月の光によって実現しているんだ．

写像 $f:S\longrightarrow T$ と S の部分集合 A が与えられているとき，A のメンバー全体を f によって移した集合を $f(A)$ と書いて写像 f による A の**像**というんだ．

$$f(A)=\{f(a)|a\in A\}$$

だね．特に $f(S)=T$ となるとき，f は**全射**と呼ばれる．月の夜に小道が木々の蔭ですっかり覆い尽くされているような感じだね．一方，$a, b\in S, a\neq b$ のときに必ず $f(a)\neq f(b)$ となるならば，f は**単射**であるという．木々が立て込んでいて別々の小枝の蔭が道の上でダブっていれば，月による写像は単射にはならないわけだ．

写像 $f:S\longrightarrow T$ が単射でもあり全射でもあるなら，f は S から T の上への**全単射**と呼ばれる．

特に S が演算▲を持つ α システム，T が演算▼を持つ α システムで，写像 $f:S\longrightarrow T$ について $a, b\in S$ ならば

$$f(a\blacktriangle b)=f(a)\blacktriangledown f(b)$$

が必ず成り立つときに，f は S から T への**準同型**と呼ばれ，このとき更に f が全単射ならば，f は S から T の上への**同型**と呼ばれて $f:S\overset{\cong}{\to}T$ のように書き，S と T は**同型**になるという．

ナツ　$(\mathbb{N},+)$ と $(\mathbb{N},\times)$ って同型になるのかしら？

ユキ　$f(a)=a$ $(a\in\mathbb{N})$ としたら f は全単射だけど

$$f(1+1)=f(2)=2,\quad f(1)f(1)=1\times1=1\quad \therefore f(1+1)\neq f(1)f(1)$$

でしょ．だからこの f は準同型にもならないわね．

ナツ　$f(1)=2, f(2)=2^2, f(3)=2^3, f(k)=2^k$ とすれば，$f(a+b)=2^{a+b}=2^a\times2^b=f(a)f(b)$ となるじゃない．これは準同型でしょ．それに，単射でもある．ただ，全射にはならないわね．なんとか，全単射で同型になるものがないかしら？

ケン　ひとつヒントになりそうなことだけどね，一般に f を集合 S から集合 T の上への全単射とするでしょ．そのとき，T は $f(S)$ で覆い尽くされているから $t\in T$ を自由にとったとき，必ず $t=f(s)$ のように書ける $s\in S$ があるし，f は単射でもあるから，そのような s はただ一つしかない．こうして，$t\in T$ に $s\in S; f(s)=t$ を対応させることができるでしょ．こうして決まる T から S への写像を f の**逆写像**といって，f^{-1} と書く．

$$f^{-1}(t)=s \Longleftrightarrow f(s)=t$$

となっているわけだ．ここで更に S, T がそれぞれ α システムで f が同型なら，その逆写像 f^{-1} も T から S への同型になること，すぐ分かるよね．

ユキ　わかった！仮に $(\mathbb{N},+)$ から $(\mathbb{N},\times)$ への同型 f があるとするじゃない．するとその逆写像 f^{-1} は $(\mathbb{N},\times)$ から $(\mathbb{N},+)$ への同型になるでしょ．すると

$$f^{-1}(1\times1)=f^{-1}(1)+f^{-1}(1),\quad f^{-1}(1\times1)=f^{-1}(1)$$

その一方自然数 k でさ $k+k=k$ となるものなんか無いじゃな

い！だから $f^{-1}(1\times 1)\neq f^{-1}(1)+f^{-1}(1)$ となって，矛盾なのよ．

ケン　同じ自然数でも足し算とかけ算では随分違った振る舞いをするわけだね．

写像について，もう一つ二つ話しとこう．まず写像どうしがどういうときに等しいといえるかについてだけど，f, g を集合 S から集合 T への写像とするでしょ．ここで，s を S のメンバーとするとき必ず $f(s)=g(s)$ となるときに f と g とは S から T への写像として等しいといって，$f=g$ と書くわけ．次に，写像の合成のこと．合成関数の考え方とそっくりなんだけどね，写像 $f:S\longrightarrow T$ と写像 $g:T\longrightarrow U$ が与えられたときに，集合 S から集合 T までは写像 f で移り，T から集合 U へは写像 g に乗り換えて移る S から U への写像 $g\circ f$ を考えることが出来る．つまり，$s\in S$ に対して $g\circ f(s)=g(f(s))$ と置くわけ．これを写像 f と写像 g の**合成写像**と呼ぶんだ．例えば写像 $f:\mathbb{R}\longrightarrow\mathbb{C}$ として $f(t)=e^{it}$，写像 $g:\mathbb{C}\longrightarrow\mathbb{C}$ として $g(z)=\bar{z}$ をとるとき，合成写像 $g\circ f:\mathbb{R}\longrightarrow\mathbb{C}$ が定義され $g\circ f(t)=e^{-it}$ となるわけ．

特に集合 $S\neq\phi$ からそれ自身への写像は S の**変換**（transformation）と呼ばれ，それら全体の集合を T_S とすると，$(T_S, \circ)$ は α システムになるよね．変換のなかで，S からそれ自身への全単射は S の**置換**（substitution）と呼ばれ，それら全体の集合を S_S と書くと $(S_S, \circ)$ は $(T_S, \circ)$ の部分 α システムになるね．S の置換のなかで，**恒等置換**と呼ばれる id_S があり，$id_S(s)=s\quad(s\in S)$ によって定義されるんだけど，これは $(T_S, \circ)$ の単位元になるし，id_S は S_S のメンバーでもあるから $(S_S, \circ)$ の単位元でもあるね．

4.3　半群と群

ナツ　合成写像のことがでたけど，いくつもの写像を繋げられるわけね．例えば写像 $f:S\longrightarrow T, g:T\longrightarrow U, h:U\longrightarrow V$ について S から V への写像 $h\circ g\circ f$ も考えられるわね．$s\in S$ について $h\circ g\circ f(s)$

$=h(g(f(s)))$ とするわけ．

ユキ　ちょっと待って．その写像って $h\circ(g\circ f)$ と同じになるかしら？

ナツ　$s\in S$ について $h\circ(g\circ f)(s)=h(g\circ f(s))=h(g(f(s)))=h\circ g\circ f(s)$ でしょ．だから $h\circ(g\circ f)=h\circ g\circ f$ となるわよね．そういえば，同じように $(h\circ g)\circ f=h\circ g\circ f$ も成り立つのね．

ケン　その通り，結局 $h\circ(g\circ f)=(h\circ g)\circ f$ がいえるね．これを**写像の結合則**っていうんだよ．

ナツ　結合則って，式を見ると当たり前みたいね．

ケン　それが，そうでもないんだ．ジョルダン積のことを話したとき単位行列 E がジョルダン積 $*$ についても $M_2(\mathbb{R})$ の単位元になり，$J=\begin{pmatrix}0 & 1\\ 1 & 0\end{pmatrix}$ について $J*J=E$ となることを話したよね．それに，そのときの話から $K=\begin{pmatrix}0 & 2\\ 0 & 0\end{pmatrix}$ と置くと $J*K=E$ となることも分かる．そこでね，こんな計算をしてみよう：

$$J*(J*K)=J*E=J,\quad (J*J)*K=E*K=K$$

ユキ　あらま～！規則といっても，それが通らない世界と通る世界があるのね．α システムのなかでも $(\mathbb{N},+)$ とか $(\mathbb{N},\times)$ なんかでは演算についての結合則が成り立つけどね．

ケン　α システム $(S,*)$ について結合則 $s*(t*u)=(s*t)*u$ $(s,t,u\in S)$ が成り立つときこのシステムは**半群**と呼ばれる．$(\mathbb{N},+)$，$(\mathbb{N},\times)$，$(\mathbb{Z},+)$，$(T_S,\circ)$，$(S_S,\circ)$ などは皆半群になるね．

ユキ　半群っていうと，それよりも格が高い群ってものがあるわけ？

ケン　別に格が高いってことじゃなくて，半群の仲間のなかに，群と呼ばれるものがある．哺乳類の仲間のなかに，犬族のグループがあるようなものだけどね．半群 $(\mathbb{N},+)$，$(\mathbb{N},\times)$，$(\mathbb{Z},+)$，$(T_S,\circ)$，$(S_S,\circ)$ のなかで，群になるのは $(\mathbb{Z},+)$，$(S_S,\circ)$ の二つだけなんだよ．と言っても，S に含まれるメンバーが唯一つだけの場合には

$T_S = S_S = \{id_S\}$ になるけどね.

ユキ $(\mathbb{N}, +)$ は単位元を持たない. $(\mathbb{N}, \times)$ は単位元 1 を持つけど, 自然数のなかに逆数を持つのは 1 だけで, 2, 3, ... は自然数のなかに逆数を持たない. $(\mathbb{Z}, +)$ は単位元として 0 を持つし整数のなかで足し算の逆演算もできる. $(T_S, \circ)$ の場合にはどうなるのかしら？例えば $S=\{a, b\}$ $(a \neq b)$ のときはどうなのかな？ S_S に含まれるものは, 恒等写像の他に $f(a)=b, f(b)=a$ となる写像 f があるだけでしょ. この場合, $S_S = \{id_S, f\}$ で $f \circ f = id_S$ になるから, f はそれ自身の逆数のようなものになってる. 一方, T_Sには例えば $g(a)=g(b)=a$のようなものも含まれる. この写像については逆写像はないよね. a から g を逆にたどって元に戻ろうとしても a, b のどっちにいったらよいか分からない. それに, b には戻る先もない. こう見て行くと, 群ってのは単位元を持つ半群のなかで, どのメンバーも逆数みたいなものを持つものかな？

ケン 大体そんなことだよ. もっときっちりいう前に,「逆数みたいなもの」のことについて考えておこう. いま, $(S, *)$ を半群で単位元 e を持つものとしよう. $s \in S$ について $t \in S$ で

$$s * t = t * s = e$$

を満たすものがとれるとしよう. するとね, このような $t \in S$ は s によって唯一つ決まってしまうことが分かる. 何故って, 仮に $u \in S$ についても

$$s * u = u * s = e$$

となっていたとするでしょ. このとき, 結合則を使うと

$$t * (s * u) = (t * s) * u$$

だよね. この式の左辺, 右辺を計算してごらん.

ナツ, ユキ 左辺は $t * (s * u) = t * e = t$, 右辺は $(t * s) * u = e * u = u$. そうか, これで $t = u$ となるわけね. ジョルダン積につ

いてはこのように行かなかったけど，結合則の強みね．

ケン　そうなんだ．ここで，t を s の**逆元**といって，普通は $t=s^{-1}$ のように書く．$s*s^{-1}=s^{-1}*s=e$ となるわけ．この式から分かるように s は s^{-1} の逆元，つまり $(s^{-1})^{-1}=s$ となるね．逆元を持つ $s\in S$ を半群 S の演算 $*$ に関して**可逆**だという．半群 S が単位元 e を持てば $e*e=e$ となることから e は可逆，$e^{-1}=e$ となるね．また，$s, t\in S$ がそれぞれ可逆なら $s*t$ も可逆になる．$s*t$ の左と右に，$t^{-1}*s^{-1}$ を掛けてみれば分かるよ．つまり $(s*t)^{-1}=t^{-1}*s^{-1}$ となるわけ．S に含まれる可逆なメンバーを全部集めたものを $S^{\times}_{*}$ と書こう．これは半群 S の部分半群，つまり部分 α システムだね．

ユキ，ナツ　$\mathbb{N}^{\times}_{\times}=\{1\}, \mathbb{Z}^{\times}_{+}=\mathbb{Z}$　$(0=e, a^{-1}=-a), (T_S)^{\times}_{\circ}=S_S, (S_S)^{\times}_{\circ}=S_S$ となるわね．群がなにか分かってきたわ．

ケン　整理しとこう．単位元を持つ半群 $(S, *)$ は $S^{\times}_{*}=S$ となるときに，**群**と呼ばれる．このとき，演算 $*$ はよく積の形に書かれ，普通は群 $(S, *)$ という替わりに群 S と書く．特に群の演算が $+$ と書かれ $s, t\in S$ について必ず $s+t=t+s$ となっているとき，また，単位元があって 0 または 0_S のように書かれ，$s\in S$ の逆元が $-s$ と書かれる場合に，S は**加群**と呼ばれる．加群 S の単位元 0_S を S の**ゼロ元**と言う．群（group）は G, H などと書かれることが多く，加群（additive group）は A, B などとも書かれる．

群についていろいろ話す前に，単位元を特徴付ける式について話しておくね．ナッチャン，ユキチャン，こんな式を見たらどう思う？

$$aa=a$$

ナツ，ユキ　a が実数なら $a=0, 1$ よね．

ユキ　ただ，$(\mathbb{R}, \times)$ って半群だけど群じゃないわよね．0 にはかけ算についての逆元がないもの．

ケン　そうだね．ところが a が群 G のメンバーならば

$$aa=a \Longleftrightarrow a=e \quad (e:G\text{の単位元})$$

が成り立つんだ．なぜか分かるかな？

ナツ　$a=e$ なら当然 $aa=a$ よね．問題は逆ね．あ，分かったわ．$a\in G$ だから逆元 a^{-1} があるでしょ．

$$a^{-1}(aa)=a^{-1}a=e,\quad a^{-1}(aa)=(a^{-1}a)a=ea=a \quad \therefore a=e$$

というわけでしょ！

ケン　お見事！もし a が加群のメンバーなら

$$a+a=a \Longleftrightarrow a=0$$

となるわけだね．分かってみれば単純なことだけど，ここでいった単位元の特徴付けはこれからときどき現われるんだ．

4.4　C_n, S_n

ケン　複素数のことを話したとき，$e^{2\pi i/n}$ という数のことが出てきたよね．ガウス平面の原点を中心とする半径1の円周上にある複素数で，よく ζ_n とも書かれるんだけどね，$\zeta_n^2, \zeta_n^3, \ldots, \zeta_n^n=1$ はこの単位円の上の正 n 辺形の頂点となっているでしょ．$a, b\in\mathbb{Z}$ のとき

$$\zeta_n^a=\zeta_n^b \Longleftrightarrow a\equiv b \pmod{n}$$

となることも分かるね．どんな整数 a についても整数 $0\leq b\leq n-1$ を適当にとれば $a\equiv b \pmod{n}$ となって，$\zeta_n^a=\zeta_n^b$ となるね．($\zeta_n^0=1$) ここで

$$C_n=\{\zeta_n^a \mid 0\leq a\leq n-1\}$$

と置けば，これはかけ算を演算として持つ群になるね．これは ***n* 次巡回群**と呼ばれる大切な群の例なんだ．

ナツ　$C_1=\{1\}, C_2=\{1, -1\}, C_3=\{1, \zeta_3, \zeta_3^2\}, C_4=\{1, i, -1, -i\}$ となる．C_2 は C_4 の一部になってる．

ユキ　C_3 は C_6 の一部でしょ．C_6 には他にも C_2 も入ってる．それと，もちろん，C_1 はどの C_n にも入っている．C_3 に入ってるのは C_1 以外に無いみたいね．

ケン　群 G とその部分集合 H について

1）H は G の部分 α システム

2）$e \in H$

3）$a \in G \Longrightarrow a^{-1} \in H$

が成り立つとき，H は G の**部分群**というんだ．G 自身も G の部分群になる．$\{e\}$ も G の部分群のひとつだね．巡回群 C_6 の部分群としては $C_1=\{1\}$, C_2, C_3, C_6 があるね．それ以外に部分群があるかどうか考えてみとくといいよ．

ユキ　C_6 の部分群 H だけど，H が C_6 の部分 α システムになれば，自然に部分群の条件 2）と 3）も出てくるんじゃないの？だって，C_6 のメンバーはどれをとっても 6 乗すれば 1 になるでしょ．だから，H が条件 1）を満たせば自然に 2），3）も満たすことになるじゃない．

ケン　その通りだ．よく分かったね．それじゃ，G として実数全体から 0 を取り除いた $\mathbb{R}^{\times}$ を取ろう．これはかけ算を演算とする群になるね．G に含まれる H として

$$H=\{2^k \mid k \in \mathbb{N}\}=\{2, 2^2, 2^3, \ldots\}$$

を考えよう．これは条件 1）を満たし，かけ算について半群になるでしょ．ところが，H には単位元 1 も含まれないし 2^{-1} とかも含まれない．やはり，条件 2），3）もないと H は群にはならないことがある．

ところで，群の例としてとても大事な ***n* 次置換群**または**対称群** S_n がある．正確には

$$S_n=S_{\{1, 2, \ldots, n\}}$$

つまり集合 $\{1, 2, \ldots n\}$ をそれ自身に移す全単射全体が作る，写像

の合成を演算とする群なんだ．この群の単位元 e は恒等写像になる．例えば $S_1=\{e\}$．S_2 には e の他に 1, 2 を入れ替える写像があるね．S_n $(n>1)$ のメンバーで i, j　$(1\leq i, j\leq n, i\neq j)$ を互いに入れ替え，それら以外の数字は動かさないようなものを (ij) と書いて**互換**と呼ぶ．$S_2=\{e,(12)\}$ となるね．それと，$a, b\in S_n$ のとき，それらの合成 $a\circ b$ を積の形に書いて ab と表わすことが普通なんだ．例えば $(12)(12)=e$．$(ij)(ij)=e$ も成り立つね．これから $(ij)^{-1}=(ij)$ もいえる．

ナツ　$a\in S_n$ は $\{1, 2, \dots n\}$ をそれ自身に移す全単射だから $a(1), a(2), \dots, a(n)$ によって決まるわけでしょ．$a(1)$ としては $1, 2, \dots n$ のどれかをとるわけだから，n 通りの選び方があるね．$a(2)$ としては $1, 2, \dots n$ の中から $a(1)$ 以外のものを選ばないと a は単射にならないから，選び方は一つ減って $n-1$ 通り．同じように $a(3)$ としては $n-2$ 通りの可能性があるでしょ．結局 S_n のメンバーの個数は $n!$ になるわね．

ケン　有限集合 S のメンバー全体の個数を $|S|$ のように書くと，$|S_n|=n!$，例えば $|S_3|=3!=6$ となるね．

ユキ，ナツ　S_3 に含まれる互換は (12), (13), (23) の 3 個．この他に単位元 e があって，4 個．これら以外にあと 2 個の全単射があるわけね．例えば a として $a(1)=2, a(2)=3, a(3)=1$ としたらどうかしら？あと，1 個．そうよ，b を $b(1)=3, b(2)=1, b(3)=2$ とすれば 6 個がそろったわ．

ケン　a のことを (123) のようにも書いて，長さ 3 の**巡回置換**と呼ぶ．1 を 2 に，2 を 3 に，そして 3 を振り出しの 1 に移すことが目に見えるでしょ．もっと一般に，$1\leq i_1, i_2, \dots, i_k\leq n$ のような互いに別々の k 個の数があるとき，同様に長さ k の巡回置換 $(i_1, i_2, \dots, i_k)$ を考えることができるね．この書き方を使うと

$$S_3=\{e,(12),(13),(23),(123),(132)\}$$

となるね．ここで，例えば $c=(12)(13)$ としてみよう．これは (12)

$\circ(13)$ のことだから，$c(1)=(12)((13)(1))=(12)(3)=3$ 同様に $c(2)=1, c(3)=2$ となって，$(12)(13)=(132)$ となることが分かる．

ナツ　$(13)(12)=(123)$ となって，これは $(12)(13)$ の結果と違ってる．巡回群の場合には $a, b \in C_n$ なら必ず $ab=ba$ となるけど，置換群 S_3 については $(12)(13) \neq (13)(12)$ となるのね．

ケン　群 G とそのメンバー a, b について必ず $ab=ba$ が成り立つとき，G は**可換群**とか**アーベル**（N.H. Abel）**群**と呼ばれる．巡回群は典型的なアーベル群だし，加群もそうだ．置換群についても S_1, S_2 はアーベル群だね．でも S_n $(n \geq 3)$ は非アーベル群になる．

ユキ　計算してみたんだけど，$(123)^2=(132)$ になるわね．それと，$(123)^{-1}=((13)(12))^{-1}=(12)^{-1}(13)^{-1}=(12)(13)=(132)$ でしょ．すると $(123)^2=(123)^{-1}$ になるじゃない．この両辺に (123) を掛けたら $(123)^3=e$ となって，(123) は 3 乗して初めて単位元になる．この性質は ζ_3 と同じね．

ケン　群 G とそのメンバー a について，ある自然数 n をとると $a^n=e$ しかも，自然数 $k<n$ については $a^k \neq e$ となっているとき，a の**位数**（order）は n だといって，$\mathrm{ord}(a)=n$ のように書く．このとき

$$\langle a \rangle = \{a, a^2, a^3, \ldots a^n (=e)\}$$

と置けば，これは G の部分群になり，写像 $f: \langle a \rangle \longrightarrow C_n$ として $f(a^k)=\zeta_n^k$ をとれば，f は $\langle a \rangle$ から n 次巡回群の上への同型になるね．特に $G=\langle a \rangle$ となるとき，群 G は a によって**生成**されるといい，a は G の**生成元**になるという．

例えばユキチャンが計算したように $\mathrm{ord}(123)=3$ そして $\mathrm{ord}(12)=\mathrm{ord}(13)=\mathrm{ord}(23)=2$.

ところでね，群 G から群 H への準同型 f があるとしよう．このとき G, H の単位元をそれぞれ e_G, e_H と書くとね，$f(e_G)=e_H$ となるんだけど，なぜかわかるかな？

ナツ　群の単位元を特徴付ける式 $a=e \Longleftrightarrow aa=a$ を使うんで

しょう．$f(e_G)f(e_G)=f(e_G)$ となることをいえばいいのよね．これは簡単だわ．f は準同型なんだから $f(e_G)f(e_G)=f(e_Ge_G)=f(e_G)$ ね．

ケン　お見事！そこでね $f(G)$ つまり写像 f による G の像が群 H の部分群になることが分かるんだけど，なぜか分かるかしら？

ユキ　f が準同型だということから $f(G)$ が H の部分 α システム，それにナッチャンのいったことから $e_H=f(e_G)\in f(G)$．残ってるのは $b\in f(G)\Longrightarrow b^{-1}\in f(G)$ を示す事ね．このとき $b=f(a)$ $(a\in G)$ だけど，$f(a)^{-1}=f(a^{-1})$ となるような気がするのよね．

ケン　それをいうには，$f(a)f(a^{-1})=f(a^{-1})f(a)=e_H$ が示されればいいんだね．

ユキ，ナツ　わかった！　$f(a)f(a^{-1})=f(aa^{-1})=f(e_G)=e_H$ 同じように $f(a^{-1})f(a)=e_H$ となるわね．これで $f(G)$ が H の部分群になることがいえましたね．

ケン　もうひとつ，準同型 $f:G\longrightarrow H$ の**カーネル**（kernel）$\ker(f)$ というものがある．

$$\ker(f)=\{a\in G\,|\,f(a)=e_H\}$$

によって定義されるものなんだ．$f(e_G)=e_H$ だから，$e_G\in\ker(f)$ だね．$\ker(f)$ は G の部分 α システムにもなっている．$a, b\in\ker(f)$ $\Longrightarrow f(ab)=f(a)f(b)=e_He_H=e_H\quad\therefore ab\in\ker(f)$ だからね．

ナツ　$\ker(f)$ が G の部分群になるっていいたいんでしょ．そのためには，$a\in\ker(f)\Longrightarrow a^{-1}\in\ker(f)$ がいえればいいわけね．$f(a)=e_H\quad\therefore f(a^{-1})=f(a)^{-1}=(e_H)^{-1}=e_H$ これで $a^{-1}\in\ker(f)$．大丈夫でした！

ケン　$a, b\in\mathbb{Z}\Longrightarrow\zeta_n^{(a+b)}=\zeta_n^a\zeta_n^b$ だから加群としての $\mathbb{Z}$ から巡回群 C_n への写像 f を $f(a)=\zeta_n^a$ と置いて決めてやるとこれは準同型になるね．このとき $f(\mathbb{Z})=C_n$ 一方カーネルの方は，

$$\ker(f)=n\mathbb{Z}=\{nk\,|\,k\in\mathbb{Z}\}$$

となる.

ユキ　ひとつ質問だけど，置換群 S_n のメンバーって，$n=1, 2, 3$ のときは，単位元以外のものは皆巡回置換でしょ．もっと大きな n についてはどうなのかしら？

ケン　S_4 のメンバーで $a=(12)(34)$ は巡回置換にはならない．ほかにも似たメンバーで $b=(13)(24)$, $c=(14)(23)$ がある．面白いことに，

$$V=\{e, a, b, c\}$$

と置くとこれは S_4 の部分群になるんだよ．実際計算してみようね．

$$a^2=b^2=c^2=e, ab=ba=c, ac=ca=b, bc=cb=a$$

綺麗でしょ．これから V はアーベル群にもなることが分かる．この群は**クライン**（F. Klein）**の 4 元群**として知られている．

4.5　部分群とコセット

ケン　加群 $\mathbb{Z}$ とその部分加群 $3\mathbb{Z}$ の話をしよう．いま，整数 a を一つ決めて $a+3\mathbb{Z}=\{a+3k \mid k\in\mathbb{Z}\}$ と置く．$0+3\mathbb{Z}=3+3\mathbb{Z}=6+3\mathbb{Z}$, $1+3\mathbb{Z}=4+3\mathbb{Z}$ 一般に $a+3\mathbb{Z}=b+3\mathbb{Z} \Longleftrightarrow a\equiv b \pmod 3$ となること分かるね．

ユキ　$a+3\mathbb{Z}$っていうとたくさんあるみたいだけど，$3\mathbb{Z}$, $1+3\mathbb{Z}$, $2+3\mathbb{Z}$ の 3 個しかないじゃない．$3\mathbb{Z}$ 自身とそれを 1 ずつずらせたものが 2 個，これらの 3 個で整数全体が出そろってしまう．他の $a+3\mathbb{Z}$ はすべてこれら 3 個のどれかと同じになる．これって，別に $3\mathbb{Z}$ でなくても，$n\mathbb{Z}$ でも似たようなことね．

ナツ　他の群やその部分群についても似たようなことがあるのかしら？群 G とその部分群 H それに $a\in G$ を決めて，今度は演算がかけ算の形だとして $aH=\{ah \mid h\in H\}$ を考えるのよ．

ユキ　G がアーベル群でないときもあるから $Ha=\{ha \mid h\in H\}$ の

ことも考えた方がよいと思うけど.

ケン　aH を H の**右コセット**，Ha を**左コセット**というんだけどね，$G=S_3, H=\langle(12)\rangle$ の場合に調べてみよう.

ナツ　$H=\{e, (12)\}$ だから，例えば $a=(13)$ とすると $aH=\{ae, a(12)\}=\{(13), (123)\}, Ha=\{ea, (12)a\}=\{(13), (132)\}$ となって $(13)H \neq H(13)$ ね．aH のなかに出てきた $(123)=a(12)=b$ として bH も調べようかな．$bH=\{b, b(12)\}, b(12)=(a(12))(12)=a$ あれ，$bH=\{b, a\}=aH$ になるじゃない.

ユキ　一般に群 G とその部分群 H，それに $a \in G$ について，$b \in aH$ なら $aH=bH$ になるような気がするけど．だって，$b=ah_0, h_0 \in H$ だから $h \in H$ をとると $bh=(ah_0)h=a(h_0h)$．ところが $h_0h \in H$ でしょ．つまり $bh \in aH \therefore bH \subseteq aH$ となるわけよ．それにさ，$b=ah_0 \Longrightarrow b(h_0)^{-1}=a \quad \therefore a \in bH$ でしょ．だから，今度は $a \in bH \Longrightarrow aH \subseteq bH$ となるからさ，結局 $aH=bH$ となるのよ.

ナツ　$b \in bH$ でしょ．すると，$aH=bH \Longrightarrow b \in aH$ になるじゃない．だから

$$aH=bH \Longleftrightarrow b \in aH$$

となるわね．左コセットについても同じように

$$Ha=Hb \Longleftrightarrow b \in Ha$$

となる.

ケン　見事，見事！もう一歩進んで

$$aH \cap bH \neq \phi \Longleftrightarrow aH=bH, Ha \cap Hb \neq \phi \Longleftrightarrow Ha=Hb$$

となることも分かるかな？

ユキ　$aH \cap bH \neq \phi$ ということは aH にも bH にも共通に含まれる c があるってことでしょ．そしたら，$aH=cH=bH \therefore aH=bH$ となる．逆は明らかね．左コセットについても同じ事でしょ.

ナツ　$a \in aH$ だから，どんな $a \in G$ もコセット aH に入る．コセット同士は互いに共通部分を持たないから群 G は部分群 H のコ

セットに分解されるのね．$G=S_3, H=\langle(12)\rangle$ の場合は，G は3個の H のコセットに分解されてる．それに，そのコセットはどれも H と同じ2個ずつのメンバーを含んでいるのね．これって，他の場合にもいえるのかしら？

ケン　$f:H\to aH$ を $f(h)=ah$ と置いて決めると，この写像は全単射になる．全射になることはいいよね．単射になることは，$f(h)=f(h')\Longrightarrow h=h'$ がいえればわかるけど，$f(h)=f(h')\Longrightarrow ah=ah'\Longrightarrow a^{-1}(ah)=a^{-1}(ah')\Longrightarrow h=h'$ となって，めでたしめでたし！このことからさ，部分群 H が有限集合なら $|H|=|aH|$ となるわけ．G の右コセット全体の集合を G/H，左コセット全体の集合を $H\backslash G$ と書く．今ね，右コセット aH に左コセット Ha^{-1} を対応させる写像を考えると，これは G/H から $H\backslash G$ への全単射になるんだけど，なぜか考えて見るといいよ．それが分かると，G/H が有限集合なら $H\backslash G$ もそうで，それぞれに含まれるコセットの個数は同じになる．このとき，このコセットの個数を G における H の**指数**っていって，$[G:H]$で表わす．もしも，H も有限なら

$$|G|=[G:H]|H|$$

がいえるね．これから，G が有限群ならその部分群 H について $|H|$ は $|G|$ の約数になっていることも分かる．$|G|$ のことを群 G の**位数**という．

ナツ　S_3の位数は6だから，その部分群の位数は1，2，3，6のどれかなのね．位数1の部分群は単位元だけが作る $\{e\}$ で，位数6の部分群は S_3 自身でしょ．位数2の部分群は $\langle(12)\rangle, \langle(13)\rangle, \langle(23)\rangle$ の三つ．位数3のものは $\langle(123)\rangle$ だけね．C_6 の位数も6だけど，位数2の部分群は $\langle-1\rangle$ だけでしょ．位数3のものも，$\langle\xi_3\rangle$ だけね．

ユキ　クラインの4元群 $V=\{e, a, b, c\}$ もアーベル群だけどは位数2の部分群を3個持っているよ．$\langle a\rangle, \langle b\rangle, \langle c\rangle$ は皆位数2だよね．

ケン　巡回群 C_n については

$$C_k \subset C_n \Longleftrightarrow k|n$$

が分かる．記号 $k|n$ は k が n の約数という意味なんだ．左から右は，部分群の位数が群の位数の約数ということから明らかでしょ．逆は，$n=kl$ のとき $\zeta_n^l=\zeta_k$ となることからいえるね．

ナツ　G が位数 n の有限群で $a \in G$ ならば a の位数は n の約数になりそうね．ただ，それをいうには，a を何乗かしたら必ず単位元になることを確かめないとね．

ユキ　それは言えると思うよ．だって，$a, a^2, a^3, \ldots$ は皆有限群 G の中にあるわけでしょ．そしたら，それらがすべて違うことはあり得ないよね．$k<l, a^k=a^l$ みたいな k, l があるわけ．$l=k+m$ とすれば $a^k=a^k a^m \therefore e=a^m$ となるじゃない．式の両辺に a^k の逆元を掛ければいいでしょ．

ケン　その通りだ！$\langle a \rangle$ は G の部分群で $\mathrm{ord}(a)=|\langle a \rangle|$ だから $\mathrm{ord}(a)$ は $n=|G|$ の約数になる．$\mathrm{ord}(a)=r, n=rs$ とすると $a^n=(a^r)^s=e^s=e$ でしょ．つまり位数 n の有限群のメンバーは n 乗すると単位元になるんだ．それと，ここで

$$a^k=e \Longleftrightarrow k \text{ は } r \text{ の倍数}$$

も成り立つ．$k=rt \Longrightarrow a^k=e$ はもう明らかだね．逆に $a^k=e$ としよう．このとき，k を $\mathrm{ord}(a)=r$ で割って $k=rl+u$ $(0 \leq u < r)$ とすると $a^k=a^{rl}a^u=a^u=e$ となるね．もしも k が r の倍数にならなくて余り $u>0$ なら位数 r より小さな自然数 u について $a^u=e$ となって，位数の最小性に反してしまう．だから，k は r の倍数になるわけ．もう一つ面白いことは，巡回群について

$$k|n \Longrightarrow C_n \text{ の部分群で位数 } k \text{ のものは唯一つ } C_k \text{ だけ}$$

ということも分かる．$k|n$ のとき C_k が C_n の部分群になることは前に言ったけど，この他には位数 k の部分群はないというわけ．これはね，いま H が C_n の部分群で位数 k だとするとね，$a \in H \Longrightarrow a^k=1$ となるでしょ．ところが，C_n って複素数平面の

なかの単位円周に含まれるじゃない．だから a も単位円周に含まれて $a=e^{i\theta}$ と書ける．ここで，$a^k=1$ なんだから，$a=e^{2\pi il/k}=\zeta_k^l$ となるわけ．つまり H に含まれる a はすべて部分群 C_k に入ってる．$H\subset C_k$ で，H も C_k も同じ位数 k だっていうんだから，$H=C_k$ になるよね．

4.6　C_n, $\varphi(n)$

ユキ　また C_6 のことなんだけど，その生成元としては $\zeta=\zeta_6$ 以外にも $\zeta^5=\zeta^{-1}$ もあるわね．それ以外には生成元はなさそうだけど．

ナツ　$C_5=\langle\zeta_5\rangle$ についてはかなり様子が違う見たいね．生成元は ζ_5 以外にその2乗，3乗，4乗と4個もあるよ．

ユキ　1から6までの数で6との最大公約数が1になるのは，1と5だけだけど，1から5までの数で5との最大公約数が1になるのは1，2，3，4の4個だわね.，

ケン　§1.2で話したことだけど自然数 a, b の最大公約数 (a, b) が1になるとき $ar+bs=1$ となるように整数 r, s を選ぶことが出来るって覚えてる？　C_n の生成元のことだけど，$(a, n)=1$ $(1\leq a<n)$ のような a をとると $ar+ns=1$ のように書けるわけだから，$ar\equiv 1 \pmod n$ $\therefore \zeta_n^{ar}=\zeta_n$ となる．このことから ζ_n^a が C_n の生成元になることが分かるね．逆に ζ_n^a　$(1\leq a<n)$ が生成元になるなら $\zeta_n^{ar}=\zeta_n$ となるように整数 r がとれるわけだから $ar\equiv 1 \pmod n$ $\therefore ar+ns=1$　$(s\in\mathbb{Z})$ のような s がある．ここで a, n を同時に割り切る自然数があれば，それは1の約数でもあり，当然1になる．つまり，自然数 $1\leq a<n$ について ζ_n^a が C_n の生成元になるための必要十分条件は $(a, n)=1$ となるわけだね．

自然数 $1\leq a<n$ のなかで $(a, n)=1$ を満たすものの個数を $\varphi(n)$ と書いて，これを n の**オイラー**（L. Euler）**関数**と呼ぶんだ．

ナツ　$\varphi(6)=2, \varphi(5)=4$ ね．一般に p が素数なら $\varphi(p)=p-1$ に

なるのね．それと $\varphi(1)=1$ も言えるね．

ユキ　$1, 2, \ldots p^n$ のなかで p^n との最大公約数が 1 になるのは，p, $2p$, $3p$, …, p^n 以外，つまり p の倍数以外の数でしょ．だから $\varphi(p^n)=p^n-p^{n-1}$ になるわね．

ナツ　$\varphi(6)=2$ のことなんだけど，$6=2\times3$ で，$\varphi(2)=1$, $\varphi(3)=2$ を掛け合わせたら $\varphi(6)$ になるじゃない．それだけじゃなくてね，巡回群 $C_6=\langle\zeta_6\rangle$ には C_2 の生成元 $\zeta_2=-1$ と C_3 の生成元 ζ_3 が含まれているでしょ．それに $\zeta_2=\zeta_6^3$, $\zeta_3=\zeta_6^2$ だから $\zeta_3^2\zeta_2=\zeta_6^7=\zeta_6$, $\zeta_2\zeta_3=\zeta_6^5$ となって，C_6 の二個の生成元 ζ_6, ζ_6^5 は二つとも ζ_2, ζ_3 を使って書けるでしょ．これって面白いと思うけど．

ケン　そう，とても面白いね．ナッチャンのいったことを掘り下げてみよう．$n=k\times l$, $(k, l)=1$ として，巡回群 C_n を考え，その生成元 ζ_n を ζ と書こう．今，

$$ks+lt=1$$

となるように整数 s, t を選ぶ．C_n の部分群 C_k, C_l の生成元は $\zeta_k=\zeta^l$, $\zeta_l=\zeta^k$ を含めてそれぞれ $\varphi(k)$ 個，$\varphi(l)$ 個ある．C_n の生成元の個数は $\varphi(n)$ だね．ここで，三つのことを考えよう：

1）a, b をそれぞれ C_k, C_l の生成元とするとき ab は C_n の生成元になる．

2）C_n の生成元 c を自由に選ぶとき，C_k, C_l の生成元 a, b をうまくとれば $c=ab$ となる．

3）a, a' を C_k の生成元，b, b' を C_l の生成元とするとき，もし $ab=a'b'$ ならば $a=a'$, $b=b'$．

これらのことが，全部成り立てば $\varphi(n)=\varphi(k)\varphi(l)$ がいえるわけだね．$n=6$, $k=2$, $l=3$ のときは，大丈夫だったわけだ．この三つのうちで，先ず最後の 3）について考えるために，二つの部分群の共通部分 $C_k\cap C_l$ がどんなものになるか考えてみよう．

ナツ　$n=6$, $k=2$, $l=3$ の場合には $C_2\cap C_3=\{1\}$ になるわね．他の場合にも $1\in C_k\cap C_l$ となることは当たり前だけどね．

ユキ　$a \in C_k \cap C_l$ とすると $a^k = a^l = 1$ になるじゃない．そうしたら，

$$a^{ks+lt} = a^{ks}a^{lt} = (a^k)^s(a^l)^t = 1,\ a^{ks+lt} = a^1 = a\ \therefore a = 1 \therefore C_k \cap C_l = \{1\}$$

となるわね．そうか，そうするとさ，3）で $ab = a'b'$ としていたから式を変形して $(a')^{-1}a = b'b^{-1}$．この式の左辺は C_k，右辺は C_l に含まれるでしょ．だから，両方とも1になる．つまり，3）でいいたかった $a = a',\ b = b'$ が出てきたわね！

それとね，いま気が付いたんだけど，$(k, l) = 1$ の場合，3）より少し強く

$$c, c' \in C_k,\ d, d' \in C_l,\ cd = c'd' \Longrightarrow c = c',\ d = d'$$

も言えるのね．

ケン　今度は1）を考えてみよう．$\mathrm{ord}(ab) = n$ が言えればいいね．いま，$(ab)^m = 1$ だとしよう．ここで $n|m$ となることが分かればいいわけ．$(ab)^m = a^m b^m = 1 = 1 \times 1$ になるね．これから，なにか分かるかな？

ユキ　あ，そうか！上の式で $c = a^m,\ c' = 1 (\in C_k),\ d = b^m,\ d' = 1 (\in C_l)$ とすると，$cd = c'd'$ だから $a^m = 1,\ b^m = 1$ になるわ！ a, b は，それぞれ C_k, C_l の生成元だから $\mathrm{ord}(a) = k,\ \mathrm{ord}(b) = l$ これから $k|m,\ l|m$ が同時に言えるわね．すると，前に出てたことから $C_k \subset C_m,\ C_l \subset C_m$ となる．ところで $ks + lt = 1$ と，$\zeta_k = \zeta_n^l,\ \zeta_l = \zeta_n^k$ から

$$\zeta_k^t \zeta_l^s = \zeta_n^{lt+ks} = \zeta_n$$

ここで左辺は C_m に入ってるから，右辺の C_n の生成元 ζ_n も C_m のメンバー．これで $C_n \subset C_m\ \therefore n|m$ となることが言えたじゃない！

ナツ　ユキチャンが出した最後の式から残りの2）も言えそうだわ．C_n の生成元 ζ^r　$((n, r) = 1)$ を自由に選んだとき，これが C_k,

C_lの生成元の積として書ければいいんでしょ．ユキチャンの式から

$$\zeta_n^r = \zeta_k^{tr} \zeta_l^{sr}$$

となるよね．ここで，$(tr, k)=(sr, l)=1$が言えればいいんでしょ．先ず$lt+ks=1$から$(t, k)=(s, l)=1$となるよね．それと$(r, n)=(r, kl)=1$だから，rとはkもlも公約数として1以外にはないじゃない．ここでさ，もしも$(tr, k)=s\neq 1$ならば，自然数sの約数となる素数があるよね．そのような素数の一つをpとすると，pはtrの約数にもなる．ということは，素数の性質からpはt, rのなかで少なくても一方を割り切る．仮に$p|t$とすると，pはkの約数でもあるから，$(t, k)=1$にはなれなくなって，矛盾でしょ．$p|r$としても，pがr, kの公約数ってことになって$(r, k)=1$と矛盾する．だから$(tr, k)=1$，同じようにして$(sr, l)=1$も言えるわね．これで，

$$(k, l)=1 \Longrightarrow \varphi(kl)=\varphi(k)\varphi(l)$$

が成り立つことが言えた．

ところで，またC_6のことだけど，$a\in C_6$ならば$\mathrm{ord}(a)|6$となって$\mathrm{ord}(a)=1, 2, 3$または6よね．$\mathrm{ord}(a)=1 \Longleftrightarrow a=1$, $\mathrm{ord}(a)=2 \Longleftrightarrow a=-1$, $\mathrm{ord}(a)=3 \Longleftrightarrow a=\zeta_3, \zeta_3^2$, $\mathrm{ord}(a)=6 \Longleftrightarrow a=\zeta_6, \zeta_6^5$となるよね．これはちょうど$\varphi(1)=1, \varphi(2)=1, \varphi(3)=2, \varphi(6)=2$と対応していてさ，だから

$$\varphi(1)+\varphi(2)+\varphi(3)+\varphi(6)=1+1+2+2=6$$

となるでしょ．似たように$n=10$の約数1, 2, 5, 10をとって見ると

$$\varphi(1)+\varphi(2)+\varphi(5)+\varphi(10)=1+1+4+4=10$$

となるのよ．これって，もっと一般的な場合にも成り立ちそうね．

ユキ　そうね．自然数nとその約数dをとると，巡回群C_nの部分群で位数dのものが一つ，そして，ただ一つあって，それがC_dとなる．C_dには$\varphi(d)$個の生成元，つまり位数dとなるものが含ま

れ，それらは群 C_n に含まれる位数 d となるメンバーの集まりと一致している．群 C_n のメンバーを自由に一つとれば，その位数は n の約数になる．こうして，ナッチャンが $n=6$ の場合についてしたように，

$$\sum_{d|n}\varphi(d)=n$$

となるよね．

ケン　お見事！二人が見つけた式は良く知られているものだけどね，これを使うと更に強い定理が言えるんだ：

定理 4.1(巡回群の特徴付け)　G を位数 n の有限群，d を n の約数とし，s_d を G の位数 d の部分群の個数とする．もしも，n のすべての約数 d について $s_d=0$ または $s_d=1$ ならば G は巡回群 C_n と同型になる．

ユキ　定理の条件が成り立つとするわね．$a\in G$ のとき $\mathrm{ord}(a)=d$ は n の約数で，このときは条件から $s_d=1$ よね．すると部分群 $\langle a\rangle\cong C_d$ は G の唯一つの位数 d の部分群になる．ここで，G のメンバーで位数 d のものはすべてこの部分群に含まれ，その生成元になっているから，全部で $\varphi(d)$ 個ある．このように n の約数 d のなかで，G のメンバーの位数として表わされるもの，つまり $s_d=1$ となるものを紅組の約数ということにしましょうね．そうすると

$$\sum_{d:\text{紅組}}\varphi(d)=n$$

となるでしょ．でも，今少し前に出てきた $\varphi(d)$ の和の式をみると，紅組の d は n の約数をすべて含まないと数が合わない．特に，$d=n$ も紅組，つまり，G には位数 n のメンバー g が含まれることになる．すると，$\langle g\rangle=G\cong C_n$ となって，定理が示された！

4.7 $G \rhd N$, G/N

ユキ 加群 $\mathbb{Z}$ とその部分加群 $n\mathbb{Z}$ のことだけど，$a, b \in \mathbb{Z}$ のとき

$$a + n\mathbb{Z} = b + n\mathbb{Z} \Longleftrightarrow a \equiv b \pmod{n}$$

となるじゃない．前にやったように

$$a \equiv a' \pmod{n},\ b \equiv b' \pmod{n} \Longrightarrow a + b \equiv a' + b' \pmod{n}$$

でしょ．他の群やその部分群のコセットについても似たようなことがあるのかしら？

ケン 対称群 S_3 と部分群 $H = \langle (12) \rangle$ について考えてみよう．$a = (123)$, $b = (132)$ とすると $(123)(12) = (13)$, $(132)(12) = (23)$ だから $aH = \{a, (13)\}$, $bH = \{b, (23)\}$ だよね．ここで $a' = (13)$, $b' = (23)$ とすれば $aH = a'H$, $bH = b'H$ でしょ．ユキチャンの疑問は，このとき $abH = a'b'H$ となるか？ということだね．

ユキ $ab = e$, $a'b' = (132) = b$ だから $abH = H$, $a'b'H = bH$ となって，$abH \neq a'b'H$ だわ！

ナツ 部分群として $N = \langle (123) \rangle$ をとったらどうかしら？今度は $a = e$, $b = (12)$ とすると $aN = N$, $bN = \{(12), (23), (13)\}$ になる．$a' = (123)$, $b' = (23)$ とすれば $aN = a'N$, $bN = b'N$ でしょ．それでさ，今度は $ab = b$, $a'b' = (12) = b$ となって $abN = a'b'N$ となるわよ．いろんなケースがありそうね．

ケン 部分群 H のコセットは $Ha = \{a, (23)\} \neq aH = \{a, (13)\}$ となって左コセットと右コセットが違うことがあるね．一方部分群 N のコセットは $[S_3 : N] = 2$ だから，左コセットでも右コセットでも N か，それとも $S_3 - N$ つまり S_3 から N を取り除いた部分になるでしょ．つまり，この場合にはどんな $a \in S_3$ についても $aN = Na$ となるわけ．このように，群 G とその部分群 N について，どんな $a \in G$ をとっても $aN = Na$ となっているとき，N は G の**正規部分群**であるといって，$G \rhd N$ とか $N \lhd G$ と表わす．面白いことに，このとき $aN = a'N$, $bN = b'N$ ならば必ず $abN = a'b'N$ が成り立

つんだ．何故か，考えてごらん．

ユキ　$a'=an$　$(n\in N)$，$b'=bm$　$(m\in N)$ と書けるから，$a'b'=(an)(bm)=a(nb)m$ ここで $nb\in Nb=bN$ でしょ．だから，$nb=bn'$ $(n'\in N)$ のように書ける．すると $a'b'=a(nb)m=ab(n'm)\in abN$ となる．だから，$a'b'N\subseteq abN$．同じように，$abN\subseteq a'b'N$．めでたく $abN=a'b'N$ になったわ．

ケン　$G\rhd N, a\in G$ のとき $aN=(a)_N$ と書いてみると，$(a)_N=(a')_N$，$(b)_N=(b')_N \Longrightarrow (ab)_N=(a'b')_N$ がいえたわけだね．ここで，$(a)_N(b)_N=(ab)_N$ と置いてコセット同士の積を考えることが出来る．そうすると，G/N が，この積について群になることが分かって G の N による**商群**と呼ばれる．積についての結合則は，当たり前だよね．単位元は $(e)_N$ になるし，$(a)_N$ の逆元は $(a^{-1})_N$ になるね．

例えば，$G=S_3, N=\langle(123)\rangle$ とすると $G/N=\{(e)_N, (12)_N\}$ で，$(12)_N(12)_N=(e)_N$ からも直ぐ分かるように，$G/N\cong S_2\cong C_2$ となる．

それと，もう一つ，群の準同型 $f:G\longrightarrow H$ があると，そのカーネル $\ker(f)$ は G の正規部分群になるんだ．$N=\ker(f)$ と置いて，先ず $a\in G, n\in N \Longrightarrow a^{-1}na\in N$ となることを確かめよう．

ユキ　$f(a^{-1}na)=e_H$ となることをいえばよいのね．$f(a^{-1}na)=f(a^{-1})f(n)f(a)$ だけど $f(n)=e_H$ だから式の右辺は $f(a^{-1})f(a)=f(a^{-1}a)=f(e_G)=e_H$ になるわ．

ケン　そうだね．$a^{-1}na=m$ $(m\in N)$ のように書けるわけだ．すると，$na=am\in aN$ つまり $Na\subseteq aN$ が言えたことになる．同じように，$ana^{-1}\in N$ も言えるでしょ．つまり $ana^{-1}=m$ $(m\in N)$ これから $aN\subseteq Na$ も言えて $aN=Na,(a\in G)$，つまり $G\rhd N$ が出てきた！

それとね，$a, b\in G$ のとき $(a)_N=(b)_N \Longleftrightarrow f(a)=f(b)$ となるよね．ここで，写像 $F:G/\ker(f)\longrightarrow f(G)$ を $F((a)_N)=f(a)$ と置いて決めると F は同型になり，これによって $G/\ker(f)\cong f(G)$ が言

える．

前に話した加群 $\mathbb{Z}$ から巡回群 C_n への準同型 $f:\mathbb{Z}\longrightarrow C_n$, $f(a)=(\zeta_n)^a$ のカーネルは $\ker(f)=n\mathbb{Z}$ だったから

$$\mathbb{Z}/n\mathbb{Z}\cong C_n$$

が言えたね．

第5章　＋と×のデュエット　環

5.1　環

ユキ　加群 $\mathbb{Z}/n\mathbb{Z}$ のことだけど，$a+n\mathbb{Z}$ のことを $(a)_n$ と書くことにすると

$$(a)_n=(b)_n \Longleftrightarrow a\equiv b \pmod{n}$$

となるでしょ．それで，§1.3 に出てきたことだけど，

$$a\equiv a' \pmod{n},\ b\equiv b' \pmod{n} \Longrightarrow ab\equiv a'b' \pmod{n}$$

だった．そうすると，$(a)_n$, $(b)_n$ の積を $(a)_n(b)_n=(ab)_n$ と定義してもよさそうね．

ケン　その通りなんだ．そうすると $\mathbb{Z}/n\mathbb{Z}$ は足し算とかけ算の二つの演算を持つことになるね．他にも $\mathbb{Z}$, $\mathbb{Q}$, $\mathbb{R}$ などは皆足し算とかけ算を持っているよね．

こうして出てきたいろいろな「数」の世界をまとめて，環という世界を考える：

集合 $R\neq\phi$ が二つの演算 $+$, $\times$ を持ち

1）$(R,+)$ は加群になる（その単位元を 0_R, 0 のように書き，$a\in R$ の逆元を $-a$ と書く．）

2）$(R,\times)$ は半群になる（$a,b\in R$ のとき $a\times b$ を ab と書く．）

3）$a,b,c\in R$ のとき**分配則** $a(b+c)=ab+ac$, $(a+b)c=ac+bc$ が成り立つ

以上 1)，2)，3) の性質が満たされるとき，R を**環**（ring）と呼ぶんだ．

分配則のことだけど，$a,c\in R$ について $f,g:R\longrightarrow R$ を $f(u)$

$=au$, $g(u)=uc$　($u\in R$)と置いて決めてやると 3）で言っていることは f, g がそれぞれ加群 R からそれ自身への準同型になっていると言うことだね．準同型の性質を使うと $f(0_R)=g(0_R)=0_R$ つまり $a\in R$, $c\in R$ を自由にとるとき $a0_R=0_R$, $0_Rc=0_R$ となるわけだね．同じように，$a(-u)=-(au)=(-a)u$ ($u\in R$) も言える．$a+(-b)=a-b$ と書けば，$a(b-c)=ab-ac$, $(a-b)c=ac-bc$ もすぐに言える．群のコセットと同様に $f(R)=aR$, $g(R)=Rc$ と書く．

$(R, \times)$ が半群として単位元を持つとき，環 R は**単位的**であるといい，半群 R が可換，つまり $ab=ba$, (a, $b\in R$) が必ず成り立つとき，環 R は**可換**であるというんだ．単位元は 1, 1_R などと書かれることが多い．第 4 章で単位元を持つ半群 $(S, *)$ に含まれる可逆なメンバーをすべて集めた部分群 $S^{\times}_{*}$ について話したよね．単位的環 R についても $R^{\times}_{\times}$ を $R^{\times}$ と書いて，これを環 R の**単位群**と呼ぶ．

ナツ　$\mathbb{Z}/n\mathbb{Z}$, $\mathbb{Z}$, $\mathbb{Q}$, $\mathbb{R}$, $\mathbb{C}$ は皆単位的で可換な環になるのね．成分が有理数の 2 行 2 列行列の集合 $M_2(\mathbb{Q})$ は単位的だけど可換ではない環になる．この環 R については 0_R はゼロ行列 O で，積についての単位元は単位行列 E になるのね．

ケン　$\mathbb{Z}/n\mathbb{Z}=\{(0)_n, (1)_n, \ldots(n-1)_n\}$ となるね．$n=2, 3, 4$ のときに $\mathbb{Z}/n\mathbb{Z}$ の足し算とかけ算の表を作って見よう．n が何か分かっているときには，$(a)_n$ を単に a と書くことにしよう．

$\mathbb{Z}/2\mathbb{Z}$ の演算表

+	0	1
0	0	1
1	1	0

×	0	1
0	0	0
1	0	1

$\mathbb{Z}/3\mathbb{Z}$ の演算表

+	0	1	2
0	0	1	2
1	1	2	0
2	2	0	1

×	0	1	2
0	0	0	0
1	0	1	2
2	0	2	1

$\mathbb{Z}/4\mathbb{Z}$ の演算表

+	0	1	2	3
0	0	1	2	3
1	1	2	3	0
2	2	3	0	1
3	3	0	1	2

×	0	1	2	3
0	0	0	0	0
1	0	1	2	3
2	0	2	0	2
3	0	3	2	1

ナツ　$\mathbb{Z}/2\mathbb{Z}$ の単位群は $\{1\}$，$\mathbb{Z}/3\mathbb{Z}$ の単位群は $\{1, 2\}$，$\mathbb{Z}/4\mathbb{Z}$ の単位群は $\{1, 3\}$ になる．それと，$\mathbb{Z}/4\mathbb{Z}$ の一部 $\{(0)_4, (2)_4\}$ も環になっているわね．

ケン　そうだね．一般に環 R とその部分集合 S について，

1）$S \neq \phi$

2）$a, b \in S \Longrightarrow a+b, ab \in S$

3）$(S,+)$ は $(R,+)$ の部分加群

4）$(S, \times)$ は $(R, \times)$ の部分半群（部分 α システム）

が成り立つとき，S は R の**部分環**であるという．それと，もう一つ，環 R から環 T への写像 f が加群としての R から T への準同型であり，半群 R から T への準同型でもあるとき，f は**環準同型**であるというんだ．$\ker(f)$ は R の部分環，$f(R)$ は S の部分環になることも直ぐ分かるね．全単射になっている環準同型は**環同型**と呼ばれる．

ナツ　$f: \mathbb{Z}/2\mathbb{Z} \longrightarrow \mathbb{Z}/4\mathbb{Z}$ として $f(0)=0, f(1)=2$ をとったら，これは環準同型かしら？

ユキ　加群から加群への準同型にはなってるけど，$f(1\times 1)=$

$f(1)=2, f(1)\times f(1)=2\times 2=0$ となって，半群から半群への準同型にはならないよ．でもね，$f(0)=f(1)=0$ と置けば，今度は環準同型になるでしょ．$f(1)$ は半群 $\mathbb{Z}/4\mathbb{Z}$ の単位元にはならないけどね．

ケン　$M_2(\mathbb{Q})$ の部分環を紹介しよう．k を整数として

$$A(\mathbb{Q}, k)=\left\{\begin{pmatrix} a & b \\ kb & a \end{pmatrix} \middle| a, b\in\mathbb{Q}\right\}$$

と書かれる $M_2(\mathbb{Q})$ の部分集合を考えよう．

$$A=\begin{pmatrix} a & b \\ kb & a \end{pmatrix}, B=\begin{pmatrix} c & d \\ kd & c \end{pmatrix}$$

をこの集合に含まれる行列とするとき

$$A+B=\begin{pmatrix} a+c & b+d \\ k(b+d) & a+c \end{pmatrix}, AB=\begin{pmatrix} ac+kbd & ad+bc \\ k(ad+bc) & ac+kbd \end{pmatrix}$$

となるから，$A+B, AB\in A(\mathbb{Q}, k)$ となるね．それと，$AB=BA$ となることも分かるね．

ユキ　$O, E\in A(\mathbb{Q}, k)$ だし，$A\in A(\mathbb{Q}, k)\Longrightarrow -A\in A(\mathbb{Q}, k)$ もいえるよね．$A(\mathbb{Q}, k)$は単位的な可換環になるのね．

ケン　特に $k=-1, 0, 1$ の場合について考えてみよう．先ず $k=-1$ として上のような行列の積を計算すると

$$\begin{pmatrix} a & b \\ -b & a \end{pmatrix}\begin{pmatrix} c & d \\ -d & c \end{pmatrix}=\begin{pmatrix} ac-bd & ad+bc \\ -(ad+bc) & ac-bd \end{pmatrix}$$

となるね．

ナツ　なんとなく，これって複素数の積の式 $(a+bi)(c+di)=(ac-bd)+(ad+bc)i$ と似てるわね．$k=0$ の場合の積はどうなるのかな．

$$\begin{pmatrix} a & b \\ 0 & a \end{pmatrix}\begin{pmatrix} c & d \\ 0 & c \end{pmatrix}=\begin{pmatrix} ac & ad+bc \\ 0 & ac \end{pmatrix}$$

$k=-1$ の場合とかなり違うのね．写像 $f:A(\mathbb{Q},0)\longrightarrow\mathbb{Q}$ を

$$f\left(\begin{pmatrix} a & b \\ 0 & a \end{pmatrix}\right)=a$$

と置いて決めてやると，これは環準同型になるでしょ．このとき

$$\ker(f)=\left\{\begin{pmatrix} 0 & b \\ 0 & 0 \end{pmatrix} \middle| \, b\in\mathbb{Q}\right\}$$

は $A(\mathbb{Q},0)$ の部分環になるわね．

$$\begin{pmatrix} 0 & b \\ 0 & 0 \end{pmatrix}+\begin{pmatrix} 0 & d \\ 0 & 0 \end{pmatrix}=\begin{pmatrix} 0 & b+d \\ 0 & 0 \end{pmatrix},\quad \begin{pmatrix} 0 & b \\ 0 & 0 \end{pmatrix}\begin{pmatrix} 0 & d \\ 0 & 0 \end{pmatrix}=O$$

となる．

ケン

$$\begin{pmatrix} a & b \\ 0 & a \end{pmatrix}\begin{pmatrix} 0 & d \\ 0 & 0 \end{pmatrix}=\begin{pmatrix} 0 & ad \\ 0 & 0 \end{pmatrix}$$

だから，$A\in A(\mathbb{Q},0)$ のとき $A\cdot\ker(f)\subseteq\ker(f)$ になる．一般に環 R とその部分環 I について $A\in R\Longrightarrow AI\subseteq I,\ IA\subseteq I$ が成り立つとき I は R の**イデアル**と呼ばれる．$AI=\{AB|B\in I\}$，$IA=\{BA|B\in I\}$ だよ．環準同型 $f:R\longrightarrow S$ について $\ker(f)$ は R のイデアルになる．例えば $n\mathbb{Z}$ は $\mathbb{Z}$ のイデアルで環準同型

$$f:\mathbb{Z}\longrightarrow\mathbb{Z}/n\mathbb{Z}\quad(f(a)=(a)_n)$$

のカーネルになっている．

R を環，I をそのイデアル，$a\in R$ とするとき，前に話したように $a+I=(a)_I$ と書く．$a,b\in R$ のとき $(a)_I=(b)_I\Longleftrightarrow a-b\in I$ となるね．このとき $a\equiv b\pmod{I}$ と書くことにしよう．いま，$a,a',b,b'\in R$ について $(a)_I=(a')_I$, $(b)_I=(b')_I$ ならば $(a+b)_I=(a'+b')_I$ になるけど，$(ab)_I=(a'b')_I$ となることも分かる．実際 $ab-a'b'=ab-(a'b-a'b)-a'b'=(a-a')b+a'(b-b')$ となり，$a-a'$, $b-b'\in I$

だから式の右辺はIに入る．つまり，$ab\equiv a'b' \pmod I$ となって，$(ab)_I=(a'b')_I$が出てきた．

ユキ　そうすると，$(a)_I+(b)_I=(a+b)_I$, $(a)_I(b)_I=(ab)_I$と置けばR/Iも環になるのね．

ケン　R/IをRのIによる**商環**と呼ぶ．環準同型$f:R\longrightarrow S$が与えられたとき，$R/\ker(f)$と$f(R)$は環として同型になることも直ぐ分かるから確かめておいてね．

ナツ　環$R=A(\mathbb{Q},0)$のイデアル$I=\left\{\begin{pmatrix}0 & b\\0 & 0\end{pmatrix}\middle| b\in\mathbb{Q}\right\}$のことだけど，$A=\begin{pmatrix}0 & 1\\0 & 0\end{pmatrix}$と置くと

$$\begin{pmatrix}b & 0\\0 & b\end{pmatrix}A=\begin{pmatrix}0 & b\\0 & 0\end{pmatrix}\quad \therefore RA=AR=I$$

になるわね．この環Rのイデアルって他にもあるのかしら？

ユキ　R自身，それにゼロ行列だけの集合$\{O\}$は当然イデアルだけど，いまJをRのイデアルとして，$E\in J$とするとさ，$RE=R\subseteq J\quad \therefore J=R$になるよね．ところで，$E\in J$かどうかは別として，もしも行列$B=\begin{pmatrix}a & b\\0 & a\end{pmatrix}$ $(a\neq 0)$がJに入るとするじゃない．すると$B^{-1}=\begin{pmatrix}a^{-1} & -a^{-2}b\\0 & a^{-1}\end{pmatrix}\in R$でしょ．だから$B^{-1}B=E\in J$になって，結局$J=R$となるのよね．

ナツ　するとイデアルJが環R全体とならないとすると，$J\subseteq I$になるしかないわね．でも，もしも$C=\begin{pmatrix}0 & b\\0 & 0\end{pmatrix}$ $(b\neq 0)$がイデアルJに入るとすると，$\begin{pmatrix}b^{-1} & 0\\0 & b^{-1}\end{pmatrix}$も$R$のメンバーだし，この行列を$C$に掛けるとさっきの行列$A$になるでしょ．だから$A\in J$, $RA=I\subseteq J\quad \therefore I=J$になるよね．結局この環$R=A(\mathbb{Q},0)$のイデアルって$R, I, \{O\}$の三つだけなのね！

ユキ　$A(\mathbb{Q}, -1)$ についてはどうなるのかしら？この環って，$\mathbb{C}$ と似てたよね．行列 $A=\begin{pmatrix} a & b \\ -b & a \end{pmatrix}$ と複素数 $a+bi$　$(a, b\in\mathbb{Q})$ が似てたわけ．それで $(a+bi)(a-bi)=a^2+b^2$ の真似をすれば

$$\begin{pmatrix} a & b \\ -b & a \end{pmatrix}\begin{pmatrix} a & -b \\ b & a \end{pmatrix}=(a^2+b^2)E$$

となるでしょ．a, b は有理数だから，$a^2+b^2=0 \Longleftrightarrow a=b=0$ だよね．すると，A がゼロ行列ではない限り逆行列は $A^{-1}=(a^2+b^2)^{-1}\begin{pmatrix} a & -b \\ b & a \end{pmatrix}$ となって，これも環 $A(\mathbb{Q}, -1)$ に入る．つまり，この環ではゼロ行列以外はすべて可逆になるわけ．

ナツ　そうか，するとこの環のイデアルはゼロ行列以外のものを一つでも含めば，それは可逆元だから，環全体になるわけね．つまり，今度はイデアルはゼロ元だけの集合か環全体かその二つになるわけ！

もう一つ，$A(\mathbb{Q}, 1)$ があったわね．これもまた違うことになるのかしら？

ケン　今度はね，行列 $E_1=\frac{1}{2}\begin{pmatrix} 1 & 1 \\ 1 & 1 \end{pmatrix}$, $E_2=\frac{1}{2}\begin{pmatrix} 1 & -1 \\ -1 & 1 \end{pmatrix}$ の二つが $A(\mathbb{Q}, 1)$ のメンバーになるよね．ここで，環のメンバー $A=\begin{pmatrix} a & b \\ b & a \end{pmatrix}$ と E_1, E_2 の積を計算してごらん．

ナツ，ユキ

$$AE_1=\frac{a+b}{2}E_1,\quad AE_2=\frac{a-b}{2}E_2$$

となる．すると，

$$E_1{}^2=E_1,\ E_2{}^2=E_2,\ E_1E_2=O$$

となる．それに $E_1+E_2=E$ になってる．すると $A=AE=AE_1+$

$AE_2 = \dfrac{a+b}{2}E_1 + \dfrac{a-b}{2}E_2$ となって，この環のメンバーはすべて E_1, E_2 の有理数倍を足した形に書けるのね．

そうか，イデアルとして $I_1 = E_1A(\mathbb{Q}, 1) = \{uE_1 \mid u \in \mathbb{Q}\}$, $I_2 = E_2A(\mathbb{Q}, 1) = \{vE_2 \mid v \in \mathbb{Q}\}$ をとれば，この環のイデアルはゼロイデアルと環自身の他には I_1, I_2 の二つだけになりそうな気がするわね．

ケン　$A(\mathbb{Q}, 1)$ のイデアル I がゼロイデアルでも環自身でもないとしよう．行列 $A \neq O$ がこのイデアルに入るとしよう．$A = uE_1 + vE_2$　$(u, v \in \mathbb{Q})$ と書けたでしょ．この式に先ず E_1 を掛けてごらん．これも I に入るわけでしょ．

ナツ，ユキ

$$E_1A = uE_1{}^2 + vE_1E_2 = uE_1$$

になるわね．同じように $E_2A = vE_2$ も I に入る．$u = v = 0$ なら $A = O$ だから，これはあり得ない．もしも $u \neq 0$ なら，$u^{-1}E_1A = E_1$ も I に入る．すると $I_1 \subseteq I$ となる．ここで，更に $v \neq 0$ なら同じようにして $E_2 \in I$　$\therefore E_1 + E_2 = E \in I$ となって，イデアルは環全体と同じになる．それはなしということにしたわけだから，$u \neq 0$ なら $v = 0$ つまりこのイデアルに入る行列 $A = uE_1$ となって，すべて I_1 に入ってしまう．しかも今考えているイデアルはゼロイデアルでもないから，$u \neq 0$ すると結局 $I = I_1$．同じように，もし $v \neq 0$ なら $I = I_2$ となるしかない．そうか，やはり，環 $A(\mathbb{Q}, 1)$ のイデアルはゼロイデアル，環自身の他に I_1, I_2 があって，それ以外にはない．四つのイデアルが現われるのね．

ケン　$A(\mathbb{Q}, k)$, $k = 2, 3, 4$ についても考えておいてごらん．

ユキ　ゼロ元以外のものがすべて可逆というと，$\mathbb{Q}, \mathbb{R}, \mathbb{C}$ もそうでしょ．これらの環についても，イデアルはゼロイデアルと環自身の二つだけになるのね．$\mathbb{Z}$ については，整数 k を選ぶごとにイデアル $k\mathbb{Z}$ が現われるけど，それ以外にはないのかしら？

ケン　その前に $k\mathbb{Z}=(-k)\mathbb{Z}$ となることに注意しておこう．ユキチャンの出したのは良い問題だね．今 $\mathbb{Z}$ のイデアル I としてゼロイデアルとは違うものをとろう．整数 $a\neq 0$ が I に含まれれば $(-1)a=-a$ も I に入っているから，a は自然数としていいね．n を I に含まれる最小の自然数としよう．すると，$I=n\mathbb{Z}$ となるんだ．イデアルの性質から n の整数倍がすべて I に含まれることはいいでしょ．逆に I に入っている整数 b を自由にとると，それも n の整数倍になることがいえればいいわけ．それに，ここでも b は自然数として構わない．何故って，先ず $b=0$ なら $b=0n$ だし，b が負の整数なら $-b$ は自然数，これが n で割り切れれて $-b=cn$ となるなら，$b=-cn$ となるものね．さて，b が I に含まれる自然数，n は I に含まれる最小の自然数とするとき，b が n で割り切れることをいうには，どうしたらいいかな？

ナツ　b が n で割り切れないとしたら，わり算して

$$b=nc+r \quad (0<r<n)$$

のように余り r が出るよね．

ユキ　わかった！ $r=b-nc$ でしょ．$b, nc\in I$ だからイデアルの性質を使えば $r\in I$ じゃない．n よりもっと小さい自然数 r が I に入ることになって矛盾ね．

すると，$\mathbb{Z}$ のイデアルはすべて $n\mathbb{Z}$ $(n=0, 1, 2, 3, \ldots)$ と書けて，$n=0$ のときはゼロイデアル，$n=1$ のときには環自身となり，$n>1$ のときはそれらの間にあるわけね．自然数 a, b について

$$a\mathbb{Z}\subset b\mathbb{Z} \Longleftrightarrow b|a$$

となる．特に $1<b<a$ のとき，§1.1 に出てきた記号を使えば

$$a\mathbb{Z}\subsetneq b\mathbb{Z} \Longleftrightarrow a\prec b$$

ここで，$a\prec b$ とは $a=bc$ のように自然数 $c>1$ が取れることだったわね．

ナツ　特に p を素数とすれば，$p\mathbb{Z}$ を含むイデアルはもう $\mathbb{Z}$ 自身

しかないのね．

ケン　環 R のイデアル $I \neq R$ で，それを含むイデアルは R しかないもののことを R の**極大イデアル**というんだ．素数 p についてイデアル $p\mathbb{Z}$ は $\mathbb{Z}$ の極大イデアルになるわけだね．

それと，R を単位的可換換とするとき，そのイデアル aR $(a \in R)$ を**単項イデアル**といって，(a) とも表わす．R のイデアルがすべて単項イデアルならば，R は**単項イデアル環**と呼ばれるんだ．$\mathbb{Z}$ は単項イデアル環だね．実は単項イデアル環ではない大事な環がいろいろあってね，そのことが後で大きなテーマになるんだ．

ここで，もう一つ，イデアルの和，共通部分，積のことについて話しておこう．R を環，I, J をそのイデアルとする．ここで，

$$I+J=\{a+b \mid a \in I,\ b \in J\},\ IJ=\left\{\sum a_i b_j (\text{有限和}) \mid a_i \in I,\ b_j \in J\right\}$$

と定義する．$I+J$ は I, J を含むイデアルになるね．しかも，もしも K が I, J を含むイデアルならば，$I+J \subseteq K$ になるから，$I+J$ は R のイデアルで I, J を含むもののなかで包含関係について最小のものと言える．一方，積 IJ も R のイデアルで，$I \cap J$ に含まれるね．

ナツ　$R=\mathbb{Z}, I=(a), J=(b), a, b \in \mathbb{N}$ とすると，$IJ=(ab)$ になることは分かるけど，和と共通部分はどうなるのかな？いずれにしても，$I+J=(k), I \cap J=(l)$ となるように自然数 k, l が取れるわけよね．包含関係のことを考えると，k は a, b の公約数のなかで最大のものになる，つまり，最大公約数ってわけか．すると，l は a, b の最小公倍数になるわね．例えば $(4)+(6)=(2)$，$(4) \cap (6)=(12)$，$(4)(6)=(24)$ になるのね．

5.2　整域，体

ユキ　$R=\mathbb{Z}/(n)$ のことだけど，$n=1$ とすると，どんな整数 a, b をとっても $(a)_1=(b)_1$ でしょ．特に $(0)_1=(1)_1$ で，この環 $R=\{(0)_1\}$ になるわね．$(1)_1=1_R=0_R$ で，これはゼロ元だけしかない

環だけど，一応単位的可換環になる．

ケン　ゼロ元だけから成る環を**ゼロ環**と呼ぶんだ．単位的環 S がゼロ環になるための必要十分条件は $1_S=0_S$ となることなんだけど，何故か分かるかな．

ユキ　S がゼロ環なら，そのゼロ元は単位元にもなるから，逆をいえばいいんでしょ．もし，$a\in S$ ならば，$a=a1_S=a0_S=0_S$ で OK ね！

ナツ　$\mathbb{Z}/(4)$ はゼロ環ではないけど，普通の計算と違ってゼロ以外のものを掛け合わせてゼロになったりするのね．$(2)_4(2)_4=(0)_4$ だものね．§5.1 にでてきた $A(\mathbb{Q},1)$ についても，$E_1E_2=O$ だったでしょ．

ケン　R を環，a をそのメンバーでゼロ元とは違うとする．もしも，やはり R に含まれてゼロ元ではない b をうまくとると $ab=0_R$ または $ba=0_R$ となるならば，a は R の**ゼロ因子**と呼ばれる．ナッチャンが挙げた例はゼロ因子になってる．

ところで，ゼロ環とは違う環 R が単位元 1_R を含むとき，$a\in R$ が可逆ならば，a はゼロ因子にはならないんだけど，何故か分かるかな？

ナツ　もしも a がゼロ因子になるなら，ゼロ元とは違う b があって，$ab=0_R$ または $ba=0_R$ のどちらか少なくても一方が成り立つんでしょ．でも a は可逆だから a^{-1} が R の中にある．もしも，$ab=0_R$ なら，$a^{-1}(ab)=a^{-1}0_R=0_R$ 一方 $a^{-1}(ab)=(a^{-1}a)b=b$，つまり $b=0_R$ となって，$b\neq 0_R$ に矛盾する！　$ba=0_R$ だとしたら，a^{-1} を式の右から掛けて，やはり矛盾が出る．結局 a はゼロ因子にはなれない！

ユキ　$R=\mathbb{Z}$ のとき，可逆元は ± 1 だけだけど，それ以外の整数（でゼロではないもの）はどれもゼロ因子ではないでしょ．つまり，$\mathbb{Z}$ にはゼロ因子はないってことね．$\mathbb{Q}$, $\mathbb{R}$ なんかは，ゼロ元以外はすべて可逆元だから，やはりゼロ因子を持たないよね．

ケン　ゼロ環とは違う単位的可換環はゼロ因子を持たないとき**整域**と呼ばれる．$\mathbb{Z}$ は整域の典型的な例だね．一方，ゼロ環ではない単位的環は，そのゼロ元以外のメンバーがすべて可逆なら**体**と呼ばれる．

ナツ　$\mathbb{Q}, \mathbb{R}, A(\mathbb{Q}, -1)$ などは皆体になるのね．体が可換ならそれは整域にもなる．可換ではない体もあるの？

ケン　有名な非可換体の例として**ハミルトン**（W.R. Hamilton）**のクオータニオン**というものがある．

$$\mathbb{H} = \left\{ \begin{pmatrix} \alpha & \beta \\ -\overline{\beta} & \overline{\alpha} \end{pmatrix} \middle| \alpha, \beta \in \mathbb{C} \right\}$$

で定義されるものなんだ．この $\mathbb{H}$ が体になることは直ぐ分かるから，確かめておいてね．ところで，このハミルトンのクオータニオンに含まれる

$$I = \begin{pmatrix} 0 & 1 \\ -1 & 0 \end{pmatrix}, J = \begin{pmatrix} i & 0 \\ 0 & -i \end{pmatrix}, K = \begin{pmatrix} 0 & i \\ i & 0 \end{pmatrix}$$

について

$$I^2 = J^2 = K^2 = -E, JI = K, IJ = -K$$

が成り立つことも分かるね．この式から，この体は非可換だということが出てくる．

ただ，これからの話しには非可換な体のことは，殆ど出てこない．体といったら，特に断らない限り可換体のことを意味することにしよう．

ナツ　$\mathbb{Z}/(n)$ について，自然数 $n=ab$　$(1<a, b)$ が合成数なら $(a)_n(b)_n = (0)_n$ となって，$(a)_n, (b)_n$ はゼロ因子になるよね．だから，この環は整域にはならない．一方，$n=2, 3$ のときは，前に確かめたように，環は整域というか，体にもなってた．n が他の素数 p の場合にも体になるのかしら？

ケン　R を単位的環，I をその極大イデアルとするとね，R/I は体になるんだ．$a \in R-I$ のとき $(a)_I$ が可逆になることをいえばいいでしょ．そこで，イデアル $J=aR$ と置いてイデアルの和 $I+J$ を

考えてみよう．これはI, Jを含むイデアルだから，Iに等しいか，それよりも大きく，しかもaをも含むから，Iではない．すると，Iは極大イデアルだったから，$I+J=R$になるね．つまり，$b \in I$, $ac \in J$ $(c \in R)$をうまくとればRのメンバーは何でも$b+ac$として表される．特に単位元1_Rも$1_R=b+ac$のように書けるでしょ．すると，$1 \equiv ac \pmod{I}$つまり$(a)_I(c)_I=(1_R)_I$となって，$(a)_I$は可逆になるわけ．

逆にIが単位的環RのイデアルでR/Iが体になるならばIは極大イデアルになることも直ぐに分かるから考えておいてね．一方，Rを単位的可換環，Iをそのイデアルとするとき，R/Iが整域になるならばIはRの**素イデアル**と呼ばれる．

ナツ，ユキ　そうか！すると素数pをとると$\mathbb{Z}/(p)$は必ず体になるのね！

ケン　$\mathbb{Z}/(p)$を位数pの**有限体**とか**ガロア**（E. Galois）**体**といって，$\mathbb{F}_p$と書くんだ．これはp個のメンバーから成る有限体だね．実は，有限体は必ずある素数pのn乗個のメンバーから成ることが知られている．しかも，同じ個数のメンバーから成る有限体は互いに同型になるという大定理があってね，メンバーの個数が$q=p^n$となる有限体を$\mathbb{F}_q$と表わすんだ．それと，もう一つ，素数pと自然数nを勝手に決めたとき，有限体$\mathbb{F}_q$は必ず存在することも知られている．

ところで，自然数$n>1$についてイデアル(n)が極大イデアルになるならnは素数だし，その逆も成り立つね．今，(n)が素イデアルだとしよう．つまり$\mathbb{Z}/(n)$が整域になるわけ．すると，(n)は極大イデアルになることが分かる．何故か考えてみよう．そのために，有限な整域は体にもなることが言えればいいでしょ．

ナツ　そうね，$\mathbb{Z}/(n)$は有限ですものね．Rを有限な整域，aをそのゼロ元とは違うメンバーとするとき，逆元b，つまりRのメンバーで$ab=1_R$となるものがあればいいのね．

ユキ　$R=\{c_1, c_2, \ldots, c_k\}$とし，片っ端から$a$を掛けてみるとさ，

R が整域なんだから $c_i \neq c_j$ なら $ac_i \neq ac_j$ になるじゃない．だから $\{ac_1, ac_2, \ldots ac_k\} = R$ になる．R は単位元 1_R を含むから，ある c_i をとれば $ac_i = 1_R$ となって，a は可逆，つまり R は体になる！

ナツ　$\mathbb{Z}$ のように整域が無限なら体にならないこともあるのね．

ユキ　$3+2X$ とか $-1+X-X^2$ みたいな整数係数の多項式どうしを足したり掛けたりしても，整数係数の多項式になるでしょ．定数の 0 や 1 も多項式の仲間だから整数係数の多項式全体の集まりって単位的可換環になるじゃない．

ケン　そうだね．ユキチャンの考えた環を $\mathbb{Z}[X]$ と書いて整数係数の多項式環と呼ぶ．もっと一般の多項式環について，次の §5.3 で話すね．ところで，$\mathbb{Z}[X]$ のイデアル $I=(X)$ を考えてみよう．例えば，$3+2X \equiv 3 \pmod{I}$，$-1+X-X^2 \equiv -1 \pmod{I}$ でしょ．$\mathbb{Z}[X]/I \cong \mathbb{Z}$ もわかるね．だから I は素イデアルになるけど，極大イデアルではない．この I を含むイデアル $J=I+(2)$ をとるとさ，$3+2X \equiv 1 \pmod{J}, 2+X^2 \equiv 0 \pmod{J}$ だね．$\mathbb{Z}[X]/J \cong \mathbb{F}_2$ となる．だから J は極大になるね．

ナツ　そうか．極大イデアルは素イデアルになるけど，その逆は言えないのね．ところで，ガロア体の単位群 $\mathbb{F}_p^\times$ は $\mathbb{F}_p$ のゼロ元以外のメンバー達全体の作る群だから，位数はちょうど $p-1$ でしょ．すると，群のメンバー $(a)_p$ の位数は $p-1$ の約数．特に $(a)_p{}^{p-1} = (1)_p$ となる．

ケン　そう，$(a)_p$ が単位群のメンバーになるための条件は整数 a が素数 p では割り切れないということだから，ナッチャンのいったことを言い換えると素数 p の倍数とは違う整数 a について

$$a^{p-1} \equiv 1 \pmod{p}$$

という式が成り立つ．これは**小フェルマ**（P. de Fermat）**の定理**として知られているんだよ．

ナツ　$p=2$ のときは $\mathbb{F}_2^\times = \{(1)_2\}$ でこれは単位元だけから成る群．$p=3$ だと $\mathbb{F}_3^\times = \{(1)_3, (2)_3\}$ で確かに $(2)_3^2 = (1)_3$ だから $\mathbb{F}_3^\times =$

$\langle(2)_3\rangle \cong C_2$. $p=5$ のときには $(2)_5^2=(4)_5$, $(2)_5^3=(3)_5$, $(2)_5^4=(1)_5$ になって，$\mathbb{F}_5{}^\times=\langle(2)_5\rangle\cong C_4$

もしかして，どの素数 p をとっても $(2)_p$ の位数は $p-1$ で $\mathbb{F}_p{}^\times=\langle(2)_p\rangle\cong C_{p-1}$ になっていたりして．

ユキ　でもね，$p=7$ のときは $(2)_7^3=(1)_7$ だからうまく行かないよ．それでも，$(3)_7$ は $(3)_7^2=(2)_7$, $(3)_7^3=(6)_7$ だから $(3)_7$ の位数 r は 2, 3 のどちらでもない．一方，位数 r は $p-1=7-1=6$ の約数 1, 2, 3, 6 のどれかでしょ．$(3)_7$ は単位元ではないから，$r\neq 1$，すると $r=6$ になるしかない．ということは，$\mathbb{F}_7{}^\times=\langle(3)_7\rangle\cong C_6$ となって，また巡回群が出てきた！どうも何かありそうね！

ケン　そうなんだ．ユキチャン，ナッチャンがいってることは素数についての，すごく深い定理に触れることなんだ．この話に進むためには，次の §5.3 で出てくる多項式環の性質を使うことが必要になる．

その前に，もう一つ有限体 $\mathbb{F}_p$ について大事なことを話しとこう．$\mathbb{F}_p^\times$ のメンバー $(a)_p$ に $(a)_p^2$ を対応させる写像 $\mu_2:\mathbb{F}_p^\times\longrightarrow\mathbb{F}_p^\times$ は準同型になる．$\ker\mu_2=\{(\pm 1)_p\}$ だから，p が奇素数ならカーネルは 2 個のメンバーから成っている．$\mu_2(\mathbb{F}_p^\times)=\mathbb{F}_p^2$ と書くと，§4.7 で話したように $\mathbb{F}_p^\times/\ker\mu_2\cong\mathbb{F}_p^2$ となる．$\mathbb{F}_p^2$ は $\mathbb{F}_p^\times$ の正規部分群で p が奇素数なら $|\mathbb{F}_p^2|=|\mathbb{F}_p^\times|/2$ となる．つまり，$[\mathbb{F}_p^\times:\mathbb{F}_p^2]=2$．だから $\mathbb{F}_p^\times/\mathbb{F}_p^2\cong C_2=\{\pm 1\}$.

ナツ　$p=5$ のとき $(a)_p=a$ と書いて，$1^2=1$，$2^2=4=-1$，$3^2=4=-1$, $4^2=1$ だから $\mathbb{F}_5^2=\{1,-1\}$.

ユキ　$p=3$ なら，同様に計算して $\mathbb{F}_3^2=\{1\}$ ね．

ケン　今ね，$(a)_p\in\mathbb{F}_p^\times$ について，$\chi((a)_p)=\pm 1$ ただし $\chi((a)_p)=1\Longleftrightarrow(a)_p\in\mathbb{F}_p^2$ と置くと，χ は $\mathbb{F}_p^\times$ から C_2 への準同型になるでしょ．$\chi((a)_p)=\left(\dfrac{a}{p}\right)$ と置いて，これを mod p の**平方剰余記号**と言う．

$$\left(\frac{a}{p}\right)=1\Longleftrightarrow(a)_p\in\mathbb{F}_p^2$$

となるわけ．例えば，$\left(\frac{-1}{3}\right)=\left(\frac{2}{3}\right)=-1,\left(\frac{-1}{5}\right)=\left(\frac{4}{5}\right)=1$．他の奇素数 p についても $\left(\frac{-1}{p}\right)$ がどうなるか，具体的な p について考えておいてね．

5.3 たたみ込み，形式的ローラン級数，形式的べき級数，多項式

ケン 解析学や確率論などに出てくる，たたみ込みのこと，聞いたことあるかな？変数も値も実数の関数 $f(x), g(x)$ の「**たたみ込み**」$f*g$ とは

$$(f*g)(x)=\int_{-\infty}^{\infty}f(x-t)g(t)dt$$

によって定義される関数のことだ．ただ，この積分が有限の値をとるためには関数 $f(x), g(x)$ に，ある種の縛りをつけることが必要だけどね．この，たたみ込み積はとても綺麗な性質を持っていて，いろいろな場面で使われる．ここではね，たたみ込みの考え方の「代数版」ともいうものについて考えることにしよう．

そのために，実数から実数への関数の替わりに，整数 $\mathbb{Z}$ から，ある整域 R への写像全体の集合を考えて，それを $M(\mathbb{Z}, R)$ と書くことにする．P をこの集合に属する写像とし，$P(k)=p_k \quad (k\in\mathbb{Z})$ と書いてこれを P の第 k 次の係数ということにする．ここで，Q も同じ集合に入る写像とし，やはり $Q(k)=q_k$ のように書く．P, Q の和を

$$(P+Q)(k)=p_k+q_k \quad (k\in\mathbb{Z})$$

と置いて定義すれば，$M(\mathbb{Z}, R)$ は加群になるね．この加群のゼロ元は $O(k)=0_R \quad (k\in\mathbb{Z})$ と置いて定義される写像 O だね．この加群に属する写像同士の「たたみ込み」を考えるんだけど，計算が可能

になるために，写像に縛りを入れ，**ローラン**（A. Laurent）**型写像**というものを考える．つまり，この加群のメンバー P がローラン型だというのは，P についてある整数 l をとると，整数 $k<l$ については必ず $p_k=0_R$ となることを意味することにしよう．すると，O はもちろんローラン型になるし，ローラン型写像同士を足してもやはりローラン型になるでしょ．P がローラン型なら $-P$ もそうだしね．だから，ローラン型写像全体の集合は $M(\mathbb{Z}, R)$ の部分加群になるね．これを $L(\mathbb{Z}, R)$ と書くことにし，そのメンバー P, Q の「**たたみ込み**」積を次のように決めてやる．

$$(P*Q)(k)=\sum_{l+m=k} p_l q_m \quad (k, l, m \in \mathbb{Z})$$

P, Q がローラン型だから，この和は有限和になるね．こうして決まる $P*Q$ もローラン型になるんだけど，何故かわかるかしら？

ナツ　P, Q について整数 r, s をとって，$u<r, v<s$ ならば $p_u=0_R$，$q_v=0_R$ となるように出来るんでしょ．ここで，整数 $k=l+m<r+s$ とすれば，$l<r$，$m<s$ の少なくともどちらか一方は成り立つじゃない．すると，このような k については $(P*Q)(k)=0_R$ になるよね．つまり，$P*Q$ もローラン型となるわね．

ユキ　たたみ込み積については結合則は成り立つのかしら？ P, Q, S がローラン型として計算してみよう．

$$((P*Q)*S)(k)=\sum_{l+m=k}(P*Q)(l)S(m)=\sum_{l+m=k}\left(\sum_{t+u=l} p_t q_u\right) s_m$$

だから，

$$((P*Q)*S)(k)=\sum_{(t+u)+m=k}(p_t q_u) s_m$$

になる．同じように

$$(P*(Q*S))(k)=\sum_{t+(u+m)=k} p_t (q_u s_m)$$

でしょ．結局整域 R でかけ算について結合則が満たされることから，$(P*Q)*S=P*(Q*S)$ となるのね．

そうか，このたたみ込み積については $P*Q=Q*P, P*(Q+S)=P*Q+P*S$ となることも明らかだから，$L(\mathbb{Z}, R)$ は可換環になるのね！これって，単位元はあるのかな？

ケン 整数 n，整域 R のメンバー a を取り，P として $p_n=a, p_m=0_R$ $(m \neq n)$ によって決まるものを考えこれを仮に aX^n と表わすことにしよう．これは，もちろんローラン型になるね．これと，ローラン型写像 Q のたたみ込み積を計算してごらん．

ナツ

$$(P*Q)(k)=\sum_{l+m=k} p_l q_m$$

だけど p_l がゼロ元と違うのは $l=n$ のときだけ，そして，そのときは $p_n=a$ なんでしょ．すると

$$(P*Q)(k)=aq_{k-n}$$

になる．つまり，$n>0$ なら $(P*Q)(k)$ は k から n だけ戻った $k-n$ での Q の値を a 倍したものになる．$n=-m$ $(m>0)$ なら k から m 進んだ番号での値の a 倍したもの，$n=0$ なら $(P*Q)(k)=aq_k$ になる．すると，$a=1_R$ で $n=0$ の場合，つまり $P=1_R X^0$ をとると，これが $L(\mathbb{Z}, R)$ の単位元になるのね！

ケン $L(\mathbb{Z}, R)$ が整域になることもすぐに分かるから考えておいてね．さて今度は $P=aX^n, Q=bX^m$ $(a, b \in R)$ として $P*Q$ を計算してごらん．

ユキ，ナツ $(P*Q)(k) \neq 0_R$ となるのは $k=n+m$ のときだけ，そして，$(P*Q)(n+m)=ab$ すると $P*Q=aX^n*bX^m=abX^{n+m}$ になる．そうか，$(aX^0+bX^1)*(cX^0+dX^1)=acX^0+(ad+bc)X^1+bdX^2$ なんかも言えるわ．これって，多項式の積と同じじゃない！

ケン 写像 $f:R \longrightarrow L(\mathbb{Z}, R)$ として $f(a)=aX^0$ によって決まる

ものを考えると，これは単射で環準同型になるでしょ．つまり，R と $L(\mathbb{Z}, R)$ の部分整域 $f(R)$ は同型になる．R と $f(R)$ を同一視して，$aX^0=a$ と書き，R が $L(\mathbb{Z}, R)$ に含まれるものと考えても良いんだね．そう考えて，あらためて $P\in L(\mathbb{Z}, R), P(k)=p_k$ を見ると，$P=\sum_{k\in\mathbb{Z}}p_kX^k$ のようにも書いて良い．そのように書くとき，$P*Q=PQ$ と普通の積の形に書くことにし，$L(\mathbb{Z}, R)$ を $R((X))$ とも表わし，これを R 上の**形式的ローラン級数環**と呼ぶ．

ところで，今度はこの整域に含まれる

$$R[[X]]=\{P\in R((X))\,|\,p_k=0_R,\ k<0\}$$

を考えよう．この定義式に出てくる写像は $P=\sum_{0\leq k}p_kX^k$ のようにも書けるね．これが $R((X))$ の部分整域になることも直ぐに分かる．これを R 上の**形式的べき級数環**と呼ぶ．特に $1_RX^k=X^k$ と書くと，例えば

$$(1_R-X)(1_R+X+X^2+X^3+\cdots)=1_R$$

のような式が成り立つ．$P=1_R-X, Q=1_R+X+X^2+X^3+\cdots$ と置けば

$$(P*Q)(0)=p_0q_0=1_R$$
$$(P*Q)(k)=p_0q_k+p_1q_{k-1}=1_R-1_R=0_R \quad (k\geq 1)$$

となるからね．

ナツ　多項式の計算とは随分違うのね．普通のべき級数では極限とか収束の条件が必要になるけど，形式的べき級数については，そういうことは抜きになるのね．

ケン　$R[[X]]$ のメンバー P で，ある整数 $l\geq 0$ をとれば $k\geq l$ については必ず $p_k=0_R$ となるようなものを R 上の**多項式**といって，それら全体の集合を $R[X]$ と書く．特に $p_l\neq 0_R$ のとき，P の**次数** (degree) は l であるといって，$\deg P=l$ と書く．$\deg P=n$, $\deg Q=m$ ならば，$\deg PQ=n+m$ になることも分かるね．$R[X]$ は

$R[[X]]$ の部分整域になる．$R[X]$ を R 上の**多項式環**と呼ぶ．$\mathbb{Z}[X]$ や $\mathbb{R}[X]$ はおなじみだね．形式的べき級数環まで行くと縛りがなくなって，フリーになるけど，多項式環までで話を進めるほうが，面白いことがずっと多くなるんだ．

5.4　$F[X]$

ケン　整域 R として可換体 F をとると，話がすっきりする．先ず，形式的べき級数環 $S=F[[X]]$ の単位群 $S^{\times}$ がどんなものになるか，考えてみよう．

ナツ，ユキ　前に出てきた式から 1_F-X とか $1_F+X+X^2+X^3+\cdots$ とかは単位元になるわね．$P=1_F+X+X^2$ は単位元になるかしら？ $Q\in F[[X]]$ として $PQ=P*Q$ を計算してみましょうか．

$$(P*Q)(0)=q_0,\ (P*Q)(1)=q_1+q_0,$$
$$(P*Q)(2)=q_2+q_1+q_0,$$
$$(P*Q)(3)=q_3+q_2+q_1$$

一般に $k\geq 2$ なら $(P*Q)(k)=q_k+q_{k-1}+q_{k-2}$ になるわね．そうすると，$P*Q=1_F$ となるための条件は $q_0=1_F$, $q_1=-1_F$, $q_2=0_F$, $q_3=1_F$, $q_4=-1_F$, のように，次々と決まるじゃない．そうか，もっと一般の $P=\sum_{0\leq k}p_kX^k$ についても $p_0\in F^{\times}=F-\{0_F\}$ という条件さえあれば，$Q=\sum_{0\leq k}q_kX^k\in F[[X]]$ を

$$(P*Q)(0)=p_0q_0=1_R,$$
$$(P*Q)(k)=p_0q_k+p_1q_{k-1}+\cdots+p_kq_0=0_R\ (k\geq 1)$$

が成り立つように決められるでしょ．すると，

$$(F[[X]])^{\times}=\{P\in F[[X]]\mid p_0\neq 0_R\}$$

ということね．

ケン　$S=F[[X]]$ のイデアルでゼロイデアルとも環自身とも違

うものはすべて(X^k) $(k\in\mathbb{N})$となること，その中で極大イデアルとなるのは(X)で，$S/(X)\cong F$となることも直ぐわかるから，確かめておいてね．

ユキ　そういえば，$F((X))$は体になるのね．多項式環ではどうなるのかしら？

ケン　多項式$P\neq O$の次数を$n\geq 1$とすると，これにゼロ多項式とは違う多項式Qを掛ければ$\deg PQ\geq n$だから，$PQ\neq 1_R$つまり，これは可逆元にはなれない．このことから，$(F[X])^{\times}=F^{\times}$となることが分かるね．

ところで，多項式$P\neq O$と，今度はゼロ多項式でもいいけど，また多項式Qをとるとね，

$$Q=PS+T \ (S, T\in F[X], T=O \text{ または } \deg T<n)$$

を満たすように多項式S, Tをとることが出来て，しかも，このS, TはP, Qによって，ただ一組だけ決まってしまうことが分かる．

ユキ　整数や自然数の話しと似てるのね．そのときは，数の大小を使ったけど，今度は多項式の次数を使うんでしょ．$Q=PS$のように書ければ，$T=O$とすればいいけど，QがPで割り切れないなら，どんなSについても$Q-PS$はゼロ多項式にはならない．だから$T=Q-PS$と書ける多項式のなかで，次数が最小のものを選べる．それの一つをTとしましょうね．先ず$\deg T=m\geq n$だったらおかしいことが起るっていえばいいよね．このとき

$$T=t_0+t_1X+\cdots+t_mX^m,\ t_m\neq 0_F,\ P=p_0+p_1X+\cdots p_nX^n,$$
$$p_n\neq 0_F\ (m\geq n)$$

となるよね．そしたら，$S'=t_mp_n^{-1}X^{m-n}$，$T'=T-PS'$と置けば$T'=(Q-PS)-PS'=Q-P(S+S')$だから$T'\neq O$それに$\deg T'<m$も明らかでしょ．すると，Tの次数が最小だったことに矛盾する！

ナツ　次に，$Q=PS+T=PU+V$ $(\deg T, \deg V<n)$なら$S=U$，$T=V$となることが言えればいいんでしょ．このとき，$T-V=P(U-S)$だから，もしも$U-S\neq O$なら$\deg P(U-S)\geq n$となる．

ところが，T, V の次数はどちらも n 以下だから $\deg T-V\geq n$ となることはあり得ない！だから，$U-S=O$ これから $T-V=O$ も言えて，$S=U, T=V$ が言えました！

ユキ　$\mathbb{Z}$ が単項イデアル環だってことの証明と同じようにして，$F[X]$ も単項イデアル環になることが言えると思うけど．I を $F[X]$ のイデアルでゼロイデアルとは違うものとするとき，I に含まれる多項式で次数が最小のものを一つとって，それを P とすると，$Q\in I$ がもしも P で割り切れないならば，$Q=PS+T$ ($\deg T<\deg P$) のように書ける．ここで，イデアルの性質から $T\in I$ となって，P の次数の最小性に反するでしょ．だから，$I=(P)$.

ナツ　$\mathbb{Z}$ のイデアルでゼロイデアルとは違うもの J にたいしては，自然数 n が確定して，$J=(n)$ と書けたけど，多項式環の場合には，P の替わりに aP ($a\in F^{\times}$) をとってもイデアル I の生成元になるでしょ．

ケン　そうだね．$I\neq\{O\}$ のとき，$I=(P)=(Q)\Longleftrightarrow Q=aP$ ($a\in F^{\times}$) となることも分かるね．$\deg P=\deg Q$ だし，Q は P で割り切れるものね．実は，最高次の係数が 1_R となるような多項式のことを**モニック多項式**というんだけど，I の生成元としてモニックなものをとることにすれば，それは I によって確定するね．

ところで，$F=\mathbb{Q}$ とし，多項式環 $S=\mathbb{Q}[X]$ に含まれる $P=X^2+1, Q=X^2-1, R=X^2$ の三つについて，イデアル $I=(P), J=(Q), K=(R)$ をとろう．そこで，商環 $S/I, S/J, S/K$ について考えてみよう．

先ず $S_1=S/I$ について，$(X)_I=\iota$ と置くと，$\iota^2+(1)_I=(0)_I$ だから $\iota^2=-1_{S_1}$. それに S の多項式 T は 2 次式 P で割ると $T=PU+V, V=O$ または $V=a+bX$　($a, b\in\mathbb{Q}$)．だから，$(T)_I=(V)_I$ となり，これは $(0)_I$ になるか，または $(a)_I+(b)_I\iota$ になる．だから結局 $S_1=\{(a)_I+(b)_I\iota\,|\,a, b\in\mathbb{Q}\}$ となり，$(a)_I+(b)_I\iota=(a')_I+(b')_I\iota\Longleftrightarrow a=a', b=b'$ となることも言える．S_1 のメンバー $(a)_I+(b)_I\iota$ に，§5.1 に出てきた体 $A(\mathbb{Q}, -1)$ のメンバー $aE+bI$ $\left(E=\begin{pmatrix}1&0\\0&1\end{pmatrix}\right.$,

$I=\begin{pmatrix} 0 & 1 \\ -1 & 0 \end{pmatrix}$ を対応させる写像は環の同型になる．つまり，このとき $S_1=S/I$ も体だから，イデアル $I=(X^2+1)$ は $S=\mathbb{Q}[X]$ の極大イデアルになる．

次に $S_2=S/J$ だけど，$\varepsilon_1=\frac{1}{2}(1+X)_J$, $\varepsilon_2=\frac{1}{2}(1-X)_J$ と置くとね，$(\varepsilon_i)^2=\varepsilon_i \quad (i=1,2)$, $\varepsilon_1\varepsilon_2=(0)_J$, $\varepsilon_1+\varepsilon_2=(1)_J$ となることが直ぐに分かる．これをヒントにして，$S_2\cong A(\mathbb{Q},1)$ となることを証明してごらん．

ナツ　すると，残りの S/K は $A(\mathbb{Q},0)$ と同型になるんでしょ．今度は $(X)_K{}^2=(0)_K$ となることが使えそうね．

ケン　その通り．いずれにせよ，イデアル J, K は極大ではないよね．これは，$J\subsetneqq(1+X)$, $K\subsetneqq(X)$ となることからも分かるね．

ところで，R を単位的可換環とし，$P\in R[X]$ がゼロ多項式ではないとき，$R[X]$ に含まれる可逆ではない P_1, P_2 があって，$P=P_1P_2$ のように書けるならば，P は R 上**可約**であるという．例えば $R=\mathbb{Q}$, $P=X^2-1$ のとき $P=(X+1)(X-1)$ となるから，P は $\mathbb{Q}$ 上可約だね．

一方，$P\in R[X]$ について次数 $\deg P\geq 1$ で，しかも，これが可約ではないとき，P は R 上**既約**であるという．特に $R=F$ が体のとき，F 上の既約多項式は環 $F[X]$ の中で素数にも似た振る舞いをするので，とても大事なものになるんだ．$F[X]$ が単項イデアル域になることから，P が既約になることと $(P)=PF[X]$ が極大イデアルになることとは同値になることも分かるから考えておいてね．

ナツ　$P=X^2+1$ を $\mathbb{R}$ 上の多項式とみなすとき，もしこれが可約なら二つの一次式の積 $P=(X+a)(X+b) \quad (a, b\in\mathbb{R})$ として書けるけど，それならば X に $-a$ または $-b$ を代入すれば P は消えるはずでしょ．でも，$(-a)^2+1\neq 0$, $(-b)^2+1\neq 0$ だから P は $\mathbb{R}$ 上既約．ところが，係数の範囲を複素数まで広げると $i^2+1=0$ となって，$X^2+1=(X-i)(X+i)$ だから可約．係数の範囲によって同じ多項式が可約になったり既約になったりするのね．

ケン　その通りなんだ．でも，「代入」という考え方について，少し整理しておこう．

R を整域，S も整域で R を部分環として含むものとしよう．$\alpha \in S$ として多項式環 $R[X]$ から S への写像 f_α を $R[X]$ に含まれる多項式 $P=\sum_{0\leq k\leq n} p_k X^k$ に $f_\alpha(P)=\sum_{0\leq k\leq n} p_k \alpha^k$ を対応させるものを考えよう．この写像が環準同型になることは直ぐに分かるね．$f_\alpha(P)$ は普通 $P(\alpha)$ と書かれるけど，ここでは $P[\alpha]$ と書くことにして，これを多項式 P に $X=\alpha$ を**代入**したものという．

特に $R=K$ が（可換）体のとき，多項式環 $K[X]$ に含まれる $I=\{P\in K[X] | P[\alpha]=0_K\}$ をとれば，これは $K[X]$ のイデアルになるね．$K[X]$ は単項イデアル整域だから $I=(P)$ となるような多項式 P がある．特に P としてモニックなものをとれば，これはイデアル I によって確定するでしょ．これを α の K 上の**最小多項式**と呼ぶ．

例えば，$R=K=\mathbb{Q}$, $S=\mathbb{C}$, $\alpha=\zeta_3$ とすれば，α の $\mathbb{Q}$ 上の最小多項式は $P=X^2+X+1$ となるね．

一方，$S=F$ が（可換）体のとき，$P[\alpha]=0_S$ となることと $P=(X-\alpha)Q$　$(Q\in F[X])$ のように書けることが同値になることも**剰余の定理**として良く知られているね．これは，

$$P=(X-\alpha)Q+T,\ T=O\ \text{または}\ \deg T<\deg(X-\alpha)=1,\ \text{つまり}\ T=\beta\in F^\times$$

の式に $X=\alpha$ を代入してみれば分かることだね．

ところで，見た目は n 次の多項式 $P=\sum_{0\leq k\leq n} p_k X^k$ について，体 F から互いに相異なる $n+1$ 個のメンバー α_j　$(j=1, \ldots, n+1)$ を取って $P(\alpha_j)=0_F$　$(j=1, \ldots, n+1)$ となるならば P はゼロ多項式になる．剰余の定理を使えばすぐに分かるから考えておいてね．

さて，写像 f_α による像 $f_\alpha(R[X])$ は整域 S の部分整域になるでしょ．これを $R[\alpha]$ と書くことにする．

例えば

$$\mathbb{Z}[i]=\{a+bi \mid a,\ b\in\mathbb{Z}\},\ \mathbb{Q}[i]=\{u+vi \mid u,\ v\in\mathbb{Q}\}$$

となる．$\mathbb{Q}[i]$ は体になることも分かるね．このように，体 F とそれを部分環として含む整域 S，それに $\alpha\in S$ が与えられ，$F[\alpha]$ が体になるとき，これを F に α を**添加**させて得られる体と呼び，$F(\alpha)$ のように書くんだ．$\mathbb{Q}[i]=\mathbb{Q}(i)$ は**ガウス体**とも呼ばれる大事な体，$\mathbb{Z}[i]$ は**ガウス整数環**と呼ばれ，そのメンバーはガウス平面上に縦横限りなく，規則正しい格子点を作って並んでいるね．ガウス体 $\mathbb{Q}(i)$ は $\mathbb{Q}[X]/(X^2+1)\mathbb{Q}[X]$ と，従って $A(\mathbb{Q},-1)$ とも同型になる．

5.5　円分多項式

ナツ　ζ_3 の $\mathbb{Q}$ 上の最小多項式が X^2+X+1 になることが出てきたけど，もっと一般の素数 p について ζ_p の $\mathbb{Q}$ 上の最小多項式 F はどんなものになるのかしら？　ζ_p は $X^p-1=(X-1)(X^{p-1}+X^{p-2}+\cdots+X+1)=0$ の解になるから F は $X^{p-1}+X^{p-2}+\cdots+X+1$ を割り切るわけね．$p=3$ なら $F=X^2+X+1$ になったけど，他の場合にはどうかしら？

ケン　実は，どんな素数 p についても多項式 $P=X^{p-1}+X^{p-2}+\cdots+X+1$ は $\mathbb{Z}[X]$ で既約になる．そのことを見るために $X-1=Y$ と置いてみよう．$X=Y+1,\ X^p=(Y+1)^p=Y^p+pY^{p-1}+\cdots+\binom{p}{k}Y^{p-k}+\cdots+pY+1$ となるね．ここで，二項係数 $\binom{p}{k}=\dfrac{p(p-1)\cdots(p-k+1)}{k!}\equiv 0 \pmod{p}$　$(1\leq k<p)$ でしょ．ところで $X^p-1=Y(X^{p-1}+X^{p-2}+\cdots+X+1)$ となる．ここで $X^p=(Y+1)^p$ を Y で表す式を使えば，$X^p-1=Y(Y^{p-1}+pY^{p-2}+\cdots+p)$ となるね．だから，問題の $P=X^{p-1}+X^{p-2}+\cdots+X+1=Y^{p-1}+pY^{p-2}+\cdots+p\equiv Y^{p-1} \pmod{p\mathbb{Z}[Y]}$ となるわけ．ここで，もしも $P=GH$　$(\deg G,\ \deg H\geq 1)$ のように $\mathbb{Z}[X]$ のなかで分解でき

たとしよう．G, H はどちらもモニックとしていいね．また $X=Y+1$ を使って G, H を $\mathbb{Z}[Y]$ の多項式と書き直し，それぞれを G', H' と書く．P も Y の式に書きなおすと $Y^{p-1}+pY^{p-2}+\cdots+p=G'H'\equiv Y^{p-1} (\mathrm{mod}\ p\mathbb{Z}[Y])$ となるね．

ユキ　ちょっと待って．これっておかしくない？　$G'=Y^n+a_{n-1}Y^{n-1}+\cdots+a_1Y+a_0$, $H'=Y^m+b_{m-1}Y^{m-1}+\cdots+b_1Y+b_0$　($a_i, b_j\in\mathbb{Z}$) と書くと，積 $G'H'$ の定数項 p が a_0b_0 になるんでしょ．だから G', H' の定数項 a_0, b_0 のどちらか，例えば a_0 が $\pm p$, b_0 が ± 1 になる．でも G' の係数を並べて $a_0, a_1, \ldots, a_k, \ldots, a_n(=1)$ とすると，どこかで p の倍数ではないものが出てくる．最初に p の倍数でなくなるものを a_k とするでしょ $(1<k\leq n)$．多項式 G' について $G'\equiv Y^n+a_{n-1}Y^{n-1}+\cdots+a_kY^k\ (\mathrm{mod}\ p\mathbb{Z}[Y])$．これを $H'=Y^m+b_{m-1}Y^{m-1}+\cdots+b_1Y\pm1$ と掛けて $G'H'\equiv Y^{n+m}+\cdots\pm a_kY^k (\mathrm{mod}\ p\mathbb{Z}[Y])$．一方 $G'H'\equiv Y^{p-1} (\mathrm{mod}\ p\mathbb{Z}[Y])$ だっていうんでしょ．でも a_k は p の倍数じゃないんだから，変よね！

ナツ　$G'H'\equiv Y^{n+m}+\cdots\pm a_kY^k\equiv Y^{n+m}\ (\mathrm{mod}\ p\mathbb{Z}[Y])$ $(n+m=p-1)$，つまり $k=n+m=p-1 (\pm a_k=1)$ になるしかない．でも a_k の選び方から $k\leq n$ よね．すると，どうしても $k=n, m=0$ になるしかない．つまり $\deg H'=\deg H=0$ となって，$\deg H\geq1$ という仮定に反してしまう！やはり，ユキチャンがいうように変だ．結局多項式 P が $\mathbb{Z}[X]$ で既約でないとだめってことね！

ユキ　でも，$\mathbb{Z}[X]$ の中で既約ということと，$\mathbb{Q}[X]$ の中で既約ということとは同じかしら？もしもそうなら，$X^{p-1}+X^{p-2}+\cdots+X+1$ が ζ_p の $\mathbb{Q}$ 上の最小多項式ということになる．

ケン　そう，ユキチャンが出した問題は重要なんだ．それについて考えるために，先ず原始多項式というものを考える．$G=a_nX^n+a_{n-1}X^{n-1}+\cdots+a_0\in\mathbb{Z}[X]$ は $a_n\mathbb{Z}+\cdots+a_0\mathbb{Z}=\mathbb{Z}$ つまりゼロではない係数の絶対値の最大公約数が 1 になるとき，G は**原始多項式**と呼ばれる．例えば $2X+3$ とか $X+1$ みたいな多項式だね．ここで G, H がどちらも原始多項式ならそれらの積も原始多項式になることが言える．

ナツ　$(2X+3)(X+1)=2X^2+5X+3$ 確かに 2, 5, 3 の最大公約数は 1 だわ.

ケン　$G=a_nX^n+a_{n-1}X^{n-1}+\cdots+a_0$, $H=b_mX^m+b_{m-1}X^{m-1}+\cdots+b_0\in\mathbb{Z}[X]$ が共に原始多項式だとしてね，それらの積 GH はそうではないとするとさ，GH の係数をすべて割り切るような素数 p をとることが出来るよね．ところが，当然 p は G, H のどちらについても，その係数をすべて割り切ることはあり得ないわけだ．仮に G の係数 $a_0, a_1, \ldots, a_k$　$(k<n)$ が p の倍数になっても，a_{k+1} はそうならないような $k+1\leq n$ が取れる．H の係数についても同様に $b_0, b_1, \ldots, b_l\equiv 0 \pmod p$, $b_{l+1}\not\equiv 0 \pmod p$, $l+1\leq m$ となるような $l+1$ がある．ここで積 GH の X^{k+l+2} の係数 c_{k+l+2} について考えてみると，

$$c_{k+l+2}=a_{k+1}b_{l+1}+\sum_{i+j=k+l+2,\ i\neq k+1,\ j\neq l+1} a_ib_j$$

ここで第二項の和に現われる a_i, b_j だけど，$i>k+1$ なら $j<l+1$ だから $b_j\equiv 0 \pmod p$，逆に $i<k+1$ なら $a_i\equiv 0 \pmod p$ となるから，$a_ib_j\equiv 0 \pmod p$ となって，$c_{k+l+2}\equiv a_{k+1}b_{l+1}\not\equiv 0 \pmod p$ となる．GH の係数で p の倍数にはならないものが出てきてしまう．これは，まずいでしょ．だから，原始多項式同士の積は必ず原始多項式になるわけだね．

ユキ　ゼロではない多項式 $G=\sum_{0\leq k\leq n}a_kX^k\in\mathbb{Q}[X]$ にゼロ以外の係数の分母の最小公倍数を掛け，更に分子の最大公約数で割っておけば，G の有理数倍 aG が原始多項式になるよね.

ナツ　$F\in\mathbb{Z}[X]$ $(F\neq 0)$ がもしも有理数係数の多項式の積 $F=GH$　$(\deg G, \deg H\geq 1)$ のように書けるとすれば，適当なゼロではない有理数 a, b を選んで aG, bH が共に原始多項式になるように出来るでしょ．すると $abF=aGbH$. ここで，もしも F が原始多項式なら，式の右辺も原始多項式だから $ab=\pm 1$. すると F は $\mathbb{Z}[X]$ の中で可約になる．つまり，原始多項式が $\mathbb{Q}[X]$ の中で可約

なら $\mathbb{Z}[X]$ の中でも可約．もちろん，逆に $\mathbb{Z}[X]$ の中で可約な多項式は $\mathbb{Q}[X]$ の中でも可約になる．一般に，必ずしも原始的ではない整数係数多項式でゼロではないもの F については，その係数の最大公約数 a で F を割れば，原始的になるでしょ．もしも，有理数の上で $F=GH$ と分解されれば，$a^{-1}F=a^{-1}GH$ は原始多項式の分解になるからこれも整数上で分解される．その式の両辺に a を掛ければ F の整数上での分解式が出てくる．結局，整数係数多項式は整数上で既約なら有理数上でも既約，逆も正しいということになるのね！

ユキ　$X^{p-1}+X^{p-2}+\cdots+X+1$ が ζ_p の有理数上の最小多項式だということが，はっきりしたわね！

ケン　この多項式は p 次の**円分多項式**と呼ばれ大事な役目を持つ．

5.6　方程式の解の個数

ユキ　一つ気になってることなんだけど，一番基本的な整域と言える $\mathbb{Z}$ と，これも基本的な体 $\mathbb{Q}$って近い仲間みたいよね．つまり，有理数って二つの整数 a, b $(b\neq 0)$ を使って分数 $\dfrac{a}{b}$ として書けるわけ．そして，整数は有理数の一部と言えるし，整数係数の多項式も有理数係数多項式と考えるといろいろ見通しが良くなるでしょ．これと似たことが他の整域についても言えるのかしら？つまり，整域 R が与えられたとき，これを含む体 F で，今言った意味で R の近い仲間になるものがあるのかしら？

ケン　R の商体と呼ばれるものがあるんだ．分数の真似をしてこしらえる体なんだ．つまり，R のメンバー a, b $(b\neq 0_R)$ に対して a/b と書かれる記号を考える．ただし，分数についても，例えば $\dfrac{1}{2}$ と $\dfrac{3}{6}$ は見た目は違うけど同じ分数を表わすよね．これと似て，記号 $a/b,\ a'/b'$ $(a, a', b, b'\in R\ \ (b, b'\neq 0_R))$ について $a/b=a'/b'$

$\Longleftrightarrow ab'=a'b$ と決めておく．こう約束しておいた上で集合 $F_R=\{a/b \mid a, b\in R \quad (b\neq 0_R)\}$ を考えるんだ．

ユキ ちょっと待って．その定義だと $a/b=a/b$ とか $a/b=a'/b' \Longrightarrow a'/b'=a/b$ は当たり前だけど，$a/b=a'/b'$, $a'/b'=a''/b'' \Longrightarrow a/b=a''/b''$ も言えるかしら？

確かめてみましょうね．$ab'=a'b$, $a'b''=a''b'$ から $ab''=a''b$ が言えることを示せばいいのよね．

ナツ ab'' に右から b' を掛けてみたらどうかしら．

$(ab'')b'=a(b''b')=a(b'b'')=(ab')b''=(a'b)b''=(ba')b''=b(a'b'')=b(a''b')=(ba'')b'=(a''b)b'$ だから $(ab'')b'=(a''b)b'$ でしょ．ここで，$b'\neq 0_R$ で R が整域だということを使うと，めでたく $ab''=a''b$ が出てきた！

ケン 整域の性質をうまく使えたね！さて，こうして考える集合 F_R のメンバーの間に和と積を決めてやる．これも分数計算の真似なんだけどね．つまり，$a/b, c/d\in F_R$ のとき

$$a/b+c/d=(ad+bc)/bd, \quad a/b\times c/d=ac/bd$$

とするんだ．$b, d\neq 0_R$ だから $bd\neq 0_R$ で，和と積の式の右辺に現われる記号は F_R に入るね．ここで，$a/b=a'/b'$, $c/d=c'/d' \Longrightarrow a/b+c/d=a'/b'+c'/d'$, $a/b\times c/d=a'/b'\times c'/d'$ が言えること，簡単に分かるから確かめておいてね．それと，こうして定義した和と積について，F_R が体になり，そのゼロ元としては $0_R/1_R$ がとれ，$-(a/b)=(-a)/b$ としてよいこと．また，$a/b=0_R/1_R \Longleftrightarrow a=0_R$ となり，F_R の単位元として $1_R/1_R$ がとれ，$a/b\neq 0_R/1_R$ のとき，$(a/b)^{-1}=b/a$ としてよいことも確かめてね．

ユキ R のメンバー a に F_R のメンバー $a/1_R$ を対応させると同型になるでしょ．

ケン その通り．a と $a/1_R$ を同一視して R を F_R の部分環と考えることが普通だ．体 F が整域 R を部分環として含み，$F\cong F_R$ となるとき，F を R の**商体**と呼ぶ．$\mathbb{Q}$ は $\mathbb{Z}$ の商体だね．また，ガウ

ス体 $\mathbb{Q}(i)$ はガウス整数環 $\mathbb{Z}[i]$ の商体になってる．F を可換体，$F[X]$ をその上の多項式環とするとき $F[X]$ の商体を F 上の**有理式体**という．$1/X$ や $X/(X^2+1)$ とかを有理式と言うことは知ってるよね．さて，R を整域，F をその商体とし，多項式環 $R[X], F[X]$ を考えよう．次数 n が 1 またはそれ以上の多項式 $P\in R[X]$ と R のメンバー a について，$P[a]=0_R$ となるとき，方程式 $P=0_R$ は R 上に解 a を持つというわけだね．そのとき，P を F 上の多項式とみなすと，剰余の定理によって，$P=(X-a)P_1$ $(P_1\in F[X])$ のように書ける．ここで，$\deg P_1=n-1$ となるね．いま，もしも，a とは違う $b\in R$ があり，これも P の解だとすると，$P[b]=(b-a)P_1[b]=0_R$ となる．ところが $a-b\neq 0_R$ だから $P_1[b]=0_F=0_R$ でしょ．だから $\deg P_1\geq 1$ で，$P_1=(X-b)P_2$, $P_2\in F[X]$, $\deg P_2=n-2$. こうして見ると，もしも P が R 上で互いに違う解を m 個持つとしたら，$\deg P\geq m$ となるしかないことも分かるね．つまり，次数 n の多項式 $P\in R[X]$ が R 上で持てる解の個数は n を超えることはないということになる．これは簡単なことみたいだけど，このことからいろいろ大事な結果が出てくる．例えば，G を $R^\times$ に含まれる有限群とすると，G は巡回群になることが分かるんだ．

ナツ　特に $R=F$ が可換体なら，その乗法群 $F^\times$ に含まれる有限群は巡回群になるわけね．そうすると，前に考えた $\mathbb{F}_p^\times$ も巡回群になる！ちょっと待ってね，有限群 G は $R^\times$ の部分群なんだから，その単位元は 1_R になるよね．G の位数を n，d をその約数とするとさ，もしも G に位数 d の部分群 H があるとすると，そのメンバー h はすべて $h^d=1_R$ を満たすでしょ．つまり，方程式 $X^d-1_R=0_R$ の解になってる．ところが，R は整域なんだから，この方程式の解はあっても d 個を超えることはない．結局位数 d の部分群はあっても一つだけということになるじゃない！すると，§4.6 に出てきた巡回群の特徴付けの定理が使えて，G が巡回群になるってわけね．

5.7　局所化

ケン　整域 R と，その商体 F に関連して，後で使われる大事なことに，局所化の話しがある．$R-\{0_R\}$ つまり，R からゼロ元を除外したものは，かけ算について半群になるね．今，その部分半群 S として 1_R を含むものをとろう．そこで

$$S^{-1}R=\{a/b\,|\,a\in R,\ b\in S\}$$

と置いて，これを R の S による**局所化**と呼ぶ．$S^{-1}R$ が商体 F の部分整域になることは分かるね．

ナツ　$S=R-\{0_R\}$ のときに $S^{-1}R$ が商体 F になるのね．例えば R として $\mathbb{Z}$，S としてマイナスの整数をも含めた奇数全体の集まりをとると条件に合うでしょ．この場合，$S^{-1}R$ には 1/3 とか $-7/5$ とかが入るけど，1/2 や 3/4 なんかは入らない．

ユキ　4/6 もだめかな？でも 4/6=2/3 だよね．

ケン　分母が奇数として書ける分数はナッチャンの $S^{-1}R$ に入る．4/6=2/3 もそうだね．でも，この $S^{-1}R$ には 2 とか 6 の逆数は含まれないから，体にはならないね．ナッチャンの例をも含むもう少し一般的な局所化の例を紹介しとこう．R を整域，P を R の素イデアルとし，$S_P=R-P=\{a\in R\,|\,a\notin P\}$ と置こう．ナッチャンの例は $R=\mathbb{Z}$, $P=(2)$ の場合だね．一般の場合に，S_P が 0_R は含まないこと，1_R を含むこと，それに $a, b\in S_P$ なら $ab\in S_P$ になることも分かるね．ここで，$S=S_P$ による局所化 $S^{-1}R$ を $\tilde{R}_P$ と書くことにする．そのイデアル $\tilde{P}=P\tilde{R}_P$ を考えよう．今，$a/b\in\tilde{R}_P$ がイデアル $\tilde{P}$ に含まれないとすると $a\in S$ でしょ．だから，このとき $a/b\in\tilde{R}_P^{\times}$ になる．ということはイデアル $\tilde{P}$ が極大イデアルだってことだね．こうして R の素イデアル P は局所化 $\tilde{R}_P$ の極大イデアル $\tilde{P}$ にグレードアップされるわけ．

$\tilde{R}_P$ の乗法群を $\tilde{A}_P$ と書こう．ところで $\tilde{S}_P=\{a/b\in\tilde{R}_P\,|\,a/b\equiv 1 \pmod{\tilde{P}}\}$ と置くと，これは $\tilde{A}_P$ の部分群になる．

例えば，$R=\mathbb{Z}, P=(5)$とするとき，商群$\widetilde{A}_P/\tilde{S}_P$はどうなるかな？

ナツ　$a, b\in\widetilde{A}_P$について，$a\tilde{S}_P=b\tilde{S}_P$のとき$a\sim b$と書いて，$a, b$は同値だということにするね．$\widetilde{A}_P$には例えば$a=2/3$が入るけど，$(3, 5)=1$だから$3s\equiv 1 \pmod 5$となるように整数$s$が取れる．例えば$s=2$でもいいでしょ．$3s=6=6/1\in\tilde{S}_P$だから$a\sim 6a=4$. 同じようにして，$b=c/d\in\widetilde{A}_P$に対して$(d, 5)=1$だから$dt\equiv 1 \pmod 5$となるように整数$t$が取れて，$dt\in\tilde{S}_P$. これから，$btd=ct\sim b$となって$b$と同値な整数$ct$が取れるよね．

ユキ　$b=c\in\widetilde{A}_P$なら，これは5の倍数じゃないから$c\equiv a \pmod 5$　$(0<a<5)$となるようにaが取れるよね．すると$a/c\in\tilde{S}_P$になるから，$b\sim c\cdot a/c=a$. つまり，$\widetilde{A}_P$のメンバーは必ず1, 2, 3, 4のどれか，しかも，そのなかの一つだけに同値になるでしょ．$\widetilde{A}_P/\tilde{S}_P$は，この場合$\mathbb{F}_5^{\times}\cong C_4$と同型になるのね．

ケン　Rは同じ整数全体とし，素イデアルPとしては他のものをいろいろ取って，今と同じことを考えておいてごらん．

第6章　2次体とその整数環

6.1　2次体

ケン　ガウス数体 $\mathbb{Q}(i)$ は $\mathbb{Q}[X]/(X^2+1)$ と同型だったね．2次多項式 $P=X^2+1$ が $\mathbb{Q}$ 上既約なことは，どんな有理数 a をとっても $P[a]\neq 0$ となることから分かるね．他にも自然数 m を勝手にとるとき $Q=X^2+m$ が $\mathbb{Q}$ 上既約になることは明らかで，

$$\mathbb{Q}[X]/(X^2+m)\cong\mathbb{Q}(\sqrt{-m})=\{x+y\sqrt{-m}\mid x,y\in\mathbb{Q}\}$$

となることも分かるね．この式から，整数 $k\neq 0$ について $\mathbb{Q}(\sqrt{-k^2m})=\mathbb{Q}(\sqrt{-m})$ も言える．だから，ここで出てくる自然数 m は平方数 $n^2(n\in\mathbb{N},n>1)$ では割り切れないものとしてよい．このとき，m は**平方因子を持たない**っていうんだ．

ナツ　$X^2-1=(X-1)(X+1)$ は可約だけど，X^2-2 はどうかしら？もしも，これも $\mathbb{Q}$ 上可約なら，ある有理数 a をとれば，$a^2-2=0$ つまり $a^2=2$ ということになる．a を既約分数 $\dfrac{n}{m}$ の形に表わすと $n^2=2m^2$ となる．ここで，もしも $m>1$ で，それを割り切る素数 p があれば，$p|n^2\quad\therefore p|n$ となって，$\dfrac{n}{m}$ は既約でなくなる．ということは，$m=1$ つまり $a=n$ は整数として良いわけでしょ．すると，$2=n^2$．でも2は平方数ではない．だから X^2-2 は既約．そして $\mathbb{Q}[X]/(X^2-2)\cong\mathbb{Q}(\sqrt{2})$．

ユキ　今の話をよく見ると，自然数 $m>1$ が平方因子を持たないならば，X^2-m は $\mathbb{Q}$ 上既約で $\sqrt{m}$ は無理数だということが分かる．そして，$\mathbb{Q}[X]/(X^2-m)\cong\mathbb{Q}(\sqrt{m})=\{x+y\sqrt{m}\mid x,\ y\in\mathbb{Q}\}$ と

なるのね.

ケン　m を平方因子を持たない自然数とするとき，$\mathbb{Q}(\sqrt{-m})$ を**虚 2 次体**と言い，同じ m（ただし $m>1$）について $\mathbb{Q}(\sqrt{m})$ を**実 2 次体**と言う．二つ合わせて，**2 次体**と言うんだ．これから，ここに出てきた $-m$ または m （$m>1$）を単に k と書こう．

ナツ　2 次体っていうと，3 次体とかもあるわけ？

ケン　そう，一般に n 次体もあるんだ．このことについては，後でベクトル空間の次元について話してから説明しようね．

ユキ　$\mathbb{Q}(\sqrt{2})$ と $\mathbb{Q}(\sqrt{3})$ って，多分違うでしょ．でも，何故だろう？

ケン　面白い問題だね．考えておいてごらん．このことについても，次元のことを話してから，もう一度考えることにしよう．

ユキ　それとさ，方程式 $X^2-k=0$ の解って $\pm\sqrt{k}$ だよね．だから，$\mathbb{Q}[X]/(X^2-k)$ は $\mathbb{Q}(\sqrt{k})$ と同型であるだけじゃなく，$\mathbb{Q}(-\sqrt{k})$ とも同型でしょ．

ナツ　でも $\mathbb{Q}(\sqrt{k})=\mathbb{Q}(-\sqrt{k})$ でしょ．

ユキ　確かにそうよね．$K=\mathbb{Q}(\sqrt{k})$ のメンバー $x+y\sqrt{\mathrm{k}}$ に $x-y\sqrt{\mathrm{k}}$ を対応させると K からそれ自身への同型写像が出てくる．

ケン　ユキチャンの言った写像を σ_K または単に σ と書くことにしよう．σ は K からそれ自身への同型で，$\alpha=x+y\sqrt{k}\in K$ のとき $\sigma(\alpha)=\alpha^\sigma$ と置くと

$$(x+y\sqrt{k})^\sigma=x-y\sqrt{k}$$

それに $\alpha, \beta\in K$ のとき

$$(\alpha+\beta)^\sigma=\alpha^\sigma+\beta^\sigma,\ (\alpha\beta)^\sigma=\alpha^\sigma\beta^\sigma,\ \alpha^{\sigma\sigma}=\alpha$$

となるね．また，

$$\alpha^\sigma=\alpha \Longleftrightarrow \alpha\in\mathbb{Q}$$

となる．

ナツ　$K=\mathbb{Q}(\sqrt{-1})$ のとき，σ はちょうど複素共役と同じね．

ケン　その通り．$\alpha\in K$ とするとき，$N(\alpha)=\alpha\alpha^{\sigma}$, $Tr(\alpha)=\alpha+\alpha^{\sigma}$ と置いて，それぞれを α の**ノルム**（norm），**トレイス**（trace）と呼ぶ．$N(\alpha)$ も $Tr(\alpha)$ も $\mathbb{Q}$ のメンバーになるね．それと，もう一つ，$d(\alpha)=(\alpha-\alpha^{\sigma})^2$ を α の**判別式**（discriminant）と呼ぶ．これも，よく顔を出すんだ．

6.2　2次体の整数環

ナツ，ユキ　$K=\mathbb{Q}(\sqrt{-1})$ のとき $\alpha=a+bi$ とすると $N(\alpha)=a^2+b^2$, $Tr(\alpha)=2a$ となる．特に $\alpha\in\mathbb{Z}[i]$ のとき，$N(\alpha)$, $Tr(\alpha)$ はどちらも整数．逆も成り立つかな？ $\alpha=a+bi\in K$, $N(\alpha)$, $Tr(\alpha)\in\mathbb{Z}$ とするでしょ．先ずトレイスだけど，$Tr(\alpha)=2a$ が整数になるわけだから，$a=\dfrac{m}{2}$ $(m\in\mathbb{Z})$．一方 $N(\alpha)=a^2+b^2\in\mathbb{Z}$ だから，これを4倍すると4の倍数．つまり $4\left(\left(\dfrac{m}{2}\right)^2+b^2\right)=m^2+4b^2=4k$　$(k\in\mathbb{Z})$ だから $4b^2$ は整数．これから $b=\dfrac{n}{2}$ $(n\in\mathbb{Z})$．これをもう一度ノルムの式に入れると $m^2+n^2=4k$．m, n が両方とも偶数ならこれは成り立つけど，どちらか一つでも奇数ならこうはならない！すると，やはり a, b は両方とも整数となって，α のノルムとトレイスが共に整数になることと，α がガウス整数になることとが同値になるのね．

ケン　2次体 $K=\mathbb{Q}(\sqrt{k})$ に対応して $\mathfrak{o}_K=\{\alpha\in K\,|\,N(\alpha),\ Tr(\alpha)\in\mathbb{Z}\}$ と置いてこれを K の**整数環**と呼ぶ．ガウス数体の整数環はガウス整数環になるわけだね．他の2次体についても考えてみよう．$\alpha=a+b\sqrt{k}$ $(a, b\in\mathbb{Q})$ のとき，ガウス数体の場合と同様に $\alpha\in\mathfrak{o}_K$ ならば，先ず $Tr(\alpha)=2a\in\mathbb{Z}$ となって $a=\dfrac{s}{2}$ $(s\in\mathbb{Z})$．次に $N(\alpha)=a^2-kb^2\in\mathbb{Z}$ を前と同じように4倍して $4a^2-4kb^2=s^2-4kb^2\equiv 0 \pmod 4$．特に $4kb^2$ は整数になる．$|k|$ が平方因子を含まないこと

から，ここでも $b=\dfrac{t}{2}$ $(t\in\mathbb{Z})$．これから

$$s^2-kt^2\equiv 0 \pmod 4$$

ところで $s^2, t^2\equiv 0, 1 \pmod 4$ でしょ．一方 $|k|$ は平方因子を持たないから 4 の倍数にはならない．今，もしも $s^2\equiv 0 \pmod 4$ なら，$t^2\equiv 0 \pmod 4$ も成り立つ．つまり，a が整数ならば b も整数になるわけだ．そして，$s^2\equiv 1 \pmod 4$ ならば，上の式から $1\equiv kt^2 \pmod 4$．この式が成り立つのは $k\equiv t^2\equiv 1 \pmod 4$ のときだけだね．まとめよう．

1）$k\equiv 1 \pmod 4$ のとき，$\mathfrak{o}_K=\left\{\dfrac{s+t\sqrt{k}}{2} \,\middle|\, s\equiv t \pmod 2\right\}$

2）$k\equiv 2, 3 \pmod 4$ のとき，$\mathfrak{o}_K=\{a+b\sqrt{k} \mid a, b\in\mathbb{Z}\}$

ここで，1）の場合だけど，$\omega_K=\dfrac{-1+\sqrt{k}}{2}$ と置くと

$$\mathfrak{o}_K=\{a+b\omega_K \mid a, b\in\mathbb{Z}\}$$

と書けるでしょ．2）の場合にも $\omega_K=\sqrt{k}$ と書いてやれば同じ式が出てくる．

特に $d(\omega_K)=d_K$ と置いて，これを K の**判別式**と呼ぶ．1）の場合には $d_K=k$，2）のときには，$d_K=4k$ となるね．

ところで，$\mathfrak{o}_K\cap\mathbb{Q}=\mathbb{Z}$ となる．これは，1），2）の式からも明らかだけど，整数環の定義からも分かる．つまり，有理数 a を既約分数 $\dfrac{b}{c}$ $(b, c\in\mathbb{Z})$ で表わし，これが整数環に入れば分母 $c=1$ だと言うことがいえればいいよね．a が整数環に入るためには，そのノルム $N(a)=a^2$ が整数になることが必要だけど，$a^2=\dfrac{b^2}{c^2}=n$ から $b^2=nc^2$．ここで，もしも，$c\neq 1$ なら，それを割り切る素数 p がある．すると，b^2 は p で割り切れるから分子の b も p で割り切れ，$\dfrac{b}{c}$ は既約分数にはならなくなってしまう．だから $a\in\mathbb{Z}$．

ナツ　1)，2) のどちらの場合にも $\omega_K^2 \in \mathfrak{o}_K$ ね．このことから α, $\beta \in \mathfrak{o}_K$ ならば $\alpha\beta \in \mathfrak{o}_K$ となることがいえる．$\alpha+\beta \in \mathfrak{o}_K$ も明らかだから整数環 $\mathfrak{o}_K$ って整域になる．K はその商体になるのね．$\mathfrak{o}_K$ のイデアルのことも見てみたくなるわ．

6.3　2次体の単数群

ケン　2次体の整数環のイデアルについて調べる前に，$\mathfrak{o}_K^\times$，つまり，2次体の**単数群**と呼ばれるものについて調べよう．$\alpha \in K$ のとき $N(\alpha)=N(\alpha^\sigma)$, $Tr(\alpha)=Tr(\alpha^\sigma)$ だから $\alpha \in \mathfrak{o}_K \Longleftrightarrow \alpha^\sigma \in \mathfrak{o}_K$ それに α が2次体 K の単数，つまり $\alpha \in \mathfrak{o}_K^\times$ なら適当な $\beta \in \mathfrak{o}_K$ をとって

$$\alpha\beta=1 \quad \therefore (\alpha\beta)^\sigma=\alpha^\sigma\beta^\sigma=1$$

これから

$$\alpha\alpha^\sigma\beta\beta^\sigma=1$$

つまり $N(\alpha)N(\beta)=1$.

ユキ　$\alpha, \beta \in \mathfrak{o}_K$ だから $N(\alpha)$, $N(\beta)$ はどちらも整数．すると，$N(\alpha)=N(\beta)=\pm 1$ となる．

ナツ　$K=\mathbb{Q}(\sqrt{k})$ $(k=-m)$ が虚2次体のときは $\alpha=a+b\sqrt{-m}$, $N(\alpha)=a^2+mb^2 \geq 0$ $(a, b \in \mathbb{Q})$ でしょ．だから，α が単数なら $N(\alpha)=1$ になるよね．先ず $m \equiv 1, 2 \pmod 4$ なら $k=-m \equiv 2, 3 \pmod 4$ だから $\mathfrak{o}_K=\{a+b\sqrt{-m} \mid a, b \in \mathbb{Z}\}$ だったでしょ．すると $\alpha=a+b\sqrt{-m}$, $a, b \in \mathbb{Z}$, $N(\alpha)=a^2+mb^2=1$．もしも $m>1$ なら，この式から $b=0$, $a=\pm 1$ つまり $\alpha=\pm 1$ となって，$\mathfrak{o}_K^\times=\{\pm 1\}$．$m=1$ なら $N(\alpha)=a^2+b^2=1$ だから $a^2=1$, $b=0$ または $a=0$, $b^2=1$ となるから，結局 $\alpha=\pm 1, \pm i$ となって $\mathfrak{o}_K^\times=\mathbb{Z}[i]^\times=\{\pm 1, \pm i\}$ となるわね．

ユキ　じゃあ，今度は $K=\mathbb{Q}(\sqrt{-m})$, $m \equiv 3 \pmod 4$ の場合について見てみましょうね．このときは $\mathfrak{o}_K=\left\{\dfrac{a+b\sqrt{-m}}{2} \,\middle|\, a, b \in \mathbb{Z},\right.$

$a\equiv b \pmod 2\}$ だったわね．単数 $\alpha=\dfrac{a+b\sqrt{-m}}{2}$ について $N(\alpha)=1$ ということは $a^2+mb^2=4$ となるわけでしょ．ここで $m=3$ なら，$a=\pm 2, b=0$ となるか，$a=\pm 1, b=\pm 1$ となるかどちらかじゃない．つまり，このとき $\alpha=\pm 1, \dfrac{\pm 1\pm\sqrt{-3}}{2}$ ということになる．1 の 6 乗根 $\zeta_6=\dfrac{1+\sqrt{-3}}{2}$ をとると，ここに出てくるものは皆 ζ_6 の何乗かでかけるじゃない！だから，$K=\mathbb{Q}(\sqrt{-3})$ のとき

$$\mathfrak{o}_K^{\times}=\langle\zeta_6\rangle$$

となる．一方 $m>3$ なら $m\equiv 3 \pmod 4$ だから $m\geq 7$ でしょ．すると $a^2+mb^2=4$ を満たす整数 a, b は $a=\pm 2, b=0$ しかない．だから，このとき $\alpha=\pm 1, \mathfrak{o}_K^{\times}=\{\pm 1\}$ となる．

ケン　虚 2 次体の単数はすべて何乗かすると 1 になるもの，つまり 1 のべき乗根と呼ばれるものになるね．ところが，$K=\mathbb{Q}(\sqrt{m})$ が実 2 次体の場合には，かなり状況が違ってくる．先ず，この体に含まれる 1 のべき乗根は ± 1 だけだよね．そして，K に含まれる $\alpha=a+b\sqrt{m}$ をとると，今度は $N(\alpha)=a^2-mb^2$ になる．特に α が単数なら $N(\alpha)=\pm 1$ だね．例えば $K=\mathbb{Q}(\sqrt{2})$ として $\alpha=1+\sqrt{2}$ とすると $N(\alpha)=-1$ になるでしょ．これは 1 のべき乗根とは違う単数だ．

ナツ　$\alpha^{-1}=-\alpha^{\sigma}=-1+\sqrt{2}$ になる．それと，$\alpha^2=3+2\sqrt{2}$, $\alpha^3=7+5\sqrt{2}, \ldots$ も皆単数でしょ．$|\alpha|>1$ だから $|\alpha|^n$ は n が増えればいくらでも大きくなる．逆に $|\alpha^{-1}|<1$ だから $|\alpha^{-n}|$ は n が増えれば段々小さくなって，いくらでも 0 に近づく．$K=\mathbb{Q}(\sqrt{2})$ の単数っていくらでもあるのね．

ユキ　$\pm\alpha^k$ $(k\in\mathbb{Z})$ が皆 $K=\mathbb{Q}(\sqrt{2})$ の単数に成るわけだけど，この K の単数ってこれ以外に無いのかしら？

ケン　実は，この K の単数は他にはないんだ．それにね，もっと一般の実 2 次体 K をとっても，その整数環のなかに**基本単数** ε_K

と呼ばれるものがあって，

$$\mathfrak{o}_K^{\times}=\{\pm\varepsilon_K^k \mid k\in\mathbb{Z}\}$$

となることが分かっている．$K=\mathbb{Q}(\sqrt{2})$ のとき $1+\sqrt{2}$ はその基本単数になるんだ．

ナツ　$K=\mathbb{Q}(\sqrt{3})$ のときなんかは，基本単数はどうなるのかしら？

ケン　それについて話すためには，連分数というものについて説明することが必要になる．

6.4　連分数

ケン　実数 a を超えないような整数のなかで最大のものを，その整数部分といって $[a]$ と表わすことは知ってるね．今，$a_1=a$, $b_1=[a]$ と書こう．例えば $a_1=\dfrac{8}{5}$ なら $b_1=1, a_1=b_1+\dfrac{3}{5}$. $0<\dfrac{3}{5}<1$, $3<5$ だね．ここで，$\dfrac{3}{5}=1/a_2, a_2=\dfrac{5}{3}$ と置くところがミソだ．a_2 も分数だけど，a_1 よりも分母が小さいことに注意．ここで，a_2 について同じことをする．つまり，$b_2=[a_2], a_2=b_2+1/a_3$ を計算するんだ．

ナツ　$\dfrac{5}{3}=1+\dfrac{2}{3}=1+1/\dfrac{3}{2}, a_3=\dfrac{3}{2}=1+1/2, b_3=1, a_4=2$ ね．$a_1=\dfrac{8}{5}$ から始まって a_4 まで来ると整数2が現れる．

まとめて

$$\frac{8}{5}=1+\cfrac{1}{1+\cfrac{1}{1+\cfrac{1}{2}}}$$

ケン　このような形の分数を**連分数**って呼ぶ．$a=a_1$ として勝手な実数をとって，今と同じようなプロセスを考えることが出来るね．

ユキ　a が有理数なら，$a_2, a_3, \ldots$ も有理数で，分母はだんだん小さくなる．結局どこかで $a_n=b_n$ となり，そこで連分数の式は終わる．でも，a が無理数なら，$a_2, a_3, \ldots$ も無理数で，連分数はどこまでも続くのね．

ナツ　$a=1+\sqrt{2}$ ならどうなるかしら．$b_1=[a]=2$ でしょ．すると $a_2=\dfrac{1}{\sqrt{2}-1}=1+\sqrt{2}=a$ だから

$$a=2+\frac{1}{a}=2+\cfrac{1}{2+\cfrac{1}{2+\cdots}}$$

となって，ぐるぐる回る．今度は $a=\sqrt{3}$ について計算してみよう．$b_1=1, a_2=\dfrac{1}{\sqrt{3}-1}=\dfrac{\sqrt{3}+1}{2}$ だから $b_2=1, a_3=\dfrac{1}{a_2-b_2}=\dfrac{2}{\sqrt{3}-1}=\sqrt{3}+1$ となる．次に，$b_3=2, a_4=\dfrac{1}{\sqrt{3}-1}=a_2$. ここでまた前に出た a_2 が現われた．すると $a_2=1+\dfrac{1}{a_3}, a_3=2+\dfrac{1}{a_2}$ だから

$$\sqrt{3}=1+\frac{1}{a_2},\ a_2=1+\cfrac{1}{2+\cfrac{1}{a_2}}=1+\cfrac{1}{2+\cfrac{1}{1+\cfrac{1}{2+\cfrac{1}{a_2}}}}$$

となって

$$\sqrt{3}=1+\cfrac{1}{1+\cfrac{1}{2+\cfrac{1}{1+\cfrac{1}{2+\cdots}}}}$$

は途中から回り出す．

ケン　実は a が **2次無理数**，つまり，有理数係数の二次方程式の解で有理数ではないものとすると，それを表わす連分数は，初めからか，あるいは途中から回り出すことが分かっている．無限に続く連分数になるから，ある種の数列の極限についてのチェックが必要になる．高木先生の「初等整数論講義」（第2版，共立出版）や小野孝さんの「数論序説」（裳華房）に詳しい説明がある．ここでは省略して先に行こう．

特に $a=1+\sqrt{2}$ のように

$$1<a,\ -1<a^{\sigma}<0$$

となる2次無理数は**簡約2次無理数**というんだけど，このタイプの数は連分数で書くと，初めから巡回することも分かっている．$\sqrt{3}$ は簡約されていないけど，これを少し右にずらして $a=1+\sqrt{3}$ とすれば簡約2次無理数になるでしょ．

ナツ　よし，今度は $a=1+\sqrt{3}$ の連分数式を計算してみよう．

$$b_1=2,\ a_2=\frac{1}{\sqrt{3}-1}=\frac{\sqrt{3}+1}{2},\ b_2=1,\ a_3=\sqrt{3}+1=a$$

すると

$$a=1+\sqrt{3}=2+\cfrac{1}{1+\cfrac{1}{a}}=2+\cfrac{1}{1+\cfrac{1}{2+\cdots}}$$

となって，確かに初めから巡回する．

ケン　ここでね，a が式の中にまた現れた $2+\cfrac{1}{1+\cfrac{1}{a}}$ を書き直すと

$$2+\frac{a}{a+1}=\frac{3a+2}{a+1}$$

右辺の分母 $a+1=2+\sqrt{3}$ のノルムはどうなる？

ナツ，ユキ　$N(2+\sqrt{3})=4-3=1$．$2+\sqrt{3}$ は $\mathbb{Q}(\sqrt{3})$ の単数になる！

ケン　実は，$2+\sqrt{3}$ は $\mathbb{Q}(\sqrt{3})$ の基本単数なんだ．もっとすごくてね，一般に K を実 2 次体，a をそれに含まれる簡約された 2 次無理数でその判別式 $d(a)=d_K$ となっているものとするとね，a を表わす連分数で a がまた現れるところまでの式を普通の分数式に書き直して，その分母を計算すると，なんと，それが実 2 次体の基本単数になることが証明されてる．

ナツ，ユキ　$K=\mathbb{Q}(\sqrt{2})$ のときは，$a=1+\sqrt{2}$ が基本単数になるわけね！

$K=\mathbb{Q}(\sqrt{5})$ のときには，どうなるかしら？　$\sqrt{5}$ を簡約するために右にずらすと $2+\sqrt{5}$．でも，これの判別式は $4\times5=20$ になって，$d_K=5$ と違ってくる．それなら，$\dfrac{\sqrt{5}}{2}$ から初めて，これを簡約すると $a=\dfrac{1+\sqrt{5}}{2}$ になるよね．この判別式は d_K になる．この数の連分数を計算してみましょうか．先ず $b_1=1$, $a_2=\dfrac{1}{a-b_1}=\dfrac{2}{-1+\sqrt{5}}=\dfrac{1+\sqrt{5}}{2}=a$ となって，もう巡回してしまう．つまり

$$a=\frac{1+\sqrt{5}}{2}=1+\frac{1}{a}=\frac{1+a}{a}$$

となって，分母に現われるのも $a=\dfrac{1+\sqrt{5}}{2}$．これが $K=\mathbb{Q}(\sqrt{5})$ の基本単数になるのね．

ケン　$\mathbb{Q}(\sqrt{6})$, $\mathbb{Q}(\sqrt{7})$ とかの基本単数も計算してみるといいよ．連分数には，いろいろ面白いことがあるけど，次に進もう．

6.5　2 次体の整数環のイデアル

ケン　いくつか，例を見てみよう．先ずガウス数体 $K=\mathbb{Q}(\sqrt{-1})$．その整数環 $\mathfrak{o}_K=\mathbb{Z}[\sqrt{-1}]$ のイデアル $(2)=2\mathfrak{o}_K$ を考えよう．$(1+i)^2=2i$ だから $(2)=(1+i)^2$ となって，$(1+i)_{(2)}$ は商環 $\mathfrak{o}_K/(2)$ のゼロ因子になるから (2) は素イデアルにはならないね．では，イデアル $(1+i)$ は素イデアルになるだろうか？そのために，商環 $\mathfrak{o}_K/(1+i)$ がどうなるか，考えてみよう．

ナツ　整数 a, b は $a\equiv b \pmod 2$ なら $a\equiv b(\mathrm{mod}\,(1+i))$ にもなるでしょ．だから，どんな整数 a も $a\equiv 0, 1(\mathrm{mod}\,(1+i))$．すると，どんなガウス整数 $\alpha=a+bi\quad(a, b\in\mathbb{Z})$ をとっても α は $\mathrm{mod}\,(1+i)$ で $0, 1, i, 1+i$ のどれかと合同になる．

ユキ　$1+i\equiv 0\,(\mathrm{mod}\,(1+i))$ でしょ．それに $1-i\equiv 1+i\,(\mathrm{mod}\,(1+i))$ だから $1\equiv i\,(\mathrm{mod}\,(1+i))$．結局ガウス整数 $\alpha\equiv 0, 1\,(\mathrm{mod}\,(1+i))$．すると $[\mathfrak{o}_K:(1+i)]=2$ になって，商環 $\mathfrak{o}_K/(1+i)$ は有限体 $\mathbb{F}_2$ と同型になる．ということは，イデアル $(1+i)$ は極大イデアルだということ，だから，素イデアルにもなる．ガウス整数環まで行くと，$\mathbb{Z}$ の素イデアル $2\mathbb{Z}$ は素イデアル $(1+i)$ の 2 乗になるってことね．それじゃ，$\mathbb{Z}$ の素イデアル $3\mathbb{Z}$ はどうなるかしら？

ナツ　商環 $\mathfrak{o}_K/(3)$ を考えて見ましょうか．整数 a は mod 3 で $-1, 0, 1$ のどれかと合同になる．それにガウス整数 $\alpha=a+bi$, $\beta=c+di\quad(a, b, c, d\in\mathbb{Z})$ が $\alpha\equiv\beta \pmod 3$ になれば $a\equiv c \pmod 3$, $b\equiv d \pmod 3$．だから，$[\mathfrak{o}_K:(3)]=9$ になる．$0, 1, -1$ で代表される商環のメンバーたちは有限体 $\mathbb{F}_3$ をつくる．ここで，商環のメンバー θ として $1+i$ で代表されるものを考えて，これの 2 乗，3 乗…を計算してみたのよ．

$$\theta^2=2i,\ \theta^4=-4\equiv -1 \pmod 3$$

から，$\mathrm{ord}(\theta)_{(3)}=8$ となるでしょ．これから $\mathfrak{o}_K/(3)^{\times}\cong C_8$ となる．商環 $\mathfrak{o}_K/(3)$ のゼロ元以外のメンバーは逆元を持つ．だから，この商環は有限体 $\mathbb{F}_9$ と同型になる．つまり，このイデアル $3\mathbb{Z}$ はガウ

ス整数環まで行ってイデアル (3) にしても，素イデアルになるわけよ．

ナツ　すると，もしも 3 がガウス整数の積 $3=\alpha\beta$ のように表せるなら，α, β のどちらかはイデアル (3) に入る．$\alpha=3\alpha_1$　$(\alpha_1 \in \mathfrak{o}_k)$ とすると $\alpha_1\beta=1$ だから β は単数 $\pm 1, \pm i$ になるわけね．

ケン　そうだね．ところで，i で代表される $\mathfrak{o}_K/(3)$ のメンバーを，これも i と書くと，もちろん，$i^2+1=0$．また，有限体 $\mathbb{F}_3$ は $\mathbb{F}_9=\mathfrak{o}_K/(3)$ に含まれ，$i+1=\theta$ となることから，$\mathbb{F}_9=\mathbb{F}_3(i)$ も分かる．$\alpha \in \mathbb{F}_9$ とすると，$\alpha=a+bi$　$(a, b \in \mathbb{F}_3)$ と表わされ，a, b は，α によって，一意的に決まる．$\mathbb{F}_9$ は，この意味で，$\mathbb{F}_3$ の 2 次拡大になっていると言う．

今度は，素数 5 について考えよう．これは，3 とは違って $5=(2+i)(2-i)$ のように分解されるでしょ．

ナツ　イデアル $\mathfrak{p}=(2+i)$ が素イデアルになるのかな．商環 $\mathfrak{o}_K/\mathfrak{p}$ が体になることが言えればいいのよね．

ユキ　mod 5 で考えると，ガウス整数は $a+bi$　$(-2 \leq a, b \leq 2)$ のどれかと合同になる．だから，mod $2+i$ で考えても，これらのガウス整数のどれかと合同になるでしょ．

ナツ　でも，25 個の数の中で，例えば $2+i$ は $\bmod(2+i)$ で 0 と合同になるよね．だから $i \equiv -2 \pmod{2+i}$．

ユキ　$i(2+i)=-1+2i$ だから $2i$ は 1 と合同．$-i$ は 2 と，$-2i$ は -1 と合同．すると，例えば，$1+i \equiv 1+(-2) \equiv -1 \pmod{2+i}$．同様に，25 個の数 $a+bi$　$(-2 \leq a, b \leq 2)$ はすべて，$-2, -1, 0, 1, 2$ のどれかと合同になる．そうか，結局，商環 $\mathfrak{o}_K/\mathfrak{p} \cong \mathbb{F}_5$ になるわけよ．だから，$\mathfrak{p}$ は極大，そして，素イデアル．同じように，イデアル $\mathfrak{p}'=(2-i)$ も素イデアルになる．イデアル $5\mathbb{Z}$ はガウス整数環まで行くと $(5)=\mathfrak{p}\mathfrak{p}'$ のように，二つの素イデアルの積に分解される．

ケン　もう一つ，今度は $K=\mathbb{Q}(\sqrt{-3})$ と，その整数環 $\mathfrak{o}_K=\mathbb{Z}[\omega]$ $\left(\omega=\zeta_3=\dfrac{-1+\sqrt{-3}}{2}\right)$ について考えてみよう．素数イデアル $2\mathbb{Z}$ がこの整数環まで行ってどうなるか，見てみよう．この整数環は，

ガウス平面の中で，$0, 1, \zeta_6=-\omega^2$ という正三角形の頂点を無限に平行移動させて出来る格子点の集合になるね．α をこの整数環のメンバーとする．$\alpha\equiv-\alpha \pmod 2$ となること，それに，$0, 1, \omega, \omega^2=-1-\omega$ はどの2個をとっても mod 2 で合間にはならないことに注意すると，商環 $\mathfrak{o}_K/(2)$ は $0, 1, \omega, \omega^2$ で代表される4個のメンバーから成っていることが分かる．原点と，それを囲む正三角形の頂点だね．

ナツ　整数環のメンバー α で代表される商環のメンバーを，また，α と書くね．すると，正三角形の頂点から成る集合 $\{1, \omega, \omega^2\}$ は乗法群として C_3 と同型だから，この商環は有限体 $\mathbb{F}_4$ になる．$(2)=2\mathfrak{o}_K$ は極大イデアルだから素イデアルでもあるわけだ．

ユキ　$1+\omega=-\omega^2\equiv\omega^2 \pmod 2$, $\omega+\omega^2\equiv 1 \pmod 2$, $\omega^2+1\equiv\omega \pmod 2$ それに，$0, 1, \omega, \omega^2$ は，それぞれ2倍すると0と合同になる．これは，加群としての $\mathbb{F}_4$ がクラインの4元群 V と同型になるってことね．$\alpha\in\mathbb{F}_4$ は，$\alpha=a+b\omega$ $(a, b\in\mathbb{F}_2)$ と書け，a, b は，α によって一意的に決まることも言える．$\mathbb{F}_4=\mathbb{F}_2(\omega)$ は $\mathbb{F}_2$ の2次拡大になるってわけね．

それと，これまでに出てきた2次体の整数環のイデアルは単項イデアルだったけど，そうではない場合もあるの？

ケン　そのことについて調べるために $K=\mathbb{Q}(\sqrt{-5})$ の整数環 $\mathfrak{o}_K=\mathbb{Z}[\sqrt{-5}]$ に含まれる $\mathfrak{a}=\{a+b\sqrt{-5}\in\mathfrak{o}_K \mid a\equiv b \pmod 2\}$ について考えよう．$\mathfrak{a}$ は，$\mathfrak{o}_K$ のイデアルになる．それを確かめてみよう．

ナツ　$\mathfrak{a}$ が加群になることは明らかね．$\mathfrak{o}_K$ の中から $w=u+v\sqrt{-5}$ $(u, v\in\mathbb{Z})$，$\mathfrak{a}$ の中から $\alpha=a+b\sqrt{-5}$ をとって $w\alpha=(ua-5vb)+(ub+va)\sqrt{-5}$ をそれらの積とするとき，これも $\mathfrak{a}$ に入ることを確かめましょうか．

$$a\equiv b \pmod 2 \therefore ua-5vb\equiv(u-v)a \pmod 2,$$
$$ub+va\equiv(u+v)a \pmod 2$$

だけど，$u-v\equiv u+v \pmod 2$ だから，$ua-5vb\equiv ub+va \pmod 2$ となって $w\alpha\in\mathfrak{a}$．つまり $\mathfrak{a}$ は $\mathfrak{o}_K$ のイデアルになる．

ユキ　$\mathfrak{a}\cap\mathbb{Z}=(2)$ となるわね．一方 $\alpha=1+\sqrt{-5}$ は $\mathfrak{a}$ に入る．

ナツ　$\beta=a+b\sqrt{-5}\in\mathfrak{a}$ とすると，$\beta-b\alpha=a-b\in\mathfrak{a}\cap\mathbb{Z}$ だから，$a-b=2c\quad(c\in\mathbb{Z})$ と書け，結局 $\beta=2c+b\alpha$ となる．これから，$\mathfrak{a}=2\mathbb{Z}+\alpha\mathbb{Z}$ となることが分かるわね．

ケン　一般に，K を 2 次体，α,β を K のメンバーとするとき，$\alpha\mathbb{Z}+\beta\mathbb{Z}$ を $(\alpha,\beta)_{\mathbb{Z}}$ のように書くことにしよう．すると，いま話してたイデアルは，$\mathfrak{a}=(2,\alpha)_{\mathbb{Z}}$ となるね．

ユキ　$\mathfrak{a}$ が単項イデアルになるなら $\mathfrak{a}=(\beta)\quad(\beta\in\mathfrak{o}_k)$ となるように β が取れるわけよね．$\mathfrak{a}\neq\mathfrak{o}_K$ だから $N(\beta)\neq1$．一方，$\mathfrak{o}_K$ の中から，うまく γ,δ をとると，$2=\beta\gamma, 1+\sqrt{-5}=\beta\delta$ となるはず．すると $N(2)=4=N(\beta)N(\gamma)$, $N(1+\sqrt{-5})=6=N(\beta)N(\delta)$ でしょ．$N(\beta), N(\gamma), N(\delta)$ は皆自然数だから，これらの式が成り立つためには $N(\beta)=2$ となるしかない．ところが，$\beta=a+b\sqrt{-5}\quad\therefore N(\beta)=a^2+5b^2$ になる．a,b は整数だから，$N(\beta)=2$ になれるはずがないでしょ．だから，$\mathfrak{a}$ は単項イデアルにはならない！

ケン　後で話すことになるけど，ガウス整数環は単項イデアル整域になる．だけど，そうならないものもあるわけだね．2 次体の整数環がいつ単項イデアル整域になるか，また，そうならないなら，どのくらい単項イデアル整域と違うかという問題は，整数論にとって一つの重要な問題なんだ．

ユキ　もっと一般的に K を 2 次体，$\mathfrak{o}_K=(1,\omega)_{\mathbb{Z}}$ をその整数環とし，$\mathfrak{a}$ をそのイデアルでゼロイデアルとは違うものとするとき，これについても $\mathfrak{a}=(n,\alpha)_{\mathbb{Z}}$ のような表し方ができないかしら？先ず $\mathfrak{a}\cap\mathbb{Z}=(n)=n\mathbb{Z}$ は $\mathbb{Z}$ のイデアル$(n\in\mathbb{N})$ になるから，括弧の中の n をこのようにして選んでみましょうか．$\mathfrak{a}$ には $\alpha=a+b\omega\quad(a,b\in\mathbb{Z}, b\neq0)$ のようなメンバーが含まれる．例えば $\alpha=n\omega\quad(n\in\mathbb{Z})$ もそうね．そのような α の中で ω の係数 b が自然数，しかも，一番小さい自然数になるようにとるのよ．そこでね，$\beta=c+d\omega\quad(c, d\in\mathbb{Z})$ も $\mathfrak{a}$ のメンバーで $\mathbb{Z}$ には含まれないものとすると，b の最少性から d は b の倍数になることが直ぐに分かる．$d=kb\quad(k\in\mathbb{Z})$ として $\beta-k\alpha$ を作ると，これは $\mathfrak{a}\cap\mathbb{Z}=(n)$ に入る．つまり，

$\beta=sn+k\alpha$　$(s\in\mathbb{Z})$ と書けるわけ．このことから $\mathfrak{a}=(n, \alpha)_{\mathbb{Z}}$ $(\alpha=a+b\omega)$ と書けるでしょ．

ナツ　そうね！このように書くと，$[\mathfrak{o}_K:\mathfrak{a}]$ が具体的に計算できるように思うけど．そのため，整数環 $\mathfrak{o}_K$ の中から勝手に $\gamma=s+t\omega$ $(s, t\in\mathbb{Z})$ をとるとき，先ず $\alpha=a+b\omega$ の式に出てくる b で t を割って $t=kb+u$　$(k\in\mathbb{Z}, 0\leq u<b)$ と置くと $\gamma-k\alpha=s'+u\omega$　$(s'\in\mathbb{Z})$ となる．次に s' を n で割り $s'=ln+v$　$(l\in\mathbb{Z}, 0\leq v<n)$ としてね，今の $s'+u\omega$ から ln を引いてみると分かるように $\gamma-k\alpha-ln=v+u\omega$ となる．これは $\gamma\equiv v+u\omega \pmod{\mathfrak{a}}$ となることを意味するでしょ．これを使うと $[\mathfrak{o}_K:\mathfrak{a}]=nb$ となることが言えるよね．

前に出てきた $\mathfrak{a}=(2, 1+\sqrt{-5})_{\mathbb{Z}}$ については，$n=2, b=1$ で $[\mathfrak{o}_K:\mathfrak{a}]=2$ となるね．

ケン　その通り！

次にイデアルのノルムのことについて話そう．先ず，2次体の整数環 $\mathfrak{o}_K$ のイデアル $\mathfrak{a}$ について，$\mathfrak{a}^\sigma=\{\gamma^\sigma|\gamma\in\mathfrak{a}\}$ と置くと，これも $\mathfrak{o}_K$ のイデアルになるね．今，$\mathfrak{a}$ の**ノルム** $N(\mathfrak{a})$ を $N(\mathfrak{a})=\mathfrak{a}\mathfrak{a}^\sigma$ と置いて定義しよう．$\mathfrak{a}=(\alpha)$ が単項イデアルなら明らかに $N(\mathfrak{a})=(N(\alpha))$ になる．例えばガウス整数環のイデアル $\mathfrak{a}_1=(1+i)$ については $N(\mathfrak{a}_1)=(2)$ となる．一般にゼロイデアルとは違うイデアル $\mathfrak{a}=(\alpha, \beta)_{\mathbb{Z}}$ の場合も $N(\mathfrak{a})=(n)=n\mathfrak{o}_K$　$(n\in\mathbb{N})$ のように表されることが分かるんだ．もちろんゼロイデアルのノルムはゼロイデアルだけどね．今 $\mathfrak{a}=(\alpha, \beta)_{\mathbb{Z}}$ としよう．ノルム $N(\mathfrak{a})=(N(\alpha), \alpha^\sigma\beta, \alpha\beta^\sigma, N(\beta))_{\mathbb{Z}}=\{sN(\alpha)+t\alpha^\sigma\beta+u\alpha\beta^\sigma+vN(\beta)\,|\,s, t, u, v\in\mathbb{Z}\}$ となることは分かるね．ここで，$N(\alpha), N(\beta), Tr(\alpha^\sigma\beta)$ は皆 $N(\mathfrak{a})$ に入るけど，当然整数環のメンバーで，しかも有理数になる．§6.2 で見たように $\mathfrak{o}_K\cap\mathbb{Q}=\mathbb{Z}$ だったから，ここに出てくるノルムやトレイスは皆整数になる．これらのノルムとトレイスで生成される $\mathbb{Z}$ のイデアル $\{sN(\alpha)+tN(\beta)+uTr(\alpha^\sigma\beta)\,|\,s, t, u\in\mathbb{Z}\}$ は単項．その生成元として自然数 n を取ろう．すると $N(\mathfrak{a})=(n)=n\mathfrak{o}_K$ となることが分かるんだ．

ユキ　$(n)\subseteq N(\mathfrak{a})$ だから $N(\mathfrak{a})\subseteq(n)$ が言えればいいんでしょ．$N(\alpha), N(\beta), Tr(\alpha^\sigma\beta)$ がそれぞれ n の倍数になることは大丈夫だから，$\alpha^\sigma\beta, \alpha\beta^\sigma$ が (n) に入ることが言えればいい．これは，どうしたらいいのかしら？

ナツ　$\gamma=\alpha^\sigma\beta$ と置いてこれが $n\delta$　$(\delta\in\mathfrak{o}_K)$ のように書けることを，先ずいえばいいのよね．$Tr(\gamma)$ は n の倍数になるでしょ．一方 $N(\gamma)=N(\alpha)N(\beta)$ で $N(\alpha), N(\beta)$ はどちらも n の倍数になるから n^2 で割り切れる．すると，$\dfrac{\gamma}{n}$ はトレイスもノルムも整数になるから，それ自身が $\mathfrak{o}_K$ に入るじゃない．つまり $\dfrac{\gamma}{n}=\delta\in\mathfrak{o}_K$ となって $\gamma=n\delta$. $\alpha\beta^\sigma=\gamma^\sigma=n\delta^\sigma$ も言えるから，めでたし，めでたし！

ケン　その通り！例えば，前に出てきた $\mathbb{Q}(\sqrt{-5})$ の整数環のイデアル $\mathfrak{a}=(2,1+\sqrt{-5})_{\mathbb{Z}}$ のノルム $N(\mathfrak{a})=(n)$ は $N(2)=4$, $N(1+\sqrt{-5})=6$, $Tr(2(1+\sqrt{-5}))=4$ だから，4, 6 の最大公約数 2 が n，つまり $N(\mathfrak{a})=(2)$ ということになる．

ユキ　今の場合，$[\mathfrak{o}_K:\mathfrak{a}]=2$ だよね．ガウス整数環 $\mathfrak{o}$ のイデアル $\mathfrak{a}=(1+i)$ についても $N(\mathfrak{a})=(2), [\mathfrak{o}:\mathfrak{a}]=2$ でしょ．イデアルのノルムと剰余類の数と関係があるのかしら？

ケン　何かありそうでしょ．このことについては後でまた話すよ．いずれにせよ，2 次体の整数環のイデアルのノルムが単項イデアルになることは，すごく強い結果で，これからの話の基礎にもなるんだ．

6.6　イデアルの素イデアル分解

ケン　K を 2 次体，$\mathfrak{o}_K$をその整数環，$\mathfrak{a}_1, \mathfrak{a}_2, \mathfrak{a}_3$をそのイデアルとしよう．$\mathfrak{a}_1\neq(0), \mathfrak{a}_1\mathfrak{a}_2=\mathfrak{a}_1\mathfrak{a}_3$ならば，$\mathfrak{a}_2=\mathfrak{a}_3$となるんだけど，何故かわかるかな？

ナツ　$\mathfrak{a}_1=(\alpha)$　$(\alpha\neq0)$ が単項イデアルなら，$\mathfrak{a}_1\mathfrak{a}_2=\{\alpha\beta\,|\,\beta\in\mathfrak{a}_2\}$, $\mathfrak{a}_1\mathfrak{a}_3=\{\alpha\gamma\,|\,\gamma\in\mathfrak{a}_3\}$ だから，$\mathfrak{a}_1\mathfrak{a}_2=\mathfrak{a}_1\mathfrak{a}_3$なら明らかに $\mathfrak{a}_2=\mathfrak{a}_3$.

ユキ　$\mathfrak{a}_1$が単項でなくても，$N(\mathfrak{a}_1)=\mathfrak{a}_1\mathfrak{a}_1^\sigma$は単項だから，$\mathfrak{a}_1\mathfrak{a}_2=\mathfrak{a}_1\mathfrak{a}_3$の両辺に左から$\mathfrak{a}_1^\sigma$を掛ければ，$N(\mathfrak{a}_1)\mathfrak{a}_2=N(\mathfrak{a}_1)\mathfrak{a}_3$となって，これから$\mathfrak{a}_2=\mathfrak{a}_3$が出てくる．

ケン　その通り．今度は，$\mathfrak{a}_1\subsetneqq\mathfrak{a}_2$ならば$\mathfrak{a}_1=\mathfrak{a}_2\mathfrak{a}_3$となるようなイデアル$\mathfrak{a}_3$がとれるんだけど，何故かな？

ユキ　先ず，$\mathfrak{a}_2\neq(0)$だよね．だって，もしも$\mathfrak{a}_2=(0)$, $\mathfrak{a}_1\subset\mathfrak{a}_2$ならば$\mathfrak{a}_1=(0)$になって，$\mathfrak{a}_1\subsetneqq\mathfrak{a}_2$となることはあり得ないものね．ここで，また式の両辺に$\mathfrak{a}_2^\sigma$を掛ければ$\mathfrak{a}_1\mathfrak{a}_2^\sigma\subsetneqq N(\mathfrak{a}_2)=(n)$のようになる．ここからどうするのかな？

ケン

$$\mathfrak{a}_3=\{\gamma\in\mathfrak{o}_K\,|\,\gamma n\in\mathfrak{a}_1\mathfrak{a}_2^\sigma\}$$

と置けば$\mathfrak{a}_3$は$\mathfrak{o}_K$のイデアル．この$\mathfrak{a}_3$を使うと$\mathfrak{a}_1=\mathfrak{a}_2\mathfrak{a}_3$が言える．そのために$\mathfrak{a}_3N(\mathfrak{a}_2)=\mathfrak{a}_3(n)$を考えよう．$\mathfrak{a}_3$の決めかたから$\mathfrak{a}_3(n)\subseteq\mathfrak{a}_1\mathfrak{a}_2^\sigma\subseteq(n)$．ここで$\mathfrak{a}_1\mathfrak{a}_2^\sigma\subseteq\mathfrak{a}_3(n)$も言える．なぜなら$\beta\in\mathfrak{a}_1\mathfrak{a}_2^\sigma$とすると$\beta\in(n)$つまり$\beta=n\gamma$　$(\gamma\in\mathfrak{o}_K)$と書ける．ここで$\mathfrak{a}_3$の定義式をもう一度見ると右辺の$\gamma$は$\mathfrak{a}_3$のメンバーになることが分かる．こうして$\mathfrak{a}_1\mathfrak{a}_2^\sigma\subseteq\mathfrak{a}_3(n)$となる．つまり$\mathfrak{a}_3(n)\subseteq\mathfrak{a}_1\mathfrak{a}_2^\sigma\subseteq\mathfrak{a}_3(n)$となって$\mathfrak{a}_3(n)=\mathfrak{a}_1\mathfrak{a}_2^\sigma$が言えた．左辺の$\mathfrak{a}_3(n)=\mathfrak{a}_3N(\mathfrak{a}_2)=\mathfrak{a}_3\mathfrak{a}_2\mathfrak{a}_2^\sigma$だから$\mathfrak{a}_3\mathfrak{a}_2\mathfrak{a}_2^\sigma=\mathfrak{a}_1\mathfrak{a}_2^\sigma$．これから$\mathfrak{a}_3\mathfrak{a}_2=\mathfrak{a}_1$となるわけ．

2次体Kの整数環のイデアルを，単にKのイデアルともいうことにしよう．さて，そのKのイデアル$\mathfrak{a}\neq(0)$がイデアル$\mathfrak{b}$に含まれれば，$\mathfrak{a}^\sigma$も$\mathfrak{b}^\sigma$に含まれるから$N(\mathfrak{a})=(m)\subseteq N(\mathfrak{b})=(n)$　$(m, n\in\mathbb{N})$．つまりnはmの約数になる．特にmが素数なら，$\mathfrak{a}$を含むイデアル$\mathfrak{b}$は$\mathfrak{a}$か整数環自体しかあり得ない．つまり，このとき$\mathfrak{a}$は極大イデアルになっているわけだね．逆に$\mathfrak{a}(\neq\mathfrak{o}_K, (0))$が極大イデアルではなければ，それを含むイデアルがあり，それもまだ極大イデアルではないなら，さらにそれをも含むイデアルがあり，それらのノルムを考えればそのようにして出来るイデアルの列はどこかでストップするでしょ．このことから，イデアル$\mathfrak{a}$は，それ自身が極大になっているか，そうでなければ必ずある極大イデアルに含まれることが分かる．例えば $\mathfrak{a}$ が極大イデアル $\mathfrak{b}$ に含まれれば，$\mathfrak{a}=\mathfrak{b}\mathfrak{b}'$ のように分解され，今度は $\mathfrak{b}'$ について考えればそれが極大でなければ，また分解される．こうして，イデアル $\mathfrak{a}$ は幾つかの極大イデアルの積に分解されることになる．今，どんなイデアル $\mathfrak{a}$ でも，それがゼロイデアルではなければ，$[\mathfrak{o}_K:\mathfrak{a}]$ は有限だから，特に $\mathfrak{a}$ が素イデアルなら $\mathfrak{o}_K/\mathfrak{a}$ は有限整域．§5.2 で話したように有限整域は体になる．ということは，素イデアル $\mathfrak{a}$ は極大イデアルにもなる．つまり，極大イデアルと素イデアルとは同じだ．こうして，2 次体の整数環のイデアルでゼロイデアルとも整数環自体とも違うものはすべて有限個の素イデアルの積に分解されることになる．

ナツ　1 より大きい自然数を素数の積に分解するのと似ているのね．素イデアルの積に分解するとき，分解の仕方はいろいろあるのかしら？

ユキ　$\mathfrak{p}$ を素イデアル，それがイデアルの積 $\mathfrak{a}\mathfrak{b}$ を含むとすると，$\mathfrak{a}, \mathfrak{b}$ の少なくとも一方は $\mathfrak{p}$ に含まれるのよね．だって，もしもそうでないなら，$\mathfrak{a}, \mathfrak{b}$ のどちらにも $\mathfrak{p}$ には含まれないメンバーがあるでしょ．それらを a, b （$a\in\mathfrak{a}$, $b\in\mathfrak{b}$）とすると $ab\in\mathfrak{a}\mathfrak{b}$ だから $ab\in\mathfrak{p}$ となるけど，素イデアルの性質から a, b のどちらか少なくとも一方は $\mathfrak{p}$ に入らないといけない．これは矛盾でしょ．このことから，イデアルの素イデアルの積への分解は，積の順序を除けば一つに決りだということも言える．だって，イデアル $\mathfrak{a}$ の素イデアルの積への分解 $\mathfrak{a}=\mathfrak{p}_1^{e_1}\mathfrak{p}_2^{e_2}\cdots\mathfrak{p}_g^{e_g}$ がある素イデアル $\mathfrak{p}$ に含まれるとするとさ，今いったことから，$\mathfrak{p}$ は素イデアル $\mathfrak{p}_1, \mathfrak{p}_2, \ldots \mathfrak{p}_g$ のどれか一つを含むことになるけど，素イデアルは極大イデアルでもあるから，$\mathfrak{p}$ はこれらの素イデアルの中のどれかと一致しなければならない．それと，$\mathfrak{a}=\mathfrak{p}\mathfrak{b}=\mathfrak{p}\mathfrak{c}$ ならイデアル $\mathfrak{b}, \mathfrak{c}$ は等しくなるから，$\mathfrak{a}$ の素イデアルの積への分解が二つあるとすると，そこに現われる素イデアルは順序を替えればそれぞれが一致し，その指数 e_k もそれぞれ同じになることが言える．

ケン　そう，2 次体について成り立つイデアルの分解定理はもっ

と一般の n 次体についても言える．そのことについては§10.3で話そう．

ユキ　イデアルじゃなくて，2次体の整数環の数を素数のようなものの積に分解することは出来ないの？

ケン　2次体の整数環が単項イデアル整域なら，似たようなことが出来るけど，単項イデアル整域ではない整数環もあるわけでね，その場合に「素数」といってもうまく定義しにくい．イデアルの話しにすると途端にすっきりとした理論が出来るんだ．

6.7　中国の剰余定理，イデアルのノルム

ケン　整域 R の勝手なイデアル $I \neq R, (0_R)$ が必ず幾つかの極大イデアルの積 $I = P_1^{e_1} P_2^{e_2} \cdots P_n^{e_n}$　$(e_k \in \mathbb{N})$ として書け，その積は順序を除いて一意的になるとしよう．それに R のイデアル I, J $(\neq (0_R))$ について $I \subseteq J$ なら $I = JK$ となるように R のイデアル K が取れることも仮定しておこう．$\mathbb{Z}$ や2次体の整数環はそのような条件を充たしているね．ここで，I を表す式に出てくる極大イデアル P_k を I の**因子**と呼び指数 $e_k = \exp_{P_k} I$ と書こう．I の因子にならない極大イデアル P があれば $\exp_P I = 0$ のように書く．ある極大イデアル P について $I \subseteq P$ となることと P が I の因子になることとは同値だ．また，R のイデアル I, J $(\neq (0_R))$ について $I \subseteq J$ なら，R のすべての極大イデアル P について $\exp_P I \geq \exp_P J$．逆も成り立つ．特に $I = J$ と，R のすべての極大イデアル P について $\exp_P I = \exp_P J$ となることとは同値になる．

さて，ここで R のイデアルでゼロイデアルとも R 自身とも違うもの $I_1, I_2, \ldots I_m$　$(m > 1)$ が $i \neq j$ のときいつでも $I_i + I_j = R$ となっているものとする．I_j と I_j　$(i \neq j)$ がもしも極大イデアル P を因子として共有すれば P は $I_i + I_j$ の因子にもなり，これはまずいでしょ．だから今 I_i, I_j　$(i \neq j)$ は因子を共有することはないことに注意しておこう．これだけの条件が充たされていると，次の**中国の剰**

余定理と呼ばれる命題が成り立つ：

$$R/I_1 \times R/I_2 \times \cdots \times R/I_m \cong R/I_1 I_2 \cdots I_m$$

証明してみよう．先ずイデアル $I_1, I_2, \ldots I_m$ の中から I_i だけ外し，それ以外のものをすべて掛けたものを I'_i と書こう．I_i の因子はどれも I'_i の因子にはならない．このことから $I_i+I'_i=R$ となることが分かる．すると，I_i, I'_i のメンバー c_i, c'_i を適当にとれば，$c_i+c'_i=1_R$ となる．このとき，$c'_i \equiv 1_R(\mathrm{mod}\ I_i)$, $c'_i \equiv 0_R(\mathrm{mod}\ I_j)$ $(j \neq i)$ となっているね．さて，証明したい式の左辺に含まれる $\tilde{a}=((a_1)_{I_1}, (a_2)_{I_2}, \ldots, (a_m)_{I_m})$ を勝手にとる．今，$a=a_1c'_1+a_2c'_2+\cdots+a_mc'_m$ と置こう．すると

$$a \equiv a_i \quad (\mathrm{mod}\ I_i) \quad (i=1, 2, \ldots, m)$$

となる．$\tilde{a}$ に $(a)_{I_1I_2\cdots I_m}$ を対応させる写像を考えることができて，これが左辺から右辺の上への同型写像になる．なぜか，考えておいてね．

ユキ　これが何故中国の定理なの？

ケン　聞くところによるとね，古代の中国の兵法に戦の最中に大急ぎで兵士の人数を調べる方法があったそうだ．例えば，500 人の兵士が戦って，何人かが戦死したとしてね，大急ぎで陣を建て直すのに残った人数を確かめたいとするでしょ．そのときに，先ず 7 人一組のグループを作り，はみ出した人数が 2 名，次に 13 人一組のグループを作ると 3 名がはみ出したとする．これから，直ぐに生き残り兵士の数は 471 人だろうということが分かる．どうしてか，考えてごらん．

ユキ，ナツ　ここで中国の定理が登場するのね．$R=\mathbb{Z}, I_1=(7)$, $I_2=(13)$ として，$R/I_1 \times R/I_2 \cong R/I_1I_2$ を使うのでしょ．$I_1I_2=(91)$ ね．$\tilde{a}=((2)_{I_1}, (3)_{I_2})$ とする．今 $7\times2-13=1$ だから，$c_1=14, c'_1=-13, c_2=-13, c'_2=14$ としてよい．ここで定理の証明で出てきた対応は $\tilde{a}$ に $(2\times(-13)+3\times14)_{(7\times13)}=(16)_{(91)}$ をあてがうわけでしょ．$16+91k$ で 500 より少し少ないのは $16+91\times5=471$ という

ことなのね．それにしても，なんだか殺伐とした話しね．

ケン　そうだね．科学は人の心を宇宙の神秘に向けて開くけど，その一方，科学は今も昔も戦争とか破壊的な開発と結びついているね．

ところで，前に問題になっていたことだけど，2次体Kのイデアル$\mathfrak{a}\neq(0)$について，ノルム$N(\mathfrak{a})=(n)$ならば$[\mathfrak{o}_K:\mathfrak{a}]=n$になりそうだって言ってたでしょ．そのことについて考えてみた？

ナツ，ユキ　$\mathfrak{o}_K=\mathbb{Z}[\omega]$のとき$N(\mathfrak{a})=(n, n\omega)_{\mathbb{Z}}$になるから$[\mathfrak{o}_K:N(\mathfrak{a})]=n^2$．ここで$[\mathfrak{o}_K:N(\mathfrak{a})]=[\mathfrak{o}_K:\mathfrak{a}][\mathfrak{a}:N(\mathfrak{a})]$になること，それに$[\mathfrak{a}:N(\mathfrak{a})]=[\mathfrak{o}_K:\mathfrak{a}]$が言えるなら，$[\mathfrak{o}_K:\mathfrak{a}]=n$が言える．ここまでは考えたんだけど，ここから先がなかなか見えてこないのよ．

ケン　$\mathfrak{a}$は加群$\mathfrak{o}_K$の部分加群，$N(\mathfrak{a})$は，$\mathfrak{a}$の部分加群だよね．もっと一般に，群Gとその部分群H，そのまた部分群H'が与えられ，$[G:H]=n, [H:H']=m$が共に有限なら$[G:H']=nm$となる．なぜなら，G, Hのコセット分解を$G=a_1H\cup a_2H\cup\cdots\cup a_nH$, $H=b_1H'\cup b_2H'\cup\cdots\cup b_mH'$とすると，$G=a_1b_1H'\cup\cdots\cup a_ib_jH'\cup\cdots\cup a_nb_mH'$, $[G:H']=nm$となるわけだね．これで，第一の問題はクリア出来る．第二の問題はもう少し難しい．実は，ここで中国の剰余定理が顔を出すんだ．ここでも，話を広げて置こうね．

前と同じように，Rを整域で，そのイデアルでゼロイデアルでもR自身でもないものは必ず有限個の極大イデアルの積に分解され，分解は積の順序を除けば一意的だとしよう．$\mathfrak{o}_K$はそのような整域だね．I, Jを共にゼロイデアルともRとも違うRのイデアルとする．このとき，加群としての同型$I/IJ\cong R/J$が成り立つことが言えればいいでしょ．もしそうなら，$R=\mathfrak{o}_K, I=\mathfrak{a}, J=\mathfrak{a}^\sigma$とすれば$\mathfrak{a}/N(\mathfrak{a})\cong\mathfrak{o}_K/\mathfrak{a}^\sigma$となるけど$\mathfrak{o}_K/\mathfrak{a}^\sigma\cong\mathfrak{o}_K/\mathfrak{a}$だからね．今，極大イデアル分解$I=P_1^{e_1}P_2^{e_2}\cdots P_k^{e_k}$を考えれば，$IJ\subset I$より$IJ=P_1^{f_1}P_2^{f_2}\cdots P_k^{f_k}P_{k+1}^{f_{k+1}}\cdots P_l^{f_l}$, $e_1\leq f_1, e_2\leq f_2, \ldots, e_k\leq f_k$のように書ける．ここで，$R$のメンバー$a_1, a_2, \ldots, a_k$を$a_i\in P_i^{e_i}-P_i^{e_i+1}$　$(i=1, 2, \ldots, k)$となるようにとる．ここで，中国の剰余定理を使うとRのメンバーaで$a\equiv a_i$(mod

$P_i^{e_i+1})$　$(i=1, 2, \dots, k)$, $a \not\equiv 0_R \pmod{P_j}$　$(j=k+1, \dots, l)$ を満たすものが取れる．イデアルの和 $(a)+IJ$ の極大イデアル分解を考えれば，これは I と等しくなる．なぜか，分かるかな？

ナツ　$a=a_i+b_i$　$(b_i \in P_i^{e_i+1})$ と書けるから $a \in P_i^{e_i}-P_i^{e_i+1}$　$(i=1, 2, \dots, k)$．ということは $(a) \subseteq P_1^{e_1} \cdots P_k^{e_k}=I$．だから $(a)+IJ \subseteq I$．左辺のイデアルを K と書くと，その因子は $P_1, \dots, P_k$．$1 \leq i \leq k$ について $\exp_{P_i} K=g_i$ とすると $g_i \geq e_i$ で $a \in P_i^{g_i}$．ここでまた $a \in P_i^{e_i}-P_i^{e_i+1}$ を使うと $g_i=e_i$．ということは $K=(a)+IJ=I$ になるわけね．

ケン　そうだ．ここで，R/J の各メンバー $(x)_J$ に I/IJ のメンバー $(ax)_{IJ}$ を対応させる写像 g を考えてみよう．$a \in I$ だから $ax \in I$．x の替わりに $y=x+z$　$(z \in J)$ をとれば $ay=ax+az$, $az \in IJ$ だから写像 g は確かに R/J のメンバーを I/IJ のメンバーに移すね．

ナツ，ユキ　$(a)+IJ=I$ だから g は全射になる．また，g が単射になることも言える．だって，もし $ax \in IJ$ なら $(ax) \subseteq IJ$ だからイデアル (ax) の因子は $P_1, \dots, P_l$．それぞれの因子についての指数をとって考えれば $(x) \subseteq J$ となることが言えるからね．ちょっと難しかったけど，第二の問題もクリア出来たわね．2 次体 K の整数環 $\mathfrak{o}_K$ のイデアル $\mathfrak{a}$ について，$N(\mathfrak{a})=(n)$ のとき $[\mathfrak{o}_K:\mathfrak{a}]=n$ となることが遂に出てきた！

6.8　素数の分解

ケン　i の $\mathbb{Q}$ 上最小多項式 $F=X^2+1$ を $\bmod p$ で考えてみよう．$p=5$ なら $X^2+1=X^2-(-1) \equiv X^2-4 \pmod{5}$ で，$X^2-4=(X+2)(X-2)$ だから F は有限体 $\mathbb{F}_5$ で分解するね．

ナツ　$p=2$ なら $X^2+1 \equiv (X+1)^2 \pmod{2}$ だから F は mod 2 で分解する．$p=3$ ならどうかな？

ユキ　もし $F=X^2+1 \equiv (X-a)(X-b) \pmod{3}$　$(a, b \in \mathbb{Z})$ のように分解すれば $F[a] \equiv 0 \pmod{3}$ だけど $a \equiv 0, 1, 2 \pmod{3}$ で

しょ．でも $F[0]=1, F[1]=2, F[2]=5\equiv 2 \pmod 3$ となって，$F[a]\equiv 0 \pmod 3$ にはならない．F は mod 3 で既約なのね．

ナツ　§6.5 で素数 $p=2, 3, 5$ について $\mathbb{Z}$ の素イデアル $p\mathbb{Z}$ をガウス整数環 $\mathbb{Z}[i]$ まで上げてイデアル (p) を考えると $(2)=(1+i)^2$, (3) は素イデアル，$(5)=(2+i)(2-i)$ となること話したでしょ．これって $F=X^2+1$ が $\mathbb{F}_p[X]$ $(p=2, 3, 5)$ でどうなるかって話とそっくりね．$\mathbb{F}_p[X]$ の世界が水晶玉みたいに $\mathbb{Z}[i]$ での (p) の動きを映し出していたりして．

ケン　$p=2, 3, 5$ についてもう少し突っこんで見よう．G が mod p での F の既約因子になっているとしてね，イデアル $\mathfrak{a}_p=(p, G[i])_{\mathbb{Z}}$ を考える．$p=2$ なら $G=X+1$ だから $\mathfrak{a}_2=(2, i+1)_{\mathbb{Z}}=(1+i)$ で，ガウス整数環で $(2)={\mathfrak{a}_2}^2$ となるね．

ナツ　$p=3$ なら $G=F, G[i]=0$ だから $\mathfrak{a}_3=(3)$．$p=5$ なら既約因子は2個あって，それぞれ $G_1=X+2, G_2=X-2$ となる．対応するイデアル $\mathfrak{a}_5$ も2個でてきて，それぞれ $\mathfrak{b}_1, \mathfrak{b}_2$ と書くと $\mathfrak{b}_1=(5, i+2)_{\mathbb{Z}}, \mathfrak{b}_2=(5, i-2)_{\mathbb{Z}}$．でも $5=(2+i)(2-i)$ だから $\mathfrak{b}_1=(i+2)$, $\mathfrak{b}_2=(i-2)$．

ケン　何かありそうでしょ．前に進むために話を整理しよう．

p を素数，$G=\sum_{0\le k\le n} a_k X^k$, $H=\sum_{0\le k\le n} b_k X^k$ を整数係数の多項式とする．もしも $a_k\equiv b_k \pmod p$ $(k=0, \dots, n)$ となるなら G, H は mod p で合同と言い，$G\equiv H \pmod p$ と書く．また，多項式 G について $\mathbb{F}_p$ 係数の多項式 $\tilde{G}_{(p)}=\sum_{0\le k\le n}(a_k)_p X^k$ が決まるけど，これを $\tilde{G}$ とも書き，係数 $(a_k)_p$ を単に a_k のようにも書くことにしよう．すると次の**クンマー**（E.E. Kummer）**の定理**が成り立つ．

定理 6.1（クンマーの定理）　F を整数係数でモニックな n 次多項式，p を素数とし，F が複素数 ω の $\mathbb{Q}$ 上の最小多項式になっているとする．$\tilde{F}$ の $\mathbb{F}_p$ 上での互いに異なる既約多項式の積への分解が

$$\tilde{F}=\tilde{G}_1^{e_1}\cdots\tilde{G}_g^{e_g}$$

と表されているとする．（ただし，G_k はそれぞれモニックな整数係

数多項式.）このとき整域 $R=\mathbb{Z}[\omega]$ のイデアル $P_k=(p,\ G_k[\omega])_R=pR+G_k[\omega]R$ $(k=1, \ldots, g)$ は極大で，

$$(p)=pR=P_1^{e_1}\cdots P_g^{e_g}$$

が成り立つ．また，$\deg G_k=f_k$ とすると，

$$n=e_1f_1+\cdots+e_gf_g$$

ナツ　$\omega=i, F=X^2+1, R=\mathbb{Z}[i], p=2, 3, 5$ のときは，今話してたことと一緒ね．

ユキ　§5.5 に出てきた円分多項式 $F=X^{p-1}+\cdots+X+1$ は ζ_p の $\mathbb{Q}$ 上最小多項式だから $R=\mathbb{Z}[\zeta_p]$ の場合にも定理が使えるのね．かなりパワフルな定理のようね．

ケン　定理の証明のために，$\tilde{F}=\tilde{F}_p$ の分解式に現れた $\tilde{G}_k$ を一つ選び，体 $\mathbb{F}_p[X]/(\tilde{G}_k)$ の中で $\theta_k=X \pmod{\tilde{G}_k}=(X)_{(\tilde{G}_k)}$ を考え，次のダイアグラムを眺めよう：

$$\begin{array}{ccc}
\mathbb{Z}[X] & \xrightarrow{f_1} & \mathbb{F}_p[X] \\
\downarrow g_1 & & \downarrow g_2 \\
\mathbb{Z}[\omega] & \xrightarrow{f_2} & \mathbb{F}_p(\theta_k)
\end{array}$$

ここで，写像 f_1 は多項式 $H \in \mathbb{Z}[X]$ に $\tilde{H}[X]$ を対応させる全射で，$\ker f_1=p\mathbb{Z}[X]$．写像 g_1 は H に $H[\omega]$ を対応させる全射で $\ker g_1=(F)$．ところで，写像 g_2 による $\mathbb{F}_p[X]$ の行く先 $\mathbb{F}_p[X]/(\tilde{G}_k) \cong \mathbb{F}_p(\theta_k)$ は有限体 $\mathbb{F}_q$ $(q=p^{f_k})$ と同型になる．g_2 は $\mathbb{F}_p$ 上の多項式 $\tilde{H}$ に $\tilde{H}[\theta_k]\ (=\tilde{H} \bmod \{\tilde{G}_k\})$ を対応させる全射で，$\ker g_2=(\tilde{G}_k)$．最後に写像 f_2 は $H[\omega]$ に $\tilde{H}[\theta_k]$ を対応させる全射．$g_2 \circ f_1=f_2 \circ g_1$ となる．

次に $\ker f_2$ がどうなるかだけど，$\ker(f_2 \circ g_1)=\ker(g_2 \circ f_1)$ でしょ．ここで，$\ker(g_2 \circ f_1)=(p, G_k)$ となる．g_1 は $\mathbb{Z}[X]$ のイデアル (p, G_k) を $\mathbb{Z}[\omega]$ のイデアル $(p,\ G_k[\omega])$ に移す．これから $\ker f_2=$

$(p, G_k[\omega])$ となることが分かる．$(p, G_k[\omega])=P_k$ は，だから，(p) を含む $R=\mathbb{Z}[\omega]$ の極大イデアルになるね．

ユキ　全射 f_2 の行き先が体で，P_k がそのカーネルだからね．こうして (p) を含む極大イデアル $P_1, P_2, \ldots, P_g$ が出てきた．でも，まさか $P_k=P_j$　$(k\neq j)$ なんてことにならないでしょうね．

ケン　$\tilde{G}_k$ はモニックで $\mathbb{F}_p$ 上既約でしょ．多項式 $\tilde{G}_k$ は θ_k の $\mathbb{F}_p$ 上の最小多項式になっているわけ．ユキチャンが心配したように，もし $P_k=P_j$　$(k\neq j)$になっていたとすると，$G_j[\omega]$ が f_2 のカーネルに含まれることになるから，$\tilde{G}_j[\theta_k]=(0)_p$ となるよね．そうすると，多項式 $\tilde{G}_j$ は θ_k の $\mathbb{F}_p$ 上の最小多項式 $\tilde{G}_k$ で割り切れることになる．でも，$\tilde{G}_j$ 自身モニックな $\mathbb{F}_p$ 上既約多項式でしょ．すると $\tilde{G}_k=\tilde{G}_j$ ということになって，おかしい．だから，$P_1, P_2, \ldots, P_g$ は互いに違う極大イデアルになる．

ユキ　なるほど！ところで，$\mathbb{Z}[\omega]$ のイデアル (p) を含む極大イデアルってここに出てきた g 個のものだけかしら？

ケン　P を $\mathbb{Z}[\omega]$ の極大イデアルで (p) を含むものとしよう．すると，$\mathbb{Z}[\omega]/P$ は $\mathbb{F}_p$ を含む有限体になる．$\theta=(\omega)_P$ と置こう．写像 f を $\mathbb{Z}[\omega]$ のメンバー $H[\omega]$ に $\mathbb{F}_p[X]$ のメンバー $\tilde{H}[\theta]$ を対応させるものとする．$F[\omega]=0$ だから $\tilde{F}[\theta]=(0)_p$. すると，$\tilde{F}$ の既約成分のどれか，例えば $\tilde{G}_k$ について $\tilde{G}_k[\theta]=(0)_p$ となる．つまり，$G_k[\omega]$ は f のカーネル P に含まれる．すると極大イデアル $P_k=(p, G_k[\omega])$ が極大イデアル P に含まれることになって，$P_k=P$.

ところで，整域 $R=\mathbb{Z}[\omega]$ とそのイデアル $I\neq(0)$ を取ると，次の 1)，2）が成り立つ：

1）$[R:I]=k$ は有限．今，$(k)=kR$ をイデアル I のノルムと呼び，それを $N(I)$ と書くことにすると，ゼロイデアルではないイデアル I, J について $N(IJ)=N(I)N(J)$.

2）R のイデアル $I(\neq(0), R)$ は有限個の極大イデアルの積として表わされ，それは積の順序を除いて一意的である．

R が 2 次体の整数環になる場合には 1)，2）は成り立つね．もっと一般の $R=\mathbb{Z}[\omega]$ についても 1)，2）が成り立つことは第 10 章に

行くと分かる．特に $I=(p)=pR$ とすると $R=\mathbb{Z}[\omega]=\{a_0+\alpha_1\omega+\cdots+a_{n-1}\omega^{n-1}|a_k6\mathbb{Z}(b=0, \ldots, n-1)\}$ だから $[R:(p)]=p^n$ となることが分かる．つまり $N(p)=(p^n)$．

ナツ するとイデアル (p) の極大イデアル分解は $(p)=P_1^{c_1}P_2^{c_2}\cdots P_g^{c_g}$ のようになるのね．ここで指数 $c_1=e_1, \ldots, c_g=e_g$ を言いたいのよね．ところで $P_k=(p, G_k[\omega])$ だから，積 $P_1^{e_1}P_2^{e_2}\ldots P_g^{e_g}$ のメンバーは，p で割り切れるものと $G_1^{e_1}[\omega]\cdots G_g^{e_g}[\omega]$ で割り切れるものとの和で書けるじゃない．つまり

$$P_1^{e_1}P_2^{e_2}\ldots P_g^{e_g}\subset(p, G_1^{e_1}[\omega]\cdots G_g^{e_g}[\omega])$$

となる．ところが，右辺の $G_1^{e_1}[\omega]\cdots G_g^{e_g}[\omega]\equiv F[\omega]\,(\mathrm{mod}\ (p))$．ここで $F[\omega]=0$ だから

$$(p, G_1^{e_1}[\omega]\cdots G_g^{e_g}[\omega])\subset(p)=P_1^{c_1}P_2^{c_2}\ldots P_g^{c_g}$$

でしょ．だから，$e_1\geq c_1, \ldots, e_g\geq c_g$．この先は，どうするのかしら？

ケン $\mathbb{Z}[\omega]/P_k\cong\mathbb{F}_p(\theta_k)\cong\mathbb{F}_{p^{f_k}}$ だったから $N(P_k)=(p_k^f)$．それと，$R=\mathbb{Z}[\omega]$ のイデアル (p) のノルム $N(p)=(p^n)$．これから

$$N(p)=(p^n)=N(P_1)^{c_1}\cdots N(P_g)^{c_g}=(p^{c_1f_1})\cdots(p^{c_gf_g})$$
$$\therefore n=c_1f_1+\cdots+c_gf_g$$

一方，多項式の次数を考えて

$$n=\deg(\tilde{F})=\deg(\tilde{G}_1^{e_1}\ldots\tilde{G}_g^{e_g})=e_1f_1+\cdots+e_gf_g$$

$e_k\geq c_k\quad(k=1, \ldots, g)$ だったから上の二つの式を比べて $c_1=e_1, \ldots, c_g=e_g$．めでたく $(p)=P_1^{e_1}\ldots P_g^{e_g}$, $P_k=(p, G_k[\omega])$ となって，証明が完了！

さて，クンマーの定理を 2 次体の場合に応用して見よう．

$K=\mathbb{Q}(\sqrt{k})$ を 2 次体，その整数環を $\mathbb{Z}[\omega]$ としよう．先ず $k\equiv2, 3(\mathrm{mod}\ 4)$ の場合を考えよう．このとき $\omega=\sqrt{k}$ だったね．すると，その $\mathbb{Q}$ 上の最小多項式は $F=X^2-k$ になる．素数 p について $\tilde{F}=X^2-(k)_p$ を考えるわけだけど，$p|k$ つまり $(k)_p=(0)_p$ ならば

$\tilde{F}=X^2$ となって，クンマーの定理に出てくる $\tilde{F}$ の既約因子は $\tilde{G}=X$ だけになる．ここで $\mathfrak{p}=(p,\omega)=(p,\sqrt{k})$ が (p) の極大イデアル因子になり，$(p)=\mathfrak{p}^2$ となるわけ．

$(k)_p\neq(0)_p$ の場合には $(k)_p\in\mathbb{F}_p^\times$ となる．ここで，§5.2 で話したように

$$\mu:\mathbb{F}_p^\times\longrightarrow\mathbb{F}_p^\times,\ \mu(a)=a^2$$

を考えると写像 μ は $\mathbb{F}_p^\times\cong C_{p-1}$ からそれ自身への準同型になるね．$\mu(\mathbb{F}_p^\times)=\mathbb{F}_p^2$ と書こう．特に $p=2$ なら，$\mathbb{F}_2^2=\{(1)_2\}$ で μ は恒等写像．そして，今 $(k)_2=(1)_2$ としてよい．だから $\tilde{F}=X^2-(1)_2=(X-(1)_2)^2$ となって，既約因子は $\tilde{G}=X-(1)_2$．すると $(2)=(2,\sqrt{k}-1)^2$．一方 $p\neq2$ なら $\ker\mu=\{\pm(1)_p\}$ で，$[\mathbb{F}_p^\times:\mathbb{F}_p^2]=2$ となる．ここで $(k)_p\in\mathbb{F}_p^\times$ が $\mathbb{F}_p^2$ に入るとき k を $(\mathrm{mod}\ p)$ で**平方剰余**，そうでないとき**平方非剰余**と呼び，平方剰余ならば $\left(\dfrac{k}{p}\right)=1$，非剰余ならば $\left(\dfrac{k}{p}\right)=-1$ と書く．

ユキ　$\left(\dfrac{k}{p}\right)=1$ ならば $X^2-(k)_p=(X-(l)_p)(X+(l)_p)$　$((k)_p=(l)_p^2)$ のように書ける．すると，クンマーの定理に出てくる $\tilde{F}$ の既約因子は $\tilde{G}_1=X-(l)_p$, $\tilde{G}_2=X+(l)_p$ となって，極大イデアル $\mathfrak{p}_1=(p,\sqrt{k}-l)$, $\mathfrak{p}_2=(p,\sqrt{k}+l)$ を取ると $(p)=\mathfrak{p}_1\mathfrak{p}_2$ となる．ここで，$\mathfrak{p}_2=\mathfrak{p}_1^\sigma$ になってる．

ナツ　$\left(\dfrac{k}{p}\right)=-1$ ならば $(F)_p=X^2-(k)_p$ は既約．それに $F[\sqrt{k}]=0$ だから (p) は $\mathbb{Z}[\omega]$ でも極大．

まとめると，$k\equiv2,3\ (\mathrm{mod}\ 4)$ のときには素数 p について2次体 $K=\mathbb{Q}(\sqrt{k})$ の整数環 $\mathfrak{o}_K=\mathbb{Z}[\omega]$ のイデアル (p) に関して三つの場合が起るのね．

1) $(p)=\mathfrak{p}^2$ と整数環 $\mathfrak{o}_K$ の極大イデアル $\mathfrak{p}$ の二乗と書ける場合．これは $p|k$ または $p=2,\ k\equiv1\ (\mathrm{mod}\ 2)$ のときに起きる．ここで，$p|k$

ならば$\mathfrak{p}=(\sqrt{k})$．そして，$p=2$ で $k\equiv 1 \pmod 2$ のときは $\mathfrak{p}=(2, \sqrt{k}-1)$）

2）(p) が二個の極大イデアルの積 $(p)=\mathfrak{p}\mathfrak{p}^{\sigma}$ として書ける場合．これは $p\neq 2$, $p\nmid k$ で $\left(\dfrac{k}{p}\right)=1$ のときに起こり，$\mathfrak{p}=(p, \sqrt{k}-l)$ $((k)_p=(l)_p^2)$

3）(p) が整数環 $\mathfrak{o}_K$ でも極大イデアルになるとき．これは，2）と同じく $p\neq 2, p\nmid k$ で，$\left(\dfrac{k}{p}\right)=-1$ となる場合に起こる．

ケン　今の場合に 2 次体 K の判別式 $d_K=4k$ だったこと，覚えているかな？これを使うと，1）の場合というのは $p|d_K$ の場合と書き直せるね．このとき素数 p は 2 次体 K で**分岐**すると言う．一方，2）の場合には p は K で**分解**すると言うんだ．3）の場合には，p は K でも**素のまま**だって言うんだよ．

ナツ　今度は 2 次体 $K=\mathbb{Q}(\sqrt{k}), k\equiv 1 \pmod 4$ の場合ね．整数環は $\mathbb{Z}[\omega], \omega=\dfrac{-1+\sqrt{k}}{2}$ だったわね．判別式 $d_K=k$，ω の $\mathbb{Q}$ 上の最小多項式 $F=(X-\omega)(X-\omega^{\sigma})=X^2+X+\dfrac{1-k}{4}$．$k=4m+1$ と書くと $F=X^2+X-m$．このときも，判別式を割り切る素数 p は K で分岐するのかしら？

ユキ　$p|k$ なら，k は奇数だから p も奇素数．でも，F は前ほど簡単じゃないから，これからどうしたらいいのかな？

ケン　p が奇素数だから $(2)_p\in\mathbb{F}_p^{\times}$ つまり $2a\equiv 1 \pmod p$ を満たす自然数 a が取れるでしょ．すると

$$F=X^2+X-m\equiv (X+a)^2-(a^2+m) \pmod p$$

ところが $a^2+m\equiv 4a^2(a^2+m)=4a^4+a^2(k-1)\equiv a^2+a^2(k-1)\equiv a^2k \pmod p$ だから

$$F\equiv (X+a)^2-a^2k \pmod p$$

これは p と判別式の関係とは関わりなく，p が奇素数ならいつでも言えることだね．特に $p|d_K=k$ ならば $F\equiv(X+a)^2 \pmod p$．

ユキ　そうか，するとクンマーの定理で出てきた $G_1=X+a$ になり，$\mathfrak{p}=(p, \omega+a)$ とすると $(p)=\mathfrak{p}^2$ となって p は分岐する！

ナツ　p が奇素数で d_K を割り切らないときは，$\left(\dfrac{k}{p}\right)=1,-1$ に応じて違うことになるのかな．

$\left(\dfrac{k}{p}\right)=1$ ならば $k\equiv l^2 \pmod p$ となるように自然数 l が取れる．すると

$$F\equiv(X+a)^2-(al)^2\equiv(X+a+al)(X+a-al) \pmod p$$
$$G_1=X+a+al,\ G_2=X+a-al$$

としていいのね．

ケン　$2a\equiv1 \pmod p$ だったでしょ．だから

$$G_1\equiv 2aX+a+al \pmod p,\ G_2\equiv 2aX+a-al \pmod p$$

ここで，改めて，$G_1=2aX+a+al,\ G_2=2aX+a-al$ と置いて $G_1[\omega], G_2[\omega]$ を計算してごらん．

ナツ　$G_1[\omega]=2a\dfrac{-1+\sqrt{k}}{2}+a+al=a(\sqrt{k}+l)$，$G_2[\omega]=2a\dfrac{-1+\sqrt{k}}{2}+a-al=a(\sqrt{k}-l)$．すると，$\mathfrak{p}_1=(p, a(\sqrt{k}+l))$，$\mathfrak{p}_2=(p, a(\sqrt{k}-l))$ と置くと $(p)=\mathfrak{p}_1\mathfrak{p}_2$ となって p は分解する．それに，$\mathfrak{p}_2=\mathfrak{p}_1^{\sigma}$ となる．

一方，$\left(\dfrac{k}{p}\right)=-1$ のときには F_p は既約．$F[\omega]=0$ だから p は K まで行っても素のままね．

ユキ　$p=2$ の場合が残ってる．先ず $k=4m+1$ は奇数だから 2 が判別式 k を割り切ることはない．$F=X^2+X-m$ は $m\equiv0 \pmod 2$ ならば $F\equiv X^2+X\equiv(X+1)X \pmod 2$．一方，$m\equiv1 \pmod 2$ な

らば $F\equiv X^2+X+1 \pmod 2$ は既約．すると，$k\equiv 1 \pmod 8$ のとき $\mathfrak{p}_1=\left(2, \dfrac{1+\sqrt{k}}{2}\right)$, $\mathfrak{p}_2=\left(2, \dfrac{-1+\sqrt{k}}{2}\right)$ と置くと $(2)=\mathfrak{p}_1\mathfrak{p}_2$, $\mathfrak{p}_2=\mathfrak{p}_1^{\sigma}$．一方，$k\equiv 5 \pmod 8$ ならば 2 は K でも素のままになるのね．

まとめましょうか．

p を素数，$k(\neq 0, 1)$ を平方因子を含まない整数とする．p が 2 次体 $K=\mathbb{Q}(\sqrt{k})$ まで行ってどうなるかについて，1)，2)，3) が成り立つ（ただし，d_K は K の判別式）：

1) $p|d_K$ ならば p は K で分岐する

2) p が奇素数で d_k を割り切らないときは $\left(\dfrac{k}{p}\right)=1$ ならば p は K で分解し，$\left(\dfrac{k}{p}\right)=-1$ なら p は K でも素のまま

3) $p=2$, $k\equiv 1 \pmod 4$ のときは $k\equiv 1 \pmod 8$ ならば $p=2$ は K で分解し，$k\equiv 5 \pmod 8$ のときは $p=2$ は K でも素のまま．

第7章　平方剰余の相互法則

7.1　$\left(\dfrac{-1}{p}\right)=(-1)^{\frac{p-1}{2}}$，オイラーの規準

ナツ　奇素数 p について $\left(\dfrac{-1}{p}\right)=1$ となるってことは，有限体 $\mathbb{F}_p$ で方程式 $X^2+1=0$　$(1=(1)_p, 0=(0)_p)$ が解を持つってことでしょ．$a\in\mathbb{F}_p$ について $a=\pm(1)_p$ ならば $a^2=(1)_p$, $a^2+(1)_p=(2)_p\neq(0)_p$ だから，a が解なら $a\neq\pm(1)_p$，また，当然 $a\neq(0)_p$．例えば $p=3$ なら $a=(0)_3, (1)_3, (-1)_3$ しかないから，どれも解にならない．でも，$p=5$ なら，$a=(2)_5, (-2)_5(=(3)_5)$ は $X^2+1=0$ の解になる．

ユキ　乗法群 $\mathbb{F}_p^\times$ のメンバー a について $a^2=-(1)_p$ となるならば，$\mathrm{ord}(-(1)_p)=2$ だから，$\mathrm{ord}(a)=4$ になる．$|\mathbb{F}_p^\times|=p-1$ が 4 の倍数にならないとだめなわけ．つまり $p\equiv1 \pmod 4$ でないと，$\left(\dfrac{-1}{p}\right)=1$ にはならない．すると，$p\equiv3 \pmod 4$ なら $\left(\dfrac{-1}{p}\right)=-1$．

ナツ　それじゃ，$p\equiv1 \pmod 4$ になれば，必ず $\left(\dfrac{-1}{p}\right)=1$ になるかしら？例えば $p=13$ とするわね．$2^2=4, 3^2=9, 4^2=16\equiv3 \pmod{13}$, $5^2=25\equiv-1 \pmod{13}$．$X^2+1=0$ の解があった！他の場合でも大丈夫かしら？

ケン　覚えてるかな？　§5.6 に出てきたように $\mathbb{F}_p^\times$ は位数 $p-1$ の巡回群だったよね．巡回群の性質として，d が群の位数の約数ならば必ず群のメンバーとして位数 d となるものが取れるってこと，§4.5 に出てきたよね．

ナツ　そうか！すると $p\equiv 1 \pmod 4$ になれば $\mathbb{F}_p^{\times}$ に位数4のメンバー a が含まれる．a^2 の位数は2だから $a^2=(-1)_p$ つまり $\left(\frac{-1}{p}\right)=1$ となる！

ケン　まとめると，奇素数 p について

$$\left(\frac{-1}{p}\right)=(-1)^{\frac{p-1}{2}}$$

が言える．

もう少し一般的に，整数 k を p では割り切れないものとしよう．$\mathbb{F}_p^{\times}=\langle c\rangle$ だから $a=(k)_p=c^r$ と書くと $a^{p-1}=(1)_p$ つまり $a^{\frac{p-1}{2}}$ は2乗すると $(1)_p$，ということは $a^{\frac{p-1}{2}}=\pm(1)_p$ になる．$k^{\frac{p-1}{2}}\equiv\pm 1 \pmod p$ となるわけ．一方，$a=c^r$ だから $r=2s$ つまり $\left(\frac{k}{p}\right)=1$ のとき $a^{\frac{p-1}{2}}=c^{s(p-1)}=(c^{p-1})^s=(1)_p$ となって，$k^{\frac{p-1}{2}}\equiv 1 \pmod p$．他方，$r=2s+1$ 言い換えれば $\left(\frac{k}{p}\right)=-1$ ならば $a^{\frac{p-1}{2}}=(c^{2s+1})^{\frac{p-1}{2}}=(c^{2s})^{\frac{p-1}{2}}c^{\frac{p-1}{2}}=c^{\frac{p-1}{2}}$．ところで $c^{\frac{p-1}{2}}=\pm(1)_p$ だけど $\mathrm{ord}(c)=p-1$ だから $c^{\frac{p-1}{2}}=(-1)_p$ となって，$a^{\frac{p-1}{2}}=(-1)_p$，これは $k^{\frac{p-1}{2}}\equiv -1 \pmod p$ となることを意味するね．$\mathbb{F}_p^{\times}$ の生成元 c については，$c^{\frac{p-1}{2}}=(-1)_p$．まとめると

$$k\not\equiv 0 \pmod p \text{ のとき } \left(\frac{k}{p}\right)\equiv k^{\frac{p-1}{2}} \pmod p$$

となる．この式は**オイラーの規準**として知られている．

ユキ　この式を見ると，$(k)_p\in\mathbb{F}_p^{\times}$ に C_2 のメンバー $\left(\frac{k}{p}\right)$ を対応させる写像 f は準同型だってことが分かるわね．$f(c)=-1$ だから $f(\mathbb{F}_p^{\times})=C_2$．$f(c^r)=(-1)^r$ だから $\ker f=\mathbb{F}_p^2$．

ケン　$b\in\mathbb{F}_p^{\times}$ とすると $b\mathbb{F}_p^{\times}=\{ba\,|\,a\in\mathbb{F}_p^{\times}\}=\mathbb{F}_p^{\times}$ となる．このこと

から

$$\sum_{0\leq k\leq p-1}\left(\frac{k}{p}\right)=0 \quad （ただし\left(\frac{0}{p}\right)=0とする）$$

が言える．何故なら左辺の和をSと置いて$c=(l)_p$とすると

$$S=\sum_{0\leq k\leq p-1}\left(\frac{lk}{p}\right)=\sum_{0\leq k\leq p-1}\left(\frac{l}{p}\right)\left(\frac{k}{p}\right)=\left(\frac{l}{p}\right)S=-S$$

でしょ．だから$S=0$となるね．

ユキ　今の証明みて考えたんだけど，Gを有限群，Rを整域としてね，準同型$f:G\to R^\times$が与えられているとする．ただし，$f(G)\supsetneq\{1_R\}$とするとね，

$$\sum_{x\in G}f(x)=0_R$$

となることが，全く同じようにして出てくるね．特に，Gが乗法群$R^\times$の有限部分群で単位群とは違うとき

$$\sum_{x\in G}x=0_R$$

となる．例えば，C_n　$(n>1)$は$\mathbb{C}^\times$の有限部分群だから

$$\sum_{0\leq k\leq n-1}\zeta_n^k=0$$

が言えるわね．

7.2　ガウスの和

ナツ　$p=3$のとき

$$\sum_{0\leq k\leq 3-1}\left(\frac{k}{3}\right)=0+1-1=0$$

一方，$C_3=\langle\zeta_3\rangle$ で，$\zeta_3^3-1=(\zeta_3-1)(\zeta_3^2+\zeta_3+1)=0$ だから

$$\sum_{0\le k\le 3-1}\zeta_3^k=1+\zeta_3+\zeta_3^2=0$$

となる．ところで $S_p=\sum_{0\le k\le p-1}\left(\frac{k}{p}\right)\zeta_p^k$ （p は奇素数）とすると

$$S_3=\left(\frac{0}{3}\right)\zeta_3^0+\left(\frac{1}{3}\right)\zeta_3+\left(\frac{2}{3}\right)\zeta_3^2=0+\zeta_3-\zeta_3^2=\sqrt{-3}$$

となるでしょ．ちょっと面白いと思わない？

ユキ　$p=5$ のときはどうなるかしら？

$$S_5=\sum_{0\le k\le 5-1}\left(\frac{k}{5}\right)\zeta_5^k=0+\zeta_5-\zeta_5^2-\zeta_5^3+\zeta_5^4$$

の計算ね．$\zeta_5^3=\zeta_5^{-2}$, $\zeta_5^4=\zeta_5^{-1}$ だから $S_5=\zeta_5+\zeta_5^{-1}-(\zeta_5^2+\zeta_5^{-2})$．$\eta=\zeta_5+\zeta_5^{-1}$ と置くと $\eta^2=\zeta_5^2+2+\zeta_5^{-2}$．すると $S_5=\eta-(\eta^2-2)$．

ナツ　一方

$$\sum_{0\le k\le 5-1}\zeta_5^k=1+\zeta_5+\zeta_5^2+\zeta_5^3+\zeta_5^4=1+\eta+\eta^2-2=-1+\eta+\eta^2=0$$

これから，二次方程式 $X^2+X-1=0$ の解 $\dfrac{-1\pm\sqrt{5}}{2}$ のうちどちらかが η となる．ところで $\eta=2\cos\dfrac{2\pi}{5}>0$ だから，$\eta=\dfrac{-1+\sqrt{5}}{2}$．これから，$S_5=-(\eta^2+\eta)+2\eta+2=1+2\eta=\sqrt{5}$．これはすごい！

ケン　奇素数 p に対して $S_p=\sum_{0\le k\le p-1}\left(\frac{k}{p}\right)\zeta_p^k$ を**ガウスの和**と言ってね

$$S_p^2=\left(\frac{-1}{p}\right)p$$

となることが知られている．これは有名な等式で，証明はいろいろ

あるけど，そのうちの一つを紹介しよう．

先ず

$$S_p^2=\sum_{0\leq l,\, m\leq p-1}\left(\frac{lm}{p}\right)\zeta_p^{l+m}=\sum_{0\leq n\leq p-1}\zeta_p^n\left(\sum_{0\leq l\leq p-1}\left(\frac{l(n-l)}{p}\right)\right)$$

となるね．ここで $l\neq 0$ のとき $(l)_p\in\mathbb{F}^\times$ だから $ls\equiv 1\pmod p$ となる $1\leq s\leq p-1$ が取れる．この s を s_l と書こう．すると $l(n-l)=-l^2+ln\equiv -l^2+lnls_l\equiv -l^2(1-ns_l)\pmod p$ となることに注意すると

$$\left(\frac{l(n-l)}{p}\right)=\left(\frac{-l^2}{p}\right)\left(\frac{1-ns_l}{p}\right)=(-1)^{\frac{p-1}{2}}\left(\frac{1-ns_l}{p}\right)$$

となるから

$$(-1)^{\frac{p-1}{2}}S_p^2=\sum_{0\leq n\leq p-1}\zeta_p^n\left(\sum_{1\leq l\leq p-1}\left(\frac{1-ns_l}{p}\right)\right)$$

ここで

$$T_n=\sum_{1\leq l\leq p-1}\left(\frac{1-ns_l}{p}\right)$$

と置くと $T_0=p-1$，一方 $n\neq 0$ ならば $1\leq l\leq p-1$ のとき $(1-ns_l)_p$ は $\mathbb{F}_p$ の $(1)_p$ 以外のすべての値を取る．つまり，このとき $T_n=\sum_{0\leq k\leq p-1}\left(\frac{k}{p}\right)-\left(\frac{1}{p}\right)$. ところが，前に見たように $\sum_{0\leq k\leq p-1}\left(\frac{k}{p}\right)=0$ だから $n\neq 0$ のとき $T_n=-1$ となる．これから

$$(-1)^{\frac{p-1}{2}}S_p^2=p-1-\sum_{1\leq n\leq p-1}\zeta_p^n$$

さて，これも前に見たように $\sum_{0\leq n\leq p-1}\zeta_p^n=0$ だったから，$\sum_{1\leq n\leq p-1}\zeta_p^n=-1$. これを上の式に入れると $\left(\frac{-1}{p}\right)=(-1)^{\frac{p-1}{2}}$ に注意

すると

$$S_p^2=\left(\frac{-1}{p}\right)p$$

となって，証明したい等式が出てきた.

7.3 平方剰余の相互法則

ケン 奇素数 p と p では割り切れない整数 k について $\left(\frac{k}{p}\right)$ を計算するとき，$\mathbb{F}_p^\times$ のメンバー $(k)_p$ に C_2 のメンバー $\left(\frac{k}{p}\right)$ を対応させる写像は群の準同型だったから，$\left(\frac{-1}{p}\right)$, $\left(\frac{2}{p}\right)$ それに p とは別の奇素数 q について $\left(\frac{q}{p}\right)$ が分かればいいよね. $\left(\frac{-1}{p}\right)=(-1)^{\frac{p-1}{2}}$ だったから，残る問題は $\left(\frac{2}{p}\right)$, $\left(\frac{q}{p}\right)$ について調べることになる. 先ず実験してみよう. p として 3, 5, 7 を選んで計算してみよう.

先ず $(1)_p^2$, $(2)_p^2$, ..., $(p-1)_p^2$ を計算して $\mathbb{F}_p^2$ を求めておくわけだけど，$(p-k)_p^2=(-k)_p^2=(k)_p^2$ だから $(1)_p^2$, $(2)_p^2$, ..., $\left(\frac{p-1}{2}\right)_p^2$ を計算しておけば十分だね.

$p=3$ なら $\mathbb{F}_p^2=\{(1)_3\}$ だから $\left(\frac{2}{3}\right)=-1$.

ナツ，ユキ $(k)_p=k$ と書くね. それと，$1^2=1$ は明らかだからオミット.

$p=5$ なら $2^2=4=-1$ だから $\mathbb{F}_5^2=\{1, -1\}$ となって $\left(\frac{2}{5}\right)=-1$, $\left(\frac{3}{5}\right)=-1$. $\left(\frac{3}{5}\right)=\left(\frac{5}{3}\right)$ となる.

$p=7$ なら $2^2=4$, $3^2=2$ だから $\mathbb{F}_7^2=\{1, 2, 4\}$ でしょ. だから $\left(\frac{2}{7}\right)$

$=1, \left(\frac{3}{7}\right)=-1, \left(\frac{5}{7}\right)=-1$．今度は$\left(\frac{3}{7}\right)=-\left(\frac{7}{3}\right)$でも$\left(\frac{5}{7}\right)=\left(\frac{7}{5}\right)$になる．

p, qが別々の奇素数のとき，$\left(\frac{q}{p}\right)$と$\left(\frac{p}{q}\right)$とが同じになることがあるけど，p, qのどちらかが5なら必ずそうなるなんてこと，言えるのかしら？

それと，$\left(\frac{2}{3}\right)=\left(\frac{2}{5}\right)=-1, \left(\frac{2}{7}\right)=1$となる．もしかして，これって$p$の mod 8 での値に関係するんじゃないかしら．

ケン　実はすごい定理があってね，p, qが相異なる奇素数ならば

$$\left(\frac{q}{p}\right)\left(\frac{p}{q}\right)=(-1)^{\frac{p-1}{2}\frac{q-1}{2}}$$

という式が成り立つ．特にp, qのどちらかが mod 4 で 1 と合同なら$\left(\frac{q}{p}\right)=\left(\frac{p}{q}\right)$，両方とも 3 と合同ならば$\left(\frac{q}{p}\right)=-\left(\frac{p}{q}\right)$となる．これは**平方剰余の相互法則**として知られる．p, qのどちらかが2の場合にもナッチャン，ユキチャンのカンは当たっているんだけど，これについては後回しにしよう．平方剰余の相互法則については，いろいろな証明があるけど，ここではガウスの和を使う証明を紹介しよう．ただ，そのために準備として$\mathbb{Z}[\zeta_p]\cap\mathbb{Q}=\mathbb{Z}$となることを証明しておくことが必要になる．話しを少し広げて，次の定理を証明しよう．

定理 7.1　Rを整域，Kをその商体とし，LをKを部分体とする体，ωをLのメンバーでK上のモニックな最小多項式Fを持ち，その係数がすべてRに含まれているとする．このとき$R[\omega]\cap K=R$が成り立つ．

証明してみよう．$K(\omega)$はLの部分体で$K[X]/(F)$と同型になり，FのK上次数をnとすると

$$K(\omega)=\left\{\sum_{0\leq k\leq n-1} a_k\omega^k \mid a_k\in K\right\}$$

となる．ここで

$$\sum_{0\leq k\leq n-1} a_k\omega^k=0_L \Longleftrightarrow F\mid \sum_{0\leq k\leq n-1} a_kX^k \Longleftrightarrow a_1=\cdots=a_{n-1}=0_K$$

だから $K(\omega)$ のメンバー $\alpha=\sum_{0\leq k\leq n-1}a_k\omega^k$, $\beta=\sum_{0\leq k\leq n-1}b_k\omega^k$ について

$$\alpha=\beta \Longleftrightarrow a_k=b_k \quad (k=0, 1, ..., n-1)$$

となることに注意しておこう．最小多項式 F はモニックでその係数はすべて R に入るから $R[X]$ の多項式 P は $P=FQ+S$ $(Q, S\in R[X], S=O$ または $\deg S<n)$ のように書ける．このことから，$R[\omega]=\left\{\sum_{0\leq k\leq n-1}a_k\omega^k \mid a_k\in R\right\}$．今，$a=\sum_{0\leq k\leq n-1}a_k\omega^k\in R[\omega]\cap K$ とすると，当然 $a\in K(\omega)$ でもあり，$a\in K$ なんだから，この a は，$a=a+0_K\omega+\cdots+0_K\omega^{n-1}$ のようにも書ける．a を表す二つの $n-1$ 次式の係数はそれぞれが等しくならなければいけないわけだから，$a=a_0\in R$ が言えた．

ナツ　ζ_p の $\mathbb{Q}$ 上の最小多項式は $X^{p-1}+X^{p-2}+\cdots+X+1$ だから，定理の条件に合うわね．$\mathbb{Z}[\zeta_p]\cap\mathbb{Q}=\mathbb{Z}$ となるわけね．

ケン　相互法則の証明に入ろう．ガウスの和 $S_p=\sum_{0\leq k\leq p-1}\left(\frac{k}{p}\right)\zeta_p^k$ について $S_p^2=\left(\frac{-1}{p}\right)p$ が成り立っていたわけだね．ここで，q を p とは別の奇素数とすると $S_p^q\equiv\sum_{0\leq k\leq p-1}\left(\frac{k}{p}\right)\zeta_p^{kq} \pmod{q\mathbb{Z}[\zeta_p]}$ となることに注意しよう．p, q は別々の素数だから適当な整数 s, t を取れば $qs+pt=1$ となる．だから，$qs\equiv1 \pmod p$, $kqs\equiv k \pmod p$ となる．すると，$\bmod\ q\mathbb{Z}[\zeta_p]$ で

$$S_p^q\equiv\sum_{0\leq k\leq p-1}\left(\frac{kqs}{p}\right)\zeta_p^{kq}=\left(\frac{s}{p}\right)\sum_{0\leq k\leq p-1}\left(\frac{kq}{p}\right)\zeta_p^{kq}$$

となる．ところで$\left(\frac{qs}{p}\right)=1$から$\left(\frac{s}{p}\right)=\left(\frac{q}{p}\right)$．それと$\{(kq)_p|0\leq k\leq p-1\}=\{(k)_p|0\leq k\leq p-1\}$となることから$S_p^q\equiv\left(\frac{q}{p}\right)S_p\ (\mathrm{mod}\ q\mathbb{Z}[\zeta_p])$．さて，ここで$pt\equiv 1\ (\mathrm{mod}\ q)$を使うと$S_p^2\left(\frac{-1}{p}\right)t\equiv 1\ (\mathrm{mod}\ q)$．一つ前の合同式の両辺に$S_p\left(\frac{-1}{p}\right)t$を掛けると$S_p^{q-1}S_p\cdot S_p\left(\frac{-1}{p}\right)t\equiv\left(\frac{q}{p}\right)(\mathrm{mod}\ q\mathbb{Z}[\zeta_p])$．この式の左辺は$\mathrm{mod}\ q\mathbb{Z}[\zeta_p]$で$S_p^{q-1}$と合同になる．ところが

$$S_p^{q-1}=(S_p^2)^{\frac{q-1}{2}}\quad\therefore(S_p^2)^{\frac{q-1}{2}}\equiv\left(\frac{q}{p}\right)\quad(\mathrm{mod}\ q\mathbb{Z}[\zeta_p])$$

ここで

$$S_p^2=\left(\frac{-1}{p}\right)p=(-1)^{\frac{p-1}{2}}p,\ p^{\frac{q-1}{2}}\equiv\left(\frac{p}{q}\right)\quad(\mathrm{mod}\ q)$$

となる．最後の式はオイラーの規準だね．すると

$$(S_p^2)^{\frac{q-1}{2}}=(-1)^{\frac{p-1}{2}\frac{q-1}{2}}p^{\frac{q-1}{2}}\equiv(-1)^{\frac{p-1}{2}\frac{q-1}{2}}\left(\frac{p}{q}\right)\quad(\mathrm{mod}\ q\mathbb{Z}[\zeta_p])$$

これが$\mathrm{mod}\ q\mathbb{Z}[\zeta_p]$で$\left(\frac{q}{p}\right)$と合同になるから

$$(-1)^{\frac{p-1}{2}\frac{q-1}{2}}\left(\frac{p}{q}\right)-\left(\frac{q}{p}\right)=q\alpha$$

となるような$\alpha\in\mathbb{Z}[\zeta_p]$が取れることが分かった．一方，この$\alpha\in\mathbb{Q}$となることも式から明らかだから，$\alpha\in\mathbb{Z}$つまり$(-1)^{\frac{p-1}{2}\frac{q-1}{2}}\left(\frac{p}{q}\right)\equiv\left(\frac{q}{p}\right)(\mathrm{mod}\ q)$．合同式の両辺に$\left(\frac{p}{q}\right)$を掛けると$\left(\frac{q}{p}\right)\left(\frac{p}{q}\right)\equiv(-1)^{\frac{p-1}{2}\frac{q-1}{2}}(\mathrm{mod}\ q)$．この式の両辺はともに$\pm1$で$q$は奇素数なの

で1より大きい奇数だから合同式は等式になって，目的の式

$$\left(\frac{q}{p}\right)\left(\frac{p}{q}\right)=(-1)^{\frac{p-1}{2}\frac{q-1}{2}}$$

が得られた．

7.4 $\left(\frac{2}{p}\right)=(-1)^{\frac{p^2-1}{8}}$

ケン　ユキチャン，ナッチャンが$\left(\frac{2}{p}\right)$は$p \pmod 8$と関係しそうだって言ってたでしょ．その通りなんだ．実は

$$\left(\frac{2}{p}\right)=1 \Longleftrightarrow p\equiv 1, 7 \pmod 8, \left(\frac{2}{p}\right)=-1 \Longleftrightarrow p\equiv 3, 5 \pmod 8$$

が成り立つ．これを一つの式で書くと

$$\left(\frac{2}{p}\right)=(-1)^{\frac{p^2-1}{8}}$$

となる．証明はいろいろあるけど，ここでは$\zeta=\zeta_8$の性質を使うものを紹介しよう．先ず

$$\zeta^2=i,\quad \zeta^4=-1,\quad \zeta^{-1}=\zeta^7$$

となることに注意しよう．証明のポイントは

$$(\zeta+\zeta^{-1})^2=i+2+i^{-1}=2$$

となることだ．証明の中で$\mathbb{Z}[\zeta]\cap\mathbb{Q}=\mathbb{Z}$となることを使うんで，これを始めに押さえておこう．

ナツ　§7.3の定理7.1から，ζの$\mathbb{Q}$上の最小多項式が整数係数になることを確かめればいいわけね．ζって$X^4+1=0$の解になるじゃない．もしかして，$F=X^4+1$が最小多項式になるんじゃない？

ユキ　$X^4+1=(X^2-i)(X^2+i)=(X-\zeta)(X+\zeta)(X-\zeta^3)(X+\zeta^3)$ と因数分解されるでしょ．これから，$F=GH$, $G, H\in\mathbb{Q}[X]$ のように分解されて，$\deg G=1$ になることはあり得ないことが分かる．

ナツ　$\deg G=3$ になることもないわね．もしもそうなら，$\deg H=1$ になるものね．$\deg G=2$ になることはあるかな？

ユキ　仮にそうなるとしてみましょうか．G, H 共にモニックとしていいでしょ．$F=0$ の解は $\zeta, \zeta^3, \zeta^5, \zeta^7$ の四個だから，このなかのどれかは $G=0$ の解になる．仮に $G[\zeta]=0$ とすると，G は有理数係数だから $G[\bar{\zeta}]=0$ になる．$(X-\zeta)(X-\bar{\zeta})=X^2-\sqrt{2}X+1$ でしょ．これもモニックで G を割り切るから，$G=X^2-\sqrt{2}X+1$ となって，有理数係数にならなくなる．$F=0$ の四個の解のうち，ζ 以外のものを選んでも同じような事になる．結局 F は $\mathbb{Q}$ 上で既約．だから，これが ζ の $\mathbb{Q}$ 上の最小多項式になることが言えた！

ナツ　$\mathbb{Z}[\zeta_8]\cap\mathbb{Q}=\mathbb{Z}$ が言えました！それにしても，奇素数 p についても $\mathbb{Z}[\zeta_p]\cap\mathbb{Q}=\mathbb{Z}$ だったわね．もっと一般の自然数 n についても $\mathbb{Z}[\zeta_n]\cap\mathbb{Q}=\mathbb{Z}$ になるんじゃないかしら？

ケン　実はそうなんだ．後で話す代数的整数の性質を使うともっとすっきりするんだ．でも，そのためには n 次元空間のことや，行列式について説明することが必要になる．今は $\left(\dfrac{2}{p}\right)$ の話しに戻ろう．

先ず適当な整数 k, l を取ると $2k+pl=1$ となり $2k\equiv 1 \pmod p$ となることに注意しようね．オイラーの規準

$$\left(\frac{2}{p}\right)\equiv 2^{\frac{p-1}{2}} \pmod p$$

の両辺に $2k$ を掛けると

$$\left(\frac{2}{p}\right)\equiv 2^{\frac{p+1}{2}}k \pmod p$$

となるね．この式の右辺は，$2=(\zeta+\zeta^{-1})^2$ を使って

$$(\zeta+\zeta^{-1})^{p+1}k=(\zeta+\zeta^{-1})^{p}(\zeta+\zeta^{-1})k$$

に等しい．ところが

$$(\zeta+\zeta^{-1})^{p}\equiv\zeta^{p}+\zeta^{-p}\pmod{p\mathbb{Z}[\zeta]}$$

ここで場合を分けて，

1) $p\equiv 1, 7 \pmod 8$

2) $p\equiv 3, 5 \pmod 8$

の二つのケースを考えよう．p は奇素数だから，必ずこれらのどちらかのケースが起るね．先ず 1) の場合には

$$\zeta^{p}+\zeta^{-p}=\zeta+\zeta^{-1}$$

一方 2) の場合には

$$\zeta^{p}+\zeta^{-p}=-(\zeta+\zeta^{-1})$$

となるでしょ．だから，1) の場合には $(\zeta+\zeta^{-1})^2k=2k\equiv 1 \pmod p$ となることから

$$\left(\frac{2}{p}\right)\equiv 1\pmod{p\mathbb{Z}[\zeta]}$$

2) の場合には

$$\left(\frac{2}{p}\right)\equiv -1\pmod{p\mathbb{Z}[\zeta]}$$

となる．つまり，1) の場合，

$$\left(\frac{2}{p}\right)-1=p\alpha$$

となるような $\alpha\in\mathbb{Z}[\zeta]$ が取れるわけだね．でも，式から，この α は有理数でもあるから，前に言った $\mathbb{Z}[\zeta]\cap\mathbb{Q}=\mathbb{Z}$ を使うと α は整

数になる．結局 $\left(\frac{2}{p}\right)\equiv 1 \pmod p$．$\left(\frac{2}{p}\right)=\pm 1$ で p は奇素数，つまり 1 より大きい奇数になるることから $\left(\frac{2}{p}\right)=1$．2）の場合には，同様にして $\left(\frac{2}{p}\right)=-1$．まとめて，

$$\left(\frac{2}{p}\right)=(-1)^{\frac{p^2-1}{8}}$$

が証明出来た．これまでのことをまとめると

1）$\left(\frac{q}{p}\right)\left(\frac{p}{q}\right)=(-1)^{\frac{p-1}{2}\frac{q-1}{2}}$，$p, q$ は相異なる奇素数

2）$\left(\frac{-1}{p}\right)=(-1)^{\frac{p-1}{2}}$，$p$ は奇素数

3）$\left(\frac{2}{p}\right)=(-1)^{\frac{p^2-1}{8}}$，$p$ は奇素数

1）は**平方剰余の相互法則**，2）はその**第 1 補充法則**，3）は**第 2 補充法則**と呼ばれ，素数の神秘をよく表わす定理として知られている．

高木先生が書かれた「初等整数論講義」（第 2 版，共立出版）によると，相互法則はオイラーによって発見され，ルジャンドル（A. M. Legendre）が証明を試みたが不十分に終わり，ガウスによって初めて証明されたという．ガウスは相互法則を整数論の基本定理と呼び，六通りの違う証明を与えたそうだ．高木先生の本には，とても初等的な証明が紹介されている．

第8章　$\boldsymbol{n}$ 次元空間，行列，行列式

8.1　$\boldsymbol{R}$ 加群，ベクトル空間

ケン　これまで出てきた環，体，群などはそれぞれが一つのまとまった世界で，その中で足し算やかけ算という演算が舞台を動かしていたね．ここでは，整域と加群のペアを考え，整域のメンバー達が加群に働きかけるシチュエイションを想定するんだ．例えば，整域として $\mathbb{Z}$，加群として $\mathbb{Z}^3$ と書かれるものを考える．ここで

$$\mathbb{Z}^3=\left\{\begin{pmatrix}a\\b\\c\end{pmatrix}\middle|\,a,\,b,\,c\in\mathbb{Z}\right\}$$

これは3次元空間の中の格子点，つまり座標がすべて整数となる点の集まりだ．上下左右に無限に広がるジャングルジム．ただ，格子点の間をつなぐバーは見えない．格子点同士を足しあわせることが出来る．

$$\begin{pmatrix}a_1\\a_2\\a_3\end{pmatrix}+\begin{pmatrix}b_1\\b_2\\b_3\end{pmatrix}=\begin{pmatrix}a_1+b_1\\a_2+b_2\\c_1+c_2\end{pmatrix}\quad(a_i,\,b_i,\,c_i\in\mathbb{Z},\,i=1,\,2,\,3)$$

この足し算について $\mathbb{Z}^3$ は加群になるね．単位元は原点，つまり $\begin{pmatrix}0\\0\\0\end{pmatrix}$ で，$-\begin{pmatrix}a\\b\\c\end{pmatrix}=\begin{pmatrix}-a\\-b\\-c\end{pmatrix}$ になる．今整数 k について

$$k\begin{pmatrix}a\\b\\c\end{pmatrix}=\begin{pmatrix}ka\\kb\\kc\end{pmatrix}$$

と置いて k による $\mathbb{Z}^3$ への作用を決めてやる．例えば $k=2$ ならジャングルジムの各格子点が一斉に原点から 2 倍の位置に移される．$k=-1$ なら格子点は原点について対称な点に移り，$k=0$ ならあらゆる格子点が一斉に原点に縮んでしまう．

今，整域 R と加群 V が与えられ，R のメンバー a，V のメンバー u をそれぞれ勝手に選んだとき，au と書かれる V のメンバーが決り，

1）$a\in R$，$u, v\in V$ のとき $a(u+v)=au+av$

2）$a, b\in R$，$u\in V$ のとき $(a+b)u=au+bu$, $(ab)u=a(bu)$

3）$1_R u=u$

が成り立つとき，V を **R 加群**と呼ぶ．特に $R=K$ が（可換）体のときに V は **R 空間**又は R 上の**ベクトル空間**と呼ばれる．

ユキ　$a\in R$ とし，V からそれ自身への写像 f_a を $f_a(u)=au$ と置いて決めれば 1）は f_a が加群 V からそれ自身への準同型になっていることを意味しているのね．だから，§4.4 で出てきたことを使うと $f_a(0_V)=0_V$ になる．

ケン　言おうと思ってたこと言ってもらったね．それじゃ，$0_R u=0_V$ になるんだけど，何故か分かるかな？

ナツ　§4.3 に出てきた 0_R の特徴づけのことを使うと，$0_R u=v$ と置いて $v+v=v$ となることが言えればいいんでしょ．2）から $v+v=0_R u+0_R u=(0_R+0_R)u=0_R u=v$ となって大丈夫！

ケン　それじゃ，今度は $-1_R u=-u$ が成り立つことを証明できるかな？

ユキ　$-1_R u+u=0_V$ となることを言えばいいんでしょ．3）を使って $-1_R u+u=-1_R u+1_R u=(-1_R+1_R)u=0_R u=0_V$ ！

ケン　お見事！さっきの $\mathbb{Z}^3$ は $\mathbb{Z}$ 加群の例だね．もっと一般に整域 R と自然数 n について，

$$R^n=\left\{\begin{pmatrix}a_1\\ \vdots\\ a_n\end{pmatrix}\middle|\, a_1, \dots, a_n\in R\right\}$$

と置く．R^n のメンバー $\boldsymbol{u}=\begin{pmatrix}a_1\\ \vdots\\ a_n\end{pmatrix}$ について，a_i　$(i=1, \dots, n)$ をその**第 $\boldsymbol{i}$ 成分**と呼ぶ．R^n のメンバー $\boldsymbol{u}, \boldsymbol{v}$ はそれぞれの第 i 成分が $i=1, \dots, n$ について全て等しいときに $\boldsymbol{u}=\boldsymbol{v}$ と決める．また，

$$\boldsymbol{u}=\begin{pmatrix}a_1\\ \vdots\\ a_n\end{pmatrix}, \boldsymbol{v}=\begin{pmatrix}b_1\\ \vdots\\ b_n\end{pmatrix}\in R^n, c\in R \text{ のとき}\quad \boldsymbol{u}+\boldsymbol{v}=\begin{pmatrix}a_1+b_1\\ \vdots\\ a_n+b_n\end{pmatrix}, c\boldsymbol{u}=\begin{pmatrix}ca_1\\ \vdots\\ ca_n\end{pmatrix}$$

と置いて $\boldsymbol{u}+\boldsymbol{v}, c\boldsymbol{u}$ を決めると R^n は R 加群になるね．

ナツ　縦ベクトルでなく横ベクトルを考えても同じようなことになるでしょ．

ケン　R^n のメンバー $\boldsymbol{u}=\begin{pmatrix}a_1\\ \vdots\\ a_n\end{pmatrix}$ に対応して，${}^t\boldsymbol{u}=(a_1, \cdots, a_n)$ と置きこれを $\boldsymbol{u}$ の**転置**と呼ぶ．${}^tR^n=\{{}^t\boldsymbol{u}\,|\,\boldsymbol{u}\in R^n\}$ と置けば，これは横ベクトルの集まりだね．ここで，$\boldsymbol{u}, \boldsymbol{v}\in R^n, c\in R$ のとき ${}^t\boldsymbol{u}+{}^t\boldsymbol{v}={}^t(\boldsymbol{u}+\boldsymbol{v}), c\,{}^t\boldsymbol{u}={}^t(c\boldsymbol{u})$ と置けば ${}^tR^n$ も R 加群になるね．

ナツ　$\mathbb{R}^2$ は平面だけど，$\mathbb{R}$ 空間にもなる．平面の原点を通る直線で，例えば $U=\left\{\begin{pmatrix}a\\ a\end{pmatrix}\middle|\, a\in\mathbb{R}\right\}$ も $\mathbb{R}$ 空間になる．

ケン　そうだね．一般に整域 R と R 加群 V を考え，その部分加群 U について，R のメンバー a，U のメンバー u をそれぞれ勝手に取るとき必ず $au\in U$ となるならば，U を V の $\boldsymbol{R}$ **部分加群**と呼ぶ．R が体なら，U は $\boldsymbol{R}$ **部分空間**，または R 上の**部分空間**と言う．

R が整域の場合に戻るけど，R 加群 V のメンバー $u_1, u_2, \dots, u_k$ をとり

$$\{u_1, u_2, \ldots, u_k\}_R = \left\{ \sum_{1 \leq j \leq k} a_j u_j \,\middle|\, a_j \in R \right\}$$

と置くとこれは明らかに V の R 部分加群になるね．これを $u_1, u_2, \ldots, u_k$ で**生成される V の R 部分加群**と呼ぶ（R が体なら部分空間）．ナッチャンが考えた例は，$\mathbb{R}$ 空間 $\mathbb{R}^2$ の部分空間で $\begin{pmatrix}1\\1\end{pmatrix}$ によって生成されるものだね．

ところで，$\mathbb{R}^2$ のメンバー $\boldsymbol{u}_1 = \begin{pmatrix}1\\1\end{pmatrix}$, $\boldsymbol{u}_2 = \begin{pmatrix}1\\-1\end{pmatrix}$ によって生成される $\mathbb{R}^2$ の部分空間 U って何になるか分かるかな？

ナツ　$\boldsymbol{u}_1 + \boldsymbol{u}_2 = \begin{pmatrix}2\\0\end{pmatrix}$, $\boldsymbol{u}_1 - \boldsymbol{u}_2 = \begin{pmatrix}0\\2\end{pmatrix}$ は両方とも U に入る．

ユキ　$\frac{1}{2}\begin{pmatrix}2\\0\end{pmatrix} = \begin{pmatrix}1\\0\end{pmatrix}$, $\frac{1}{2}\begin{pmatrix}0\\2\end{pmatrix} = \begin{pmatrix}0\\1\end{pmatrix}$ も U に入るから $\mathbb{R}^2$ のメンバー $\begin{pmatrix}a\\b\end{pmatrix}$ を勝手に取ると $\begin{pmatrix}a\\b\end{pmatrix} = a\begin{pmatrix}1\\0\end{pmatrix} + b\begin{pmatrix}0\\1\end{pmatrix}$ も U に入る．結局 $U = \mathbb{R}^2$ となるでしょ．

ナツ　$\begin{pmatrix}a\\b\end{pmatrix} = \frac{a+b}{2}\begin{pmatrix}1\\1\end{pmatrix} + \frac{a-b}{2}\begin{pmatrix}1\\-1\end{pmatrix}$ となる！

ケン　ここでまた話しを広げて，整域 R と R 加群 U, V，それに写像 $f: U \longrightarrow V$ が与えられたとしよう．写像 f が加群の準同型で，しかも R のメンバー a，U のメンバー u をそれぞれ勝手に取ったとき必ず $f(au) = af(u)$ が成り立つならば f を **R 準同型**，もし R が体なら，R 上の**線形写像**と呼ぶことにする．このとき $\ker f$ は U の R 部分加群，$f(U)$ は V の R 部分加群になる．

例えば $R = \mathbb{R}$，$U = V = \mathbb{R}^2$ として，今考えた V のメンバー $\boldsymbol{u}_1$, $\boldsymbol{u}_2$ を使って U から V への写像 f を

$$f\left(\begin{pmatrix}a\\b\end{pmatrix}\right) = a\boldsymbol{u}_1 + b\boldsymbol{u}_2 = a\begin{pmatrix}1\\-1\end{pmatrix} + b\begin{pmatrix}1\\-1\end{pmatrix}$$

と置けば，これは $\mathbb{R}$ 上の線形写像になるね．$f(U)=V$ になること，もう出てきたよね．$\ker f$ は何になるかな？

ユキ

$$a_1\boldsymbol{u}_1+a_2\boldsymbol{u}_2=\begin{pmatrix}b_1\\b_2\end{pmatrix}\Longleftrightarrow a_1=\frac{b_1+b_2}{2},\ a_2=\frac{b_1-b_2}{2}$$

だよね．特に $\begin{pmatrix}b_1\\b_2\end{pmatrix}=\begin{pmatrix}0\\0\end{pmatrix}$ とすれば $\begin{pmatrix}a_1a_2\end{pmatrix}=\begin{pmatrix}0\\0\end{pmatrix}$ だから，$\ker f=\left\{\begin{pmatrix}0\\0\end{pmatrix}\right\}$.

8.2　n 次元空間

ケン　K を可換体，V をその上のベクトル空間とし，$v_1, v_2, \ldots, v_k$ を V のメンバーとしよう．$U=K^k$ から V への K 上の線形写像 f を

$$f\left(\begin{pmatrix}a_1\\a_2\\\vdots\\a_k\end{pmatrix}\right)=a_1v_1+a_2v_2+\cdots+a_kv_k$$

と置いて決めよう．このとき，$\ker f=\{0_U\}$ ならば $v_1, v_2, \ldots, v_k$ は K 上**線形独立**，そうでなければ**線形従属**と言う．

ナツ　$K=\mathbb{Q}$, $V=\mathbb{Q}^2$ のとき，$\boldsymbol{u}_1=\begin{pmatrix}1\\1\end{pmatrix}$, $\boldsymbol{u}_2=\begin{pmatrix}1\\-1\end{pmatrix}$ は K 上線形独立になるのね．線形従属になるものって，どんなものがあるのかしら？

ケン　$\boldsymbol{u}_1, \boldsymbol{u}_2$ はそのままにしてね，$\boldsymbol{u}_3=\begin{pmatrix}1\\-3\end{pmatrix}$ と置いて見よう．すると $\boldsymbol{u}_1, \boldsymbol{u}_2, \boldsymbol{u}_3$ は $\mathbb{Q}$ 上線形従属になる．何故か分かるかな？

ナツ　有理数 a_1, a_2, a_3 を選んで $a_1\boldsymbol{u}_1+a_2\boldsymbol{u}_2+a_3\boldsymbol{u}_3=0_V$ と置くと必ず $a_1=a_2=a_3=0$ になるならば $\boldsymbol{u}_1, \boldsymbol{u}_2, \boldsymbol{u}_3$ は $\mathbb{Q}$ 上線形独立，そうでないなら従属になるわけでしょ．今の場合 $\boldsymbol{u}_1-2\boldsymbol{u}_2=-\boldsymbol{u}_3$ となる．つまり $\boldsymbol{u}_1-2\boldsymbol{u}_2+\boldsymbol{u}_3=0_V$．だから $\boldsymbol{u}_1, \boldsymbol{u}_2, \boldsymbol{u}_3$ は $\mathbb{Q}$ 上線形従属になる．

ユキ　同じ考え方を使うと $\boldsymbol{u}_3$ として $\mathbb{Q}^2$ から何を選んでも $\boldsymbol{u}_1, \boldsymbol{u}_2, \boldsymbol{u}_3$ は $\mathbb{Q}$ 上従属になる．

ケン　体 K 上のベクトル空間 V とそのメンバー $v_1, v_2, \ldots, v_k$ が与えられたとき，それらに適当な K のメンバー $a_1, a_2, \ldots, a_k$ を掛けて作った V のベクトル $u=a_1v_1+a_2v_2+\cdots+a_kv_k$ を $v_1, v_2, \ldots, v_k$ の K **線形結合**と呼ぶ．$v_1, v_2, \ldots, v_k$ が K 上線形独立だということは，こうして作る線形結合がゼロベクトルならば係数はすべて 0_K に等しくなると言う意味だね．この k 個のベクトルの中に少なくとも一個ゼロベクトルがあれば，これらのベクトルは K 上線形従属になる．例えば $v_1=0_V$ となるなら，K 線形結合 $1_Kv_1+0_Kv_2+\cdots+0_Kv_k=0_V$ となるからね．特に $k=1, v=v_1=0_V$ なら $v=0_V$ は，たった一個のベクトルだけど，それでも，線形従属だ．

さてここで一つ大事な定理を紹介しよう．

定理 8.1　$v_1, v_2, \ldots, v_k \in V$ が K 上線形独立，$U=\{v_1, v_2, \ldots, v_k\}_K$ とし，U に含まれる $u_1, u_2, \ldots, u_l$ も K 上線形独立とすると，$l \leq k$．特に $l=k \Longleftrightarrow U=\{u_1, u_2, \ldots, u_l\}_K$．

ナツ　$\mathbb{Q}^2$ は $\mathbb{Q}$ 上線形独立な 2 個のベクトルによって生成されるから，この空間から 3 個のベクトルを取ると，それらをどのように取っても，線形従属になるわけね．

ケン　その通り．定理の証明に入ろうか．先ず $u_1, u_2, \ldots, u_l$ の中にはゼロベクトルは含まれないことに注意しよう．

ユキ　もし，一つでもゼロベクトルがあれば，線形独立にはならないものね．

ケン　$u_1 \in \{v_1, v_2, \ldots, v_k\}_K$ だから，$u_1=a_1v_1+\cdots+a_kv_k$ $(a_1, \ldots, a_k \in K)$ のように書ける．ここで，係数がすべて 0_K だったら

$u_1=0_V$ となってしまうから，少なくとも一つの係数はゼロではない．必要なら $v_1, v_2, \ldots, v_k$ の並び方を変えて，$a_1 \neq 0_K$ としてもよい．すると上の式の両辺に a_1^{-1} を掛けてから適当に移項すると v_1 が $u_1, v_2, \ldots, v_k$ の線形結合として書ける．このことから直ぐに分かるように，$U=\{u_1, v_2, \ldots, v_k\}_K$ となる．v_1 を u_1 で置き換えたわけだね．今度は，$2 \leq l, k$ として，$u_2 \in U$ に注意すると，$u_2=b_1u_1+b_2v_2+\cdots+b_kv_k$　$(b_1, b_2, \ldots, b_k \in K)$ と書け，二番目の係数以降の係数の中にゼロではないものが必ずある．もしも，そうでなければ，$b_1u_1-u_2=0_V$ となって，$u_1, u_2, \ldots, u_l$ の独立性に反してしまうものね．ここでも，必要なら $v_2, \ldots, v_k$ の順序を替えて $b_2 \neq 0_K$ としてよい．

ナツ　分かった，ここで前と同じようにして v_2 と u_2 を入れ替えられるでしょ．つまり，$U=\{u_1, u_2, v_3, \ldots, v_k\}_K$．以下同様に続けて，もしも $l=k$ なら $U=\{u_1, u_2, \ldots, u_k\}_K$ となる．もしも $l>k$ なら，それでも U は $u_1, u_2, \ldots, u_k$ で生成されるけど，u_l はその中には入らない．ところが，$u_l \in U$ から u_l は $u_1, u_2, \ldots, u_k$ で生成されることになり，これは $u_1, u_2, \ldots, u_l$ の独立性に反する．だから $l \leq k$ でなければいけない！これで証明できた！

ケン　K 上のベクトル空間 V が n 個の K 上線形独立なメンバーによって生成されるとき，それらから成る集合 B を V の K 上**基底**と呼ぶ．定理から分かるように，このとき B に含まれるメンバーの個数はいつも n になるね．この数のことを V の K 上**次元**(dimension) と言って，$\dim_K V=n$ と書く．特に $V=\{0_V\}$ ならベクトル空間 V に入る線形独立なベクトルは存在しない．このときは $\dim_K V=0$ とする．

R を整域，K をその商体，V を K 上 n 次元のベクトル空間，つまり $\dim_K V=n$ になっているとしよう．いま，V に含まれる R 加群 M がもしも V の K 上基底 $\{v_1, \ldots, v_n\}$ を含み，しかも，M がそれらで生成される，つまり，$M=\left\{\sum_{1\leq k\leq n} a_kv_k \,\middle|\, a_k \in R\right\}$ となっているとき，M を R 上**階数** n の**自由加群**と呼ぶ．

ユキ　$K=\mathbb{Q}$, $V=\mathbb{Q}^2$ のとき，$B_1=\left\{\begin{pmatrix}1\\1\end{pmatrix}, \begin{pmatrix}1\\-1\end{pmatrix}\right\}$ は V の $\mathbb{Q}$ 上基底になるけど，他にも $B_2=\left\{\begin{pmatrix}1\\0\end{pmatrix}, \begin{pmatrix}0\\1\end{pmatrix}\right\}$ も同じく基底になるわね．基底の取り方にはいろいろあるけど，そのメンバーの個数は K と V によって決まるわけね．

それと，B_1, B_2 で生成される $\mathbb{Z}$ 上の自由加群を，それぞれ M_1, M_2 と書くと $M_1=\left\{\begin{pmatrix}a\\b\end{pmatrix} \middle| a, b\in\mathbb{Z}, a\equiv b \pmod 2\right\}$, $M_2=\left\{\begin{pmatrix}c\\d\end{pmatrix} \middle| c, d\in\mathbb{Z}\right\}$ となって $M_1\subsetneq M_2$ となる．

ナツ　$\dim_K V=n$ のとき，V に含まれる K 上線形独立なメンバーの個数は n を超えられない．個数がちょうど n になると，それらから成る集合が基底になるのね．すると，V の K 部分空間 U に含まれる K 上線形独立なメンバーの個数も n を超えることはない．そのような集合のメンバーの個数が最大になるとき，それが U の基底になるわけね．だから，$\dim_K U\leq\dim_K V$ になるわけだ．

ユキ　そこで，$\dim_K U=\dim_K V$ となるとき，$U=V$ になるのね．

ケン　V, U を体 K 上のベクトル空間，$\dim_K V=n$ とし，f を V から U への K 上線形写像としよう．$W=\ker f$ は V の K 部分空間だから $\dim_K W=m\leq n$．W の K 上基底を $\{w_1, \ldots, w_m\}$ とし，$n=m+r$, $r\geq 0$ とすると，定理 8.1 の証明から分かるように V の K 上基底として $\{w_1, \ldots, w_m, v_1, \ldots, v_r\}$ のように W の基底を含むものが取れる．$n=m$ のときは $v_1, \ldots, v_r$ の部分には何もないわけ．このとき $r>0$ なら $f(V)=\{f(v_1), \ldots, f(v_r)\}_K$ となり，$\dim_K f(V)=r$ となるし，$r=0$ つまり $n=m$ なら $f(V)=\{0_V\}$となること，直ぐに分かるから考えておいてね．このことから，$\dim_K \ker f+\dim_K f(V)=\dim_K V$ となることが言える．特に $\dim_K U=\dim_K V=n$ とするとね，もしも f が単射，即ち $\dim_K \ker f=0$ ならば $\dim_K f(V)$

$=n$ となって，$f(V)=U$，即ち f は全射にもなる．一方，f が全射なら $\dim_K f(V)=n$ だから $\dim_K \ker f=0$ つまり f は単射．結局 V, U が共に有限次元，しかも次元が等しいなら，V から U への K 上線形写像は，それが単射であることと，全射であること，全単射になることとは同値になるわけだね．

ところで，複素数 α が $\mathbb{Q}$ 上 n 次の最小多項式を持つとき，体 $\mathbb{Q}(\alpha)$ は $\mathbb{Q}$ 上 n 次元のベクトル空間になること分かるね．このように，$\mathbb{Q}$ 上 n 次元のベクトル空間となる体で $\mathbb{C}$ に含まれるものを **n 次代数体**と呼ぶ．2 次体はその例だね．

体 L が，体 K の拡大体，つまり，K が L の部分体になっているとき，L は K 上のベクトル空間になる．ここで，もしも $\dim_K L=n$ ならば，L は K の **n 次拡大体**という．例えば，$\mathbb{Q}(i)$ は，$\mathbb{Q}$ の 2 次拡大体，一般に 2 次体は $\mathbb{Q}$ の 2 次拡大体になる．また，$\mathbb{F}_4$ は $\mathbb{F}_2$ の，$\mathbb{F}_9$ は $\mathbb{F}_3$ の 2 次拡大体になっていることも，前に話したことから分かるね．

ところで，前に話した $\mathbb{Q}(\sqrt{2})\cap\mathbb{Q}(\sqrt{3})$ がどうなるか，考えて見た？実は，次元のことを使うと，この問題は直ぐに解ける．

ナツ　$K=\mathbb{Q}$, $V=\mathbb{Q}(\sqrt{2})$, $U=V\cap\mathbb{Q}(\sqrt{3})$ とすると，$V\supseteq U\supseteq\mathbb{Q}$ で，$\dim_K V=2$, $\dim_K K=1$ でしょ．だから V の部分空間 U の次元は 1, 2 のどちらか．$\dim_K U=1$ なら $U=\mathbb{Q}$．$\dim_K U=2$ なら $U=V$ となって，このとき $\mathbb{Q}(\sqrt{2})=\mathbb{Q}(\sqrt{3})$．$U=\mathbb{Q}$ だと思うんだけど，それは $\mathbb{Q}(\sqrt{2})\neq\mathbb{Q}(\sqrt{3})$ が言えればはっきりするわけね．

ユキ　$\mathbb{Q}(\sqrt{2})=\mathbb{Q}(\sqrt{3})$ なら有理数 a, b を選んで $a+b\sqrt{2}=\sqrt{3}$ のように書けるわけでしょ．両辺を 2 乗すると $a^2+2ab\sqrt{2}+2b^2=3$．ここで $ab\neq0$ なら $\sqrt{2}$ が有理数ということになってまずい．だから $a=0$, $b=0$ のうち少なくともどちらかは成り立つ．$b=0$ なら $a=\sqrt{3}$ は有理数となって，だめ．$a=0$ となるしかないけど，そうすると $b\sqrt{2}=\sqrt{3}$ となるよね．$b=\dfrac{c}{d}$ と既約分数の形に書くと，$2c^2=3d^2$．これから $2|d$ が言える．$4|d^2$ だから $2c^2=3d^2$ の両辺を 2 で割って見ると $2|c$ が導かれ，これは $\dfrac{c}{d}$ が既約分数だと言うこ

とに反する．結局 $\mathbb{Q}(\sqrt{2})=\mathbb{Q}(\sqrt{3})$ だとまずい！

他の2次体同士についても似たようなことが言えそうね．

ナツ　そう言えば p を素数とすると体 $\dim_{\mathbb{Q}}\mathbb{Q}(\zeta_p)=p-1$ でしょ．円分体 $\mathbb{Q}(\zeta_p)$ は $\mathbb{C}$ の部分空間で p が大きくなればその $\mathbb{Q}$ 上次元もいくらでも大きくなる．$\mathbb{C}$ は $\mathbb{Q}$ 上有限次元にはならないわけね．実数体 $\mathbb{R}$ はどうなのかしら？

ケン　それについて考えるために，有限次代数体の有限次拡大体はまた有限次代数体になることについて注意しよう．そのことは，もっと一般に，体 K と，その拡大体 L，更に L の拡大体 $\tilde{L}$ があり，$\dim_K L=n$, $\dim_L \tilde{L}=m$ となっているとすると，$\dim_K \tilde{L}=mn$ となることから分かる．最後の式が何故成り立つか考えてみよう．

仮定から，L の K 上基底 $\{u_1, u_2, \ldots, u_n\}$，$\tilde{L}$ の L 上基底 $\{v_1, v_2, \ldots, v_m\}$ が取れる．つまり α を L から勝手に取ると $\alpha=\sum_{1\leq i\leq n}a_iu_i$ $(a_i\in K)$ のように書け，係数 $a_1, a_2, \ldots, a_n$ は α によって確定する．一方 β を $\tilde{L}$ から勝手に取れば $\beta=\sum_{1\leq j\leq m}\alpha_jv_j$　$(\alpha_j\in L)$ と，ここでも係数は β によって確定する．このことから $\beta=\sum_{1\leq i\leq n,\,1\leq j\leq m}a_{ij}u_iv_j$　$(a_{ij}\in K)$ のように書け，係数 a_{ij} は β によって一組確定することが直ぐに言えるし，そのことから $\{u_{ij}\}$ が $\tilde{L}$ の K 上基底になることが分かる．

特に $K=\mathbb{Q}, L=\mathbb{R}, \tilde{L}=\mathbb{C}$ とすると $\dim_L \tilde{L}=2$ だから，もしも $\mathbb{R}$ が $\mathbb{Q}$ 上有限次元なら，$\tilde{L}=\mathbb{C}$ も $\mathbb{Q}$ 上有限次元だと言うことになって，おかしい．

8.3　行列

ケン　整域 R と R 加群 R^n，それに R^n のメンバー $\boldsymbol{u}=\begin{pmatrix}a_1\\ \vdots\\ a_n\end{pmatrix}$, $\boldsymbol{v}=$

$\begin{pmatrix} b_1 \\ \vdots \\ b_n \end{pmatrix}$ が与えられたとき，それらの**内積**を

$$\langle \boldsymbol{u}, \boldsymbol{v} \rangle = {}^t\boldsymbol{u}\boldsymbol{v} = \sum_{1 \leq i \leq n} a_i b_i$$

と置いて定義しよう．内積の性質として：

1)（対称性）$\langle \boldsymbol{u}, \boldsymbol{v} \rangle = \langle \boldsymbol{v}, \boldsymbol{u} \rangle$

2)（双線形性）$\langle \boldsymbol{u}, \boldsymbol{v}_1 + \boldsymbol{v}_2 \rangle = \langle \boldsymbol{u}, \boldsymbol{v}_1 \rangle + \langle \boldsymbol{u}, \boldsymbol{v}_2 \rangle$, $\langle \boldsymbol{u}_1 + \boldsymbol{u}_2, \boldsymbol{v} \rangle = \langle \boldsymbol{u}_1, \boldsymbol{v} \rangle + \langle \boldsymbol{u}_2, \boldsymbol{v} \rangle$, $a\langle \boldsymbol{u}, \boldsymbol{v} \rangle = \langle a\boldsymbol{u}, \boldsymbol{v} \rangle = \langle \boldsymbol{u}, a\boldsymbol{v} \rangle$　($\boldsymbol{u}, \boldsymbol{v}, \boldsymbol{v}_1, \boldsymbol{v}_2, \boldsymbol{u}_1, \boldsymbol{u}_2 \in R^n$, $a \in R$)　があることは直ぐに分かる．

ナツ　$n=2$ の場合については高校でもやったわ．同じ長さの横ベクトルと縦ベクトルを掛けると数が出てくるのね．

ケン　R^n のメンバー

$$\boldsymbol{e}_1 = \begin{pmatrix} 1_R \\ 0_R \\ \vdots \\ 0_R \end{pmatrix}, \boldsymbol{e}_2 = \begin{pmatrix} 0_R \\ 1_R \\ 0_R \\ \vdots \\ 0_R \end{pmatrix}, \cdots, \boldsymbol{e}_n = \begin{pmatrix} 0_R \\ \vdots \\ 0_R \\ 1_R \end{pmatrix}$$

を n 次の**基底ベクトル**と言う．ここで，R^n に含まれるベクトルは

$$\begin{pmatrix} a_1 \\ \vdots \\ a_n \end{pmatrix} = a_1\boldsymbol{e}_1 + \cdots + a_n\boldsymbol{e}_n$$

と書けるね．さて，f を R^n から R^m への R 準同型とし，$\boldsymbol{u} \in \mathbb{R}^n$ とすると $f(\boldsymbol{u})$ は $f(\boldsymbol{e}_1), \ldots, f(\boldsymbol{e}_n)$ によって決まる．$f(\boldsymbol{e}_1) = \boldsymbol{a}_1, \ldots, f(\boldsymbol{e}_n) = \boldsymbol{a}_n$ はそれぞれ長さ m の縦ベクトルになるよね．これらを左から順に並べたものを M_f と書いて f の**行列**と呼ぶ．

$$M_f=\begin{pmatrix} a_{11} & a_{12} & \cdots & a_{1n} \\ a_{21} & a_{22} & \cdots & a_{2n} \\ \vdots & \vdots & \ddots & \vdots \\ a_{m1} & a_{m2} & \cdots & a_{mn} \end{pmatrix}$$

ナツ　長さ n の横ベクトルが上から順に m 個並んでいる．この行列の i 行は $f(\boldsymbol{e}_1), ..., f(\boldsymbol{e}_n)$ の第 i 成分を並べたものでしょ．一方 $\boldsymbol{u}=u_1\boldsymbol{e}_1+\cdots+u_n\boldsymbol{e}_n$ と書けるから $f(\boldsymbol{u})=\boldsymbol{v}$ の第 i 成分 v_i は行列 M_f の i 行とベクトル $\boldsymbol{u}$ の内積になってる．

ケン　R に含まれる c_{ij} $(i=1, ..., n\,; j=1, ..., m)$ を並べて作られる m 行 n 列の行列 C と R^n のベクトル $\boldsymbol{x}$（第 i 成分 x_i）の積を

$$\begin{pmatrix} c_{11} & \cdots & c_{1n} \\ \vdots & \ddots & \vdots \\ c_{m1} & \cdots & c_{mn} \end{pmatrix}\begin{pmatrix} x_1 \\ \vdots \\ x_n \end{pmatrix}=\begin{pmatrix} y_1 \\ \vdots \\ y_m \end{pmatrix} \quad y_i=(c_{i1}, \ldots, c_{in})\boldsymbol{x}$$

と置いて決めてやれば，$f(\boldsymbol{u})=M_f\boldsymbol{u}$ と書けるね．

ユキ　$C\boldsymbol{x}=\mathbf{y}$ とすると，R^n のベクトル $\boldsymbol{x}$ を R^m のベクトル $\mathbf{y}$ に移す R 準同型ができるでしょ．これを g と書くと $g(\boldsymbol{e}_j)=C\boldsymbol{e}_j$ ってちょうど行列 C の第 j 列になってるのよね．だから，$M_g=C$ になってる．

ケン　その通りだね．今度は，R 準同型 $f_1: R^n \longrightarrow R^m$ と $f_2: R^m \longrightarrow R^k$ の合成 $f_2\circ f_1$ を考えよう．これに対応する行列はどうなるかな？

ナツ，ユキ　$(f_2\circ f_1)(\boldsymbol{e}_j)=f_2(f_1(\boldsymbol{e}_j))$ だけど，$f_1(\boldsymbol{e}_j)$ は行列 M_{f_1} の第 j 列よね．すると，行列 $M_{f_2\circ f_1}$ の第 j 列は行列 M_{f_2} と行列 M_{f_1} の第 j 列の積になる．

ケン　R のメンバーを成分に持つ k 行 m 列の行列 A と，同じく m 行 n 列の行列 B の積 AB を，k 行 n 列の行列で，その i 行 j 列成分が A の i 行と B の j 列を掛けたものとして決めると $M_{f_2\circ f_1}=M_{f_2}M_{f_1}$ となるね．

ところで，行列 A, B に加えてやはり R のメンバーを成分に持つ

n 行 l 列の行列 C を考えよう．積 AB は k 行 n 列の行列だから，AB と C を掛けることが出来て，$(AB)C$ は k 行 l 列の行列になるね．一方，B と C の積も作れて BC は m 行 l 列の行列になる．すると，A と BC を掛けることも出来て，$A(BC)$ は，これも k 行 l 列の行列になる．実は $(AB)C=A(BC)$ が成り立つ．何故か，分かるかな？

ナツ　R 準同型 $g_1:R^m \longrightarrow R^k$ を R^m のベクトル $\boldsymbol{u}$ について $g_1(\boldsymbol{u})=A\boldsymbol{u}$ と置いて決めると $A=M_{g_1}$ だったでしょ．同様に R^n のベクトル $\boldsymbol{v}$ に R^m のベクトル $B\boldsymbol{v}$ を対応させる g_2 を考えると $B=M_{g_2}$．そして $AB=M_{g_1}M_{g_2}=M_{g_1\circ g_2}$．ここで $g_1\circ g_2$ は R^n のベクトルに R^k のベクトルを対応させる R 準同型になる．ここで，R^l のベクトル $\mathbf{w}$ に R^n のベクトル $C\mathbf{w}$ を対応させる R 準同型を g_3 と書けばさ，$C=M_{g_3}$ で，$(AB)C=M_{g_1\circ g_2}M_{g_3}=M_{(g_1\circ g_2)\circ g_3}$ になるでしょ．同様に，$A(BC)=M_{g_1}M_{g_2\circ g_3}=M_{g_1\circ(g_2\circ g_3)}$ だよね．ところが，写像の合成の性質から $(g_1\circ g_2)\circ g_3=g_1\circ(g_2\circ g_3)$ となるじゃない．だから，$M_{(g_1\circ g_2)\circ g_3}=M_{g_1\circ(g_2\circ g_3)}$，つまり $(AB)C=A(BC)$．

ケン　その通り！ここでね，$M_n(R)=\{A=(a_{ij})\mid a_{ij}\in R,\ 1\leq i,\ j\leq n\}$ を R に成分を持つ n 行 n 列の行列全体の集合としよう．このような正方形行列を **n 次正方行列**と言う．$M_n(R)$ は行列同士の和を加法，積を乗法とする環になり R 上の **n 次総行列環**と呼ばれる．成分がすべて 0_R に等しい n 次正方行列を **n 次ゼロ行列**と言って O_n と書く．これは環 $M_n(R)$ のゼロ元になるね．また，

$$E_n=\begin{pmatrix}1_R & 0_R & \cdots & 0_R\\ 0_R & 1_R & \cdots & 0_R\\ \vdots & \vdots & \ddots & \vdots\\ 0_R & 0_R & \cdots & 1_R\end{pmatrix}$$ が $M_n(R)$ の乗法に関する単位元になる．

これを **n 次単位行列**と呼ぶ．また，$A=(a_{ij})\in M_n(R)$, $c\in R$ のとき $cA=(ca_{ij})$ と置けば，$M_n(R)$ は R 加群になる．実数を成分とする 2 次正方行列については高校で出てきたよね．$M_n(R)$ の可逆元について考えるためには，行列式の考え方が必用になる．

8.4 行列式

ケン Rを整域, $A=\begin{pmatrix} a & b \\ c & d \end{pmatrix} \in M_2(R)$ としよう. 今, $A^*=\begin{pmatrix} d & -b \\ -c & a \end{pmatrix}$ と置くと

$$AA^*=A^*A=(ad-bc)E_2, \quad (AB)^*=B^*A^* \quad (A, B \in M_n(R))$$

が分かる. $ad-bc$ を A の**行列式** (determinant) と呼び, $\det A$ と表わす. 上の式から $(AB)(AB)^*=A(BB^*)A^*=\det B(AA^*)=(\det B \det A)E_2$ となることも言えるね.

ナツ $(\det AB)E_2=(AB)(AB)^*=(\det B \det A)E_2$ だから $\det(AB)=\det A \det B$. $\det A \in R^\times$ ならば $(\det A)^{-1}(A^*)=A^{-1}$ となるのね.

ユキ $\det A \in R^\times$ ならば $A \in M_2(R)^\times$ となるわけね. 逆に A が可逆なら, その行列式が R の可逆元になることも言える. 何故って, $AA^{-1}=E_2$ の両辺の行列式を見ると $\det(AA^{-1})=\det A \det A^{-1}=\det E_2=1_R$ でしょ.

$$M_2(R)^\times=\{A \in M_2(R) \mid \det A \in R^\times\}$$

となるわけね.

ケン $M_n(R)^\times$ を $Gl_n(R)$ と書いて, これを R 上の $\boldsymbol{n}$ **次一般線形群**と呼ぶ. $n=2$ 以外のときも $Gl_n(R)$ の特徴付けには行列式が使われる. n 次正方行列の行列式について話すために, 先ず $n=1$ の場合について見てみよう. 1次正方行列 $A=(a)$ $(a \in R)$ は a と同一視され, $M_1(R)=R, \det(a)=a$ によって $\det(a)$ を定義する. ここで, 面白いことは2次正方行列の行列式と1次正方行列の行列式との間に, 関係づけが出来るんだ. そのことについて話すため, 話しを一般の n 次正方行列のことに広げておいて,

$A=\begin{pmatrix} a_{11} & \cdots & a_{1n} \\ \vdots & \ddots & \vdots \\ a_{n1} & \cdots & a_{nn} \end{pmatrix}$ $(n \geq 2)$ から i 行 j 列を取り去って出来る

$n-1$ 次正方行列を $\widetilde{A}_{ij}$ と書く．$n=2$ のとき，$\widetilde{A}_{11}=(a_{22})$，$\widetilde{A}_{21}=(a_{12})$ となるね．ここで

$$\det A=a_{11}a_{22}-a_{21}a_{12}=a_{11}\det\widetilde{A}_{11}-a_{21}\det\widetilde{A}_{21}$$

と書ける．この式をヒントにして，一般の $n\geq 2$ のときにも $\det A$ を導入することが出来る．ただし，$1\leq m\leq n-1$ のとき，m 次正方行列 A' について $\det A'$ は定義されているとする．つまりね

$$\det A=\sum_{1\leq i\leq n}(-1_R)^{i+1}a_{i1}\det\widetilde{A}_{i1}$$

と置くんだ．こうして定義された行列式 $\det A$ について，次の性質が成り立つことが分かる：

1)（**多重線形性**）A の第 j 列ベクトルを $\boldsymbol{a}_j$ と書く．今，$\boldsymbol{a}_j=s\boldsymbol{b}_j+t\boldsymbol{c}_j$ $(s,t\in R)$ ならば

$$\det A=s\det(\boldsymbol{a}_1,\ldots,\boldsymbol{b}_j,\ldots,\boldsymbol{a}_n)+t\det(\boldsymbol{a}_1,\ldots,\boldsymbol{c}_j,\ldots,\boldsymbol{a}_n)$$

2)（**交代性**）A の i,j 列 $(i\neq j)$ が等しいとき $\det A=0_R\,(n\geq 2)$
（A の第 i,j 列を，それぞれ $\boldsymbol{a}_i+\boldsymbol{a}_j$ に置き換えて出来る行列の行列式は 0_R，これと多重線形性によって，A の第 i,j 列を入れ替えて出来る行列の行列式は $-\det A$ となることが直ぐに分かる．）

ナツ $n=2$ のとき，1)，2) が成り立つことは明らかね．$n\geq 3$ のときは，n についての帰納法を使うんでしょ．$m(<n)$ 次正方行列について 1)，2) が成り立つとして，n 次のときにも大丈夫だって言えればいい．

ケン 多重線形性については直ぐに分かるから，考えておいてね．交代性についても，i,j 列が第2列から先ならば，帰納法の仮定から直ぐに分かる．問題は第1列と他の列が同じになる場合のことだけど，そのときにも第1列と第2列が等しい場合に行列式がゼロになることが言えればいいことが分かる．

ユキ

$$\det A = \sum_{1 \le i \le n} (-1_R)^{i+1} a_{i1} \det \widetilde{A}_{i1} (n \ge 3)$$

に出てくる $\widetilde{A}_{i1}$ の第1列って，もとの A の第2列から，a_{i2} つまり，上から i 番目の成分を消したものだよね．A から $i, j (i \neq j)$ 行と1，2列を消した $n-2$ 次の行列を $\widetilde{A}_{ij;12}$ と書けば，$\det A$ の式は $\det \widetilde{A}_{ij;12}$ を使って書けるわね．

ナツ　$\det A$ の式に出てくる $\det \widetilde{A}_{ij;12}$ の係数は，$i<j$ とすると，$(-1_R)^{i+1} a_{i1} (-1_R)^{j-1+1} a_{j2} + (-1_R)^{j+1} a_{j1} (-1_R)^{i+1} a_{i2}$ つまり
$(-1_R)^{i+j+1} (a_{i1} a_{j2} - a_{j1} a_{i2}) = (-1_R)^{i+j+1+2} \det \begin{pmatrix} a_{i1} & a_{i2} \\ a_{j1} & a_{j2} \end{pmatrix}$

となる．だから

$$\det A = \sum_{1 \le i < j \le n} (-1_R)^{i+j+1+2} \det \begin{pmatrix} a_{i1} & a_{i2} \\ a_{j1} & a_{j2} \end{pmatrix} \det \widetilde{A}_{ij;12}$$

この式から，A の第1列，第2列が等しければ行列式がゼロになることは明らかね．

ケン　§4.4 に出てきた n 次対称群 S_n のこと，覚えてるかな？ $\sigma \in S_n$ は集合 $\{1, 2, \ldots, n\}$ からそれ自身への全単射，つまり，1, 2, ..., n の順序を入れ替える写像だったね．特に e は恒等写像，つまり 1, 2, ..., n のそれぞれを動かさない写像，S_n の単位元だ．今，$E_n^\sigma = (\boldsymbol{e}_{\sigma(1)}, \boldsymbol{e}_{\sigma(2)}, \ldots, \boldsymbol{e}_{\sigma(n)})$ と置こう．一方，R^n からそれ自身への R 準同型 f_σ を $f(\boldsymbol{e}_j) = \boldsymbol{e}_{\sigma(j)} (1 \le j \le n)$ によって決まるものとすると，$E_n^\sigma = M_{f_\sigma}$ だね．特に単位行列 $E_n = E_n^e$ になる．$\det E_n = 1_R$ は明らか．E_n^σ は，その列を何回か入れ替えると単位行列になるから，行列式の交代性によって $\det E_n^\sigma = \pm 1_R$ となる．これを $sgn_R(\sigma)$ と書き，特に $sgn_{\mathbb{Z}}(\sigma) = sgn(\sigma)$ と書いて，これを σ の**符号**（signature）と呼ぶ．A の第 j 列ベクトル $\boldsymbol{a}_j = \sum_{1 \le i \le n} a_{ij} \boldsymbol{e}_i$ となるね．これと，行列式の多重線形性と交代性から，

$$\det A = \sum_{\sigma \in S_n} sgn_R(\sigma) \prod_{1 \le j \le n} a_{\sigma(j) j}$$

と書ける．これが普通の行列式の定義式なんだ．

ところで，この式からも分かることだけどね，もう一つ大事なことがある．$M_n(R)$ から R への写像 δ が，多重線形性と交代性を持つとする．つまり，上の 1)，2）で，det を δ に置き換えた式が成り立つとするとね，

$$\delta(A)=\det A\cdot\delta(E_n)$$

が成り立つ．直ぐに分かるから，考えておいてね．この式が面白いのは，今 n 次の行列 B について，$\delta(B)=\det AB$ と置いてみるとね，これが多重線形性と交代性を満たすことが直ぐに分かる．すると，$\delta(B)=\det B\delta(E_n)=\det B\det AE_n=\det B\det A$ つまり $\det AB=\det A\det B$ が言えた．

ナツ　$\sigma,\tau\in S_n$ のとき，$f_\sigma\circ f_\tau=f_{\sigma\circ\tau}$ だから $E_n^\sigma E_n^\tau=E_n^{\sigma\circ\tau}$ となって，両辺の行列式を取ると $sgn_R(\sigma\tau)=sgn_R(\sigma)sgn_R(\tau)$．

ケン　そうだ．特に対称群 S_n のメンバー σ に $C_2=\{\pm1\}$ のメンバー $sgn(\sigma)$ を対応させる写像は準同型になる．この準同型のカーネルは **n 次交代群**と呼ばれ A_n と書かれる．$n>1$ のとき，A_n は S_n の指数2の正規部分群になるね．

さて，一般の話しに戻ろう．$sgn_R(\sigma)sgn_R(\sigma^{-1})=sgn_R(e)=1_R$ となるね．$sgn_R(\sigma)=\pm1_R$ だから $sgn_R(\sigma)=sgn_R(\sigma^{-1})$ となる．

ところで，前に縦ベクトルと横ベクトルを入れ替える転置作用について話したね．もっと一般に，行列の転置作用というものを考えることが出来る．つまりね，m 行 n 列の行列 $A=(a_{ij})$ に対して，ij 成分が a_{ji} となるような n 行 m 列の行列を A の**転置行列**と言って，${}^tA$ と書く．するとね，今分かったことから $\det A=\det{}^tA$ が言えるんだ．

ユキ　${}^tA=(a'_{ij})$ と置くと $a'_{ij}=a_{ji}$ となるわけね．すると

$$\det{}^tA=\sum_{\sigma\in Sn}sgn_R(\sigma)\prod_{1\leq j\leq n}a'_{\sigma(j)j}$$

ここで $a'_{\sigma(j)j}=a_{j\sigma(j)}$ になる．

ケン　$\sigma(j)=k$ と置くとね $j=\sigma^{-1}(k)$ でしょ．$sgn_R(\sigma^{-1})=sgn_R(\sigma)$ だったね．それと，σ を一つ固定するとき，j が 1, 2, ..., n を動くのに応じて $k=\sigma(j)$ も同じ範囲を動く．だから

$$\det {}^tA=\sum_{\sigma\in S_n} sgn_R(\sigma^{-1})\prod_{1\le k\le n} a_{\sigma^{-1}(k)k}$$

σ が S_n の中を動くとき，σ^{-1} も同じ S_n の中を動くよね．ここで，$\sigma^{-1}=\tau$ と書き直せば

$$\det {}^tA=\sum_{\tau\in S_n} sgn_R(\tau)\prod_{1\le k\le n} a_{\tau(k)k}=\det A$$

となる．

8.5　行列式の展開と逆行列

ナツ　$\det A$ は A の第 1 列を使って書けるけど，他の列を使っても書けるんじゃないかしら？というのはね，A の第 j 列をひとつづつ左にずらして，第 1 列の場所まで持ってくることを考えたわけ．そのようにして出来る行列を A' と書くでしょ．列を一つずらす毎に行列式の符号が替わるから，$\det A'=(-1_R)^{j-1}\det A$ になるよね．この $\det A'$ を新たな第 1 列つまりもともとの第 j 列を使って書くと

$$\det A'=\sum_{1\le i\le n}(-1_R)^{i+1}a_{ij}\det \widetilde{A}_{ij}\ \therefore \det A=\sum_{1\le i\le n}(-1_R)^{i+j}a_{ij}\det \widetilde{A}_{ij}$$

ユキ　これはすっきりした式ね．転置行列の行列式はもとの行列の行列式を同じだということを使えば，列の替わりに行を使っても書けるわね．ナッチャンの式は j 列を固定して i を動かすわけだけど，今度は i 行を固定して

$$\det A=\sum_{1\le j\le n}(-1_R)^{i+j}a_{ij}\det \widetilde{A}_{ij}$$

ケン　ナッチャンの式を行列式の j **列による展開式**，ユキチャンの式を i **行による展開式**と呼ぶ．

ナッチャンの式で，j 列 $\boldsymbol{a}_j$ の成分 a_{ij} $(1 \leq i \leq n)$ の替わりに長さ n のベクトル $\boldsymbol{b}$ の成分 b_i $(1 \leq i \leq n)$ を使って $\sum_{1 \leq i \leq n}(-1_R)^{i+j} b_i \det \widetilde{A}_{ij}$ を作れば，これは，行列 A の j 列をベクトル $\boldsymbol{b}$ で置き換えて得られる行列の行列式になることも分かるね．行についても同様のことが言える．

ところで $\tilde{a}_{ij} = \det \widetilde{A}_{ij}$ と置いてね，n 次正方行列 $A^* = ((-1_R)^{i+j}\tilde{a}_{ji})$ を考えると，二つの展開式から

$$AA^* = A^*A = (\det A)E_n$$

となることが分かる．例えば A の第 i 行と A^* の第 i 列を掛けると $\det A$ の第 i 行による展開式になる．一方，A の第 i 行と A^* の第 j 列を掛けてみよう．もちろん $i \neq j$ とする．この積は，A の第 j 行をその第 i 行で置き換えた行列の行列式になるでしょ．行列式の交代性からこの積は 0_R になるね．このことから $AA^* = (\det A)E_n$ が出てくる．$A^*A = (\det A)E_n$ についても同様だから考えてごらん．$n=2$ のとき，これは §8.4 の初めの部分で出てきた式と同じだね．

それと，もう一つ，$\det A \neq 0_R$ のときにベクトル $\boldsymbol{b}, \boldsymbol{c}$ について $A\boldsymbol{b} = \boldsymbol{c}$ となるならば，$\boldsymbol{b}$ の成分 b_j は A の j 列を $\boldsymbol{c}$ で置き換えたものを C_j と書くと

$$b_j = \det C_j / \det A$$

と書ける．$\boldsymbol{b} = A^{-1}\boldsymbol{c}$ から直ぐに分かるから，チェックしといてね．この式は**クラメル**（H. Cramér）**の式**と言って有名だ．

$M_n(R)^\times$ のことを $Gl_n(R)$ と書いて一般線形群と呼ぶことについて §8.4 で話したけど，これが行列式を使って特徴づけられること，分るね．

ナツ　$n=2$ の場合と同じように

$$Gl_n(R)=\{A\in M_n(R)\mid \det A\in R^{\times}\}$$

とすればいいんでしょ．$\det A\in R^{\times}$ なら $(\det A)^{-1}A^{*}=A^{-1}$ となるし，A^{-1} があるなら $AA^{-1}=E_n$ から $\det(AA^{-1})=\det A\det A^{-1}=\det E_n=1_R$ となって $\det A^{-1}=(\det A)^{-1}$, $\det A\in R^{\times}$ となるもんね．

ケン　K を体，$A\in M_n(K)$ とし，この行列に対応する K^n からそれ自身への線形写像を f_A としよう．$\boldsymbol{v}\in K^n$ に対し $f_A(\boldsymbol{v})=A\boldsymbol{v}$ だね．前に見たように，$\dim_K\ker f_A+\dim_K f_A(K^n)=n$ だから $\dim_K\ker f_A=0$，つまり f_A が単射になることと，f_A が全射になること，それに f_A が全単射になることとは同値になる．ところが，f_A が全単射になることと A が逆行列を持つこととは明らかに同値，つまり，$\ker f_A$ がゼロ空間になること f_A が全射になること，それに $\det A\neq 0_K$ とは同値．特に，$A\boldsymbol{v}=\boldsymbol{0}$, $\boldsymbol{v}\neq\boldsymbol{0}$ となるようにベクトル $\boldsymbol{v}$ を選べることと $\det A=0_R$ となることとは同値になる．

さて，また整域 R での話しに戻ろう．$A\in Gl_n(R)$ に $\det A$ を対応させる写像 f は群 $Gl_n(R)$ から乗法群 $R^{\times}$ への準同型になるね．$\ker f$ は $Gl_n(R)$ の正規部分群で $Sl_n(R)$ と書かれ R 上の ***n* 次特殊線形群**と呼ばれる．

一つ応用問題として $A_2=\begin{pmatrix}1 & 1\\ a_1 & a_2\end{pmatrix}$, $A_3=\begin{pmatrix}1 & 1 & 1\\ a_1 & a_2 & a_3\\ a_1^2 & a_2^2 & a_3^2\end{pmatrix}$ の行列式を計算してみよう．

ナツ，ユキ　$\det A_2=a_2-a_1$ は明らかね．$\det A_3$ については行列式の多重線形性と交代性から，A_3 の第 2，3 列から第 1 列を引いても行列式は変わらないことを使うと

$\det A_3=\det\begin{pmatrix}1 & 0 & 0\\ a_1 & a_2-a_1 & a_3-a_1\\ a_1^2 & a_2^2-a_1^2 & a_3^2-a_1^2\end{pmatrix}$ これを第 1 行について展開すると

$\det A_3=\det\begin{pmatrix}a_2-a_1 & a_3-a_1\\ a_2^2-a_1^2 & a_3^2-a_1^2\end{pmatrix}$．右辺の行列の第 1 列は (a_2-a_1)

$\begin{pmatrix} 1 \\ a_2+a_1 \end{pmatrix}$，第 2 列は $(a_3-a_1)\begin{pmatrix} 1 \\ a_3+a_1 \end{pmatrix}$となって $\det A_3=(a_2-a_1)$ $(a_3-a_1)\det\begin{pmatrix} 1 & 1 \\ a_2+a_1 & a_3+a_1 \end{pmatrix}$．右辺の行列の第 2 列から第 1 列を引いても行列式は変わらないから

$\det\begin{pmatrix} 1 & 1 \\ a_2+a_1 & a_3+a_1 \end{pmatrix}=\det\begin{pmatrix} 1 & 0 \\ a_2+a_1 & a_3-a_2 \end{pmatrix}=a_3-a_2$ となって，これから

$\det A_3=(a_2-a_1)(a_3-a_1)(a_3-a_2)$ となる．$\det A_2$ とよく似てる．

ケン　実は**ファンデアモンデ**（A.T. Vandermonde）**の行列式**といって，

$$\det\begin{pmatrix} 1 & 1 & \cdots & 1 \\ a_1 & a_2 & \cdots & a_n \\ a_1^2 & a_2^2 & \cdots & a_n^2 \\ \vdots & \vdots & \ddots & \vdots \\ a_1^{n-1} & a_2^{n-1} & \cdots & a_n^{n-1} \end{pmatrix}=\prod_{j>i}(a_j-a_i)$$

という式が成り立つ．証明は二人で考えてごらん．

8.6　対称双一次形式

ケン　ベクトルの内積の性質として，対称性と双一次性があること，§8.3 で話したよね．その話しを少し広げて，整域 R 上の加群 V に含まれる $\boldsymbol{v}, \boldsymbol{u}$ に R のメンバー $S(\boldsymbol{v}, \boldsymbol{u})$ を対応させる S を考えよう．ここで，

1）（**対称性**）　$S(\boldsymbol{v}, \boldsymbol{u})=S(\boldsymbol{u}, \boldsymbol{v})$

2）（**双一次性**）　$S(a\boldsymbol{v}+b\boldsymbol{u}, \mathbf{w})=aS(\boldsymbol{v}, \mathbf{w})+bS(\boldsymbol{u}, \mathbf{w})$（$a, b\in R, \boldsymbol{v}, \boldsymbol{u}, \mathbf{w}\in V$）

が成り立つとき，S を V 上の**対称双一次形式**と言う．$V=R^n$ のと

き内積 $S(\boldsymbol{v}, \boldsymbol{u})=\langle\boldsymbol{v}, \boldsymbol{u}\rangle$ はその例だね．その他に，$B\in M_n(R)$ を**対称行列**，つまり ${}^tB=B$ となるような行列とし，$S_B(\boldsymbol{v}, \boldsymbol{u})={}^t\boldsymbol{v}\,B\boldsymbol{u}$ と置くと，この S_B は対称双一次形式になる．直ぐに分かるから，考えておいてね．

ナツ　$B=E_n$ のとき $S_B(\boldsymbol{v}, \boldsymbol{u})=\langle\boldsymbol{v}, \boldsymbol{u}\rangle$　つまり内積になるのね．

一方，$B=\begin{pmatrix}1 & 0\\ 0 & 0\end{pmatrix}$ なら，$\boldsymbol{v}=\begin{pmatrix}0\\ 1\end{pmatrix}$ とすると，どんな $\boldsymbol{u}\in R^2$ についても $S_B(\boldsymbol{v}, \boldsymbol{u})=0_R$ になる．

ケン　そうだね．今，整域 R 上の加群 V と，その上の対称双一次形式 S についてね，もしも，V のゼロ元ではない $\boldsymbol{v}$ があって，V のどんなメンバー $\boldsymbol{u}$ をとっても $S(\boldsymbol{v}, \boldsymbol{u})=0_R$ となるならば，S は**退化**していると言うんだ．退化していない S は，もちろん，**非退化**だという．内積は非退化だし，ナッチャンの二番目の例は退化だね．

$R=K$ が体で，$2_K=1_K+1_K$ が逆数を持つ場合，しかも，加群 V が K 上有限次元ベクトル空間になっている場合には，非退化な対称双一次形式 S について幾つか大事なことがある．

先ず，ベクトル空間 V の基底を $\{v_1, \ldots, v_n\}$ としよう．ここで，$S(v_i, v_j)=s_{ij}$ と置いて行列 $B=(s_{ij})$ を考えると，これは対称行列になるね．この行列を S の基底 $\{v_1, \ldots, v_n\}$ に関する行列と呼ぶことにする．今の段階では，S は退化していても構わない．ここで，行列式 $\det B$ を S の基底 $\{v_1, \ldots, v_n\}$ に関する**判別式**(discriminant) と呼んで $d_S(v_1, \ldots, v_n)$ と書く．

ユキ　基底を取り替えれば，判別式も変わるのね．例えば，$\{u_1, \ldots, u_n\}$ も V の基底になっているとすると，$u_i=\sum_{1\leq j\leq n}a_{ij}v_j$ $(a_{ij}\in K)$ のように書けて行列 $A=(a_{ij})$ の行列式はゼロではないわけでしょ．

ケン　そのとき，S の基底 $\{u_1, \ldots, u_n\}$ に関する行列は $AB{}^tA$ となる．$d_S(u_1, \ldots, u_n)=(\det A)^2 d_S(v_1, \ldots, v_n)$ となることも分かるね．ここまでの話しでは，S は非退化でも退化でもよい．

ここから，S が非退化の場合について考えよう．先ず，ベクトル空間 V には $S(v, v) \neq 0_K$ となるようなメンバー v が含まれることが分かる．何故なら，$u \in V$ がゼロベクトルではないとすると，$S(u, w) \neq 0_K$ となるように $w \in V$ を選べるでしょ．今，もしも $S(u, u)$, $S(w, w)$ のどちらかがゼロではないなら，目的の v として u, w のどちらかをとればよいから，$S(u, u) = S(w, w) = 0_K$ となっているとしよう．ここで $v = u + w$ とすれば $S(v, v) = 2_K S(u, w) \neq 0_K$ となって OK！

それだけじゃない．S が非退化の場合には V の基底 $\{v_1, \ldots, v_n\}$ として，$S(v_i, v_j) = s_{ij}\delta_{ij}$　($\delta_{ij} = 0_K$ $(i \neq j)$, $\delta_{ii} = 1_K$), $s_{ii} \neq 0_K$ となるようなものが選べるんだ．これを V の S に関する**直交基底**と呼ぶ．ここで現れた δ_{ij} は**クロネッカーのデルタ**と呼ばれて，これからもときどき使われる．

さて，証明は簡単だ．次元 $n=1$ なら何もすることがないでしょ．今，n についての帰納法を使う．$m \geq 1$ については主張が成り立つとして，$n = m+1$ としようね．先ずゼロベクトルではない $v \in V$ で $S(v, v) \neq 0_K$ となるようなものをとろう．今，V から K への写像 f として $f(u) = S(v, u)$　$(u \in V)$ によって定義されるものをとろう．これは K 上線形写像になるね．しかも，$f(v) \neq 0_K$ になることから，$f(V) = K$ となって，$\dim_K f(V) = 1$ になるわけ．

ナツ　すると $\dim_K (\ker f) = n-1$ ね．$U = \ker f$ は V の m 次元部分空間で，S を U に制限して出来る対称双一次形式も非退化じゃない．すると，帰納法の仮定が使えて U には直交基底がある．これと，初めの v を合わせれば V の直交基底が出来る！

ユキ　すると，直交基底 $\{v_1, \ldots, v_n\}$ に関する S の行列って対角線の数 $S(v_i, v_i) = s_{ii}$ はすべてゼロじゃなくて，それ以外の成分は皆ゼロでしょ．ってことは，判別式 $d_S(v_1, \ldots, v_n) \neq 0_K$ になるわね．他の基底をとっても，やはり，判別式はゼロではない．

ケン　その通りだ．ところで，また S が非退化の場合，V の基底を $\{v_1, \ldots, v_n\}$ としてね，$S(u_i, v_j) = \delta_{ij}$ となるように V のメンバー

$u_1, \ldots, u_n$が取れるとしよう．δ_{ij}はクロネッカーのデルタだよ．すると$u_1, \ldots, u_n$はK上一次独立になることがすぐにわかる．

ナツ　$a_1u_1 + \cdots + a_nu_n = 0_V$ なら $S(a_1u_1 + \cdots + a_nu_n, v_i) = a_i = 0_K$ $(i=1, \ldots, n)$ですものね．すると，$\{u_1, \ldots, u_n\}$もVのK上基底になる．

ケン　$\{u_1, \ldots, u_n\}$をSに関する$\{v_1, \ldots, v_n\}$の**双対基底**と呼ぶ．もしも$S(v_i, v_j) = \delta_{ij}$　$(i, j=1, \ldots, n)$なら，$\{v_1, \ldots, v_n\}$はSに関する直交基底だし，それ自身の双対基底にもなっているね．

さて，対称行列Bの行列式がゼロではないとしよう．このとき

$$O_n(B\,;R) = \{A \in Gl_n(R) \mid {}^tA\,BA = B\}$$

をBに関するn次**直交群**と呼ぶ．これは$Gl_n(R)$の部分群で，この群に含まれるAを取ると$S_B(A\boldsymbol{v}, A\boldsymbol{u}) = S_B(\boldsymbol{v}, \boldsymbol{u})$ $(\boldsymbol{v}, \boldsymbol{u} \in R^n)$が成り立つ．特に$O_n(E_n, R) = O_n(R)$と書く．また，$O_n(B, R) \cap Sl_n(R) = SO_n(B, R)$, $O_n(R) \cap Sl_n(R) = SO_n(R)$のように表わし，これを$R$上の$n$次**特殊直交群**と呼ぶ．

$R = \mathbb{R}$のとき$SO_2(\mathbb{R})$が何になるか考えてみよう．

ナツ，ユキ　$A = \begin{pmatrix} a & c \\ b & d \end{pmatrix} \in SO_2(\mathbb{R})$とすると

$${}^tA\,A = \begin{pmatrix} a & b \\ c & d \end{pmatrix}\begin{pmatrix} a & c \\ b & d \end{pmatrix} = E_2$$

つまり$a^2 + b^2 = c^2 + d^2 = 1$, $ac + bd = 0$となる．一方，上の式から${}^tA = A^{-1}$になるけど，$\det A = 1$だから$A^{-1} = \begin{pmatrix} d & -c \\ -b & a \end{pmatrix}$となって，

$$\begin{pmatrix} a & b \\ c & d \end{pmatrix} = \begin{pmatrix} d & -c \\ -b & a \end{pmatrix} \therefore d = a,\ c = -b$$

$a^2 + b^2 = 1$となるから$a = \cos\theta$, $b = \sin\theta$と書ける．そうか，

$$SO_2(\mathbb{R})=\left\{\begin{pmatrix}\cos\theta & -\sin\theta\\ \sin\theta & \cos\theta\end{pmatrix}\middle|\,\theta\in\mathbb{R}\right\}$$

となるのね．

ケン　$\begin{pmatrix}\cos\theta & -\sin\theta\\ \sin\theta & \cos\theta\end{pmatrix}$ は座標平面 $\mathbb{R}^2$ の各点を原点のまわりに θ だけ回転させるね．このことに注意すると，平行四辺形の面積を行列式を使って表わす式が出てくる．

今，ベクトル $\boldsymbol{a}=\begin{pmatrix}a\\ b\end{pmatrix}$, $\boldsymbol{b}=\begin{pmatrix}c\\ d\end{pmatrix}$ を二辺とする平行四辺形

$$P=P(\boldsymbol{a},\boldsymbol{b})=\{s\boldsymbol{a}+t\boldsymbol{b}\,|\,0\leq s,\ t\leq 1\}$$

を必要に応じて回転し，$\boldsymbol{a}$ が横軸の上に来るようにする．P の二辺に対応する行列 $A=\begin{pmatrix}a & c\\ b & d\end{pmatrix}$ に適当な $R=\begin{pmatrix}\cos\theta & -\sin\theta\\ \sin\theta & \cos\theta\end{pmatrix}$ を掛けて $RA=\begin{pmatrix}a' & c'\\ 0 & d'\end{pmatrix}$ となるようにするとき，辺 $\boldsymbol{a}$ は $\boldsymbol{a}'=\begin{pmatrix}a'\\ 0\end{pmatrix}$ に，辺 $\boldsymbol{b}$ は $\boldsymbol{b}'=\begin{pmatrix}c'\\ d'\end{pmatrix}$ に移るわけだね．平行四辺形 $P'=P(\boldsymbol{a}',\boldsymbol{b}')$ の面積は P の面積と同じだけど，P' の底辺の長さは $|a'|$，高さは $|d'|$ だから P' の面積は $|a'd'|$ だよね．ところが，$a'd'=\det RA=\det R\det A=\det A$ でしょ．だから P の面積は $|\det A|$ になるわけ．

この考えを広げ，$\mathbb{R}^n$ のベクトル $\boldsymbol{a}_1,\ldots,\boldsymbol{a}_n$ に対して

$$P=P(\boldsymbol{a}_1,\ldots,\boldsymbol{a}_n)=\{s_1\boldsymbol{a}_1+\cdots+s_n\boldsymbol{a}_n\,|\,0\leq s_1,\ldots,s_n\leq 1\}$$

を $\boldsymbol{a}_1,\ldots,\boldsymbol{a}_n$ を辺とする**平行体**と呼び $|\det(\boldsymbol{a}_1\cdots\boldsymbol{a}_n)|=\mathrm{vol}(P)$ をその**ヴォリューム**（**体積**）と呼ぶ．$n=1$ のとき $\boldsymbol{a}_1=a_1$ は実数で，P は線分，$\mathrm{vol}P=|a_1|$ はその長さになる．$n=2$ のときは，平行体は平行四辺形だし，そのヴォリュームは面積だね．$n=3$ のときは平行体 P の普通の意味での体積はここに定義したヴォリュームと同じになることも示せるんだ．

平行体 P を移動させて $\boldsymbol{b}+P=\{\boldsymbol{b}+\boldsymbol{x}|\boldsymbol{x}\in P\}$ ($\boldsymbol{b}\in\mathbb{R}^n$) としたものをも**平行体**と呼び，このヴォリューム $\mathrm{vol}(\boldsymbol{b}+P)=\mathrm{vol}(P)$ とする．今，特に $\boldsymbol{a}_k=c_k\boldsymbol{e}_k$ ($c_k\in\mathbb{R}$ ($c_k\neq 0$)) とするとき，これらの $\boldsymbol{a}_1, \ldots, \boldsymbol{a}_n$ を辺とする平行体またはそれを移動させたものを，**標準型平行体**と呼ぶことにしよう．$n=2$ のとき，これは横軸，縦軸と平行な二辺を持つ長方形になるね．二つの標準型平行体の共通部分は，また標準型平行体か，より次元の少ない空間の標準型平行体，あるいは空集合になる．n よりも次元の小さい空間の標準型平行体はヴォリュームゼロ，空集合のヴォリュームもゼロとする．ところで，$\mathbb{R}^n$ の部分集合 S が与えられたとき，平行体の集合 $\Pi_1=\{\boldsymbol{b}_1+P_1, \ldots, \boldsymbol{b}_k+P_k\}$, $\Pi_2=\{\boldsymbol{c}_1+P'_1, \ldots, \boldsymbol{c}_l+P'_l\}$ が条件：

1) $\mathrm{vol}((\boldsymbol{b}_i+P_i)\cap(\boldsymbol{b}_j+P_j))=0$, $\mathrm{vol}((\boldsymbol{c}_i+P'_i)\cap(\boldsymbol{c}_j+P'_j))=0$ $(i\neq j)$

2) $(\boldsymbol{b}_1+P_1)\cup\cdots\cup(\boldsymbol{b}_k+P_k)\subseteq S\subseteq(\boldsymbol{c}_1+P'_1)\cup\cdots\cup(\boldsymbol{c}_l+P'_l)$

を満たすとする．$\mu_1=\mu(\Pi_1)=\sum_{1\leq i\leq k}\mathrm{vol}(\boldsymbol{b}_i+P_i)$, $\mu_2=\mu(\Pi_2)=\sum_{1\leq j\leq l}\mathrm{vol}(\boldsymbol{c}_j+P'_j)$ と置くと $\mu_1\leq\mu_2$ となる．今もしも正またはゼロの実数 μ があって，上の条件を充たす全ての Π_1, Π_2 について $\mu_1\leq\mu\leq\mu_2$ となり，しかも，Π_1, Π_2 をうまく取ると μ_1, μ_2 がそれぞれ μ といくらでも近くになるなら，S は**可測**であると言って，$\mu=\mathrm{vol}(S)$ と書き，これを可測集合 S の**体積**ということにする．S が平行体なら $\mathrm{vol}(S)$ はもちろんその平行体のヴォリュームになる．また，正またはゼロの実数 c について $\det cE_n=c^n$ となることから，可測な S を c 倍したもの，つまり $cS=\{c\boldsymbol{x}|\boldsymbol{x}\in S\}$ について $\mathrm{vol}(cS)=c^n\mathrm{vol}(S)$ となることがわかる．

ユキ　S によっては Π_1, Π_2 の取り方はかなりいろいろありそうね．結構こみいってるみたい．

ケン　確かにそうだね．この辺のデリケートな議論は大学で学ぶことになると思うよ．

可測になるものの例として，座標平面の原点を中心とする半径 r の円 $D=\{\boldsymbol{x}\in\mathbb{R}^2||\boldsymbol{x}|\leq r\}$ を考えよう．この円に含まれる $\boldsymbol{x}=\begin{pmatrix}x\\y\end{pmatrix}=$

$\begin{pmatrix} u\cos v \\ u\sin v \end{pmatrix}$ $(0\le u\le r,\ 0\le v\le 2\pi)$ は $\boldsymbol{u}=\begin{pmatrix} u \\ v \end{pmatrix}\in\mathbb{R}^2$ に対応して決まるわけだけど，$x=x(u,v), y=y(u,v)$ はそれぞれ二変数の関数になるね．$\boldsymbol{u}$ は uv 平面の標準型平行体 $P=P\left(\begin{pmatrix} r \\ 0 \end{pmatrix}, \begin{pmatrix} 0 \\ 2\pi \end{pmatrix}\right)$ の中を動く．今，この長方形 P に含まれる点 $\boldsymbol{a}=\begin{pmatrix} a \\ b \end{pmatrix}$ を一つの頂点とする小さい長方形 $\boldsymbol{a}+\Delta P, \Delta P=P\left(\begin{pmatrix} \Delta u \\ 0 \end{pmatrix}, \begin{pmatrix} 0 \\ \Delta v \end{pmatrix}\right)$ を大きい長方形 P に含まれるように取る．この $\boldsymbol{a}+\Delta P$ が円 D の中のどんな図形に対応するか，考えよう．

ナツ　点 $\boldsymbol{a}$ が円に含まれる点 $\boldsymbol{\alpha}=\begin{pmatrix} \alpha \\ \beta \end{pmatrix}$ に対応しているとするでしょ．uv 平面の中で点 $\boldsymbol{a}$ から u 軸に平行に少しだけ動いて $\boldsymbol{a}+\begin{pmatrix} \Delta u \\ 0 \end{pmatrix}$ まで移ったとき，それに対応して円の中で点 $\boldsymbol{\alpha}$ は点 $\boldsymbol{\alpha}+\begin{pmatrix} \Delta x_u \\ \Delta y_u \end{pmatrix}$ に移るとするよね．

$$\frac{\Delta x_u}{\Delta u}=\frac{x(a+\Delta u,\, b)-x(a,\, b)}{\Delta u}$$

は二変数の関数 $x(u,\, v)$ の二番目の変数 v を b に固定して，変数 u だけを a のそばで Δu だけ動かしたとき，x の変化 Δx_u の Δu に関する比率でしょ．ここで，$x(u,\, b)=u\cos b$ を変数 u だけの関数と考えれば

$$\lim_{\Delta u\to 0}\frac{\Delta x_u}{\Delta u}=\frac{du\cos b}{du}=\cos b$$

となるよね．

ケン　一般に n 個の実数変数 $u_1, \ldots, u_n$ の実数値関数 $f(u_1, \ldots, u_n)$ について，変数 u_k 以外の変数をすべて固定して f を一変数 u_k の関数とみなし，u_k について微分出来るとしよう．その微分係数を f の変数 u_k に関する**偏微分係数**といって $\dfrac{\partial f}{\partial u_k}$ とか f_{u_k} のように書

く．f_{u_k} はまた n 変数 $u_1, \ldots, u_n$ の関数になる．例えば，$f(u, v)=u\cos v$ の場合 $f_u(a, b)=\cos b$ になるね．

ナツ，ユキ　すると，同じ $f(u, v)$ について $f_v(a, b)=-a\sin b$ になるのね．$g(u, v)=u\sin v$ なら $g_u(a, b)=\sin b$, $g_v(a, b)=a\cos b$ となる．さっきの話しに戻ると Δu がすごくゼロに近ければ $\dfrac{\Delta x_u}{\Delta u} \fallingdotseq x_u(a, b)=\cos b$ でしょ．すると $\Delta x_u \fallingdotseq \cos b\Delta u$ になる．同じように $\Delta y_u \fallingdotseq \sin b\Delta u$ も言える．

ユキ　すると，uv 平面で，今度は $\boldsymbol{a}$ から v 軸方向にほんの少し Δv だけずらして，対応する円の中の点が $\boldsymbol{\alpha}$ から $\boldsymbol{\alpha}+\begin{pmatrix}\Delta x_v\\ \Delta y_v\end{pmatrix}$ に移るとするでしょ．そしたら，$x=u\cos v$, $y=u\sin v$ の変数 v についての偏微分が出てきて $\Delta x_v \fallingdotseq -a\sin b\Delta v$, $\Delta y_v \fallingdotseq a\cos b\Delta v$ となる．

ナツ　uv 平面の小さい長方形 $\boldsymbol{a}+P\left(\begin{pmatrix}\Delta u\\ 0\end{pmatrix}, \begin{pmatrix}0\\ \Delta v\end{pmatrix}\right)$　$(\Delta u, \Delta v>0)$ が円の中の小さい平行四辺形 $\boldsymbol{\alpha}+P\left(\begin{pmatrix}\Delta x_u\\ \Delta y_u\end{pmatrix}, \begin{pmatrix}\Delta x_v\\ \Delta y_v\end{pmatrix}\right)$ で近似される「平行四辺形もどき」に移る．ここに現われる平行四辺形は

$$P\left(\Delta u\begin{pmatrix}x_u(a, b)\\ y_u(a, b)\end{pmatrix},\ \Delta v\begin{pmatrix}x_v(a, b)\\ y_v(a, b)\end{pmatrix}\right)=P\left(\Delta u\begin{pmatrix}\cos b\\ \sin b\end{pmatrix},\ \Delta v\begin{pmatrix}a(-\sin b)\\ a\cos b\end{pmatrix}\right)$$ に

よって近似される．この平行四辺形の面積は

$$\left|\det\begin{pmatrix}x_u(a, b) & x_v(a, b)\\ y_u(a, b) & y_v(a, b)\end{pmatrix}\right|\Delta u\Delta v=\left|\det\begin{pmatrix}\cos b & -a\sin b\\ \sin b & a\cos b\end{pmatrix}\right|\Delta u\Delta v=$$

$a\Delta u\Delta v$ になって，「平行四辺形もどき」の面積もこれで近似される．

ユキ　uv 平面の中の長方形 $P\left(\begin{pmatrix}r\\ 0\end{pmatrix}, \begin{pmatrix}0\\ 2\pi\end{pmatrix}\right)$ を小さい長方形のタイルで埋め尽くすとき，これらのタイルは円の中の小さい「平行四辺形もどき」に移されて，それらが円を埋め尽くすのね．例えば，uv 平面の長方形の縦横をそれぞれ n 等分して見ましょうか．$\boldsymbol{a}_{ij}=\begin{pmatrix}u_{ij}\\ v_{ij}\end{pmatrix}=\dfrac{1}{n}\begin{pmatrix}ir\\ 2j\pi\end{pmatrix}$　$(0\leq i, j\leq n-1)$ を，そうして出来るタイルの左下

の点とするでしょ．一方，$P=P\left(\begin{pmatrix}\Delta u\\0\end{pmatrix},\begin{pmatrix}0\\\Delta v\end{pmatrix}\right)$　$\left(\Delta u=\dfrac{r}{n},\ \Delta v=\dfrac{2\pi}{n}\right)$ を規準となる小さい長方形として，$P_{ij}=\boldsymbol{a}_{ij}+P$ と置けばこれらが長方形を埋め尽くすタイルになるよね．今 j を一つ固定して，横並びのタイルの列 $P_{0j},\dots,P_{n-1,j}$ を取る．これが円に移ると，中心角 $\dfrac{2\pi}{n}$ の細い扇形に対応しているでしょ．この扇形の中で，P_{ij} に対応する平行四辺形もどきの面積は $u_{ij}\Delta u\Delta v$ で近似される．だから，細い扇形の面積は $\sum_{0\le i\le n-1}u_{ij}\Delta u\Delta v$ で近似される．$\sum_{0\le i\le n-1}i=\dfrac{n(n-1)}{2}$ だからこの和は $\dfrac{(n-1)r}{2}\Delta u\Delta v=\dfrac{(n-1)\pi r^2}{n^2}$ となるよね．これが，横並びのタイルの列に対応する扇形の面積の近似値．今度は，j も 0 から $n-1$ まで動かしてやると，対応する扇形は円をぐるっと一回りするでしょ．つまり，円の面積の近似値として，細い扇形の面積の n 倍，つまり $\dfrac{(n-1)\pi r^2}{n}$ が出てくる．ここで，n をいくらでも大きくして，タイルを細かくして行けば，$\dfrac{n-1}{n}$ はいくらでも 1 に近づく．こうして半径 r の円の面積の式 πr^2 が出てきた！

ナツ　今の和で出てくる $\sum_{0\le i\le n-1}u_{ij}\Delta u$ で n を無限大に近づけたときの極限って $\int_0^r udu=\dfrac{r^2}{2}$ になるじゃない．すると，ユキチャンの式は

$$\int_0^{2\pi}\left\{\int_0^r u\,du\right\}dv=\pi r^2$$

とも書けるね．

ケン　ここで話を広げよう．$P=\boldsymbol{a}+P(c_1\boldsymbol{e}_1,\dots,c_n\boldsymbol{e}_n)$　$(c_1,\dots,c_n>0)$ を $\mathbb{R}^n$ に含まれる平行体，f を P を含むある領域 Q から $\mathbb{R}^n$ への写像とし，$f(P)=D$ と置く．今

$$f(\boldsymbol{u})=\boldsymbol{x},\ \boldsymbol{u}=\begin{pmatrix}u_1\\ \vdots\\ u_n\end{pmatrix},\ \boldsymbol{x}=\begin{pmatrix}x_1\\ \vdots\\ x_n\end{pmatrix}$$

と置くとき偏微分 $\partial x_i/\partial u_j$ $(1\leq i, j\leq n)$ が領域 Q で連続だとする．このとき D は可測になることが知られている．ここで更に D から $\mathbb{R}$ への連続写像 g が与えられているとする．ここで P を細かい平行体に分割する．つまり，自然数 $n_1, \ldots, n_n$ を適当に取って $\varDelta P=P(c_1/n_1\boldsymbol{e}_1, \ldots, c_n/n_n\boldsymbol{e}_n)$ を小さい平行体としてね，次に $\boldsymbol{a}\{(i_1, \ldots, i_n)\}=\boldsymbol{a}+\begin{pmatrix}i_1c_1/n_1\\ \vdots\\ i_nc_n/n_n\end{pmatrix}$ $(0\leq i_k\leq n_k-1)$ で決まる点たちをとり，$\varDelta P_{(i_1, \ldots, i_n)}=\boldsymbol{a}_{(i_1, \ldots, i_n)}+\varDelta P$ と置くんだ．このとき，これらの小さい平行体たちは，初めの P を埋め尽くしているね．ここで，

$$\sum_{(i_1, \ldots, i_n)} g(\boldsymbol{a}_{(i_1, \ldots, i_n)})\,|\det\ (\partial x_i/\partial u_j)_{\boldsymbol{u}}|\,\mathrm{vol}(\varDelta P)$$

を考えるとね，これは $n_1, \ldots, n_n$ がそれぞれ無限大に近づくときに，ある極限値に近づくことが分かっている．この式に現われる行列式の絶対値は写像 f の**ヤコビアン**（Jacobian）と言ってね，$J(f)(\boldsymbol{u})$ のようにも書く．ここで，今いった極限値を $\int_D g(\boldsymbol{x})d\boldsymbol{x}$ のように書くと，

$$\int_D g(\boldsymbol{x})d\boldsymbol{x}=\int_{a_n}^{b_n}\left\{\cdots\left\{\int_{a_1}^{b_1} g(f(\boldsymbol{u}))J(f)(\boldsymbol{u})du_1\right\}\cdots\right\}du_n$$

という式が成り立つことも知られている．ここで，$\boldsymbol{a}=\begin{pmatrix}a_1\\ \vdots\\ a_n\end{pmatrix}$，$b_k=a_k+c_k$ $(1\leq k\leq n)$ だ．右辺の積分は，変数 $u_1, \ldots, u_n$ のなかで，先ず u_1 だけを a_1 から b_1 まで動かし，他の変数は固定して積分し，得られた $u_2, \ldots, u_n$ を変数とする関数を，今度は u_2 だけを a_2 から

b_2 まで動かして積分し，以下同様に積分して行く式だ．

ユキチャン，ナッチャンの円の面積の式は，$u=u_1, v=u_2$ と書き直し，$f(\boldsymbol{u})=\boldsymbol{x}, x=x_1, y=x_2$ と書けば，$x_1=u_1\cos u_2, x_2=u_1\sin u_2$ で，ヤコビアン $J(f)(\boldsymbol{u})=u$，また，$g(\boldsymbol{x})=1$ と置いた計算になるね．そして，u_1 は $a_1=0, b_1=r$ の範囲を動くから，第 1 の積分の値は $\dfrac{r^2}{2}$ で，変数 u_2 については定数になる．これを $u_2=0$ から $u_2=2\pi$ まで積分するのだから，結果は πr^2 と，半径 r の円の面積が出てきたわけ．一般に，上の積分式で，$g(\boldsymbol{x})=1$ とすると，結果は $\mathrm{vol}(D)$ となることも知られている．

8.7　n 次元のプリズム

ケン　$\Delta_n=\left\{\begin{pmatrix}x_1\\ \vdots\\ x_n\end{pmatrix}\in\mathbb{R}^n \,\middle|\, 0\leq x_i,\ (i=1,\dots,n),\ \sum_{1\leq i\leq n}x_i\leq 1\right\}$ を n 次元の**プリズム**と呼ぼう．$\Delta_1=[0,1]$ は線分，Δ_2 は直角二等辺三角形になって，プリズムらしくないけど，Δ_3 は各辺が長さ $\sqrt{2}$ の正三角形を一つの底辺とし，それと三枚の直角二等辺三角形で囲まれる三角錐になるね．$\mathrm{vol}(\Delta_1)=1, \mathrm{vol}(\Delta_2)=\dfrac{1}{2}$ だよね．一般の n について $\mathrm{vol}(\Delta_n)$ がどうなるか，考えてみよう．そのために，$P_n=P(\boldsymbol{e}_1,\dots,\boldsymbol{e}_n)$ と置き，写像 $f:\mathbb{R}^n\longrightarrow\mathbb{R}^n, f(\boldsymbol{u})=\boldsymbol{x}$ を $x_1=u_1, x_2=(1-u_1)u_2,\dots, x_k=(1-u_1)(1-u_2)\cdots(1-u_{k-1})u_k,\dots, x_n=(1-u_1)\cdots(1-u_{n-1})u_n$ と置いてみるとね，$f(P_n)=\Delta_n$ となることが言えるんだ．

ナツ　$n=1, 2$ のときは確かにそうなってる．$3\leq n$ のときはどうかしら？

ケン　今 $v_i=1-u_i$ と置こう．$0\leq u_i, v_i\leq 1, u_i+v_i=1$ だよね．$1<k\leq n$ のとき $x_k=v_1\cdots v_{k-1}u_k\leq v_1\cdots v_{k-1}$ でしょ．だから，$x_k+v_1\cdots v_k=v_1\cdots v_{k-1}u_k+v_1\cdots v_{k-1}v_k=v_1\cdots v_{k-1}(u_k+v_k)=v_1\cdots v_{k-1}$．特に

$x_n \leq v_1 \cdots v_{n-1}$ だから $1<n$ なら $x_{n-1}+x_n \leq x_{n-1}+v_1 \cdots v_{n-1}=v_1 \cdots v_{n-2}$. 更に $1<n-1$ なら一歩進んで $x_{n-2}+x_{n-1}+x_n \leq x_{n-2}+v_1 \cdots v_{n-2}=v_1 \cdots v_{n-3}$ 以下同様に, $x_2+\cdots+x_n \leq v_1$ となって $x_1+x_2+\cdots+x_n \leq x_1+v_1=u_1+v_1=1$. これから $f(P_n) \subseteq \Delta_n$ となることが分かる.

ユキ　今の話しを見ると, もしも $u_k=1$ なら $x_{k-1}+x_k=v_1 \cdots v_{k-2}(u_{k-1}+v_{k-1})=v_1 \cdots v_{k-2}$ となって, それから $x_{k-2}+x_{k-1}+x_k=v_1 \cdots v_{k-3}$ 以下同様にして $x_1+\cdots+x_k=1$ となるよね. すると, $x_{k+1}=\cdots=x_n=0$ となるでしょ.

ケン　そうなんだ. そのことを使うと $f(P_n)=\Delta_n$ となることが言える. 先ず $\boldsymbol{x} \in \Delta_n$ について $\boldsymbol{x}$ の成分 $x_2=\cdots=x_n=0$ なら $\boldsymbol{u}=\boldsymbol{x}$ について $f(\boldsymbol{u})=\boldsymbol{x}$ でしょ. 今 $1 \leq k<n$ としてね, 今度は $\boldsymbol{x}$ の成分 $x_{k+1}=\cdots=x_n=0$ ならば必ず $f(\boldsymbol{u})=\boldsymbol{x}$ となるように $\boldsymbol{u}$ が取れるとしてみよう. そこで $\mathbf{y} \in \Delta_n$ を成分 $y_{k+1} \neq 0, y_{k+2}=\cdots=y_n=0$ のようなベクトルとしよう. このベクトルの成分 $y_1, \ldots, y_k$ はそれぞれ 0, 1 の間の数で, それに, やはり同じ範囲の y_{k+1} を足しあわせたものが 1 を超えない. また, $y_{k+1}>0$ だから, $y_1+\cdots+y_k<1$. このとき $\boldsymbol{x}$ として $x_1=y_1, \ldots, x_k=y_k, x_{k+1}=\cdots=x_n=0$ となるものを取ると, これは Δ_n に入って $x_1=u_1, x_2=v_1 u_2, \ldots, x_k=v_1 \cdots v_{k-1} u_k$ を満たすような $u_1, \ldots, u_k$ が取れる. ここで, ユキチャンが言ったことを使うと, $u_1, \ldots, u_k<1$ 従って $v_1, \ldots, v_k>0$ となる. さて, ここで $y_{k+1}=v_1 \cdots v_k u_{k+1}$ を満たすように $0 \leq u_{k+1} \leq 1$ が取れることを示せば, 後は帰納法によって $f(P_n)=\Delta_n$ となることが言えるわけ.

ナツ　$u_{k+1}=(v_1 \cdots v_k)^{-1} y_{k+1}$ と置けばいいんじゃない?　$v_1 \cdots v_k>0$ だからその逆数もあるし.

ユキ　でも, そのようにして決める u_{k+1} が 0, 1 の間にあることはどうして分かる?

ナツ　$0<u_{k+1}$ は明らかでしょ. $1<u_{k+1}$ だとしたら $y_{k+1}>v_1 \cdots v_k$ になるよね. すると $y_k=x_k=v_1 \cdots v_{k-1} u_k$ だったから $y_k+y_{k+1}>y_k+v_1 \cdots v_k=1$ となって矛盾でしょ!

ユキ　納得! これで $f(P_n)=\Delta_n$ となることが言えた!

ケン　今度は $\mathrm{vol}(\Delta_n)$ の計算だ.

ナツ　$\Delta_1=[0,1]$ は長さ 1 の線分だから $\mathrm{vol}(\Delta_1)=1$．Δ_2 は底辺の長さ 1 で高さも 1 の三角形だから $\mathrm{vol}(\Delta_2)=1/2$ だよね．積分を使えば

$$\mathrm{vol}(\Delta_2)=\int_0^1(u-1)\,du$$

ここで置換積分の式を使って，$v=u-1$ と置けば $u=v-1$, $\dfrac{du}{dv}=-1$, $v(0)=1$, $v(1)=0$ だから

$$\int_0^1(u-1)\,du=\int_1^0 v(-dv)=\int_0^1 v\,dv=\left[\frac{v^2}{2}\right]_0^1=1/2$$

となる．

ユキ　$n=2$ について，ヤコビアンを使って見ましょうよ．$f(\boldsymbol{u})=\boldsymbol{x}$ について $x_1=u_1$, $x_2=v_1u_2$ だから $\partial x_1/\partial u_1=1$, $\partial x_1/\partial u_2=0$, $\partial x_2/\partial u_1=-u_2$, $\partial x_2/\partial u_2=v_1$ となって

$$J(f)(\boldsymbol{u})=\left|\det\begin{pmatrix}1 & 0\\ -u_2 & v_1\end{pmatrix}\right|=v_1$$

だから

$$\mathrm{vol}(\Delta_2)=\int_{\Delta_2}dx_1dx_2=\int_{P_2}v_1du_1du_2=\int_0^1\left(\int_0^1(1-u_1)\,du_1\right)du_2=1/2$$

ケン　一般の n についてヤコビアンを調べると，$x_1=u_1$, $x_2=v_1u_2$, $x_3=v_1v_2u_3$, ..., $x_n=v_1\cdots v_{n-1}u_n$ だから，$\partial x_i/\partial u_i=v_1v_2\cdots v_{i-1}$ 一方 $i<j$ ならば $\partial x_i/\partial u_j=0$ となって行列 $(\partial x_i/\partial u_j)$ の右上半分の成分はすべて 0．この行列の行列式は，対角線に並ぶ成分の積になる．これらの成分はすべて 0 か正数だから，ヤコビアン $J(f)(\boldsymbol{u})=v_1(v_1v_2)\cdots(v_1v_2\cdots v_{n-1})=v_1^{n-1}v_2^{n-2}\cdots v_{n-1}$ となる．

ナツ　すると

$$\mathrm{vol}(\Delta_n)=\int_{\Delta_n}dx_1dx_2\cdots dx_n=\int_0^1\left\{\cdots\left\{\int_0^1 v_1^{n-1}\cdots v_{n-1}du_1\right\}\cdots\right\}du_n$$

式の右辺は $\int_0^1 v_1^{n-1}du_1\int_0^1 v_2^{n-2}du_2\cdots\int_0^1 v_{n-1}du_{n-1}\int_0^1 du_n$ になるね.

ユキ　$\int_0^1 v_k^{n-k}du_k$ は変数を u_k から $v_k=1-u_k$ に替えて置換積分の式を使うと $\int_0^1 v_k^{n-k}dv_k=\dfrac{1}{n-k+1}$ になるから求める式は $\dfrac{1}{n}\dfrac{1}{n-1}\cdots 1=\dfrac{1}{n!}$ つまり

$$\mathrm{vol}(\Delta_n)=\frac{1}{n!}$$

となるわけね.

ケン　なかなか綺麗でしょ. 今度は $\int_{\Delta_n}x_n dx_1dx_2\cdots dx_n$ を計算してみよう. 簡単のために $dx_1\cdots dx_n=d\boldsymbol{x}$ のように書こうね.

ナツ

$$\int_{\Delta_n}x_n d\boldsymbol{x}=\int_{P_n}v_1v_2\cdots v_{n-1}u_nJ(f)(\boldsymbol{u})d\boldsymbol{u}=\int_{P_n}u_nv_{n-1}^2v_{n-2}^3\cdots v_1^n d\boldsymbol{u}$$

でしょ. 右辺は

$$\int_0^1 u_n du_n\int_0^1 v_{n-1}^2 du_{n-1}\cdots\int_0^1 v_1^n du_n=\frac{1}{2}\,\frac{1}{3}\cdots\frac{1}{n+1}=\frac{1}{(n+1)!}$$

ユキ　それじゃ $\int_{\Delta_n}x_{n-1}x_n dx_1dx_2\cdots dx_n$ はどうなるかしら？

ナツ　$x_{n-1}x_nJ(f)(\boldsymbol{u})=(v_1\cdots v_{n-2}u_{n-1})(v_1\cdots v_{n-1}u_n)(v_1^{n-1}v_2^{n-2}\cdots v_{n-1})$ $=v_1^{n+1}v_2^n\cdots v_{n-2}^4v_{n-1}^2u_{n-1}u_n$ だから $\int_{\Delta_n}x_{n-1}x_n d\boldsymbol{x}$ は

$$\int_0^1 v_1^{n+1}du_1\int_0^1 v_2^n du_2\cdots\int_0^1 v_{n-2}^4 du_{n-2}\int_0^1 v_{n-1}^2u_{n-1}du_{n-1}\int_0^1 u_n du_n$$

に等しい. ここで

$$\int_0^1 v_{n-1}^2u_{n-1}du_{n-1}=\int_0^1 v_{n-1}^2(1-v_{n-1})dv_{n-1}=\int_0^1(v_{n-1}^2-v_{n-1}^3)dv_{n-1}$$

$=\frac{1}{3}-\frac{1}{4}=\frac{1}{4\times 3}$ となることに注意すると，求める積分は

$$\int_{\Delta_n} x_{n-1}x_n d\boldsymbol{x}=\frac{1}{n+2}\,\frac{1}{n+1}\cdots\frac{1}{5}\,\frac{1}{4}\,\frac{1}{3}\,\frac{1}{2}=\frac{1}{(n+2)!}$$

となる．

ケン　もう一つ，$n=s+t$ $(0\leq s,\ t\leq n)$ として $\int_{\Delta_n} x_{s+1}x_{s+2}\cdots x_n d\boldsymbol{x}$ を計算しておこう．$t=1, 2$ のとき結果は $\frac{1}{(n+t)!}=\frac{1}{(s+2t)!}$ だったね．一般の場合にも実は同じ結果になるんだ．

ユキ　$x_{s+1}x_{s+2}\cdots x_{s+t}J(f)(\boldsymbol{u})=v_1^{n-1+t}v_2^{n-2+t}\cdots v_s^{n-s+t}(v_{s+1}^{n-s-1+t-1}u_{s+1})(v_{s+2}^{n-s-2+t-2}u_{s+2})\cdots(v_{n-1}^2u_{n-1})u_n$ でしょ．

$$\int_0^1 v^k(1-v)dv=\frac{1}{k+1}-\frac{1}{k+2}=1/(k+1)(k+2)$$

を使うと，

$$\int_{\Delta_n} x_{s+1}x_{s+2}\cdots x_n d\boldsymbol{x}=\frac{1}{(s+2t)!}$$

になる．

第9章　n次代数体，ガロア群，イデアル

9.1　実2次体に i を添加する

ナツ　前に，有理数体に i を付けてガウス数体 $\mathbb{Q}(i)$ を作ったでしょ．その真似をして，有理数体の替わりに実2次体 $K=\mathbb{Q}(\sqrt{m})$ ($m>1$：平方因子を持たない自然数)から始めて，$L=K(i)$ としたらどうなるかしら？

ユキ　$K(i)=\{\alpha+\beta i \mid \alpha,\ \beta\in K\}$ とするのね．$K(i)\cong K[X]/(X^2+1)$ で，K は実2次体だから X^2+1 は K 上既約，つまり $L=K(i)$ は体で，$\dim_K L=2$ になる．

ケン　$L=\mathbb{Q}(\sqrt{m},i)$ のようにも書く．一般に，体 L が体 K の拡大体で，$\alpha_1,\ldots,\alpha_k\in L$，$K_1=K(\alpha_1), K_2=K_1(\alpha_2),\ldots, L=K_{k-1}(\alpha_k)$ のとき，$L=K(\alpha_1,\ldots,\alpha_k)$ と書く．また，複素数体の部分体で，有理数体上の n 次拡大体になるものを n 次代数体ということは前に話したね．この体は，**n 次体**とも呼ばれる．2次体は2次代数体だね．

ナツ　K は2次体で，L はその2次拡大だから，4次体になるわね．L には K の他にガウス数体 $\mathbb{Q}(i)$ も虚2次体 $\mathbb{Q}(\sqrt{-m})$ も含まれる．それ以外にも2次体が含まれるかしら？何となく，もう無いような気がするけど．

ケン　面白い問題だね．ここで，少し足踏みして，ガウス数体について大事な概念だった数の共役について思いだそう．$\mathbb{Q}(i)$ に含まれる $\alpha=a+bi$　($a,\ b\in\mathbb{Q}$) の共役を $\overline{\alpha}=a-bi=\sigma(\alpha)$ と書くと $\sigma(\alpha+\beta)=\sigma(\alpha)+\sigma(\beta),\ \sigma(\alpha\beta)=\sigma(\alpha)\sigma(\beta)$　($\alpha,\ \beta\in\mathbb{Q}(i)$) となり，$\sigma$ はガウス数体からそれ自身の上への同型になっていたね．しかも，$\sigma(\alpha)=\alpha \Longleftrightarrow \alpha\in\mathbb{Q}$ が成り立つ．このとき σ は $\mathbb{Q}(i)$ の $\mathbb{Q}$ 上の**自己**

同型と言うんだ.

ナツ　4次体Lに含まれる$\gamma=\alpha+\beta i$　$(\alpha, \beta\in K)$をとって, $\sigma(\gamma)=\alpha-\beta i$と置けば, この$\sigma$は$L$の$K$上の自己同型になるわね. でも, Lに含まれる2次体は他にもあったじゃない. ここで改めて$K_1=\mathbb{Q}(\sqrt{m})$, $K_2=\mathbb{Q}(i)$, $K_3=\mathbb{Q}(\sqrt{-m})$とし, 今考えた$L$の$K_1$上の自己同型$\sigma$を$\sigma_1$と書き直すわね. ところで$L=K_2(\sqrt{m})=K_3(\sqrt{m})$だから, Lに含まれる$\gamma_2=\alpha_2+\beta_2\sqrt{m}$　$(\alpha_2, \beta_2\in K_2)$について$\sigma_2(\gamma_2)=\alpha_2-\beta_2\sqrt{m}$のように$\sigma_2$を決めれば, 明らかにこれは$L$の$K_2$上の自己同型. 同様に$L$のメンバー$\gamma_3=\alpha_3+\beta_3\sqrt{m}$　$(\alpha_3, \beta_3\in K_3)$を$\alpha_3-\beta_3\sqrt{m}$に対応させる$\sigma_3$は$L$の$K_3$上自己同型になる. それと, $\sigma_k^2=e=L$の恒等写像　$(k=1, 2, 3)$になるでしょ. 恒等写像を含めてLの自己同型が4個出てきたけど, それ以外にも自己同型があるのかしら？何か, 前の問題, つまりLに含まれる二次体が3個だけかどうかと言う問題と似た感じになってきた.

ケン　ここでまた視点を変えてね, $\eta=\sqrt{m}+i$という数を考えてみよう. これは, もちろんLのメンバーだけど, K_1, K_2, K_3のどれにも含まれないよね. 今, 改めて$\eta=\eta_0$, $\sigma_1(\eta)=\eta_1$, $\sigma_2(\eta)=\eta_2$, $\sigma_3(\eta)=\eta_3$と置こう. $\eta_1=\sqrt{m}-i$, $\eta_2=-\sqrt{m}+i$, $\eta_3=-\sqrt{m}-i$となる. 最後の式だけど, $i=m^{-1}\sqrt{-m}\sqrt{m}$で$m^{-1}\sqrt{-m}\in K_3$でしょ. だから$\sigma_3(i)=-i$. 一方, $\sigma_3(\sqrt{m})=-\sqrt{m}$だから$\eta_3=-\sqrt{m}-i$となるわけ.

ここで$(X-\eta_0)(X-\eta_1)=X^2-2\sqrt{m}X+(m+1)$, $(X-\eta_2)(X-\eta_3)=X^2+2\sqrt{m}X+(m+1)$となるね.

ナツ, ユキ　$P=(X-\eta_0)(X-\eta_1)(X-\eta_2)(X-\eta_3)=X^4-2(m-1)X^2+(m+1)^2$はモニックな整数係数の4次式になる. これらの4個の因子の中からどのように2個のものを選んでもそれらを掛けたものは係数に無理数やiが出てくる. このことから, 4次式Pは有理数体上既約になることが言える. すると$\mathbb{Q}[X]/P$は有理数体上4次の体. これが$\mathbb{Q}(\eta_k)$　$(k=0, 1, 2, 3)$と同型になる. $L=\mathbb{Q}(\eta_k)$, 特に$L=\mathbb{Q}(\eta)$.

ケン　Lの自己同型全体は群を作るね. この群を$G(L)$と書こ

う．$G(L)$ のメンバー σ は $\sigma(\eta)$ によって決まるけど，これは $P[X]=0$ の解のどれかになるから，$\sigma(\eta)=\eta_k$　$(k=0,1,2,3)$．こうして，$G(L)$ はちょうど 4 個のメンバーから成り立っていることがわかる．ナッチャンが考えた 4 個だね．つまり，$G(L)=\{e, \sigma_1, \sigma_2, \sigma_3\}$ となる．

ところで，$G(L)$ のメンバーはどれをとっても，2 乗すると恒等写像になったね．実は，一般に群 G について，それに含まれるどのメンバー g についても $g^2=e$(G の単位元) となるなら，G はアーベル群になる．何故なら，$g, h\in G$ のとき $(gh)(gh)=e$ だよね．この式の両辺に左から hg を掛けてごらん．$gg=e$, $hh=e$ だから，左辺は gh，右辺は hg になるでしょ．だから，$gh=hg$．特に $G(L)$ もアーベル群になる．もっと調べてみよう．$\sigma, \tau\in G(L)$ のとき $\sigma\tau$ を求めるには $\sigma\tau(\eta)$ を計算すればよい．このことを使って計算してごらん．

ナツ，ユキ　$\sigma_1\sigma_2(\eta)=\sigma_1(\sigma_2(\eta))=\sigma_1(-\sqrt{m}+i)=-\sqrt{m}-i=\eta_3=\sigma_3(\eta)$ だから $\sigma_1\sigma_2=\sigma_3$．$G(L)$ は可換だから $\sigma_2\sigma_1=\sigma_1\sigma_2=\sigma_3$．

ユキ　$\sigma_1\sigma_3=\sigma_1(\sigma_1\sigma_2)=\sigma_1^2\sigma_2=\sigma_2$ でしょ．$\sigma_2\sigma_3=\sigma_2(\sigma_2\sigma_1)=\sigma_1$ も言える．あれ，これって前に出てきたクラインの 4 元群 V と同じじゃない！

ケン　その通り！ $G(L)\cong V$ になるんだ．ところで，$G(L)$ の部分群で群自身とも単位群とも違うのは $\langle\sigma_k\rangle$　$(k=1, 2, 3)$ の 3 個だね．このことと，L の部分体で，それ自身とも $\mathbb{Q}$ とも違うのは 3 個の 2 次体 K_k　$(k=1, 2, 3)$ だけになることが関係しているんだ．そのことについて，考えるために先ず H を $G(L)$ の部分群とするとき，

$$L^H=\{\gamma\in L \mid \sigma\in H\Rightarrow\sigma(\gamma)=\gamma\}$$

と置くとね，L^H は $\mathbb{Q}$ を含む L の部分体になることに注意しよう．特に $L^{\langle\sigma_k\rangle}=K_k$ だね．また $L^{G(L)}=K_1\cap K_2\cap K_3=\mathbb{Q}$, $L^{\{e\}}=L$．

ところで，今度は逆に L の部分体 K をとってね，

$$G(L)^K=\{\sigma\in G(L)\,|\,\alpha\in K\Rightarrow\sigma(\alpha)=\alpha\}$$

と置くと，これは $G(L)$ の部分群になる．$G(L)^K=H$ と置くと，$L^H\supseteq K$．さて，部分群の位数は全体群の位数の約数だから，$|G(L)^K|=1, 2, 4$ つまり $G(L)^K$ は単位群になるか，$\langle\sigma_k\rangle$ のどれかになるか，または $G(L)$ 自身になるわけ．特に $G(L)^{K_k}=\langle\sigma_k\rangle$．また $G(L)^L=\{e\}$, $G(L)^{\mathbb{Q}}=G(L)$．今 K を 2 次体で L の部分体になるものとしよう．これが K_k $(k=1, 2, 3)$ のどれか一つとなることを確かめてみよう．そこで，仮に $K\neq K_k$ $(k=1, 2, 3)$ として，矛盾を導いてみようね．ここでも $G(L)^K=H$ と置こう．

ところで，4 次体 $L=\{1, \sqrt{m}, i, \sqrt{-m}\}_{\mathbb{Q}}$ となって，$\{1, \sqrt{m}, i, \sqrt{-m}\}$ は L の $\mathbb{Q}$ 上基底になる．K には $\sqrt{m}, i, \sqrt{-m}$ のどの一つも含まれないね．もし，例えば，$\sqrt{m}$ が K に入れば K_1 も入って，K, K_1 は共に 2 次体だから $K=K_1$ となって仮定に反する．そこで，今 K に含まれる数 $\alpha=a_0+a_1\sqrt{m}+a_2i+a_3\sqrt{-m}$ $(a_0, a_1, a_2, a_3\in\mathbb{Q})$ で K_1, K_2, K_3 のどれにも含まれないものを取ろう．すると，係数 a_1, a_2, a_3 のなかで，少なくとも 2 個は 0 とは違う．例えば $a_1, a_2\neq 0$ として見ると，これが部分群 H のどのメンバーによっても不変になるわけ．例えば $\sigma_1(a_0+a_1\sqrt{m}+a_2i+a_3\sqrt{-m})=a_0+a_1\sqrt{m}-a_2i-a_3\sqrt{-m}$ でしょ．だから，σ_1 は α を不変には出来ない．つまり，σ_1 は H に入れない．同じように σ_2, σ_3 もだめ．つまり，$H=\{e\}$ となってしまう．ところが，L は 2 次体 K の 2 次拡大，つまり，K 上 2 次元の体になっている．$\gamma\in L$ を K には含まれないものとすると，$1, \gamma, \gamma^2$ は K 上 1 次従属になる．これは，γ が 2 次方程式 $X^2+\alpha_1X+\alpha_2=0$ $(\alpha_1, \alpha_2\in K)$ の解になっていることと同じだ．解の公式から，$\gamma=(-\alpha_1\pm\sqrt{\alpha_1^2-4\alpha_2})/2$．これから $L=K(\sqrt{\alpha_1^2-4\alpha_2})$, $\sqrt{\alpha_1^2-4\alpha_2}\neq 0$ となって，$G(L)^K=H$ には $\sqrt{\alpha_1^2-4\alpha_2}$ を，そのマイナスに移す写像が含まれる，つまり，$H=\{e\}$ になることはあり得ないということが出てくる．これは矛盾でしょ．こうして，ようやく K は K_1, K_2, K_3 のどれかと一致することが分かった．

ナツ　L の部分体と $G(L)$ の部分群とが綺麗に対応しているのね．

ケン　もう一つ例の計算をしてみよう．今度は $K=\mathbb{Q}(2^{\frac{1}{3}})$ とするんだ．$2^{\frac{1}{3}}$ は方程式 $X^3-2=0$ の実数解で，X^3-2 は $\mathbb{Q}$ 上既約だから，$K\cong\mathbb{Q}[X]/(X^3-2)$ は 3 次体で $\mathbb{R}$ に含まれる．次に $L=K(\omega)$　$(\omega=\xi_3=e^{2\pi i/3})$ とすると，これは K の 2 次拡大体で，$\mathbb{Q}$ 上 6 次の体になる．

さて，3 次式の因数分解 $X^3-2=(X-2^{\frac{1}{3}})(X-2^{\frac{1}{3}}\omega)(X-2^{\frac{1}{3}}\omega^2)$ から分かるけど K と同型な 3 次体が他に二つある．今，改めて $K=K_1$, $\mathbb{Q}(2^{\frac{1}{3}}\omega)=K_2$, $\mathbb{Q}(2^{\frac{1}{3}}\omega^2)=K_3$ と書くと $K_1\cong K_2\cong K_3$ になるね．

ユキ　ちょっと待って．K_2 と K_3 って別の体かしら？

ナツ　もしも $K_2=K_3$ なら $2^{\frac{1}{3}}\omega^2/2^{\frac{1}{3}}\omega=\omega$ は K_2 に入るじゃない．すると K_2 には $2^{\frac{1}{3}}$ も ω も入ることになって，$K_2=L$ は 6 次体になってしまう．

そう言えば L には 2 次体 $\mathbb{Q}(\omega)$ も部分体として含まれるのね．L の部分体って，L, $\mathbb{Q}$ 以外にはここに現われた 3 個の 3 次体と 1 個の 2 次体だけなのかな？

ユキ　$\mathbb{Q}(\omega)=K_0$ と書かせてね．もしも，これ以外にも 2 次体 $K=\mathbb{Q}(\alpha)$ が L に含まれるなら，4 次体 $\mathbb{Q}(\omega,\alpha)$ が 6 次体 L の部分体になるはずでしょ．4 は 6 の約数じゃないから，これはまずい．3 次体の方はどうなるかな？

ケン　実 2 次体 $K=\mathbb{Q}(\sqrt{m})$ から 4 次体 $L=K(i)$ を作ったときのことを真似して，6 次体 $L=\mathbb{Q}(2^{\frac{1}{3}},\omega)$ の自己同型全体が作る群を $G(L)$ と書こう．今は $K_1=\mathbb{Q}(2^{\frac{1}{3}})$, $L=K_1(\omega)$ だったから，L の K_1 上の自己同型として σ_1 をとろう．これは，K_1 のメンバーを固定し，ω とその共役 ω^2 とを取り換える写像だね．

ナツ　σ_1 は $K_2=\mathbb{Q}(2^{\frac{1}{3}}\omega)$ を $K_3=\mathbb{Q}(2^{\frac{1}{3}}\omega^2)$ に，K_3 を K_2 に移し

ている．また，$K_0=\mathbb{Q}(\omega)$ のメンバーを，その共役に移す．$\sigma^2=e$ よね．

ユキ　σ_2 を L の K_2 上自己同型，σ_3 を L の K_3 上自己同型とするんでしょ．

$\sigma_2(2^{\frac{1}{3}}\omega)=2^{\frac{1}{3}}\omega$，$\sigma_2(\omega)=\omega^2$ だから，$\sigma_2(2^{\frac{1}{3}})=\sigma_2(2^{\frac{1}{3}}\omega\omega^2)=2^{\frac{1}{3}}\omega\omega=2^{\frac{1}{3}}\omega^2$，同様に $\sigma_2(2^{\frac{1}{3}}\omega^2)=\sigma_2(2^{\frac{1}{3}}\omega\omega)=2^{\frac{1}{3}}\omega\omega^2=2^{\frac{1}{3}}$．これから，$\sigma_2$ は K_2 のメンバーを固定し，K_1, K_3 を入れ替える．K_0 には，やはり共役として作用する．$\sigma_2^2=e$．同様に，σ_3 は K_3 のメンバーを固定し，K_1, K_2 を入れ替え，K_0 には共役として作用し，2 乗すると e になる．

ケン　$L=K_0(2^{\frac{1}{3}})$ の K_0 上自己同型は ω を固定し，$2^{\frac{1}{3}}$ を方程式 $X^3-2=0$ の 3 個の解のどれかに移す．そのようなものの一つとして $2^{\frac{1}{3}}$ を $2^{\frac{1}{3}}\omega$ に移すものをとり，それを τ と書こう．すると $\tau(2^{\frac{1}{3}}\omega)=2^{\frac{1}{3}}\omega^2, \tau(2^{\frac{1}{3}}\omega^2)=2^{\frac{1}{3}}$ になって，$\tau^3=e$．

ナツ　なんか，対称群 S_3 のこと，想い出しちゃう．(12)，(23)，(13) はそれぞれ 2 乗すると単位元 e になるし，(123) は 3 乗すると e になったでしょ．(12)(23)＝(123) とかの関係もあったけど，$\sigma_1\sigma_2$ はどうなるのかしら？

ユキ　$\sigma_1\sigma_2(2^{\frac{1}{3}})=\sigma_1(2^{\frac{1}{3}}\omega^2)=2^{\frac{1}{3}}\omega, \sigma_1\sigma_2(\omega)=\sigma_1(\omega^2)=\omega$ になるから，$\sigma_1\sigma_2=\tau$．それと $\sigma_1\sigma_2\sigma_1=\sigma_3$ になることも言える．これは (12)(23)(12)＝(13) と対応しているみたい．

ケン　$|G(L)|=6$ となることが言えれば，$G(L)=\{e, \sigma_1, \sigma_2, \sigma_3, \tau, \tau^2\}=\langle\sigma_1, \sigma_2\rangle$ となる．$S_3=\langle(12), (23)\rangle$ だったから，$G(L)$ から S_3 の上への同型で σ_1, σ_2 をそれぞれ (12)，(23) に対応させるものがあることが直ぐに確かめられる．

今，$\alpha=2^{\frac{1}{3}}+\omega$ と置いてみよう．これは L に入るけど，K_1 には入らない．ここで，多項式 $F=(X-\alpha)(X-\tau(\alpha))(X-\tau^2(\alpha))$ を計算すると，$F=X^3-3\omega X^2+3\omega^2-3$ となることが確かめられる．さらに，この 3 次多項式の係数に σ_1 を作用させたものを F^{σ_1} と置

けば $FF^{\sigma_1}=X^6+3X^5+6X^4+3X^3+9X+9$ となってこれを P と置けば，$P=(X-\alpha)(X-\sigma_1(\alpha))(X-\sigma_2(\alpha))(X-\sigma_3(\alpha))(X-\tau(\alpha))(X-\tau^2(\alpha))$ となり，この6次多項式は $\mathbb{Q}$ 上既約になることも確かめられる．ちょっと計算がかかるけど，二人でチェックして置いてね．有理数係数の6次多項式 P が L で1次式の積に分解され，$P[X]=0$ の解はちょうど6個．L の自己同型は，それが6個の解の一つである α をこれら6個の解のうちどれに対応させるかによって決まる．こうして，$G(L)$ は6個のメンバーから成り，S_3 と同型になることが言える．

ナツ　S_3 の部分群で $\{e\}$ と群自身以外のものは，位数2のものが $\langle(12)\rangle, \langle(13)\rangle, \langle(23)\rangle$ の3個，位数3の正規部分群が $\langle(123)\rangle$ だけで，合計4個あったでしょ．6次体 L の部分体でこれまでに出てきたものは，$L, \mathbb{Q}$ 以外には2次体 K_0 が1個と，3次体が3個 K_1, K_2, K_3 で合計4個になる．4次体 $\mathbb{Q}(\sqrt{m}, i)$ の場合と同じように，$G(L)$ の部分群 H をとり $L^H=\{\gamma\in L \mid \sigma\in H \Longrightarrow \sigma(\gamma)=\gamma\}$ と置くと

$$L^{\langle\sigma_k\rangle}=K_k, \ (k=1, 2, 3) \quad L^{\langle\tau\rangle}=K_0$$

となっている．

ケン　L の部分体 K をとり $G(L)^K=\{\sigma\in G(L) | \alpha\in K \Longrightarrow \sigma(\alpha)=\alpha\}$ と置けば

$$G(L)^{K_1}=\langle\sigma_1\rangle, G(L)^{K_2}=\langle\sigma_2\rangle, G(L)^{K_3}=\langle\sigma_3\rangle, G(L)^{K_0}=\langle\tau\rangle$$

証明は省略するけど，L の部分体はこれまでに出てきた6個のものだけだと言うことも示すことができる．

ユキ　L の部分体 $K_1=\mathbb{Q}(2^{\frac{1}{3}})$ についても同じように，その自己同型群 $G(K_1)$ を考えると，この群に含まれる σ は $2^{\frac{1}{3}}$ を方程式 $X^3-2=0$ の3解 $2^{\frac{1}{3}}, 2^{\frac{1}{3}}\omega$，$2^{\frac{1}{3}}\omega^2$ のどれかに移すわけだけど，この3解のうちで，実数になるものは $2^{\frac{1}{3}}$ 一つだけだから，$G(K_1)=\{e\}$

となって，この部分群はもちろん $G(K_1)$ 自身．ところが，対応する 3 次体 K_1 には，それ自身と $\mathbb{Q}$ の 2 個の部分体がある．$L, G(L)$ のペアとは大分違うみたいね．

ナツ　ひとつ言えることは，3 次多項式 X^3-2 は L まで行くと $X^3-2=(X-2^{\frac{1}{3}})(X-2^{\frac{1}{3}}\omega)(X-2^{\frac{1}{3}}\omega^2)$ と 1 次式の積に分解するけど，K_1 では分解しないということね．

9.2　ガロア理論の基本定理

ケン　また，一般の話に戻り，体 K とそこに係数を持つ n 次式 P $(n\geq 1)$ が与えられたとしよう．ここで，K の拡大体 L で

$$P=\gamma(X-\alpha_1)(X-\alpha_2)\cdots(X-\alpha_n) \quad (\gamma\in K, \alpha_1, \ldots, \alpha_n\in L)$$

という分解式が成り立てば，P は L で**分解**すると言う．ここで，更に，K, L の**中間体**，つまり，K を含んで L に含まれる体で L 以外のものをどのようにとっても，そこでは P は分解しないならば，L を P の K 上**最小分解体**と呼ぶ．上に出てきた 6 次体 L は 3 次式 X^3-2 の $\mathbb{Q}$ 上最小分解体だし，その前に現われた 4 次体 $\mathbb{Q}(\sqrt{m}, i)$ $(m>1)$ は 4 次式 X^4-m^2 の $\mathbb{Q}$ 上最小分解体になっている．

一方，上の多項式 P の 1 次式への分解に現われる $\alpha_1, \ldots, \alpha_n$ が互いに違う数のとき，P または，対応する方程式 $P[X]=0$ の分解は**分離的**だと言う．体 K と，その上の有限次元拡大体 L について，ある K 上の多項式 P を選ぶと L が P の最小分解体になっていて，そこでの P の分解が分離的になっているならば，L を K の有限次**ガロア拡大体**と呼ぶ．K のメンバーをすべて固定する L の自己同型全体が作る群を L/K の**ガロア群**と呼び，$G(L/K)$ と書く．これまでに見てきた群 $G(L)$ は，本来 $G(L/\mathbb{Q})$ と書かれるもので，L は $\mathbb{Q}$ の有限次ガロア拡大体になっている．ガロア群 $G(L/K)$ は多項式 P（または方程式 $P[X]=0$）によって決まるので，P（または $P[X]=0$）のガロア群とも言う．

有限次ガロア拡大体については，すごい定理が成り立つんだ．**ガロア理論の基本定理**と呼ばれるんだけどね，Lを体Kの有限次ガロア拡大体とし，$G(L/K)$をそのガロア群としよう．今，$I(L/K)$をL, Kの中間体全体の集合とし，$S(G(L/K))$を$G(L/K)$の部分群全体の集合とすると，この二つの集合は一対一に対応付けられる．つまり，FをL, Kの中間体とするとき，前に出てきたように$G(L/K)^F=\{\sigma\in G(L/K)\mid\alpha\in F\Longrightarrow\sigma(\alpha)=\alpha\}$と置くと，これは$G(L/K)$の部分群になり，一方，$H$を$G(L/K)$の部分群とし，$L^H=\{\alpha\in L\mid\sigma\in H\Longrightarrow\sigma(\alpha)=\alpha\}$と置けば，これは$L, K$の中間体になるけど，すごいのはここからで，

$$H=G(L/K)^F\Longrightarrow L^H=F,\ F=L^H\Longrightarrow G(L/K)^F=H$$

が成り立つんだ．しかも

$$|H|=\dim_F L$$

が成り立つ．特にガロア群の位数$|G(L/K)|=\dim_K L$となる．§9.1に出てきた例でも，この定理が成り立っていたね．

特にKが複素数体$\mathbb{C}$の部分体で，$P\in K[X]$のとき，多項式Pの最小分解体となるようなKの拡大体Lが$\mathbb{C}$の中に必ずあり，しかもLはK上分離的，つまりKの有限次ガロア拡大体になることが知られている．これは，大定理なんだ．この定理を使うと，$\mathbb{C}$に含まれる体Fが体Kの有限次拡大体ならば，Fの拡大体$\tilde{F}$でKの有限次ガロア拡大体となるものが$\mathbb{C}$の中に取れることも分かる．このことと，ガロア理論の基本定理を使うと，FとKの中間体，つまり，Fに含まれてKの拡大体になるようなものは，有限個しかないことも分かる．

ナツ　FとKの中間体はガロア拡大体$\tilde{F}$とKの中間体でもあるから，基本定理から明らかね！

ケン　実は，このことから，FはKの**単純拡大**，つまり，適当な$\theta\in F$をとると，$F=K(\theta)$と書けることが分かる．何故か，考え

てみよう．そのために，先ず $F=K(\alpha,\beta)$ となる場合について考えよう．$\alpha,\beta\notin K$ としていいね．今，$a\in K$ として，F, K の中間体 $K_a=K(\alpha+a\beta)$ を作ると，a の取り方は無限にあるから，それに対応する K_a 達の中で，ダブルものが出てこないと困る．例えば，$a, b\in K, a\neq b$ について $K_a=K_b$ となるとしよう．$(\alpha+a\beta)-(\alpha+b\beta)=(a-b)\beta\in K_a$ でしょ．$a-b\neq 0$ で，これは K に入るから $\beta\in K_a$．$\alpha+a\beta\in K_a, a\beta\in K_a$ だから α も K_a に入るね．つまり α,β はどちらも K_a に入るから $F=K(\alpha,\beta)=K_a$．$\theta=\alpha+a\beta$ とすれば $F=K(\theta)$ となる．

ユキ　そうか，F は K の有限次拡大だから，$F=K(\alpha_1,\dots,\alpha_k)$ のように書ける．ここで，今のことを繰返し使えば，$F=K(\theta)$ のように書けることが出てくるわね．

ナツ　そう言えば，ガロアの写真って，いろいろなところで見たけど，結構ハンサムね．アーベルもガロアも若死にしたんでしょ．

ケン　アーベルは 1829 年に 27 歳で，ガロアは 1832 年に 21 歳で亡くなっている．19 世紀の前半というと，ガウスやコーシーなど大数学者たちが活躍していた時代で，特に楕円関数論など，解析学の深い理論や整数論が研究されていた．楕円関数論にはアーベルやガロアも熱心に取り組んでいた．

ユキ　楕円関数って，楕円と関係あるわけ？

ケン　円弧の長さを求める積分式は，三角関数の逆関数になるんだけどね，楕円の弧の長さを計算する式はかなり難しくて，その逆関数として楕円関数が現われる．楕円関数の理論は三角関数の理論の向こう側の世界というか，とても神秘と魅力に充ちた世界でね，整数論にもつながっているんだ．佐武先生の「現代数学の源流」（下）（佐武一郎，朝倉書店）に説明がある．特にアーベルはこの理論について大事な結果を得ていたんだけど，正当に評価されるようになったのは，彼の死後だった．実は，アーベルとガロアは，殆ど同時に，互いに独立して，代数学の重大な問題を解いていたんだ．

二人とも良く知っているように，2 次方程式は四則演算と根号を使って解けるよね．これは，ずっと昔から知られていたんだけど，

3次方程式についても同様の解の公式が発見されたのは16世紀になってのことだった．4次方程式についても，やはりその頃，四則演算と根号を使って解の公式が得られることが発見された．5次以上の方程式についても，同様に代数的な解の公式，つまり，四則演算と根号を使う公式を見つけようと，数々の挑戦がされていたんだけど，誰も成功しないまま19世紀になっていた．ところが，アーベルとガロアは5次方程式の代数的な解の公式は得られないことを証明したんだ．特にガロアは，方程式とその分解体，さらに，それに関連するガロア群について考えを進めた．まだ群や体の概念が十分確立されていなかった時代に，彼は方程式の性質とガロア群の性質が深く関係していることを突き止め，方程式が代数的に解けるためには対応するガロア群が可解群になることが必要十分だということを見つけた．

ナツ　可解群って？

ケン　アーベル群を少しグレードアップしたような群なんだ．詳しいことは，大学でのお楽しみにしとくけど，前に話した交代群 A_n はね，$n=1, 2, 3, 4$ のとき，そして，そのときに限って，可解になることが，割と簡単に証明できるんだ．そのことを使うと，n 次方程式が代数的な解の公式を持つのは $n=1, 2, 3, 4$ のとき，しかも，そのときに限ることが示される．

ガロアは，リセの学生時代には，授業に集中できなくて先生ににらまれたり，結構「問題児」だったんだって．数学に出会って夢中になり，深い問題にも取り組んでいたけど，人間関係を作るのは，それほどうまくなくて，ときどき「過激」な言動をしたりすることもあったようだ．ちょうど，そのころのフランスは1830年の革命の嵐の時代で，ガロアは革命運動にも真っ直ぐに取り組み，投獄されたこともあった．ガロア理論の原型となった結果は論文にして提出したけど，評価されないまま決闘で倒れた．死後暫く立ってから，彼の発見の価値が理解され，ガロア理論として整理されて，代数学の基礎的な理論とされるようになった．

9.3　有限体のガロア理論

ケン　§5.2 で話したように素数 p と自然数 n に対応して，位数 $q=p^n$ の有限体が同型を除いてただ一つ決まる．つまり，位数 q の有限体があり，その一つを $\mathbb{F}_q$ と書くと，同じ位数の有限体はすべて $\mathbb{F}_q$ と同型になる．これは，実は，かなり深い結果でね，ガロア理論を使うときちんと証明出来るんだ．

実例として，これも前に話したけど，2 次体 $K=\mathbb{Q}(\sqrt{-3})$ の整数環 $\mathfrak{o}_K$ をイデアル $(2)=2\mathfrak{o}_K$ で割った商環 $\mathfrak{o}_K/(2)$ があったね．整数環のメンバー α で代表される，この商環のメンバーを，同じ α と書くと，この商環は 4 個のメンバー $\{0, 1, \zeta_3, \zeta_3^2\}$ から成る有限体で $\mathbb{F}_4$ と書かれ，加群としてクラインの 4 元群と同型，$\mathbb{F}_4^\times \cong C_3$ だった．

$\mathbb{F}_4$ には部分体 $\mathbb{F}_2=\{0, 1\}$ が含まれる．$\alpha\in\mathbb{F}_4$ とすると，必ず $\alpha^4=\alpha$ でしょ．つまり，$\mathbb{F}_4$ は多項式 X^4-X の $\mathbb{F}_2$ 上の最小分解体になっているわけ．方程式 $X^4-X=0$ の解がちょうど $\mathbb{F}_4$ の 4 個のメンバーになっている．ということは，X^4-X は分離的．$\mathbb{F}_4/\mathbb{F}_2$ はガロア拡大になっている．ガロア群 $G(\mathbb{F}_4/\mathbb{F}_2)$ のメンバー $\sigma\neq e$ は $\sigma(\zeta_3)=\zeta_3^2$ で決まる．$\alpha\in\mathbb{F}_2$ については $\alpha^2=\alpha$ となることに注意すれば，この σ は$\mathbb{F}_4$ の各メンバー α に $\sigma(\alpha)=\alpha^2$ を対応させる写像になっていることも分かる．また，$\sigma^2(\alpha)=\sigma(\sigma(\alpha))=\alpha^4=\alpha$ だから $\sigma^2=e$，これから，$G(\mathbb{F}_4/\mathbb{F}_2)=\langle\sigma\rangle\cong C_2$ となることも分かるね．

ユキ　可換体の乗法群に含まれる有限群は巡回群になるって，§5.6 に出てきたでしょ．特に有限体 $\mathbb{F}_q$　$(q=p^n)$ について，$\mathbb{F}_q^\times\cong C_{q-1}$ だから，$\alpha\in\mathbb{F}_q^\times$ なら $\alpha^{q-1}=1_{\mathbb{F}_q}$．これから，ゼロ元をも仲間に入れて，$\alpha\in\mathbb{F}_q$ なら $\alpha^q=\alpha$ になるわね．

ケン　ところで，一般の場合にも $\mathbb{F}_p$ は $\mathbb{F}_q$　$(q=p^n)$ の部分体としてよいことが分かる．$\mathbb{F}_q$ の乗法についての単位元を 1，ゼロ元を 0 と書こう．$\mathbb{F}_q$ は有限加群だからその加群のメンバーとしての位数 a は $q=p^n$ の約数で $a\neq1$ だね．1 を a 回足し合わせたものを a と書こう．もしこの a が合成数 $a=bc$ $(1<b,c)$ なら $\mathbb{F}_q$ は体だから b または c が0．a は1の位数だから合成数にはならない．しかも a は p^n の約数だから $a=p$．これから $\mathbb{F}_p\subseteq\mathbb{F}_q$ としてよいことがいえる．

ナツ　$\mathbb{F}_p$ では $\overbrace{1+\cdots+1}^{p}=0$ だから，$\alpha\in\mathbb{F}_q$ なら $p\alpha=\overbrace{\alpha+\cdots+\alpha}^{p}=\{\overbrace{1+\cdots+1}^{p}\}\alpha=0$ になる．これを使うと，二項定理から $(\alpha+\beta)^p=\alpha^p+\beta^p$, $(\alpha,\beta\in\mathbb{F}_q)$ となるよね．

ユキ　ナッチャンが言ったことを繰返して使うと $(\alpha+\beta)^{p^s}=\alpha^{p^s}+\beta^{p^s}$ も言えるわね．

ところで $K=\mathbb{F}_q$ $(q=p^n)$, $L=\mathbb{F}_{q^m}$ と置くと，L は K の m 次拡大でしょ．L に含まれる q^m 個のメンバーは方程式 $X^{q^m}-X=0$ の q^m 個の解と一致するから，L はこの分離的多項式の K 上最小分解体，つまり，ガロア拡大になっている．L からそれ自身への写像 σ を $\sigma(\alpha)=\alpha^q$ $(\alpha\in L)$ によって決めると，この σ はガロア群 $G(L/K)$ のメンバーになってる．

ナツ　$L^\times\cong C_{q^m-1}$ の生成元の一つを ζ と置くと，$\sigma(\zeta)=\zeta^q$ となって，$(q,q^m-1)=1$ だから ζ^q も $L^\times$ の生成元になる．$\sigma^m(\zeta)=\zeta^{q^m}=\zeta$ から $\sigma^m=e$，しかも，σ の位数はちょうど m になってる．ガロア理論の基本定理を使うと，$|G(L/K)|=m$ だから，$G(L/K)\cong C_m$ で，その生成元として σ が取れるわけね．

ケン　σ を $\mathbb{F}_{q^m}/\mathbb{F}_q$ の**フロベニウス**（G. Frobenius）**置換**と呼ぶ．ガロア群 $G(\mathbb{F}_{q^m}/\mathbb{F}_q)$ はこのフロベニウス置換によって生成される m 次巡回群になるわけだね．

9.4　n 次代数体の整数環

ナツ　2次体 $K=\mathbb{Q}(\sqrt{m})$（m は $0,1$ とは異なる，平方因子を持たない整数）は $\mathbb{Q}$ 上の分離的2次方程式 $X^2-m=0$ の最小分解体だから，$K/\mathbb{Q}$ はガロア拡大になる．そのガロア群 $G=G(K/\mathbb{Q})$ は

2 次巡回群と同型で，$a+b\sqrt{m}$ $(a, b\in\mathbb{Q})$ に $a-b\sqrt{m}$ を対応させる K の自己同型 σ によって生成されるわけよね．

ところで，2 次体についてすごみのある話しって，その整数環 $\mathfrak{o}_K$ や，それに含まれるイデアルに関することだったよね．n 次代数体についてもその整数環とか，イデアルの話しがあるんでしょ．

ケン その通りなんだ．2 次体 K の整数環のことについて思いだしとこう．$\alpha\in K$ が整数環に入るための条件は，そのトレイスとノルム，つまり $Tr(\alpha)=\alpha+\sigma(\alpha)$, $N(\alpha)=\alpha\sigma(\alpha)$ が共に整数になることだったね．これは α が方程式

$$P[X]=X^2-Tr(\alpha)X+N(\alpha)=(X-\alpha)(X-\sigma(\alpha))=0$$

の解になっていることを意味する．これはモニックな 2 次方程式で，係数が整数になっているでしょ．特に $\alpha=a\in\mathbb{Z}$ のときは $P=X^2-2aX+a^2=(X-a)^2$ になるけど，わざわざ 2 次式まで取らなくても，a は $X-a=0$ という，これもモニックで整数係数の方程式の解になっている．

ここで，話しをぐっと広げて，複素数 α がモニックで整数係数の方程式の解になるときに，**代数的整数**と呼ぶんだ．普通の整数はもちろん代数的整数だし，2 次体の整数環のメンバーもそうだね．でも，例えば $\dfrac{1}{2}$ なんかは代数的整数にはならない．

ユキ $X-\dfrac{1}{2}=0$ が整数係数にはならないことは分かるけど，もっと高い次数でモニック，しかも整数係数の方程式があって，その解の一つが $\dfrac{1}{2}$ になったりすることってないのかしら？

ケン 実は有理数 a がモニックで整数係数の方程式 $P[X]=X^n+a_{n-1}X^{n-1}+\cdots+a_1X+a_0=0$ $(a_k\in\mathbb{Z})$ の解になれば，a は整数になることが言える．a が整数ではないとすれば，既約分数 $a=\dfrac{b}{c}$ の分母 c は必ずある素数 p で割り切れるよね．

ユキ　あ，分かった．$P[a]=a^n+a_{n-1}a^{n-1}+\cdots+a_1a+a_0=0$ の両辺に c^n を掛けるんでしょ．すると

$$b^n=-(a_{n-1}cb^{n-1}+\cdots+a_1c^{n-1}b+a_0c^n$$

となって，右辺は p の倍数になるけど，左辺はそうではない．これは矛盾ってわけね．

ところで，2次体 K の整数環 $\mathfrak{o}_K$ のメンバーが代数的整数になることは分かったけど，K に含まれる代数的整数が $\mathfrak{o}_K$ に入ることは本当かしら？それと，代数的整数同士を足したり，掛けたりして出来る数も代数的整数になるの？

ケン　K に含まれる代数的整数 α が，モニックで整数係数の方程式 $P[X]=0$ の解になっているとしよう．つまり $P[\alpha]=0$ となるわけ．すると $\sigma(P[\alpha])=P[\sigma(\alpha)]=0$ となること，分かるよね．

ユキ，ナツ　そうか，α が代数的整数なら $\sigma(\alpha)$ も同じく代数的整数になるわけね．代数的整数同士の和や積がやはり代数的整数になることが本当なら，$Tr(\alpha), N(\alpha)$ はどちらも代数的整数で，しかも有理数でしょ．有理数で代数的整数になるものって整数だったから，結局 $Tr(\alpha), N(\alpha)$ はどちらも整数になるじゃない．これは，$\alpha\in\mathfrak{o}_K$ ってことね．つまり，2次体 K のメンバーが代数的整数になることと，それが整数環 $\mathfrak{o}_K$ に含まれることとは同値になるのね．

ケン　§9.1に出てきた4次体に含まれる $\alpha=\sqrt{m}+i$ （m は平方因子を含まない自然数で $m>1$）は $X^4-2(m-1)X^2+(m+1)^2=0$ の解だったから，代数的整数になるね．$\sqrt{m}, i$ はどちらも代数的整数だから，この α は二個の代数的整数の和になっている．ここで，$\{1, \sqrt{m}, i, \sqrt{m}i\}$ という4個の数の集合を考える．α とそれぞれの数を掛けてみよう．

ナツ，ユキ　$\alpha 1=\sqrt{m}+i$，$\alpha\sqrt{m}=m+\sqrt{m}i$，$\alpha i=\sqrt{m}i-1$，$\alpha\sqrt{m}i=mi-\sqrt{m}$．

ケン　出てきた式をひとまとめで表わそう：

$$\alpha\begin{pmatrix}1\\ \sqrt{m}\\ i\\ \sqrt{m}\,i\end{pmatrix}=\begin{pmatrix}0&1&1&0\\ m&0&0&1\\ -1&0&0&1\\ 0&-1&m&0\end{pmatrix}\begin{pmatrix}1\\ \sqrt{m}\\ i\\ \sqrt{m}\,i\end{pmatrix}$$

右辺に出てくる 4 次の正方行列を A と書くと，

$$(\alpha E_4-A)\begin{pmatrix}1\\ \sqrt{m}\\ i\\ \sqrt{m}\,i\end{pmatrix}=\begin{pmatrix}0\\0\\0\\0\end{pmatrix}$$

となるでしょ．つまり

$$\begin{pmatrix}\alpha&-1&-1&0\\ -m&\alpha&0&-1\\ 1&0&\alpha&-1\\ 0&1&-m&\alpha\end{pmatrix}\begin{pmatrix}1\\ \sqrt{m}\\ i\\ \sqrt{m}\,i\end{pmatrix}=\begin{pmatrix}0\\0\\0\\0\end{pmatrix}$$

ナツ　左辺の 4 次行列はゼロベクトルとは違うベクトルと掛け合わせるとゼロベクトルになる．§ 8.5 に出てきたけど，このとき左辺の行列の行列式はゼロになるんでしょ．

ユキ　左辺の行列 αE_4-A の行列式を第 1 列について展開をして見ましょうね：

$$\begin{aligned}|\alpha E_4-A|&=\alpha\begin{vmatrix}\alpha&0&-1\\0&\alpha&-1\\1&-m&\alpha\end{vmatrix}+m\begin{vmatrix}-1&-1&0\\0&\alpha&-1\\1&-m&\alpha\end{vmatrix}+\begin{vmatrix}-1&-1&0\\ \alpha&0&-1\\1&-m&\alpha\end{vmatrix}\\&=\alpha^4-2(m-1)\alpha^2+(m+1)^2\\&=0\end{aligned}$$

これは面白い！

ケン　話しが少し飛ぶけど，$\mathbb{C}$ の部分集合 $\{\alpha_1, \dots, \alpha_n\}$ を使って，$M=\left\{\sum_{1\leq k\leq n}c_k\alpha_k \mid c_k\in\mathbb{Z}\right\}$ という加群を考える．このような M は

有限生成であるといって $M=\{\alpha_1\ldots, \alpha_n\}_{\mathbb{Z}}$ のように書く．実は，このMがゼロ加群ではなくてね，$\gamma\in\mathbb{C}$ について $\gamma M\subseteq M$ が成り立つとき，γ は代数的整数になることが言えるんだ．

ナツ　$\gamma=\alpha=\sqrt{m}+i$ として，$M=\{1, \sqrt{m}, i, \sqrt{m}\,i\}_{\mathbb{Z}}$ と置けば $\gamma M\subseteq M$ になるわね．だんだん見えてきた．

一般の場合にも，M はゼロ加群ではないのだから，ベクトル

$\mathbf{u}=\begin{pmatrix}\alpha_1\\ \vdots\\ \alpha_n\end{pmatrix}$ はゼロベクトルとは違う．条件から n 次の整数係数行列 A があって，$\gamma\mathbf{u}=A\mathbf{u}$ という式が成り立つ．これを書き直すと $(\gamma E_n-A)\mathbf{u}=\mathbf{0}$ でしょ．これから $\det(\gamma E_n-A)=0$ となって，上の例の場合と同様に，これから γ はモニックで整数係数の方程式の解になる，つまり代数的整数になることがわかる！

ケン　実は，このことが分かると，前に出ていた問題が解ける．つまり，代数的整数同士の和や積も代数的整数になることが言えるんだ．今，α, β を代数的整数とし，どちらもゼロではないとする．α, β はそれぞれ m 次，n 次のモニックで整数係数の方程式の解になっているとしよう．このとき，有限生成な加群 $M=\{\alpha^k\beta^l\,|\,0\leq k\leq m-1, 0\leq l\leq n-1\}_{\mathbb{Z}}$ をとると，M はゼロ加群とは違うし，$\gamma=\alpha+\beta, \delta=\alpha\beta$ とすると，$\gamma M\subseteq M, \delta M\subseteq M$ となるとが直ぐに分かる．これから，$\alpha+\beta, \alpha\beta$ は共に代数的整数になることが分かるんだ．代数的整数全体の集合は $\mathbb{C}$ の部分環になることが，こうして言えるね．この部分環を $\overline{\mathbb{Z}}$ と置き，K を n 次代数体とするとき $K\cap\overline{\mathbb{Z}}$ を K の<u>整数環</u>といって $\mathfrak{o}_K$ と書く．2次体の整数環もこの特別の場合だね．

ここで，4次体 $L=K(i)$　$(K=\mathbb{Q}(\sqrt{m}))$ について話しを絞り込み，$m=5$ の場合について整数環 $\mathfrak{o}_L$ を求めてみよう．

ナツ　$\gamma\in\mathfrak{o}_L$ を $\gamma=\alpha+i\beta$　$(\alpha, \beta\in K)$ とするとき，§9.1 に出てきた L の $K_1=K$ 上の自己同型 σ_1 を γ に作用させると $\sigma_1(\gamma)=\alpha-i\beta\in\mathfrak{o}_L$ だから，

$$\gamma+\sigma_1(\gamma)=2\alpha,\ \gamma\sigma_1(\gamma)=\alpha^2+\beta^2$$

は共に $\mathfrak{o}_K$ に含まれる．ここで，上の第 2 式の両辺に 4 を掛けて $2\alpha\in\mathfrak{o}_K$ を使うと $(2\beta)^2\in\mathfrak{o}_K$ しかも $(2\alpha)^2+(2\beta)^2\equiv 0\pmod 4$ となるよね．

ユキ　一般に n 次代数体 K のメンバー α について，そのべき乗 α^n が代数的整数になるなら，α 自身も代数的整数になるよね．だから，今の場合も $2\alpha, 2\beta$ そろって $\mathfrak{o}_K$ に入るでしょ．

§6.2 に出てきたことから，$K_1=\mathbb{Q}(\sqrt{5})$ の整数環は $\{1, \dfrac{1+\sqrt{5}}{2}\}_{\mathbb{Z}}$．今，$\theta=\dfrac{1+\sqrt{5}}{2}$ と書くね．すると，$\mathfrak{o}_{K_1}/(2)$ は $0, 1, \theta, 1+\theta$ によって代表される 4 個の合同類から成り立つ．今 $\theta^2=\theta+1$ だから，$(\theta+1)^2=3\theta+2\equiv\theta\pmod 2$．$\alpha_1, \beta_1$ をそれぞれこの 4 個の代表のなかから取って $\alpha_1^2+\beta_1^2$ を作り，これが 4 の倍数になるかどうか調べると，うまく行くのは α_1, β_1 が共に 2 の倍数になるときに限ることが分かる．

ナツ　すると

$$\mathfrak{o}_L=\{\alpha+i\beta\,|\,\alpha, \beta\in\mathfrak{o}_K\}$$

となる．だから，$\mathfrak{o}_L=\{1, \theta, i, i\theta\}_{\mathbb{Z}}$ となって，$\mathfrak{o}_L$ は $\mathbb{Z}$ 上有限生成の加群になってる．

ケン　他の m についても $L=\mathbb{Q}(\sqrt{m}, i)$ の整数環がどうなるか，調べておくといいよ．

代数的整数について，他にも幾つか話しておこう．

先ず α が代数的整数で n 次モニックな整数係数方程式の解になっているとしよう．このとき $\mathbb{Z}[\alpha]=\{1, \alpha, \ldots, \alpha^{n-1}\}_{\mathbb{Z}}$ となり，この環のメンバーは全て代数的整数になること分かるね．同じように，代数的整数 $\alpha_1, \ldots, \alpha_k$ をとると，$\mathbb{Z}[\alpha_1, \ldots, \alpha_k]$ は $\alpha_1, \ldots, \alpha_k$ のべきによって生成される加群になるけど，そのメンバーも全て代数的整数になる．もう一歩進んで，複素数 α が代数的整数を係数とするモニックな方程式の解になるとしよう．つまり代数的整数 $\beta_0, \ldots, \beta_{n-1}$ を適当にとると

$$\alpha^n+\beta_{n-1}\alpha^{n-1}+\cdots+\beta_1\alpha+\beta_0=0$$

が成り立つとするわけ．すると，このような α もやはり代数的整数になることが分かる．それはね，$M=\mathbb{Z}[\alpha, \beta_0, \ldots, \beta_{n-1}]$ とすると，これが有限生成加群になることから言えるんだ．だって，$\alpha M\subset M$ が言えるでしょ．M が有限生成になることがどうしてかは，考えておいてね．

ユキ　前に，有理数で代数的整数になるものは整数しかないこと話しに出たけど，今のこと使うと，n 次代数体 K とその整数環 $\mathfrak{o}_K$ についても似たことが言えるのね．つまり，$\alpha\in K$ が $\mathfrak{o}_K$ のメンバーを係数とするモニックな方程式の解になることと，$\alpha\in\mathfrak{o}_K$ となることが同値になるでしょ．

ケン　その通り．ユキチャンが言ったことを有限次代数体の**整閉性**って言うんだ．

9.5　判別式，イデアル，分数イデアル

ユキ　二次体の整数環は2個の数で生成される $\mathbb{Z}$ 上の加群になっていたでしょ．4次体 $L=K(i)$ $(K=\mathbb{Q}(\sqrt{5}))$ の整数環も，4個の数で生成されてる．n 次代数体の整数環についても似たようなことが言えるのかしら？

ケン　実はそうなんだ．それだけじゃなくて，n 次代数体 K の整数環 $\mathfrak{o}_K$ のイデアル $\mathfrak{a}$ についても似たことが言える．$K=\mathbb{Q}(\theta)$ とし，θ を解として持つ $\mathbb{Q}$ 上の既約多項式を $P[X]$ としよう．この多項式は複素数体上で分解され

$$P[X]=(X-\theta_1)\cdots(X-\theta_n)\quad(\theta_1=\theta)$$

のように書けるね．この多項式の最少分解体を $\widetilde{K}$ と書くと，これ

は $\mathbb{Q}$ のガロア拡大体になる．ガロア群 $G(\widetilde{K}/\mathbb{Q})$ を G と書こう．$\alpha \in K$ は，$\alpha = \sum_{0 \le l \le n-1} a_l \theta^l \quad (a_k \in \mathbb{Q})$ のように書けるね．ここで，α に対応して $\alpha^{(k)} = \sum_{0 \le l \le n-1} a_l \theta_k^l$ と置き，これらを α の**共役元**と呼ぶ．ここで，

トレイス $Tr(\alpha) = \sum_{1 \le k \le n} \alpha^{(k)}$，**ノルム** $N(\alpha) = \prod_{1 \le k \le n} \alpha^{(k)}$ と置く．ガロア群 G のメンバー σ は多項式 $P[X]$ の分解式に現れる θ_k たちの置換を引き起こすよね．だから，σ によってトレイスとノルムは動かない．ということは，これらは $\mathbb{Q}$ に入ることになる．今ね，$\alpha_1, \ldots, \alpha_n \in K$ について

$$A = \begin{pmatrix} \alpha_1^{(1)} & \cdots & \alpha_n^{(1)} \\ \vdots & \ddots & \vdots \\ \alpha_1^{(n)} & \cdots & \alpha_n^{(n)} \end{pmatrix}$$

つまり (i,j) 成分が $\alpha_j^{(i)} \quad (i,j=1,\ldots,n)$ となるような行列を考える．A にこの行列の転置行列を掛けると

$${}^t\!AA = \begin{pmatrix} Tr(\alpha_1^2) & \cdots & Tr(\alpha_1\alpha_n) \\ \vdots & \ddots & \vdots \\ Tr(\alpha_n\alpha_1) & \cdots & Tr(\alpha_n^2) \end{pmatrix}$$

となって，$Tr(\alpha_i\alpha_j)$ を (i,j) 成分とする行列が現われる．この行列の成分は皆有理数だね．

ユキ　K は $\mathbb{Q}$ 上 n 次元のベクトル空間になるけど，$\alpha, \beta \in K$ について $S(\alpha, \beta) = Tr(\alpha\beta)$ と置くと，S は §8.6 に出てきた対称双一次形式になるでしょ．特に $\alpha \neq 0$ なら，$\alpha^{(k)} \neq 0$ で $N(\alpha) \neq 0$ だから $Tr(\alpha\alpha^{(2)} \cdots \alpha^{(n)}) = Tr(N(\alpha)) = nN(\alpha) \neq 0$．つまり，$S = Tr$ は非退化になる．ということは，今出てきた $\{\alpha_1, \ldots, \alpha_n\}$ が K の $\mathbb{Q}$ 上基底になっていれば，$\det {}^t\!AA = (\det A)^2 \neq 0$ ということになる．また §8.6 の話になるけどこの行列式は非退化対称双一次形式 Tr の基底 $\{\alpha_1, \ldots, \alpha_n\}$ に関する判別式になるものね！

ナツ　$\alpha_1, \ldots, \alpha_n$ が皆代数的整数なら，$\det {}^t\!AA$ は整数になる．特に $\{\alpha_1, \ldots, \alpha_n\}$ が K の $\mathbb{Q}$ 上基底にもなっていれば，$(\det A)^2$ はゼロではない整数になる．

ケン　$\mathfrak{o}_K$ のイデアル $\mathfrak{a}$ の話しをしていたんだよね．実は，$\mathfrak{a}$ がゼロイデアルではないとき，このイデアルに K の $\mathbb{Q}$ 上基底が含まれることが分かるんだ．そのために，先ず，$\alpha \in K$ は，どんな場合でも，適当な自然数 k をとって $k\alpha$ を作ると，これが代数的整数になるってことをおさえておこう．$\alpha \neq 0$ の場合に考えればいいよね．

$\dim_{\mathbb{Q}} K = n$ だから，K のメンバーを n 個より多くとって並べると，どうしても $\mathbb{Q}$ 上従属になる．特に $1, \alpha, \alpha^2, \alpha^3, \ldots$ という列は，ここに現われる数が $n+1$ 個になるか，それ以前に従属になる．ということは，ある $1 \leq m \leq n$ をとると，

$$a_m\alpha^m + a_{m-1}\alpha^{m-1} + \cdots + a_0 = 0 \quad (a_k \in \mathbb{Q}, 0 \leq k \leq m, 0 < m)$$

という式が成り立つことになる．ここで，係数 $a_m \neq 0$ としてよい．必要なら式の両辺に適当な自然数を掛けて，書き直すと，係数は全て整数だとしていいね．特に a_m は自然数として構わない．ここでさ，式の両辺に a_m^{m-1} を掛けてみよう．

ナツ，ユキ　そうか，$a_m\alpha$ が代数的整数になるじゃない！適当な自然数 $k = a_m$ でよかったのね．あれ，そうすると，$\{\alpha_1, \ldots, \alpha_n\}$ が K の $\mathbb{Q}$ 上基底ならば，それぞれの α_k を適当に自然数倍すれば，代数的整数になる．てことは，$\mathfrak{o}_K$ には必ず K の $\mathbb{Q}$ 上基底が含まれているわけね．

$\mathfrak{o}_K$ の，ゼロではないイデアル $\mathfrak{a}$ にも基底が含まれていることも分かる．だって，$\alpha \in \mathfrak{a}$ をゼロではないようにとれば，$\mathfrak{o}_K$ に含まれる基底の各メンバーを α 倍したものは皆 $\mathfrak{a}$ に入るでしょ．しかも，それらの集合はやはり基底になる．

ケン　$\mathfrak{a}$ に含まれる K の $\mathbb{Q}$ 上基底に関する判別式は皆ゼロではない整数になるけど，基底をいろいろ選んでこの判別式の絶対値が最小になるものをとろう．そのような基底の一つを $\{\alpha_1, \ldots, \alpha_n\}$ とす

るとね，これがイデアル $\mathfrak{a}$ の $\mathbb{Z}$ 上基底になる．つまり，$\mathfrak{a}=\{\alpha_1, \ldots, \alpha_n\}_{\mathbb{Z}}$ になるんだ．証明してみよう．

ナツ　$\{\alpha_1, \ldots, \alpha_n\}_{\mathbb{Z}} \subseteq \mathfrak{a}$ は当たり前．$\alpha \in \mathfrak{a}$ ならば $\alpha \in \{\alpha_1, \ldots, \alpha_n\}_{\mathbb{Z}}$ となることが分かればいいわけね．$\{\alpha_1, \ldots, \alpha_n\}$ は K の $\mathbb{Q}$ 上基底だから，$\alpha=\sum_{1\leq k\leq n} a_k\alpha_k$ となるように有理数 $a_1, \ldots, a_n$ が選べる．これらが全て整数になることが言えればいいのよね．今，仮に a_1 が整数ではないとして矛盾に到達できないかな．

ユキ　$a_1=b+c$ $(b\in\mathbb{Z}, 0<c<1)$ として矛盾を導ければ OK ね．今 $\alpha_1'=\alpha-b\alpha_1$ と置くと，もちろんこれはイデアル $\mathfrak{a}$ に入る．ここで $\{\alpha_1', \alpha_2, \ldots, \alpha_n\}$ と置くとこれはイデアルに含まれて，しかも K の $\mathbb{Q}$ 上基底になっている．この基底に関する判別式を作るために使う行列は

$$A'=\begin{pmatrix} \alpha_1'^{(1)} & \alpha_2^{(1)} & \cdots & \alpha_n^{(1)} \\ \alpha_1'^{(2)} & \alpha_2^{(2)} & \cdots & \alpha_n^{(2)} \\ \vdots & \vdots & \ddots & \vdots \\ \alpha_1'^{(n)} & \alpha_2^{(n)} & \cdots & \alpha_n^{(n)} \end{pmatrix}=A\begin{pmatrix} c & 0 & \cdots & 0 \\ a_2 & 1 & \cdots & 0 \\ \vdots & \vdots & \ddots & \vdots \\ a_n & 0 & \cdots & 1 \end{pmatrix}$$

ここで A は基底 $\{\alpha_1, \ldots, \alpha_n\}$ から判別式を作るときに使った行列．今，新たにとった基底 $\{\alpha_1', \alpha_2, \ldots, \alpha_n\}$ についての判別式は行列式 $(\det A')^2$ を計算すればよい．上の式から $\det A'=c\det A$ だから判別式の絶対値は $|(\det A)^2|c^2<|(\det A)^2|$ となる．これは，もともとの判別式の絶対値 $|(\det A)^2|$ の最小性に反する！証明完了！

ナツ　イデアル $\mathfrak{a}$ の $\mathbb{Z}$ 上基底って一つに限らないでしょ．基底が変われば判別式も変わるのかな？

ケン　$\{\alpha_1, \ldots, \alpha_n\}, \{\beta_1, \ldots, \beta_n\}$ が両方とも $\mathfrak{a}$ の $\mathbb{Z}$ 上基底だとしよう．すると $\beta_i=\sum_{1\leq j\leq n} b_{ij}\alpha_j$　$(b_{ij}\in\mathbb{Z})$ のように書ける．一方 $\alpha_i=\sum_{1\leq j\leq n} a_{ij}\beta_j$　$(a_{ij}\in\mathbb{Z})$．行列 $A=(a_{ij}), B=(b_{ij})$ を考えると，直ぐに分かるけど $AB=BA=E_n$，つまり，A, B は互いの逆行列で，どちらも $Gl_n(\mathbb{Z})$ に入るわけ．このような A, B を n 次**ユニモジュ**

ラー行列と呼ぶ．$\det A, \det B$ は $\mathbb{Z}$ の乗法についての可逆元，即ち $\pm\{1\}$ のどれかになる．

ここで，判別式だけど，先ず $\{\alpha_1, \ldots, \alpha_n\}$ に関する判別式を作るために行列 $\widetilde{A} = (\alpha_j^{(i)})$ を考えると，判別式は $(\det \widetilde{A})^2$ だったね．一方，基底 $\{\beta_1, \ldots, \beta_n\}$ についても同様に行列 $\widetilde{B} = (\beta_j^{(i)})$ を作ると，この基底に関する判別式は $(\det \widetilde{B})^2$ になる．

ナツ　$\widetilde{B} = (\beta_j^{(i)})$ だけど $\beta_j^{(i)} = \sum_{1 \leq k \leq n} b_{jk}\alpha_k^{(i)}$ を使うと $\widetilde{B} = \widetilde{A}\,{}^tB$ になるでしょ．すると，$\det \widetilde{B} = \det \widetilde{A} \det {}^tB$ になる．だけど，$\det {}^tB = \det B = \pm 1$ じゃない．判別式を作るために行列式の二乗をとると，結局 $(\det \widetilde{B})^2 = (\det \widetilde{A})^2$ となって，どちらの基底をとっても判別式は同じになる．

ケン　その通り．判別式はイデアル $\mathfrak{a}$ の基底の取り方に拠らず，イデアル自身によって決まるわけ．この判別式を $d_{\mathfrak{a}}$ と書いて**イデアル $\mathfrak{a}$ の判別式**と呼ぼう．特に $\mathfrak{a} = \mathfrak{o}_K$ のとき，$d_{\mathfrak{o}_K} = d_K$ と書いて，これを ***K* の判別式**と呼ぶ．2 次体の場合と同じだね．

前に考えた 4 次体 $L = K(i), K = \mathbb{Q}(\sqrt{5})$ の整数環の基底として $\left\{1, i, \dfrac{1+\sqrt{5}}{2}, i\dfrac{1+\sqrt{5}}{2}\right\}$ が取れたよね．これと，ガロア群 $G(L/\mathbb{Q})$ について見ておいたことを使うと判別式 d_L が計算できる．少しやっかいかも知れないけど，$d_L = 2^4 5^2$ になるんだ．チャレンジしてみてね．

9.6　ユニモジュラー行列の対角化とイデアルの基底

ナツ　$Gl_n(\mathbb{Z})$ に含まれる行列のことをユニモジュラー行列って言う話しがあったので，$n=2$ の場合について少し考えてみたのよ．例えば

$$P = \begin{pmatrix} 0 & 1 \\ 1 & 0 \end{pmatrix}, Q = \begin{pmatrix} 1 & 0 \\ 0 & -1 \end{pmatrix}, R = \begin{pmatrix} 1 & a \\ 0 & 1 \end{pmatrix} \ (a \in \mathbb{Z})$$

とすると，これらは皆ユニモジュラー行列でしょ．ところで，$A \in M_2(\mathbb{Z})$ の左から P, Q, R を掛けると PA は A の1行と2行を入れ替えたものになり，QA は A の2行の符号を取り替えたもの，RA は A の1行に2行の a 倍を足したものになるのね．今度は，同じ三つの行列を A の右から掛けると A の列についての同様な変換が起る．

ケン　いいことに気が付いたね．これを使うと面白いことが出来る．例として，ガウス数体 $\mathbb{Q}(i)$ の整数環 $\mathbb{Z}[i]$ とイデアル $\mathfrak{a}=(1+i)\mathbb{Z}[i]$ を採りあげよう．$\mathbb{Z}[i]$ の基底として $\{1, i\}$ をとると，$\mathfrak{a}$ の基底としては $\{1+i, -1+i\}$ がとれるね．大袈裟だけど $\{1, i\}=\{\alpha_1, \alpha_2\}$, $\{1+i, -1+i\}=\{\beta_1, \beta_2\}$ と置くと $\beta_1=\alpha_1+\alpha_2$, $\beta_2=-\alpha_1+\alpha_2$．これらの式の右辺に現われる係数を並べて行列を作ると

$$A=\begin{pmatrix} 1 & 1 \\ -1 & 1 \end{pmatrix}$$

ここで，$A:\{1, i\} \longrightarrow \{1+i, -1+i\}$ のように書くことにしよう．

さて，行列 A の2行に1行を足すと $\begin{pmatrix} 1 & 1 \\ 0 & 2 \end{pmatrix}$ となるね．次に，この行列の2列から1列を引くと，対角行列，つまり，対角線上に1, 2が並び，その他の成分は0となる行列 $\begin{pmatrix} 1 & 0 \\ 0 & 2 \end{pmatrix}$ が現われる．これを式で書くと

$$\begin{pmatrix} 1 & 0 \\ 1 & 1 \end{pmatrix}\begin{pmatrix} 1 & 1 \\ -1 & 1 \end{pmatrix}\begin{pmatrix} 1 & -1 \\ 0 & 1 \end{pmatrix}=\begin{pmatrix} 1 & 0 \\ 0 & 2 \end{pmatrix}$$

$U=\begin{pmatrix} 1 & 0 \\ 1 & 1 \end{pmatrix}$, $V=\begin{pmatrix} 1 & -1 \\ 0 & 1 \end{pmatrix}$ というユニモジュラー行列で左右から A を挟むと対角行列 $D=\begin{pmatrix} 1 & 0 \\ 0 & 2 \end{pmatrix}$ になるわけ．

ところで，ユニモジュラー行列 V の逆行列 $V^{-1}=\begin{pmatrix} 1 & 1 \\ 0 & 1 \end{pmatrix}$ を $\mathbb{Z}[i]$

の基底 $\{1, i\}$ に作用させると同じガウス整数環の別の基底 $\{1+i, i\}$ が現われる．この基底に AV を作用させるとイデアル $\mathfrak{a}$ の基底 $\{1+i, -1+i\}$ が出てくる．今度は，この基底にユニモジュラー行列 U を作用させると，$\mathfrak{a}$ のもう一つの基底 $\{1+i, 2i\}$ が現われる．まとめると，$\mathbb{Z}[i]$ の基底 $\{1+i, i\}$ に対角行列 $D=UAV$ を作用させると $\mathfrak{a}$ の基底 $\{1+i, 2i\}$ が出てくるわけだね．このことから，$[\mathbb{Z}[i]:\mathfrak{a}]=2$ となることも分かる．

このことは高次元の場合にも簡単に広げられる．つまり，行列の行や列の入れ替えを起こすユニモジュラー行列，行や列の符号を入れ替えるユニモジュラー行列，それにある行に他の行の整数倍を足したりひいたり，列についても同様な作用を起こすユニモジュラー行列があって，必要に応じてそれらを与えられた整数行列の左右から何度か掛けると対角行列，それも，各対角線成分が0または正の整数になる行列が現われることが分かる．これは，大学で代数学を学ぶと出てくることだけど，幾つか例の計算をしてみると分かるよ．ユニモジュラー行列の積はまたユニモジュラー行列になる．このことを使うと，n 次代数体 K の整数環 $\mathfrak{o}_K$ とそのイデアル $\mathfrak{a}\neq\{0\}$ について，大事なことが分かる．

ナツ　$\mathfrak{o}_K, \mathfrak{a}$ の基底をそれぞれ $\{\alpha_1, \ldots, \alpha_n\}, \{\beta_1, \ldots, \beta_n\}$ とすると行列式がゼロではない整数行列 A があって，$A:\{\alpha_1, \ldots, \alpha_n\}\longrightarrow\{\beta_1, \ldots, \beta_n\}$．この行列 A を左右からユニモジュラー行列 U, V で挟んで対角化し $UAV=D$ とすると，D の対角成分 $d_1, \ldots, d_n$ は全て自然数で $d_1\cdots d_n=\det D=|\det A|$．一方，$V^{-1}$ を基底 $\{\alpha_1, \ldots, \alpha_n\}$ に作用させて $\mathfrak{o}_K$ のもう一つの基底 $\{\alpha_1', \ldots, \alpha_n'\}$ を作り，同時にイデアル $\mathfrak{a}$ の基底 $\{\beta_1, \ldots, \beta_n\}$ に U を作用させて基底 $\{\beta_1', \ldots, \beta_n'\}$ を用意しておくと，対角行列 D は $\mathfrak{o}_K$ の基底 $\{\alpha_1', \ldots, \alpha_n'\}$ をイデアル $\mathfrak{a}$ の基底 $\{\beta_1', \ldots, \beta_n'\}$ に移すわけでしょ！

ユキ　すると，$\beta_1'=d_1\alpha_1', \ldots, \beta_n'=d_n\alpha_n'$ となり，このことから $[\mathfrak{o}K:\mathfrak{a}]=|\det A|=d_1\cdots d_n$ となることが出てくる．

ケン　その通り！そのことから商環 $\mathfrak{o}_K/\mathfrak{a}$ は有限環だってことも分かる．特に，$\mathfrak{a}$ が素イデアルなら，商環は有限な整域になるけど，

§5.2 に出てきたように，有限整域は体になるね．だから，$\mathfrak{a}$ は極大イデアルになる．逆に極大イデアルが素イデアルになることは当たり前だから，$\mathfrak{a}$ が素イデアルになることと，極大イデアルになることとは同値になる．

それと，もうひとつ，ナッチャンの話に出てきた $\mathfrak{o}_K$ をイデアル $\mathfrak{a}$ に移す整数行列 A を使うとすぐに分かるけど，判別式について $d_{\mathfrak{a}}=|\det A|^2 d_{\mathfrak{o}_K}$，これを書きなおすと

$$d_{\mathfrak{a}}=d_K(\mathfrak{o}_K:\mathfrak{a})^2$$

という式が成り立つことが分かる．

第 10 章　イデアル論の基本定理

10.1　イデアル論の基本定理

ケン　K を n 次代数体，$\mathfrak{o}_K$ をその整数環とするとき，整数環のイデアルでゼロイデアルとも $\mathfrak{o}_K$ とも違うものは素イデアルの積に分解され，分解は積の順序を除いて一意的だという「イデアル論の基本定理」がある．これは，$K=\mathbb{Q}$ のときには，明らかだね．K が 2 次体の場合にも第 6 章で証明した．一般の n 次代数体について，S. ラング（S. Lang）の "Algebraic Numbers" に紹介されているファン・デア・ヴェルデン（B.L. van der Waerden）による方法に従って説明しよう．

先ず，これまでに分かっていることをまとめておこう．

1）$\mathfrak{a}$ を $\mathfrak{o}_K$ のイデアルでゼロイデアルではないものとすると，$\mathfrak{a}$ は $\mathbb{Z}$ 上有限生成で，$[\mathfrak{o}_K:\mathfrak{a}]$ は有限.

2）$\mathfrak{o}_K$ の素イデアルは極大，その逆も成り立つ.

3）$\mathfrak{o}_K$ は整閉．つまり，$\alpha\in K$ がモニックで $\mathfrak{o}_K$ の数を係数とする方程式の解になるならば，$\alpha\in\mathfrak{o}_K$.

1）から分かることだけど，$\mathfrak{o}_K$ のイデアルの**昇鎖**つまり $\mathfrak{a}\subsetneqq\mathfrak{a}_1\subsetneqq\mathfrak{a}_2\subsetneqq\cdots$ を満たす列があれば，それは有限のところでストップする．$\mathfrak{a}_i\subsetneqq\mathfrak{a}_j$ なら $[\mathfrak{o}_K:\mathfrak{a}_i]\gneqq[\mathfrak{o}_K:\mathfrak{a}_j]$ だからね．これをイデアルの**昇鎖律**という．イデアル $\mathfrak{a}$ は，もしも，それ自身が極大でなければ，必ずある極大イデアル $\mathfrak{p}$ に含まれる．整数環 $\mathfrak{o}_K$ は整域で体にはならないから，必ずゼロイデアルともそれ自身とも違うイデアルを含む，だから，整数環には必ず極大イデアルが含まれることも言える．

それと，これからよく出てくる，逆イデアル $\mathfrak{a}^{-1}$ のことも大事だ．

ナツ　逆イデアルって？

ケン　今度はイデアル $\mathfrak{a}$ はゼロイデアルではないけど，整数環自身でもよい．$\mathfrak{a}^{-1}=\{\alpha\in K\mid\alpha\mathfrak{a}\subset\mathfrak{o}_K\}$ と置いて定義される K の $\mathfrak{o}_K$ 部分加群を，$\mathfrak{a}$ の**逆イデアル**というんだ．$\beta\in\mathfrak{a}, \beta\neq 0$ とすると，$\beta\mathfrak{a}^{-1}$ は $\mathfrak{o}_K$ のイデアルになるでしょ．だから，これは $\mathbb{Z}$ 上有限生成．従って $\mathfrak{a}^{-1}$ も $\mathbb{Z}$ 上有限生成になるね．一般に $\mathbb{Z}$ 上有限生成な K の $\mathfrak{o}_K$ 部分加群を K の**分数イデアル**と呼ぶことにする．

ユキ　$\mathfrak{a}$ もその逆イデアルも分数イデアルね．分数イデアル同士の積も分数イデアルになるのかしら？

ナツ　$\mathfrak{a}, \mathfrak{b}$ を K の分数イデアルとすると，それらの積も K の $\mathfrak{o}_K$ 部分加群になることは見えるけど，$\mathbb{Z}$ 上有限生成になるかしら？

ケン　$\mathfrak{a}, \mathfrak{b}$ は共に $\mathbb{Z}$ 上有限生成だから，適当な $\alpha, \beta\in\mathfrak{o}_K$ $(\alpha, \beta\neq 0)$ をとれば $\alpha\mathfrak{a}, \beta\mathfrak{b}$ は共に $\mathfrak{o}_K$ のイデアルになるよね．だから，$\alpha\mathfrak{a}, \beta\mathfrak{b}$ の積は有限生成．これから，$\mathfrak{a}\mathfrak{b}$ も有限生成になるわけ．

ここらで，基本定理のことに入ろう．$\mathfrak{a}$ を $\mathfrak{o}_K$ のイデアルでゼロイデアルでも $\mathfrak{o}_K$ 自身でもないものとする．これが，幾つかの素イデアルの積に分解されることを言いたいわけだけど，それを示すために，先ず，適当な素イデアル $\mathfrak{p}_1, \ldots, \mathfrak{p}_k$ をとると

$$\mathfrak{p}_1\cdots\mathfrak{p}_k\subseteq\mathfrak{a}$$

となることを証明しよう．$\mathfrak{a}$ 自身が素イデアルとか有限個の素イデアルの積なら，大丈夫．でも，この主張が成り立たないようなイデアル $\mathfrak{a}\neq(0)$ があるとしてね，それと同じ性質を持つイデアル仲間を全部集めて，それを S と置く．実は S が空集合になることが分かればいいね．先ず，S には素イデアルは含まれない．整数環 $\mathfrak{o}_K$ は極大イデアルを含むから，$\mathfrak{o}_K$ も S には入らない．もしも S が空集合ではないなら，それに含まれるイデアルの昇鎖を一つとって，その終点にくるイデアルを $\mathfrak{a}$ としよう．つまり，$\mathfrak{a}\subsetneqq\mathfrak{b}$ のようなイデアル $\mathfrak{b}$ は幾つかの素イデアルの積に分解されるというわけ．$\mathfrak{a}$ は素イデアルではないわけだから，適当な $b, c\in\mathfrak{o}_K$ をとると，$b, c\notin\mathfrak{a}, bc\in\mathfrak{a}$ のように出来る．これまでと同様に $b\mathfrak{o}_K=(b)$ のように

書き，イデアルの和 $\mathfrak{b}=\mathfrak{a}+(b)$ を作ると $\mathfrak{a}\subsetneqq\mathfrak{b}$. 同様に $\mathfrak{c}=\mathfrak{a}+(c)$ も $\mathfrak{a}$ を含み，それよりも大きい．だから，$\mathfrak{b},\mathfrak{c}$ はどちらも $\mathfrak{a}$ の仲間ではなく，それぞれが有限個の素イデアルの積を含む．

ナツ　$bc\in\mathfrak{a}$ だから，$\mathfrak{bc}\subseteq\mathfrak{a}$ じゃない．この式の左辺は有限個の素イデアルの積を含むわけでしょ．すると，それは $\mathfrak{a}$ にも含まれることになって，矛盾！

ケン　次のステップは，素イデアル $\mathfrak{p}$ について，$\mathfrak{p}^{-1}\mathfrak{p}=\mathfrak{o}_K$ を示すこと．ここで，$\mathfrak{p}=(a)$ のように単項イデアルの場合には，$\mathfrak{p}^{-1}=(a^{-1})$ だから明らか．単項イデアルではない場合について考えればよい．

先ず，これは，$\mathfrak{p}$ が単項イデアルの場合にも成り立つことだけど，$\mathfrak{o}_K\subsetneqq\mathfrak{p}^{-1}$ となることを示そう．

ナツ，ユキ　$\mathfrak{p}=(a)$ なら，$a^{-1}\notin\mathfrak{o}_K$ だから大丈夫ね．単項ではない場合はどうなのかしら？

ケン　$a\in\mathfrak{p}, a\neq 0$ としよう．第 1 ステップを使うと，$\mathfrak{p}_1\cdots\mathfrak{p}_k\subseteq(a)$ を満たすように素イデアル $\mathfrak{p}_1,\dots,\mathfrak{p}_k$ が取れる．ここで，k は，この式が成り立つものの中で最小になるようにとろう．$(a)\subset\mathfrak{p}$ だから，これらの素イデアルのなかのどれかは $\mathfrak{p}$ に含まれる．それを，例えば $\mathfrak{p}_1$ とすると，今の場合，素イデアルは極大だから $\mathfrak{p}_1=\mathfrak{p}$. ここで，もしも，$k=1$ なら $\mathfrak{p}\subseteq(a)\subseteq\mathfrak{p}$ だから，$\mathfrak{p}=(a)$ となって，単項の場合になってしまう．だから，$2\leq k$ としてよいね．ところが，k の最小性から $\mathfrak{p}_2\cdots\mathfrak{p}_k\nsubseteq(a)$. つまり，この左辺の積に入る b で (a) には含まれないものがあるね．でも，$b\mathfrak{p}\subseteq\mathfrak{p}_1\cdots\mathfrak{p}_k\subseteq(a)$ でしょ．すると $a^{-1}b\mathfrak{p}\subseteq\mathfrak{o}_K$ となって，$a^{-1}b\in\mathfrak{p}^{-1}$. ここで，もしも，$a^{-1}b=c\in\mathfrak{o}_K$ なら，$b=ac\in(a)$ となって，b の取り方に矛盾．こうして $\mathfrak{p}^{-1}$ には $\mathfrak{o}_K$ には属さない $a^{-1}b$ が含まれることになって，$\mathfrak{o}_K\subsetneqq\mathfrak{p}^{-1}$ が言えた．

このことを使うと $\mathfrak{p}^{-1}\mathfrak{p}=\mathfrak{o}_K$ となることは簡単に言える．

ユキ　$\mathfrak{p}\subseteq\mathfrak{p}\mathfrak{p}^{-1}\subseteq\mathfrak{o}_K$ となるでしょ．$\mathfrak{p}$ は極大だから $\mathfrak{p}\mathfrak{p}^{-1}$ は $\mathfrak{p}$ に等しいか，$\mathfrak{o}_K$ となるかのどちらかよね．

ケン　$\mathfrak{p}\mathfrak{p}^{-1}=\mathfrak{p}$ なら，$\mathfrak{p}^{-1}$ のメンバーは $\mathbb{Z}$ 上有限生成加群 $\mathfrak{p}$ を不

変にするでしょ．§9.4で話したように，そのようなメンバーは代数的整数になる．$\mathfrak{o}_K$ の整閉性から，$\mathfrak{p}^{-1}$ のメンバーは全て $\mathfrak{o}_K$ に含まれる．これから，$\mathfrak{p}^{-1}$ は $\mathfrak{o}_K$ に入ることになり，$\mathfrak{o}_K \subsetneq \mathfrak{p}^{-1}$ と矛盾する！だから，$\mathfrak{p}^{-1}\mathfrak{p}=\mathfrak{o}_K$ となるしかない．

ナツ　同じようなことって，素イデアルについてしか言えないのかしら？

ケン　そう，そこで次のステップに入る．つまりね，$\mathfrak{a}$ を例によって $\mathfrak{o}_K$ のイデアルで，ゼロイデアルとは違うものとすると，適当な分数イデアル $\mathfrak{b}$ をとれば $\mathfrak{a}\mathfrak{b}=\mathfrak{o}_K$ となることが言えるんだ．ここでも，イデアルの昇鎖律を使う．つまり，仮に今いったことが成り立たないようなイデアルがあるとして，そのようなイデアル全体の集まりを T と書こう．この T が空集合だって分かればいいでしょ．もしも T が空集合ではなければ，T に入るイデアルの中で極大なものがある．それを $\mathfrak{a}$ としよう．直前のステップで分かったことから，この $\mathfrak{a}$ は素イデアルではないし，もちろん $\mathfrak{o}_K$ とも違う．だから，$\mathfrak{a}\subsetneq\mathfrak{p}$ となるように素イデアル $\mathfrak{p}$ をとることが出来る．$\mathfrak{p}^{-1}\subseteq\mathfrak{a}^{-1}$ だから $\mathfrak{a}\mathfrak{p}^{-1}\subseteq\mathfrak{a}\mathfrak{a}^{-1}\subseteq\mathfrak{o}_K$．ここで，$\mathfrak{a}_1=\mathfrak{a}\mathfrak{p}^{-1}$ と置けば $\mathfrak{a}\subsetneq\mathfrak{a}_1$ となるけど，何故か分かる？

ナツ，ユキ　$\mathfrak{o}_K\subseteq\mathfrak{p}^{-1}$ だから $\mathfrak{a}\subseteq\mathfrak{a}_1$．もしも $\mathfrak{a}=\mathfrak{a}_1$ なら，$\mathfrak{p}^{-1}$ のメンバーは $\mathbb{Z}$ 上有限加群である $\mathfrak{a}$ を不変にする．だから，$\mathfrak{p}^{-1}\subseteq\mathfrak{o}_K$ となって矛盾！

すると，$\mathfrak{a}$ より大きい $\mathfrak{a}_1$ については，その逆，つまり $\mathfrak{c}\mathfrak{a}_1=\mathfrak{o}_K$ となるような分数イデアル $\mathfrak{c}$ が取れるわけでしょ．書き直すと $\mathfrak{c}\mathfrak{a}\mathfrak{p}^{-1}=\mathfrak{o}_K$．ここで，$\mathfrak{b}=\mathfrak{c}\mathfrak{p}^{-1}$ と置けば $\mathfrak{a}\mathfrak{b}=\mathfrak{o}_K$！これは $\mathfrak{a}$ のとり方に反してしまう．ということは集合 T が空だってことね．結局ゼロイデアル以外のどんなイデアル $\mathfrak{a}$ をとっても分数イデアル $\mathfrak{b}$ をうまくとれば $\mathfrak{a}\mathfrak{b}=\mathfrak{o}_K$ となるわけだ．でも，この $\mathfrak{b}$ って，$\mathfrak{a}^{-1}$ と違うかしら？

ケン　$\mathfrak{b}\subseteq\mathfrak{a}^{-1}$ は明らか．逆に $\alpha\in\mathfrak{a}^{-1}$ とすると，$\alpha\mathfrak{a}\subseteq\mathfrak{o}_K$ だから，$\alpha\mathfrak{a}\mathfrak{b}\subseteq\mathfrak{b}$．$\mathfrak{a}\mathfrak{b}=\mathfrak{o}_K$ だったから，$\alpha\in\mathfrak{b}$，つまり $\mathfrak{a}^{-1}\subseteq\mathfrak{b}$．以上をまとめて，$\mathfrak{b}=\mathfrak{a}^{-1}$, $\mathfrak{a}\mathfrak{a}^{-1}=\mathfrak{o}_K$．

ところで，今度はゼロではない分数イデアル $\mathfrak{a}$ にも，その逆があることが直ぐに分かる．$\alpha \in \mathfrak{o}_K$ を適当に選ぶと $\alpha\mathfrak{a}=\mathfrak{b}$ はゼロではない $\mathfrak{o}_K$ のイデアルになるよね．だから $\mathfrak{b}^{-1}\mathfrak{b}=\mathfrak{o}_K$．分数イデアル $\mathfrak{c}=\alpha\mathfrak{b}^{-1}$ をとれば，$\mathfrak{c}\mathfrak{a}=\mathfrak{o}_K$．この分数イデアル $\mathfrak{c}$ を $\mathfrak{a}$ の逆イデアルと呼んで，$\mathfrak{a}^{-1}$ と書くわけ．

結局，ゼロではない K の分数イデアル全体の集合は積について群となるわけだね．

特に $\mathfrak{b} \subset \mathfrak{a}$ が共にゼロではない $\mathfrak{o}_K$ のイデアルならば，$\mathfrak{a}^{-1}\mathfrak{b} \subset \mathfrak{o}_K$ で，$\mathfrak{c}=\mathfrak{a}^{-1}\mathfrak{b}$ はイデアル．だから，このとき $\mathfrak{b}=\mathfrak{a}\mathfrak{c}$ と書ける．逆にこのとき，$\mathfrak{b} \subset \mathfrak{a}$ が言える．

さて，この辺で，目的の定理の証明を考えよう．

ユキ　ゼロではない $\mathfrak{o}_K$ のイデアル $\mathfrak{a} \neq \mathfrak{o}_K$ は素イデアルの積に分解されて，その分解は積の順序を除けば一意的だってことね．

また，昇鎖律の出番でしょ．先ず，このように分解されないイデアルがあるとして，そのなかで極大になるものを $\mathfrak{a}$ とする．このイデアルは素イデアルでも $\mathfrak{o}_K$ でもないから，$\mathfrak{a} \subsetneq \mathfrak{p}$ となるように素イデアル $\mathfrak{p}$ がとれる．包含関係式の両辺に $\mathfrak{p}^{-1}$ を掛ければ $\mathfrak{p}^{-1}\mathfrak{a} \subset \mathfrak{o}_K$．前と同様に $\mathfrak{a} \subsetneq \mathfrak{p}^{-1}\mathfrak{a}$ だから，右辺のイデアル $\mathfrak{p}^{-1}\mathfrak{a}$ は素イデアルの積に分解される．その分解式に $\mathfrak{p}$ を掛ければ $\mathfrak{a}$ の素イデアル分解が出てくる！結局ゼロイデアル以外のイデアルは必ず素イデアルの積に分解されないとおかしいことになるわけね．

ナツ　分解の一意性も直ぐに分かる．先ず，$\mathfrak{a}, \mathfrak{b}$ を $\mathfrak{o}_K$ のイデアル，$\mathfrak{p}$ を素イデアルとし，$\mathfrak{a}\mathfrak{b} \subset \mathfrak{p}$ とすると，$\mathfrak{a} \subset \mathfrak{p}$ か $\mathfrak{b} \subset \mathfrak{p}$ のどちらかが成り立つよね．今，イデアル $\mathfrak{a}$ が 2 通りの素イデアル分解

$$\mathfrak{a}=\mathfrak{p}_1 \cdots \mathfrak{p}_k=\mathfrak{q}_1 \cdots \mathfrak{q}_l$$

で表されているとすると，素イデアル $\mathfrak{p}_1$ は素イデアル $\mathfrak{q}_1, \ldots, \mathfrak{q}_l$ のどれかを含む．でも，素イデアルは皆極大イデアルでもあるから，$\mathfrak{p}_1$ は $\mathfrak{q}_1, \ldots, \mathfrak{q}_l$ のどれか一つ，例えば $\mathfrak{q}_1$ と同じだとしてよい．ここで，分解式の両辺に $\mathfrak{p}_1^{-1}$ を掛ければ，素イデアルの個数が一つ減る．k についての帰納法を使えば，分解の一意性が示される．

ユキ　分解式に現われる素イデアルのなかで重複するものをまとめれば，

$$\mathfrak{a}=\mathfrak{p}_1^{e_1}\cdots\mathfrak{p}_r^{e_r} \quad (e_k\in\mathbb{N})$$

のように書けるわね．指数 e_k としてゼロとかマイナスの整数も許せば，一般にゼロではない分数イデアル $\mathfrak{a}$ についても同様な分解式が得られるでしょ．$\mathfrak{b}=\alpha\mathfrak{a}$ が $\mathfrak{o}_K$ のイデアルになるように $\alpha\neq0$ を $\mathfrak{o}_K$ の中からとって，単項イデアル (α) を素イデアルの積に分解し，更に $\mathfrak{b}$ をも分解しておいて，$\mathfrak{a}$ の分解式を作ればいいでしょ．

10.2　デデキント整域，局所環

ケン　整域 R について

1）R のイデアルは昇鎖律を満たす．

2）R の素イデアルは極大．

3）R は整閉．

の条件が満たされるとき，R は**デデキント**（J.W.R. Dedekind）**整域**と呼ばれる．有限次代数体の整数環 $\mathfrak{o}_K$ はデデキント整域になるね．前のセクションで $\mathfrak{o}_K$ のゼロイデアルでもそれ自身でもないイデアルは素イデアルの積に分解され，分解は一意的だという定理が示されたけど，よく見ると，証明で使ったことは $\mathfrak{o}_K$ がデデキント整域だということだった．ということは，デデキント整域についても全く同様なイデアルの分解定理が成り立つわけだね．

ユキ　$\mathfrak{o}_K$ の他にもデデキント整域ってあるの？

ケン　整域とその局所化の話，覚えてる？ §5.7 に出てきたね．R を整域，S を乗法半群 R の部分半群で 1_R を含み 0_R を含まないものとするとき，R の商体 F の部分整域 $S^{-1}R=\{a/b\in F\mid b\in S\}$ を R の S による局所化といった．実は，R がデデキント整域なら，$S^{-1}R$ もデデキント整域になるんだ．

一般に整域 R のイデアル I に $S^{-1}R$ のイデアル $\tilde{I}=IS^{-1}R$ を対応

させよう．$S^{-1}R$ のイデアル J をとり $J'=J\cap R$ と置くとこれは R のイデアルになるね．$\tilde{J}'=J$ となるんだけど，分かるかな？

ナツ　$\tilde{J}'\subseteq J$ は明らか．逆をいえばいいんでしょ．$a/b\in J$ とすると，$a=b\cdot a/b\in J'$．$1_R/b\in S^{-1}R$ だから $a/b=1_R/b\cdot a\in\tilde{J}'$．

あ，そうか！この対応で，$S^{-1}R$ のイデアルの昇鎖は R のイデアルの昇鎖に対応する．だから，R のイデアルが昇鎖律を満たせば $S^{-1}R$ のイデアルについても同じことが言える！

ユキ　P を $S^{-1}R$ の素イデアルとすると，$P'=P\cap R$ は当然 R の素イデアル．今 R をデデキント整域としているから，P' は R の極大イデアル．だから，$P=\widetilde{P'}$ も極大になる．

$S^{-1}R$ が整閉だということが分かれば，$S^{-1}R$ がデデキント整域だということが言えるわけね．$S^{-1}R$ の商体は R の商体と同じ F になるよね．$\alpha\in F$ がモニックな式

$$\alpha^n+a_{n-1}/b_{n-1}\alpha^{n-1}+\cdots+a_0/b_0=0_R\quad(a_k\in R,\ b_k\in S)$$

を満たせば $\alpha\in S^{-1}R$ となることが言えればいいのよね．

ナツ　$b=b_{n-1}\cdots b_0$ と置いて，上の式の分母を全部 b に置き換えると，式は

$$\alpha^n+c_{n-1}/b\alpha^{n-1}+\cdots+c_0/b=0_R\quad(c_k\in R)$$

のように書き直せる．式の両辺に b^n を掛けると式は変形されて

$$(b\alpha)^n+c_{n-1}(b\alpha)^{n-1}+\cdots+c_0b^{n-1}=0_R$$

となり，$b\alpha$ がモニックで R のメンバーを係数とする方程式の解となることが分かる．R は整閉だから $b\alpha\in R$．$b\in S$ だから，これは $\alpha\in S^{-1}R$ となること，つまり $S^{-1}R$ が整閉だということが言えた．

ユキ　めでたく，R がデデキント整域なら $S^{-1}R$ もデデキント整域になることが言えた！　$S^{-1}R$ についてもイデアルの素イデアル分解定理が成り立つわけね．

ケン　P が R の素イデアルで $S=R-P$，つまり R から P を除外したものとするとき，$S^{-1}R=\widetilde{R}_P$ と書くことにする．この環はとり

わけシンプルなものになるんだ．先ず，$\tilde{P}$ は $\tilde{R}_P$ の極大イデアルになるわけだけど，$\tilde{R}_P$ のイデアル $\tilde{I}\neq\tilde{R}_P$ がこの極大イデアルからはみ出すメンバーを含めば，そのイデアルは環 $\tilde{R}_P$ 自身になるから，$\tilde{I}$ は $\tilde{P}$ に含まれるね．これは，$\tilde{P}$ が $\tilde{R}_P$ の唯一つの極大イデアルになることを意味している．$\tilde{I}$ は素イデアル，といっても $\tilde{P}$ のことだけど，の積に分解されるでしょ．つまり $\tilde{I}=\tilde{P}^k$ のように書ける．

それだけじゃないんだ．今，$\tilde{P}-\tilde{P}^2$ に含まれる $\tilde{R}_P$ のメンバーの一つをとって，π とするとね，$\tilde{P}=(\pi)$ となるんだ．

ユキ　単項イデアル (π) は $\tilde{P}\supset(\pi)$ となり，$(\pi)=\tilde{P}^k$　$(k=1, 2, \ldots)$ となるでしょ．だけど，$\pi\notin\tilde{P}^2$ だから $(\pi)\neq\tilde{P}^2$．これから $(\pi)=\tilde{P}$ になるしかない！すると，$\tilde{P}^k=(\pi^k)$ となって，$\tilde{R}_P$ のイデアルは全て単項，しかも (π^k) のように書ける．確かにシンプルね！　$\tilde{P}\supsetneq\tilde{P}^2\supsetneq\tilde{P}^3\supsetneq\ldots$ と小さくなってゆく輪の列．すべての $\tilde{P}^k=(k=1, 2, \ldots)$ に含まれるのはゼロ元だけよね！

ケン　整域 R が唯一つの極大イデアルでゼロイデアルではないものを含むとき，R を**局所環**と呼ぶ．上に出てきた $\tilde{R}_P$ は典型的な局所環だ．

特に，K を有限次代数体，$R=\mathfrak{o}_K$ を，その整数環，$P=\mathfrak{p}$ を，その素イデアルとすれば，$F\cong R/P$ は有限体．R/P の代表元の集合を $\mathbb{F}$ とするね．$\tilde{R}_P$ のメンバー $\alpha=a/b$ $(b\in\mathfrak{o}_K-\mathfrak{p})$ をとると $\alpha\equiv a_0 \pmod{\tilde{P}}$ となるように $a_0\in\mathbb{F}$ がとれる．なぜなら，$bb'\equiv1 \pmod{\mathfrak{p}}$ となるように $b'\in\mathfrak{o}_K$ を選ぶと $a/b\equiv ab' \pmod{\tilde{P}}$ だから，$a_0\equiv ab' \pmod{\mathfrak{p}}$ となるように $a_0\in\mathbb{F}$ をとればよい．$\alpha=a_0+\pi\alpha_1$ $(\alpha_1\in\tilde{R}_P)$ となるね．α のかわりに α_1 について同じことを考えれば $\alpha_1=a_1+\pi\alpha_2$ となるように $a_1\in\mathbb{F}, \alpha_2\in\tilde{R}_P$ がとれる．$\alpha-(a_0+\pi a_1)\in\tilde{P}^2$ だね．同様に $a_2, a_3, \ldots, a_e$ を $\mathbb{F}$ から選んで $\alpha-\sum_{k=0}^{e}a_k\pi^k\in\tilde{P}^{e+1}$．ここで e を大きくすると左辺の差はどんどん小さい $\tilde{P}^e$ に入る．このとき

$$\alpha=\sum_{k=0}^{\infty}a_k\pi^k \quad (a_k\in\mathbb{F})$$

のように書くことにする．a_k は α によって一意的に決まる．

これから使われる**中山**（中山正）**の補題**と呼ばれるものについて話しておこう．

補題1（中山） 整域 R のイデアル I が，R に含まれる全てのゼロではない極大イデアルに含まれているとする．今，R 加群 M が R 上有限生成，つまり，M のメンバー $\mu_1, \ldots, \mu_n$ を適当にとると，$M=\{\mu_1, \ldots, \mu_n\}_R=\left\{\sum_{1\leq k\leq n} a_k\mu_k \mid a_k\in R\right\}$ となっているとする．もしも，$IM=M$ ならば $M=\{0_M\}$ となる．

証明は簡単だ．R 加群 M の生成元 $\mu_1, \ldots, \mu_n$ の個数 n についての帰納法を使う．$n=1$ なら $\mu_1=c\mu_1$ となるようにイデアル I のメンバー c が取れるね．すると $(1_R-c)\mu_1=0_M$．ここで，もしも $1_R-c\in R^\times$ なら，その逆元を式の両辺に掛けて $\mu_1=0_M$，これは $M=\{0_M\}$ となることを意味する．1_R-c が $R^\times$ に含まれないなら，それはある極大イデアル J に含まれる．補題の仮定から $I\subset J$ でしょ．すると $1_R\in J$ となって矛盾．今，生成元の個数 $m\geq 1$ について補題が成り立つとして，$n=m+1$ の場合について考えよう．このときも，

$$\mu_1=c_1\mu_1+\cdots+c_n\mu_n \quad (c_k\in I)$$

のように書けるね．

ナツ　前と同じように

$$(1_R-c_1)\mu_1=c_2\mu_2+\cdots+c_n\mu_n$$

もしも，$1_R-c_1\in R^\times$ なら両辺にこの逆数を掛けて μ_1 を $\mu_2, \ldots, \mu_n$ で表せる．すると M の生成元の個数が一つ少ない場合に帰着させられるから，帰納法の仮定によって，$M=\{0_M\}$．1_R-c_1 が $R^\times$ に入らないなら，これはある極大イデアル J に入るから，やはり 1_R も J に含まれることになって矛盾ということね．

ケン　その通り！局所環について，これも後で使う命題があるので，話しとこう．

R を局所環，F をその商体とし，V を F 上 n 次元のベクトル空間とする．今，M を V に含まれる R 加群で V の F 上基底 $\{v_1, \ldots, v_n\}$ を含み，$M=\{v_1, \ldots, v_n\}_R$ となるものとする．§8.2 に出てきた言い方を使うと M は R 上 n 階の自由加群になるわけだね．P を R に含まれる唯一つの極大イデアルとしよう．R/P はもちろん体になるね．また，M/PM は R/P 上のベクトル空間になる．このとき，$\dim_{R/P} M/PM=n$ となることが分かる．

ナツ　$\{v_1, \ldots, v_n\}$ が，$\mathrm{mod}\ P$ でも線形独立になることを言えばいいんでしょ．つまり，R に含まれる $a_1, \ldots, a_n$ について

$$a_1v_1+\cdots+a_nv_n\in PM$$

となるなら，$a_1, \ldots, a_n$ は全て P に入ることを言えばよい．今，仮に $a_1\notin P$ になるとして，矛盾が出てこないかしら？

ユキ　そうすると $a_1\in R^\times$ だから，上の式の両辺に a_1^{-1} を掛けると $v_1=b_2v_2+\cdots+b_nv_n+cu$, $b_2, \ldots, b_n\in R$, $c\in P$, $u\in M$ のように書ける．

ナツ　もしも $n=1$ なら $v_1\in PM$ となって，これから $PM=M$ となる．あ，ここで中山の補題が使える！つまり，この式から $M=\{0_V\}$ だから，$v_1=0_V$ となって，$\dim_F V=0$．矛盾！

$n>1$ のときはどうなるのかな？

ケン　そのときは，

$$N=M/\{v_2, \ldots, v_n\}_R$$

と置くと，$v_1(\mathrm{mod}\{v_2, \ldots, v_n\}_R)\in PN$ となり，$PN=N$．また，中山の補題によって $N=\{0_N\}$．これは $v_1\in\{v_2, \ldots, v_n\}_R$ を意味し，$\{v_1, \ldots, v_n\}$ が基底だということに反する．こうして，$\dim_{R/P} M/PM=n$ となることが言えた．

10.3　代数体の拡大と素イデアルの分解

ケン　有限次代数体Kと，そのn次拡大体Lを考えよう．つまり，Kは代数体Lの部分体で$\dim_K L=n$になっているわけ．K, Lの整数環を，それぞれ$\mathfrak{o}_K, \mathfrak{O}_L$と書くと，これらはデデキント整域になるね．$\mathfrak{p}$を$\mathfrak{o}_K$の素イデアルとすると，$\mathfrak{p}\mathfrak{O}_L=\mathfrak{P}_1^{e_1}\cdots\mathfrak{P}_g^{e_g}$　$(e_k\geq 1)$のように，$\mathfrak{O}_L$の素イデアルの積に分解される．$\mathfrak{o}_K$の世界では，それ以上分解しない，いわば元素みたいな素イデアルが，拡大体の整数環では分解してしまう．分解の仕方は，それぞれの素イデアルの個性を反映する．ここで，e_kを素イデアル$\mathfrak{P}_k$のL/Kに関する**分岐指数**と呼ぶ．また，有限体$\mathfrak{O}_L/\mathfrak{P}_k$は有限体$\mathfrak{o}_K/\mathfrak{p}$の拡大体になる．ここで，$\dim_{\mathfrak{o}_K/\mathfrak{p}} \mathfrak{O}_L/\mathfrak{P}_k=f_k$を$\mathfrak{P}_k$の$L/K$に関する**相対次数**と呼ぶ．分岐指数や相対次数は素イデアルによって様々だけど，それらを統一するすごい定理が成り立つんだ．つまり，

$$n=e_1f_1+\cdots+e_gf_g$$

という式が成り立つ．$K=\mathbb{Q}, n=2$つまりLが2次体の場合には同様の式が成り立つことは§6.8に出てきたことから分かる．似たような式は，やはり§6.8で話したクンマーの定理にも現れた．実は$K=\mathbb{Q}$でLが円分体の場合には，その整数環についてクンマーの定理に出てきた条件が成り立ち，上の式が成り立つことが分かる．でも一般の場合には拡大体の整数環はかなり複雑な構造を持つこともあって式の証明はかなり険しいものになる．証明の途中で中山の補題を使うんだけど，そのために準備が必要になる．次の補題は，「数論」(弥永昌吉 編，岩波書店）の附録1にある定理を少し変えたものだ．

補題2　Kを有限次代数体，Lをそのn次拡大体とし，それらの整数環を，それぞれ，$\mathfrak{o}_K, \mathfrak{O}_L$と書く．$\mathfrak{p}$を$\mathfrak{o}_K$の素イデアル，$S=\mathfrak{o}_K-\mathfrak{p}$とし，$R=S^{-1}\mathfrak{o}_K, \tilde{R}=S^{-1}\mathfrak{O}_L$とすると，$\tilde{R}$は，$R$上の自由加群で，$n$個の基底を持つ．

Rが，局所環で，唯一つの極大イデアル(π)を持ち，Rの分数イデアルは，すべて(π^k)　$(k\in\mathbb{Z})$のように書けることは，前に話したね．それと，§9.2で話したことだけど，$L=K(\theta)$　$(\theta\in L)$のように，LはKの単純拡大として書ける．ここで，$\theta\in\mathfrak{O}_L$としてよい．また，$\tilde{K}$を，K上のθの最小分解体とすると，これは，Kのガロア拡大でLを含むね．$\tilde{K}$の整数環を$\mathfrak{O}_{\tilde{K}}$，ガロア群$G(\tilde{K}/K)$をGと書こう．

ユキ　$n=1$なら，$L=K, \tilde{R}=R$だから，何もすることがない．$n>1$としていいのね．

ケン　そうだね．ところで，$\alpha\in\tilde{R}$は，$\alpha=\sum_{0\leq k\leq n-1}a_k\theta^k$　$(a_k\in K)$のように書け，係数a_kはαによって確定するね．この式で，もしも，$a_l=\cdots=a_{n-1}=0$　$(1\leq l\leq n-1)$ならば，αの長さはl以下だと言うことにする．$\tilde{R}$に含まれる，長さl以下のものをとり，それらを上の式で表わしたとき，θ^{l-1}の係数全体の集合を$\mathfrak{a}_{l-1}$と置くと，これは，明らかにR加群になるね．実は，これは，Kの分数イデアルになることが言える．そのためには，適当な$c(\neq 0)\in K$をとると，$c\mathfrak{a}_{l-1}\subset R$となることを示せばいい．ここで，ガロア理論の出番になる．$L=K(\theta)$がK上n次拡大体だということは，K上の既約多項式でθを解として持つものはn次になることを意味し，これからガロア群は$G=\{\sigma_1, \ldots, \sigma_n\}$のように$n$個のメンバーから成ることが分かる．$L$は$K$の分離拡大体になるから，$\sigma_i(\theta)\neq\sigma_j(\theta)$　$(i\neq j)$となるね．さて，ここで，$\alpha=\sum_{0\leq k\leq n-1}a_k\theta^k$　$(a_l=\cdots=a_{n-1}=0)\in\tilde{R}$をとると，

$$\sigma_j(\alpha)=\sum_{0\leq k\leq n-1}a_k\sigma_j(\theta^k)\quad(j=1, \ldots, n)$$

ここで，n次行列$A=(\sigma_j(\theta^k))$　$(1\leq j\leq n, 0\leq k\leq n-1)$を考える．$\det A=D$とすると，$\sigma_j(\theta^k)=(\sigma_j(\theta))^k$となることから，これは，§8.5に出てきたファンデアモンデの行列式になって，$D=\prod_{i<j}(\sigma_j(\theta)-\sigma_i(\theta))\neq 0$となる．$D\in\mathfrak{O}_{\tilde{K}}$となることに注意しておこ

う．$\sigma_k(D)=\pm D$ となるから，D^2 はガロア群のメンバーによる変換によって不変，つまり，$D^2=c$ は，ゼロではない K のメンバーになる．

ナツ　この c が，「適当な c」になるの？

ケン　そうなんだ．そのことを示すには，§8.5 に出てきた，一次連立方程式の解に関わるクラメルの式が必要になる．上に出てきた，$\sigma_j(\alpha)$ の式は係数 a_k を未知数とする一次連立方程式とみなすことが出来る．今，問題にしている a_{l-1} について，これを解こう．そのために，行列 A の第 l 列，つまり，未知数 a_{l-1} の係数 $\sigma_j(\theta^{l-1})$ $(j=1, \ldots, n)$ を左辺の $\sigma_j(\alpha)$ で置き換えたものを考え，その行列式を D_{l-1} と置くと，クラメルの式によって

$$a_{l-1}=D_{l-1}/D$$

と書ける．ところで，行列式 D_{l-1} を第 l 列について展開すると，$D_{l-1}=\sum_{1\leq j\leq n}S_j\sigma_j(\alpha)$ のような式が出てくる．ここで，S_j は，$\sigma_j(\theta^k)$ 達の積から成る整数係数の多項式だ．ここで，$\sigma_j(\theta^k)\in\mathfrak{O}_{\tilde{K}}$ となることに，注意しよう．

ユキ　すると，S_j も $\mathfrak{O}_{\tilde{K}}$ に入る．$\alpha\in\tilde{R}$ だから，$\sigma_j(\alpha)$ は $\sigma_j(\tilde{R})\subseteq S^{-1}\mathfrak{O}_{\tilde{K}}$ に含まれる．それと，$\mathfrak{O}_L$ も $S^{-1}\mathfrak{O}_{\tilde{K}}$ に入っているでしょ．だから，行列式 D_{l-1} も $S^{-1}\mathfrak{O}_{\tilde{K}}$ に含まれる．

ケン　その通りだ．ここで，a_{l-1} を表わす式の両辺に $c=D^2$ を書けてみると，$ca_{l-1}=DD_{l-1}\in S^{-1}\mathfrak{O}_{\tilde{K}}$ になるね．この式の左辺は K に入り，右辺は R 上整，つまり，R 係数でモニックな方程式の解になる．デデキント整域 R の整閉性から，$ca_{l-1}\in R$ になる．

ナツ　なるほど，これで，$c\mathfrak{a}_{l-1}\subset R$，つまり，$\mathfrak{a}_{l-1}$ が分数イデアルになることが言えた！　b_{l-1}として，$\mathfrak{a}_{l-1}$ がゼロイデアルなら 0，そうでなければ適当な π のべきをとると，この分数イデアルは単項イデアル (b_{l-1}) のように書ける．

ケン　特に $b_{l-1}\neq 0$ となるような $\alpha\in\tilde{R}$ があれば，それを一つ選んで β_{l-1} と置けば，これらの β_{l-1} 達は R 加群 $\tilde{R}$ の生成元になる．

しかも，これらは，明らかに K 上一次独立.

ナツ　なぜかな？　例えば $n=2$ として，$\mathfrak{a}_0=(\pi)$, $\mathfrak{a}_1=(\pi^2)$ とするね．$\tilde{R}$ のメンバー β_0, β_1 として $\beta_0=\pi, \beta_1=1+\pi^2\theta$ が取れるとしましょう．$\{1, \theta\}$ は $\tilde{K}$ の K 上基底だから $\{\beta_0, \beta_1\}$ も $\tilde{K}$ の K 上基底になる．この β_0, β_1 が R 加群 $\tilde{R}$ の生成元になるかしら？

ユキ　確かめましょう．$a=a_0+a_1\theta\in\tilde{R}$　$(a_0, a_1\in K)$ が $a=c_0\beta_0+c_1\beta_1$　$(c_0, c_1\in R)$ のように書ければいいでしょ．もし $a_1=0$ なら $a=a_0\in\tilde{R}\cap K=R$ で $a_0\in\mathfrak{a}_0$ だから $a=a_0=c_0\pi=c_0\beta_0$　$(c_0\in R)$．次に $a_1\neq 0$ なら $a_1\in\mathfrak{a}_1$ だから $a_1=c_1\pi^2$　$(c_1\in R)$ のように書ける．すると $a-c_1\beta_1=a-(c_1+a_1\theta)=a_0-c_1$ で $a, c_1\beta_1\in\tilde{R}$ だから $a_0-c_1\in\tilde{R}\cap K=R$．ここで $a_0-c_1=0$ なら $a=c_1\beta_1$ となって OK．$a_0-c_1\neq 0$ ならこれは $\mathfrak{a}_0$ に入るでしょ．だから $a_0-c_1=c_0\pi=c_0\beta_0$　$(c_0\in R)$ のように書けて $a=(a_0-c_1)+c_1\beta_1=c_0\beta_0+c_1\beta_1$　$(c_0, c_1\in R)$ となってめでたし，めでたし．ただね，今の話で $\mathfrak{a}_0, \mathfrak{a}_1$ がどちらもゼロイデアルでなかったからいいけど，例えば $\mathfrak{a}_1=(0)$ だったら困るよね．

ナツ　でも，そうすると $\tilde{R}$ のどのメンバーも $a=a_0\in R$ となる．

ケン　L の整数環 $\mathfrak{O}_L$ は $\tilde{R}$ に含まれ，$\mathfrak{O}_L$ には L の K 上基底が含まれることは，前に話したね．

ユキ　そうか！だから，$\mathfrak{a}_1=(0)$ になったらだめなんだ．もっと一般の場合についても同じだね．前の話しにもどると，どの l についても $b_{l-1}\neq 0$ となって，$n=2$ の場合と同じように考えると $\tilde{R}$ は n 個の K 上独立なメンバーを含む R 上自由加群になる！

ケン　いよいよ，$n=e_1f_1+\cdots+e_gf_g$ の証明に入るんだけど，そのために，素イデアル $\mathfrak{p}$ の拡大体での分解式を局所化しておく．つまり，上の補題に出てきた $S=\mathfrak{o}_K-\mathfrak{p}$ による局所化だ．$\mathfrak{O}_L$ に含まれるイデアル $\mathfrak{A}$ の局所化 $S^{-1}\mathfrak{A}$ を $\tilde{\mathfrak{A}}$ と書こう．$\mathfrak{O}_L$ のイデアル $\mathfrak{A}$, $\mathfrak{B}$ について，$\mathfrak{A}\subset\mathfrak{B}$ となることと，$\tilde{\mathfrak{A}}\subset\tilde{\mathfrak{B}}$ となることは同値だということは，すぐに分かる．それと，前に話したように，$\tilde{R}$ はデデキント整域だから，

$$\mathfrak{p}\tilde{R}=\tilde{\mathfrak{P}}_1^{e_1}\cdots\tilde{\mathfrak{P}}_g^{e_g}$$

と，$\mathfrak{p}\mathfrak{O}_L$ の分解式とパラレルな式が現れる．分岐指数も前の式のものと一致する．

ユキ　相対次数についてはどうなの？

ケン　$S^{-1}\mathfrak{p}=\tilde{\mathfrak{p}}$ は，$R=S^{-1}\mathfrak{o}_K$ の極大イデアルだから，$R/\tilde{\mathfrak{p}}$ は体．有限体 $\mathfrak{o}_K/\mathfrak{p}$ から，この体への自然な準同型 h があり，それが単射になることは，分るね．実は，この準同型は全射にもなる．そのことを見るために，S から，なんでもいいから，ひとつメンバー s を取ろう．$b\in\mathfrak{o}_K$ をうまく取って $h(b)\equiv 1/s \pmod{\tilde{\mathfrak{p}}}$ のように出来ればよい．ところで s は，素イデアル $\mathfrak{p}$ に含まれないから，$a, b\in\mathfrak{o}_K$，$q\in\mathfrak{p}$ をうまくとれば，$aq+bs=1$ になる．

ユキ　そうか，そうすると，$bs\equiv 1 \pmod{\mathfrak{p}}$ となる．今考えている準同型 h によって，$b \pmod{\mathfrak{p}}$ は $1/s \pmod{\tilde{\mathfrak{p}}}$ に移される．このことから，準同型 h が全単射になる，つまり，同型になることが出てくる．

ナツ　同じ考え方を使って，$\mathfrak{O}_L/\mathfrak{P}_k$　$(1\leq k\leq g)$ と $\tilde{R}/\tilde{\mathfrak{P}}_k$ とが同型になることも出る．だから，相対次数も，前の式と同じになる！

ケン　ところで，R は局所環，$\tilde{\mathfrak{p}}$ は，そのただ一つの極大イデアルでしょ．R の商体は K，L は，その n 次拡大体で，$\tilde{R}$ は，L の K 上基底から生成される R 上自由加群になる．

ナツ　すると，§10.2 に出てきた命題が使えて，$\tilde{R}/\tilde{\mathfrak{p}}\tilde{R}$ は，有限体 $R/\tilde{\mathfrak{p}}$ 上 n 次のベクトル空間になる．$|R/\tilde{\mathfrak{p}}|=q$ とすると $|\tilde{R}/\tilde{\mathfrak{p}}\tilde{R}|=q^n$．

ケン　ところで，有限体 $\tilde{R}/\tilde{\mathfrak{P}}_k$ は $R/\tilde{\mathfrak{p}}$ の f_k 次拡大．$\tilde{R}$ はデデキント環で，$\tilde{\mathfrak{P}}_k$ はその極大イデアル．このイデアルが単項だということが言えれば，うまくゆくんだ．なぜなら，Π を，その生成元とするでしょ．そのとき，$\tilde{R}/\tilde{\mathfrak{P}}_k^{e_k}$ のメンバー α は，$\sum_{0\leq k\leq e_k-1}c_k\Pi^k$ によって代表される（ただし，c_k は，有限体 $\tilde{R}/\tilde{\mathfrak{P}}_k$ のメンバーで，α によって決まる）．$|\tilde{R}/\tilde{\mathfrak{P}}_k|=q_k$ とすると $|\tilde{R}/\tilde{\mathfrak{P}}_k^{e_k}|=q_k^{e_k}$．$\tilde{R}/\tilde{\mathfrak{P}}_k$ は q 個のメンバーから成る有限体 $R/\tilde{\mathfrak{p}}$ の f_k 次拡大だから $q_k=q^{f_k}$ と

なり，$|\tilde{R}/\tilde{\mathfrak{P}}_k^{e_k}|=q^{e_kf_k}$．締めくくりには，第 6 章に出てきた中国の剰余定理が顔を出す．それによると

$$\tilde{R}/\mathfrak{p}\tilde{R}\cong\prod_{1\le k\le g}\tilde{R}/\tilde{\mathfrak{P}}_k^{e_k}$$

となっていた．両辺の集合のメンバーの個数を考えると，めでたく，$n=e_1f_1+\cdots+e_gf_g$ が示されるわけだね．

ユキ　$\tilde{\mathfrak{P}}_k$ が単項イデアルになるかどうかについてだけど，$\tilde{R}$ が局所環で，$\tilde{\mathfrak{P}}_k$ が，そのただ一つの極大イデアルなら，当然それは単項になるのよね．ところで，今の場合だけど，デデキント環 $\tilde{R}$ に含まれる極大イデアル $\tilde{\mathfrak{P}}$ を取ってきて，それと局所環 R との共通部分をとれば，それは，素イデアルつまり R の極大イデアル $\mathfrak{p}$ になるでしょ．つまり，$\tilde{R}$ に含まれる極大イデアルって，$\mathfrak{p}\tilde{R}$ を含むものしかない．つまり，今考えている $\tilde{\mathfrak{P}}$ って，$\tilde{\mathfrak{P}}_k$　$(k=1,\ldots,g)$ のどれかと一致するしかない．極大イデアルが有限個しかない！

ケン　そうなんだ．ところで，これもラングの本にあるんだけど，こんな補題がある：

補題 3　D をデデキント整域で，極大イデアルを有限個しか持たないものとすると，D は単項イデアル環になる．

ナツ　それがあれば，めでたし，めでたしね！　$D=\tilde{R}$ の場合を考えればいいでしょ．補題だけど，もし D の極大イデアルがただ一個なら，局所環になる．そのイデアルを $\mathfrak{q}$ として，$\mathfrak{q}-\mathfrak{q}^2$ の中から κ を選べば，$\mathfrak{q}=(\kappa)$ となるし，D はデデキント整域だから，そのイデアルはすべて $\mathfrak{q}$ のべきになって，補題が成り立つわけね．D の極大イデアルが一個だけでなくても有限個なら似たようなことは言えればいいのね．

ユキ　例えば，D の極大イデアルが 2 個あって，それを $\mathfrak{p}$ と $\mathfrak{q}$ としましょうか．このとき，D がデデキント整域だから，π を今度は $\mathfrak{p}-\mathfrak{p}^2$ の中から選べば単項イデアル $(\pi)=\mathfrak{p}^e\mathfrak{q}^f$ となる．π の選び方から，$e=1$ となることは言えるけど，$f=0$ つまり，π が $\mathfrak{q}$ には含

まれないってことは，言えるのかしら？

ケン　ここで，また，中国の剰余定理の出番なんだ．D の極大イデアルを $\mathfrak{p}_1, \dots, \mathfrak{p}_g$　$(2 \leq g)$ としよう．もちろん，互いに別のイデアルだね．ここで，D の中から α を

$$\alpha \equiv \pi \pmod{\mathfrak{p}_1^2}, \alpha \equiv 1_R \pmod{\mathfrak{p}_k} \quad (k=2, \dots, g)$$

となるように選ぶ．この α は $\mathfrak{p}_1 - \mathfrak{p}_1^2$ に入るけど，$\mathfrak{p}_k$　$(k=2, \dots, g)$ には含まれない．

ユキ　はは～，すると $(\alpha) = \mathfrak{p}_1$ になる．同様にして他の極大イデアルもすべて単項になる．デデキント整域のイデアルはみな，極大イデアルの積になるから，やはり単項．補題が証明できた！これで $n = e_1 f_1 + \cdots + e_g f_g$ の証明も完了ね！

10.4　ガロア拡大体での素イデアルの分解

ケン　前のセクション §10.3 で出てきた有限次代数体 K の n 次拡大体 L が K のガロア拡大体になる場合について考えよう．$G = G(L/K)$ を，そのガロア群とする．$\alpha \in L$ について $Tr_{L/K}(\alpha) = \sum_{\sigma \in G} \sigma(\alpha)$, $N_{L/K} = \prod_{\sigma \in G} \sigma(\alpha)$ をそれぞれ α の**相対トレイス**，**相対ノルム**という．これらは K のメンバーだね．特に $K = \mathbb{Q}$ のとき相対トレイス，相対ノルムをそれぞれ $Tr(\alpha)$, $N(\alpha)$ と書いて，これらを**絶対トレイス**，**絶対ノルム**という．$\mathfrak{p}$ を $\mathfrak{o}_K$ の素イデアル，$\mathfrak{P}$ を $\mathfrak{O}_L$ の素イデアルで，$\mathfrak{p}\mathfrak{O}_L$ を含むものとしよう．

ナツ　σ をガロア群 G のメンバーとすると，それによって $\mathfrak{p}\mathfrak{O}_L$ は不変．それに，$\sigma(\mathfrak{P})$ は当然 $\mathfrak{O}_L$ の素イデアル．だから，これも $\mathfrak{p}\mathfrak{O}_L$ を含む．$\mathfrak{P}$ も $\sigma(\mathfrak{P})$ も，ともに $\mathfrak{p}\mathfrak{O}_L$ の分解式の中に現れる．しかも，分岐指数，相対次数は同じになるね．

ケン　実は，$\mathfrak{Q}$ を $\mathfrak{O}_L$ の素イデアルで $\mathfrak{p}\mathfrak{O}_L$ を含むものとすると，ガロア群のメンバー σ をうまくとって，$\sigma(\mathfrak{P}) = \mathfrak{Q}$ が成り立つようにできるんだ．

ユキ　すると

$$\mathfrak{p}\mathfrak{O}_L = \mathfrak{P}_1^e \cdots \mathfrak{P}_g^e$$

のような素イデアル分解式が成り立ち，共通の相対次数を f とすると，$n=efg$ となるのね！分解式に現れる素イデアル同士がそれぞれガロア群のメンバーによって移り合うことは，どうやって証明するの？

ケン　ガロア群のメンバーをどのように選んでも $\sigma(\mathfrak{P}) \neq \mathfrak{Q}$ となってしまうような，$\mathfrak{O}_L$ の素イデアル $\mathfrak{P}, \mathfrak{Q}$ で $\mathfrak{p}\mathfrak{O}_L$ を含むものがあったら，困ることになるって言えればいいでしょ．ここでまた，中国の剰余定理が使われる．定理によれば，$\alpha \in \mathfrak{O}_L$ で，次の条件を満たすものがとれる：

$$\alpha \equiv 0 \pmod{\mathfrak{P}}, \alpha \equiv 1 \pmod{\sigma(\mathfrak{Q})} \quad (\sigma \in G(L/K))$$

ナツ　α は素イデアル $\mathfrak{P}$ に含まれるけど，ガロア群 $G=G(L/K)$ に含まれる σ をどのようにとっても，$\sigma(\mathfrak{Q})$ には含まれないわけね．

ユキ　$\sigma^{-1}(\alpha) \notin \mathfrak{Q}$ が，ガロア群のどのメンバー σ についても言える．$\sigma=(\sigma^{-1})^{-1}$ ってことを使うと，$\sigma(\alpha) \notin \mathfrak{Q}$　$(\sigma \in G)$ が言える．

ケン　そのとおりだ．ここで，α の相対ノルム $a=N_{L/K}(\alpha)$ をとると，これは $\mathfrak{P} \cap \mathfrak{o}_K$ のメンバーになるね．実は，$\mathfrak{p}=\mathfrak{P} \cap \mathfrak{o}_K$ となるんだけど，何故か分かる？

ナツ，ユキ　左辺が右辺の部分集合になることは明らかね．その左辺は，$\mathfrak{o}_K$ の極大イデアルだから，右辺は左辺に等しくなるか，または，$\mathfrak{o}_K$ 全体になる．ところが，右辺は $\mathfrak{o}_K$ の素イデアルで，$\mathfrak{o}_K$ と一致することはあり得ない．だから，両辺は等しい．すると，$a \in \mathfrak{p}$ ってことね．

ユキ　あれ，でも，$\mathfrak{p} \subset \mathfrak{Q}$ でしょ．だから，$a \in \mathfrak{Q}$ にもなる．だけど，a を定義する式の右辺に出てくる $\sigma(\alpha)$ はどれも $\mathfrak{Q}$ に入らない．これは，困るよね．$\mathfrak{Q}$って，素イデアルだから，こんなことはあり得ない．これで，有限次代数体 K の n 次ガロア拡大体 L での

$\mathfrak{o}_K$の素イデアル$\mathfrak{p}$の分解が分かった．前に出てきたことを繰り返すと

$$\mathfrak{p}\mathfrak{O}_L=(\mathfrak{P}_1\cdots\mathfrak{P}_g)^e$$

相対次数fは，どの$\mathfrak{P}_k$についても共通．しかも，$efg=n$．中国の剰余定理って，すごいじゃない！

ナツ　$K=\mathbb{Q}$，Lは2次体とすると，L/Kはガロア拡大で，その拡大次数$n=2$になるよね．素数pで生成されるイデアルの2次体での分解を考えると，$efg=2$だから，e, f, gのどれか一つが2になり，他は1になる！第6章で出てきたことと，これでつながる．

10.5　イデアルのノルム

ユキ　ナッチャンの言った2次体の場合だけど，$K=\mathbb{Q}, L$を2次体とし，pを素数，ガロア群$G(L/K)$の生成元をσ，2次体Lの素イデアルでpを含むものを$\mathfrak{P}$と置くと，

$$(p)\mathfrak{O}_L=\mathfrak{P}\mathfrak{P}^\sigma,\ \mathfrak{P}^2,\ \mathfrak{P}$$

の三つの場合が出てくるでしょ．ここで§6.6に出てきたノルム$N(\mathfrak{P})=\mathfrak{P}\cdot\sigma(\mathfrak{P})$を考えると，三つの場合それぞれに応じて

$$N(\mathfrak{P})=(p)\,(=(p)\mathfrak{O}_L),\ (p),\ (p)^2$$

となる．右辺の(p)の指数1, 1, 2はちょうど$\mathfrak{P}$の(p)上の相対次数になってる．これって，一般の場合にも成り立つのかしら？

ケン　Kを，例によって，有限次代数体，Lを，そのn次ガロア拡大体，$G=G(L/K)$を，そのガロア群としよう．Lの分数イデアル$\mathfrak{A}\neq(0)$の**相対ノルム**を$N_{L/K}(\mathfrak{A})=\prod_{\sigma\in G}\sigma(\mathfrak{A})$と置いて定義しよう．特に$K=\mathbb{Q}$なら$N_{L/K}(\mathfrak{A})=N(\mathfrak{A})$と書いて，これを$\mathfrak{A}$の**絶対ノルム**という．

ナツ　$\mathfrak{A}, \mathfrak{B}$を$L$の，ゼロイデアルとは違う分数イデアルとする

とき，定義から，$N_{L/K}(\mathfrak{A}\mathfrak{B})=N_{L/K}(\mathfrak{A})N_{L/K}(\mathfrak{B})$ となる．特に $\mathfrak{A}$ として $\mathfrak{O}_L$ の素イデアル $\mathfrak{P}$ を取りましょうか．$\mathfrak{P}\cap\mathfrak{o}_K=\mathfrak{p}$ は，$\mathfrak{o}_K$ の素イデアルになる．ここで，

$$\mathfrak{p}\mathfrak{O}_L=(\mathfrak{P}_1\cdots\mathfrak{P}_g)^e \quad (\mathfrak{P}_1=\mathfrak{P})$$

のように分解される．しかも，右辺に現れる素イデアルは，皆，$\mathfrak{P}_k=\sigma(\mathfrak{P})$ のように，ガロア群 G のメンバー σ によって，$\mathfrak{P}$ を移したものになっている．

ユキ　$\mathfrak{P}$ を $\mathfrak{P}_k$ に移す $\sigma\in G$ は，ひとつ以上あるかも知れない．

ケン　$H=\{\sigma\in G|\sigma(\mathfrak{P})=\mathfrak{P}\}$ と置くと，これは G の部分群になるね．それによるコセット分解を考えると，

$$G=\sigma_1(H)\cup\sigma_2(H)\cup\cdots\cup\sigma_g(H) \quad (\sigma_k(\mathfrak{P})=\mathfrak{P}_k)$$

のようになる．部分群 H に含まれるメンバーの個数はちょうど ef になる．

ユキ　すると $\prod_{\sigma\in H}\sigma(\mathfrak{P})=\mathfrak{P}^{ef}$ になる．

ナツ　$\sigma_k(\mathfrak{P}^{ef})=\mathfrak{P}_k^{ef}$ になるわね．だから，$N_{L/K}(\mathfrak{P})=(\mathfrak{p}\mathfrak{O}_L)^f$ が出てきた！

ケン　$[\mathfrak{O}_L:\mathfrak{P}]=[\mathfrak{o}_K:\mathfrak{p}]^f$ だったね．一方，§10.3で使った $\mathfrak{O}_L$ の $S=\mathfrak{O}-\mathfrak{P}$ による局所化の理論を使って，$[\mathfrak{O}_L:\mathfrak{P}^e]=[\mathfrak{O}_L:\mathfrak{P}]^e$．これと，$\mathfrak{p}$ の L での分解式に関する中国の剰余定理を使えば

$$[\mathfrak{O}_L:\mathfrak{p}\mathfrak{O}_L]=\prod_{1\leq k\leq g}[\mathfrak{O}_L:\mathfrak{P}_k]^e$$

となるけど，$\mathfrak{P}_k$ は，それぞれ，$\mathfrak{P}$ をガロア群のメンバーで移したものだから，$[\mathfrak{O}_L:\mathfrak{P}_k]=[\mathfrak{O}_L:\mathfrak{P}]$．これから，

$$[\mathfrak{O}_L:\mathfrak{p}\mathfrak{O}_L]=[\mathfrak{o}_K:\mathfrak{p}]^n$$

となる．これは，素イデアルだけでなく，$\mathfrak{o}_K$ のどのイデアル $\mathfrak{a}\neq(0)$ についても，成り立つ．中国の剰余定理を使えばいいね．つまり，

$$[\mathfrak{O}_L : \mathfrak{a}\mathfrak{O}_L] = [\mathfrak{o}_K : \mathfrak{a}]^n$$

となる．

特に，$K=\mathbb{Q}, \mathfrak{p}=(p)$ の場合を考えよう．p は素数だね．すると，$N_{L/K}(\mathfrak{P}) = (p^f)$ となる．$\mathfrak{O}_L$ のイデアル $\mathfrak{A}$ を素イデアル分解して $\mathfrak{A}=\prod_{1\leq k\leq r}\mathfrak{P}_k^{e_k}$ とすると，この絶対ノルムは $N(\mathfrak{A}) = \prod_{1\leq k\leq r}(p_k^{e_k f_k})$ ただし，$N(\mathfrak{P}_k) = (p_k)^{f_k}$．ここで，中国の剰余定理から，

$$[\mathfrak{O}_L : \mathfrak{A}] = \prod_{1\leq k\leq r}[\mathfrak{O}_L : \mathfrak{P}_k]^{e_k} = \prod_{1\leq k\leq r} p_k^{e_k f_k}$$

簡単のために $[\mathfrak{O}_L : \mathfrak{A}]=a$ と書くと，$N(\mathfrak{A})=(a)$．これから，さらに，$\mathfrak{O}_L$ のイデアル $\mathfrak{A}, \mathfrak{B}$ が与えられたとき，$[\mathfrak{O}_L : \mathfrak{A}\mathfrak{B}]=[\mathfrak{O}_L : \mathfrak{A}][\mathfrak{O}_L : \mathfrak{B}]$ も言える．

ユキ　なるほど！でも，この体 L は $\mathbb{Q}$ のガロア拡大体でしょ．もっと，一般に，L が n 次代数体の場合にはどうなるの？

ケン　その場合にも似たことが言える．まず，L は $\mathbb{Q}$ の単純拡大体だから $L=\mathbb{Q}(\theta)$ のように書けるね．θ の $\mathbb{Q}$ 上の最少分解多項式を，例によって，$P[X]$ と書こう．これは，複素数体で一次式の積に分解されて $P[X]=(X-\theta_1)\cdots(X-\theta_n)$　$(\theta_1=\theta)$ のようになる．$P[X]$ の $\mathbb{Q}$ 上最少分解体を $\tilde{L}$ と書くと，これは L の拡大体で，θ_k　$(1\leq k\leq n)$ をすべて含む $\mathbb{Q}$ のガロア拡大体になるね．これは，また，L のガロア拡大体にもなる．$\tilde{L}$ の L 上次数を m とすると，$\tilde{L}$ は $\mathbb{Q}$ の mn 次拡大体になる．$\mathfrak{O}_{\tilde{L}}$ を，その整数環とし $\tilde{\mathfrak{O}}$ と書こう．ガロア群 $G=G(\tilde{L}/\mathbb{Q})$ は mn 個のメンバーから成り，その部分群 $H=G(\tilde{L}/L)=\{\sigma\in G \mid \sigma(\alpha)=\alpha \quad (\alpha\in L)\}$ は m 個のメンバーから成る．G のメンバーで H に含まれないものは，θ を θ_k $(k\neq 1)$ のどれかに移すでしょ．$[G:H]=n$ が，ちょうど，θ_k たちの個数に等しいことから，コセット分解

$$G=\sigma_1 H\cup\cdots\cup\sigma_n H \quad (\sigma_k(\theta)=\theta_k)$$

が得られる．L に含まれる α に対し，$\sigma_k(\alpha)$ たちを，α の K 上共役

元と呼ぶこと，§9.5 で話したね．それと，やはり §9.5 で代数体のメンバーのノルムやトレイスについて話たこと覚えてるかな？$\alpha \in L$ を取ると

$$N(\alpha) = \prod_{1 \leq k \leq n} \sigma_k(\alpha),\ Tr(\alpha) = \sum_{1 \leq k \leq n} \sigma_k(\alpha)$$

になるんだね．

今，$\mathfrak{O}_L$ のイデアル $\mathfrak{A} \neq (0)$ を取り，$\tilde{\mathfrak{A}} = \mathfrak{A}\tilde{\mathfrak{O}}$ と書いて，$N(\mathfrak{A}) = \prod_{1 \leq k \leq n} \sigma_k(\tilde{\mathfrak{A}})$ と置くと，これは $\tilde{\mathfrak{O}}$ のイデアルになる．$[\tilde{\mathfrak{O}} : \tilde{\mathfrak{A}}] = \tilde{a}$ とすると，$N(\tilde{\mathfrak{A}}) = (\tilde{a})$．ところで，§10.4 で見たことから，$[\tilde{\mathfrak{O}} : \tilde{\mathfrak{A}}] = [\mathfrak{O}_L : \mathfrak{A}]^m$．$b = [\mathfrak{O}_L : \mathfrak{A}]$ と置くと，$\tilde{a} = b^m$．一方，上に出てきたコセット分解から，$N(\tilde{\mathfrak{A}}) = \prod_{\tau \in G} \tau(\tilde{\mathfrak{A}}) = N(\mathfrak{A})^m$．これが，$(\tilde{a}) = (b^m)$ に等しくなるのだから，$N(\mathfrak{A}) = (b)$．

ユキ　$\mathfrak{O}_L$ のイデアル $\mathfrak{B}$ が $\mathfrak{A}$ を含んで，さらに $[\mathfrak{O}_L : \mathfrak{A}] = [\mathfrak{O}_L : \mathfrak{B}]$ となるなら，$\mathfrak{A} = \mathfrak{B}$ となるよね．特に $\mathfrak{B} = \tilde{\mathfrak{A}} \cap \mathfrak{O}_L$ とすれば，これは $\mathfrak{A}$ を含むし，$\tilde{\mathfrak{B}} = \tilde{\mathfrak{A}}$ だから $N(\mathfrak{A}) = N(\mathfrak{B})$ となって，$[\mathfrak{O}_L : \mathfrak{A}] = [\mathfrak{O}_L : \mathfrak{B}]$．すると $\tilde{\mathfrak{A}} \cap \mathfrak{O}_L = \mathfrak{A}$ が言える．

ケン　ユキちゃんが言ったことは結構大事なことでね，これを使うと自然数 a について $[\mathfrak{O}_L : \mathfrak{A}] = a$ を満たす $\mathfrak{O}_L$ のイデアル $\mathfrak{A}$ は有限個に限ることが出てくる．

ナツ　このとき $N(\tilde{\mathfrak{A}}) = (a^m)$ だから $(a^m) \subseteq \tilde{\mathfrak{A}}$．でも，$\tilde{\mathfrak{O}}$ のイデアルで (a^m) を含むものは有限個しかないでしょ．ユキチャンの式から $\mathfrak{A} = \tilde{\mathfrak{A}} \cap \mathfrak{O}_L$ だから確かにその通りね．

10.6　分岐，ディフェレンテ

ケン　K を有限次代数体，L を，その n 次拡大体 $(n > 1)$，$\mathfrak{p}$ を $\mathfrak{o}_K$ の素イデアルとし，L での分解：

$$\mathfrak{p}\mathfrak{O}_L = \mathfrak{P}_1^{e_1} \cdots \mathfrak{P}_g^{e_g}$$

について，$e_k>1$ ならば，素イデアル $\mathfrak{P}_k$ は，L/K で**分岐**するといい，また，そのとき，$\mathfrak{p}$ は L で分岐するという．分解式に現れる素イデアルの中に，**分岐**するものがないときには，$\mathfrak{p}$ は L で**不分岐**だという．実は分岐する素イデアルはめったになくてね，分岐がいつ起こるかということは深い問題なんだ．

特に，$K=\mathbb{Q}$，L を2次体としよう．このとき，$\mathfrak{O}_L=\mathbb{Z}[\omega]$ となるように，ω を L の中から持ってくることができることは，§6.2で話したね．ガロア群 $G(L/K)=G$ の生成元を σ と書いて，$d(\omega)=(\omega-\omega^{\sigma})^2=d_L$ を2次体 L の判別式というのだった．ただし，$\omega^{\sigma}=\sigma(\omega)$ のことだ．今，p を素数とすると，$\mathfrak{o}_K=\mathbb{Z}$ の素イデアル (p) が2次体 L で分岐するための必要十分条件が，$p|d_L$ だったこと，思い出そう．ここで，話を先に進めるために，ω の $\mathbb{Q}=K$ 上のモニックな最少多項式

$$f[X]=(X-\omega)(X-\omega^{\sigma})=X^2+a_1X+a_0 \quad a_1=-Tr(\omega),\ a_0=N(\omega)$$

と，その微分 $f'[X]=(X-\omega^{\sigma})+(X-\omega)$ を考えよう．

ユキ　$f'[\omega]=\omega-\omega^{\sigma}$ になる．判別式の匂いがしてきた．

ケン　一般の場合に戻ろう．$L=K(\theta)$ を有限次代数体 K の n 次拡大体 $(n>1)$，$f[X]=(X-\theta_1)\cdots(X-\theta_n)$　$(\theta_1=\theta)$ を θ の K 上モニックな最小多項式とし，その K 上最小分解体を $\tilde{L}$，$f[X]/(X-\omega)=b_0X+b_1X+\cdots+b_{n-1}X^{n-1}$　$(b_k\in\tilde{L})$ と置く．すると，$\{b_0/f'[\theta],\ldots,b_{n-1}/f'[\theta]\}$ が大事な意味を持つ．また，$L=\mathbb{Q}(\omega)$，$K=\mathbb{Q}$　$(n=2)$ の場合について考えよう．$f[X]=(X-\omega)(X-\omega^{\sigma})$ だから $f[X]/(X-\omega)=X-\omega^{\sigma}=b_0+b_1X$ について $b_1=1$，$b_0=-\omega^{\sigma}$ だね．この1次式と，$\omega^r/f'[\omega]$ を掛けた1次式を $g_r[X]=c_0+c_1X$ と置く．c_0, c_1 は2次体 L に含まれるね．ここで，$Tr(g_r[X])=Tr(c_0)+Tr(c_1)X$ と置いて，これを計算してみよう．

$g_r[X]=(X-\omega^{\sigma})\dfrac{\omega^r}{f'[\omega]}=\dfrac{(X-\omega^{\sigma})}{\omega-\omega^{\sigma}}\omega^r$ だから $Tr\,(g_r[X])=\dfrac{X-\omega^{\sigma}}{\omega-\omega^{\sigma}}\cdot\omega^r+\dfrac{X-\omega}{\omega^{\sigma}-\omega}\cdot(\omega^r)^{\sigma}$ となって，これも1次式だね．この式

で X に ω, ω^σ を代入してごらん．

ユキ，ナツ　$X=\omega$ とすると，第 2 項は消えて，結果は ω^r．$X=\omega^\sigma$ についても，簡単で，結果は $(\omega^r)^\sigma$．

ケン　$r=0,1$ のとき，$Tr(g_r[X])-X^r$ は見た目は 1 次式だけど，これに X の二つの値 ω, ω^σ を代入したとき 0 になるでしょ．

ユキ，ナツ　$Tr(g_r[X])=X^r$　$(r=0,1)$ なんだ！ §5.4 の剰余定理のところで出てきたように，見た目は n 次式でも X に $n+1$ 個の値を代入したとき消える多項式はゼロ多項式だものね．

ケン　今度は $f[X]/(X-\omega)=b_0+b_1X$ と書きなおして $g_r[X]=(b_0+b_1X)\cdot(\omega^r/f'(\omega))$ の Tr を計算すると，

$$Tr(g_r[X])=Tr(b_0\cdot(\omega^r/f'[\omega]))+Tr(b_1\cdot(\omega^r/f'[\omega]))X=X^r \quad (r=0,1)$$

これから，

$$Tr(b_i\cdot(\omega^j/f'[\omega]))=\delta_{ij} \quad (i,j=0,1)$$

になることが分かる．δ_{ij} はクロネッカーのデルタで，$i=j$ なら 1，そうでなければ 0 となるのだった．$Tr(\alpha\beta)$　$(\alpha,\beta\in L)$ は K 上 2 次元ベクトル空間 L の対称双 1 次形式となるのだったね．§8.6 に出てきたことを使うと，L の K 上基底である $\{1=\omega^0, \omega\}$ について，$\{b_0/f'[\omega], b_1/f'[\omega]\}$ が，双対基底になることが言える．

ユキ　これって，もっと一般の場合にも言えそうな気がする．

ケン　そうなんだ．K が有限次代数体，$L=K(\theta)$ がその n 次拡大体の場合に戻ろう．$f[X]$ を θ のモニックな K 上の最少多項式，$f[X]=(X-\theta_1)\cdots(X-\theta_n)$　$(\theta_1=\theta)$ とし，$f'[X]$ を，その微分としよう．ここから先へ進むためにトレイスやノルムの話しを少し広げとこう．前にも似たシチュエイションが出てきたけど，多項式 $f[X]$ の K 上最少分解体 $\tilde{L}$ を考えると，これは K のガロア拡大体になるね．ガロア群 $G(\tilde{L}/K)$ には θ を θ_k に移す σ_k が含まれる．ここで，L に含まれる α に対し，$Tr_{L/K}(\alpha)=\sum_{1\leq k\leq n}\sigma_k(\alpha)$, $N_{L/K}(\alpha)=\prod_{1\leq k\leq n}\sigma_k(\alpha)$ と置き，これらを α の**相対トレイス**，**相対ノルム**

という．これらはどちらも K に入るね．また，L に含まれる α, β に対し，$S(\alpha, \beta) = Tr_{L/K}(\alpha\beta)$ と置くと，S は K 上のベクトル空間 L で定義された対称双 1 次形式になる．特に，$\alpha \neq 0, \beta = \sigma_2(\alpha)\sigma_3(\alpha)\cdots\sigma_n(\alpha)$ のとき，すぐに分かるように，$Tr_{L/K}(\alpha\beta) = nN_{L/K}(\alpha) \neq 0$．これから，$S$ は非退化になることが言える．さて，次に 2 次体のときと同じように $g_r[X] = \dfrac{f[X]}{X-\theta}\dfrac{\theta^r}{f'[\theta]}$ と置き，そのトレイスを $Tr_{L/K}(g_r[X]) = h_r[X]$　$(0 \leq r \leq n-1)$ と書こう．すると，これも 2 次体の場合と同じだけど $h_r[X] = X_r$ になるんだ．そのことを見るために先ず $h_r[X] = \sum_{1 \leq k \leq n} \dfrac{f[X]}{X-\theta_k}\dfrac{\theta_k^r}{f'[\theta_k]}$ となることに注意しよう．

X に θ_k を代入してみよう．先ず $h_r[\theta_1]$ を計算するね．$\dfrac{f[X]}{X-\theta_1} = (X-\theta_2)\cdots(X-\theta_n)$，$\dfrac{f[X]}{X-\theta_2} = (X-\theta_1)(X-\theta_3)\cdots(X-\theta_n)$，...，$\dfrac{f[X]}{X-\theta_n} = (X-\theta_1)\cdots(X-\theta_{n-1})$ となるから，$X = \theta_1$ とすると $\dfrac{f[X]}{X-\theta_1}$ 以外は皆消えちゃう．それに $f'[\theta_1] = (\theta_1-\theta_2)\cdots(\theta_1-\theta_n)$ だから $h_r[\theta_1] = \theta_1^r$ だ．同じようにして $h_r[\theta_2] = \theta_2^r, \ldots, h_r[\theta_n] = \theta_n^r$.

ナツ　$h_r[X] = X^r$ になる！　$\dfrac{f[X]}{X-\theta} = b_0 + b_1X + \cdots + b_{n-1}X^{n-1}$ だったから $g_r[X] = (b_0 + b_1X + \cdots + b_{n-1}X^{n-1})\dfrac{\theta^r}{f'[\theta]}$．それで $h_r[X] = Tr_{L/K}(g_r[X]) = X^r$ なんだから

$$Tr_{L/K}\left(b_0\frac{\theta^r}{f'[\theta]}\right) + Tr_{L/K}\left(b_1\frac{\theta^r}{f'[\theta]}\right)X + \cdots + Tr_{L/K}\left(b_{n-1}\frac{\theta^r}{f'[\theta]}\right)X^{n-1} = X^r \quad (r = 0, \ldots, n-1)$$

この式から $Tr_{L/K}\left(b_i\dfrac{\theta^j}{f'[\theta]}\right) = \delta_{ij}$ が言える．つまり，$\{b_0/f'[\theta], \ldots,$

$b_{n-1}/f'[\theta]\}$が，L の K 上基底 $\{1, \theta, ..., \theta^{n-1}\}$ の $S=Tr_{L/K}$ に関する双対基底になるわけね．

ケン　その通りだ．ところで，$\mathfrak{C}_{L/K}=\{\alpha\in L \mid Tr_{L/K}(\alpha\beta)\in \mathfrak{o}_K$ $(\beta\in\mathfrak{O}_L)\}$ と置こう．

ユキ　$\mathfrak{O}_L=\mathfrak{o}_K[\theta]=\{1, \theta, ..., \theta^{n-1}\}_{\mathfrak{o}_K}$ なら，$\mathfrak{C}_{L/K}=\{b_0/f'[\theta], ..., b_{n-1}/f'[\theta]\}_{\mathfrak{o}_K}$ になるわね．

ケン　一般に $L=K(\theta)$ の式で $\theta\in\mathfrak{O}_L$ としていいでしょ．すると $\mathfrak{o}_K[\theta]\subseteq\mathfrak{O}_L$ だから $\mathfrak{C}_{L/K}\subseteq f'[\theta]^{-1}\{b_0, ..., b_{n-1}\}\mathfrak{o}_K$ となる．このとき後で話すけど $\mathfrak{o}_K[\theta]=\{b_0, ..., b_{n-1}\}_{\mathfrak{o}_K}$ となることがわかる．これを使うと $\mathfrak{C}_{L/K}\subseteq f'[\theta]^{-1}\mathfrak{O}_L$．$\mathfrak{C}_{L/K}$ は L に含まれる $\mathfrak{O}_L$ 加群だから，これは L の分数イデアルになる．

$\mathfrak{o}_K[\theta]=\{b_0, ..., b_{n-1}\}_{\mathfrak{o}_K}$ がどうして言えるか，説明しよう．先ず $f[X]=(X-\theta_1)\cdots(X-\theta_n)=X^n+a_{n-1}X^{n-1}+\cdots+a_0$　$(\theta_1=\theta)$ の式で $\theta\in\mathfrak{O}_L$ の共役 θ_k は皆代数的整数だから係数 a_k も代数的整数．しかも $a_k\in K$ だから $a_k\in\mathfrak{o}_K$．一方

$$f[X]=(X-\theta)(b_{n-1}X^{n-1}+b_{n-2}X^{n-2}+\cdots+b_0)\quad(b_l\in\widetilde{L},\ b_{n-1}=1)$$

を展開して X^k の係数 a_k を見ると $a_{n-1}=b_{n-2}-\theta$, $a_{n-2}=b_{n-3}-\theta b_{n-2}$, ...$a_1=b_0-\theta b_1$, $a_0=-\theta b_0$.

ナツ　すると $\theta=b_{n-2}-a_{n-1}\in\{b_{n-2}, b_{n-1}\}_{\mathfrak{o}_K}$，$b_{n-2}\in\{1, \theta\}_{\mathfrak{o}_K}$．$a_{n-2}=b_{n-3}-\theta b_{n-2}$ の式で $b_{n-2}=a_{n-1}+\theta$ だから $b_{n-3}=a_{n-2}+\theta(a_{n-1}+\theta)\in\{1, \theta, \theta^2\}_{\mathfrak{o}_K}$．また $\theta^2=b_{n-3}-\theta a_{n-1}-a_{n-2}$ と $\theta\in\{b_{n-2}, b_{n-1}\}_{\mathfrak{o}_K}$ から $\theta^2\in\{b_{n-3}, b_{n-2}, b_{n-1}\}_{\mathfrak{o}_K}$．$b_{n-4}, ..., b_0$，$\theta^3, ..., \theta^{n-1}$ についても似たことが言えるから $\mathfrak{o}_K[\theta]=\{b_0, ..., b_{n-1}\}_{\mathfrak{o}_K}$．特に $\mathfrak{O}_L=\mathfrak{o}_K[\theta]$ なら $\mathfrak{C}_{L/K}=f'[\theta]^{-1}\mathfrak{O}_L$ となる．

ケン　$\mathfrak{D}_{L/K}=\mathfrak{C}_{L/K}^{-1}$ と置いて，これを L/K の**相対ディフェレンテ**（**共役差積**）というんだ．これは，$\mathfrak{O}_L$ のイデアルだね．さらに，$\mathfrak{d}_{L/K}=N_{L/K}(\mathfrak{D}_{L/K})$ と置いて，これを L/K の**相対判別式イデアル**，または単に**相対判別式**と呼ぶ．特に，$K=\mathbb{Q}$ なら，「相対」という

形容詞は省き，$\mathfrak{C}_{L/K}=\mathfrak{C}_L$, $\mathfrak{D}_{L/K}=\mathfrak{D}_L$ のように書く．

ユキ　$K=\mathbb{Q}(\sqrt{m})$ が 2 次体の場合，例によって m を整数で平方因子を含まないものとすると，$\mathfrak{o}_K=\mathbb{Z}[\omega]$ と書け，$m\equiv 2, 3 \pmod 4$ ならば $\omega=\sqrt{m}$，$m\equiv 1 \pmod 4$ なら $\omega=\dfrac{1+\sqrt{m}}{2}$ だったけど，ガロア群 $G(K/\mathbb{Q})$ の生成元をいつもどおり σ と書き，いつも通り ω の $\mathbb{Q}$ 上最少多項式を $f[X]$ と書くと，$f[X]=(X-\omega)(X-\sigma(\omega))$, $f'[\omega]=\omega-\sigma(\omega)$ となるよね．だから，このとき，K のディフェレンテ $\mathfrak{D}_K=(\omega-\sigma(\omega))\mathfrak{o}_K$, $\mathfrak{d}K=(d_K)$ となるわけね．

ケン　一般には，$\mathfrak{O}_L=\mathfrak{o}_K[\theta]$ のように簡単にはならないこともあるので，ディフェレンテも 2 次体の場合のようにシンプルにはならないこともある．でも，ディフェレンテについての簡単な式で，三つの体に関するものがあり，よく使われるので，話しておこう．

F, K, L を有限次代数体，$F\subset K\subset L$ となっているとしよう．すると，$\mathfrak{D}_{L/F}=\mathfrak{D}_{L/K}\mathfrak{D}_{K/F}$ という式が成り立つ．ただし，右辺の $\mathfrak{D}_{K/F}$ は，正確には $\mathfrak{D}_{K/F}\mathfrak{O}_L$ のことだ．

ユキ　$\mathfrak{C}_{L/F}=\mathfrak{C}_{L/K}\mathfrak{C}_{K/F}$ が言えればいいんでしょ．

ケン　そうだね．ユキチャンの式を証明する前に，$\alpha\in L$ について，$Tr_{L/F}(\alpha)=Tr_{K/F}(Tr_{L/K}(\alpha))$ となることを確認しておこう．そのために，まず，$\tilde{L}$ を L の拡大体で F のガロア拡大になるようなものとしよう．このような拡大体がとれることは，これまでにも何度も見てきたよね．ガロア群 $G(\tilde{L}/F)=G$ と置く．いま，$F, \tilde{L}$ の中間体，つまり，$F\subseteq E\subseteq \tilde{L}$ となるような体 E をとり，$G^E=\{\sigma\in G \mid \sigma(\alpha)=\alpha \quad (\alpha\in E)\}$ と置く．すると，$G=G^F\supseteq G^K\supseteq G^L$ で，$m=[K:F]$, $n=[L:K]$ とすると，$[G:G^K]=m$, $[G^K:G^L]=n$, $[G:G^L]=mn$ となる．$\alpha\in L$ を K 上共役元に移すガロア群 G のメンバーを τ_l　$(1\leq l\leq m)$，$\beta\in K$ を F 上共役元に移す G^K のメンバーを σ_k $(1\leq k\leq n)$ とすると，コセット分解 $G^K=\sigma_1G^L\cup\cdots\cup\sigma_nG^L$, $G=\tau_1G^K\cup\cdots\cup\tau_mG^K=\bigcup\tau_l\sigma_kG^L$　$(1\leq l\leq m,\ 1\leq k\leq n)$ が得られる．ここで，$Tr_{L/F}(\alpha)=\sum\tau_l\sigma_k(\alpha)=Tr_{K/F}(Tr_{L/K}(\alpha))$ となるわけ．同

様に，$N_{L/F}(\alpha)=N_{K/F}(N_{L/K}(\alpha))$ となることにも注意しておこう．

ユキ　$\alpha\in\mathfrak{C}_{L/K}, \beta\in\mathfrak{C}_{K/F}$ とすると，証明したい式 $\mathfrak{C}_{L/F}=\mathfrak{C}_{L/K}\mathfrak{C}_{K/F}$ の右辺は，α タイプ，β タイプのものたちの積の有限和でしょ．だから，$\gamma\in\mathfrak{O}_F$ について $Tr_{L/F}(\alpha\beta\gamma)\in\mathfrak{o}_F$ が言えれば，式の右辺が左辺に含まれることが出てくる．

$$Tr_{L/F}(\alpha\beta\gamma)=Tr_{K/F}(Tr_{L/K}(\alpha\beta\gamma))=Tr_{K/F}(\beta Tr_{L/K}(\alpha\gamma))$$

となるけど，当然 $\gamma\in\mathfrak{O}_L$ だから，$\delta=Tr_{L/K}(\alpha\gamma)\in\mathfrak{O}_K$，ここで，もちろん，$\mathfrak{O}_K$ は K の整数環よ．すると，上の式の右辺は $Tr_{K/F}(\beta\delta)$ になる．β の決め方から，これは $\mathfrak{o}_F$ に入る．これで，証明の半分ができた．$\mathfrak{C}_{L/F}\subseteq\mathfrak{C}_{L/K}\mathfrak{C}_{K/F}$ が分かればお終いね．

ケン　そのためには，$\mathfrak{C}_{L/F}\mathfrak{C}_{K/F}^{-1}\subset\mathfrak{C}_{L/K}$ となることが言えればいいでしょ．

ナツ　$a\in\mathfrak{C}_{L/F}, b\in\mathfrak{C}_{K/F}^{-1}, c\in\mathfrak{O}_L$ のとき，$Tr_{L/K}(abc)\in\mathfrak{O}_K$ となること言えればいいのね．まず，$b\in K$ だから $Tr_{L/K}(abc)=bTr_{L/K}(ac)$．ここからどうするのかしら？

ケン　Lang の本に従うとね，ここで $d\in\mathfrak{O}_K$ を勝手にとると，$cd\in\mathfrak{O}_L$ だから $Tr_{L/F}(acd)\in\mathfrak{o}_F$となるでしょ．ところが $Tr_{L/F}(acd)=Tr_{K/F}(Tr_{L/K}(acd))=Tr_{K/F}(dTr_{L/K}(ac))\in\mathfrak{o}_F$ となるよね．ということは，$Tr_{L/K}(ac)\in\mathfrak{C}_{K/F}$ となることを意味する．

ナツ　そうか，すると $Tr_{L/K}(abc)=bTr_{L/K}(ac)\in\mathfrak{O}_K$ だから，証明できた！

ケン　ディフェレンテを考えることの意味はね，次の大事な定理が成り立つからなんだ．

定理 10.1　K を有限次代数体，L をその有限次拡大体とし，$\mathfrak{O}_L$ をその整数環，$\mathfrak{P}$ をその素イデアルとすると，$\mathfrak{P}$ が L/K で分岐するための必要十分条件は，$\mathfrak{P}$ が相対ディフェレンテ $\mathfrak{D}_{L/K}$ を割り切ることである．

この定理が $K=\mathbb{Q}$，L は 2 次体のときには成り立つことはすぐに分かるけど，もっと一般の場合にも成り立つんだ．整数環 $\mathfrak{O}_L$ の構造は，一般の場合には，かなり複雑になることもあるので，証明は簡単ではない．普通，証明のために $\mathfrak{P}$ 進体というものを使う．これは，局所体とも呼ばれ，実数空間や複素数空間の，ある意味での「裏空間」とも言えるものでね，詳しいことは専門書に譲るしかないけど，次のセクションで，おおざっぱな説明をしておこう．

10.7　局所体，非アルキメデス距離の世界

ケン　前の節で局所体というもののことをちょっと話したけど，この体では普通に知られているものとかなり違うタイプの距離を考える．ここで，距離とか距離空間という概念について紹介しておこう．

S を空集合とは違う集合として，そのメンバー a, b について正またはゼロの実数で，それらの**距離**と呼ばれる $d(a, b)$ が決まり，次の 1)，2)，3) が成り立つとする．

1) $d(a, b)=0 \Longleftrightarrow a=b$

2) $d(a, b)=d(b, a)$

3) $d(a, b)+d(b, c) \geq d(a, c) \quad (a, b, c \in S)$

このとき S は**距離空間**と呼ばれ，そのメンバーは S の点と呼ばれる．上の 3) は**三角不等式**と呼ばれる．

局所体について説明するために先ず次のようなことを考えよう．

実数直線の 0 を中心とする開区間 $U_n=(-10^{-n}, 10^{-n})=\{x \in \mathbb{R} \mid |x|<10^{-n}\}$ を考えよう．$U_0 \supset U_1 \supset U_2 \supset \cdots$ と，だんだん小さくなってゆく区間の列ができて，$\bigcap_{n=0,1,2,\ldots} U_n=\{0\}$ となり，これらの区間すべての共通部分は 0 だけになるね．これと似たシチュエイションを，素数 p を使って作れる．今度はね，$V_n=\{x \in \mathbb{Z} \mid p^n \mid x\}$ と置く．すると，$V_0=\mathbb{Z} \supset V_1 \supset V_2 \supset \cdots$，$\bigcap_{n=0,1,2,\ldots} V_n=\{0\}$ となる．

ここで，$x \in \mathbb{Z}$ について，$p^n \| x$ つまり，x がちょうど p^n で割り切れるとき，$w_p(x)=n$ と書くことにして，$|x|_p=p^{-w_p(x)}$ と置く．

$x=0$ については，$|0|_p=0$ とするんだ．そうすると，$|x|_p$ は x が p の高いべきで割り切れるほど小さくなる．この記号を使うと，$V_n=\{x\in\mathbb{Z} \mid |x|_p\leq p^{-n}\}$ と書けるね．

$|x|_p$ は，普通の絶対値 $|x|$ とはずいぶん違うけど，それでも似たところもあるんだ．確かめてみよう．

ナツ，ユキ　$|x|_p\geq 0, |x|_p=0 \Longleftrightarrow x=0$ は，普通の絶対値と同じね．$|xy|_p=|x|_p|y|_p$　$(x, y\in\mathbb{Z})$ も言える．三角不等式はどうかな？

$w_p(x)=m, w_p(y)=n, m\leq n$ とすると，$w_p(x+y)\geq m$ だから，$|x+y|_p\leq|x|_p$ となって，三角不等式 $|x+y|_p\leq|x|_p+|y|_p$ はもちろん成り立つ．そうすると，$d_p(x, y)=|x-y|_p$ と置くと，d_p によって $\mathbb{Z}$ は距離空間になる．

ナツ　$|1|_p=1, |1+1|_p\leq 1, \ldots, |1+1+\cdots+1|_p\leq 1$ になる！普通の絶対値では $|1+1+\cdots+1|$ はどこまでも大きくなるのに，$|1+\cdots+1|_p$ は 1 を超えられないばかりか，$1+\cdots+1$ が p の高いべきで割り切れるときはどんどん出発点に近づいてしまう．まるで，蟻地獄の世界ね．

ケン　まとめとこう．今，整域 R の各メンバー x に対して，実数 $\|x\|$ が対応づけられ，

1) $\|x\|\geq 0, \|x\|=0 \Longleftrightarrow x=0_R$

2) $x, y\in R$ のとき $\|xy\|=\|x\|\|y\|$

3) $x, y\in R$ に対して $\|x+y\|\leq\|x\|+\|y\|$

が成り立つとき，$\|x\|$ を x の**附値**という．特に，3) より強い

3'）$\|x+y\|\leq\max(\|x\|, \|y\|)$

が成り立つとき，この附値は**非アルキメデス的**だという．ナッチャンが言った，蟻地獄の世界だね．$R=\mathbb{Z}$ のとき，普通の絶対値は**アルキメデス附値**つまり 3'）は成り立たないような附値になり，$|x|_p$ は非アルキメデス的になるね．

ユキ　K を R の商体とすると，R の附値を K にまで拡張できると思うけど．$z=x/y$ $(x, y\in R, y\neq 0_R)$ のとき，$\|z\|=\|x\|/\|y\|$ と置け

ばいいんでしょ．だって，もしも，$z=x/y=x'/y'$ なら $xy'=x'y$ だから，2）によって $\|x\|\|y'\|=\|x'\|\|y\|$ になるし，1）によって $\|y\|, \|y'\|\neq 0$ だから $\|x\|/\|y\|=\|x'\|/\|y'\|$ となって，$z\in K$ の附値がちゃんと定義できる．この附値について，1)，2）が成り立つことは明らかだし，3）についても，$z=x/y$, $w=u/v\in K$ のとき，必要なら $z=xv/yv$, $w=uy/yv$ のように書いて，はじめから $y=v$ としていいよね．そうすると，3）もなりたつことが分かるし，もしも，3'）が成り立っているなら，拡張された附値についても 3'）が成り立つでしょ．

ケン　その通りだ．ところで，$R=\mathbb{Z}$ で $\|x\|=|x|_p^2$ と置くと，これも附値になる．一般に整域 R の附値 $\|x\|$ と $\|x\|'$ について，どの $x\in R$ をとっとも，x によらない正数 c があり $\|x\|'=\|x\|^c$ となるとき，これらの附値は**同値**だといって，同値類を**素点**という．特に $R=Z$ で附値が $|x|_p$ で与えられるとき，この附値を ***p* 進附値**といい，これから決まる距離 d_p を ***p* 進距離**ということにする．例として，$p=3$ の場合を考えてみよう．

$$7=1+2\cdot 3,\ 10=1+3^2,\ 13=1+3+3^2$$

のように，正または0の整数 a は $a=a_0+a_1 3+a_2 3^2+\cdots$　($a_k=0, 1, 2$) のような有限和として表せるね．

ナツ　例えば $a=17$ とすると，先ず $a\equiv 2 \pmod{3}$ で $17=2+5\cdot 3$. 続いて $5\equiv 2 \pmod{3}$, $5=2+3$ を代入して $17=2+2\cdot 3+3^2$ のように書ける．正または0の整数 $a=\sum_{0\leq k\leq n} a_k 3^k$　($a_k=0, 1, 2$) のとき，a_k は a によって確定するのね．

ところで，$a=-1$ とするでしょ．このとき，$a\equiv 2 \pmod{3}$, $-1=2+(-1)\cdot 3=2+(2+(-1)\cdot 3)3=2+2\cdot 3+2\cdot 3^2+\cdots$ のように，どこまでいっても止まらない！

ユキ　この級数は普通だったら意味を持たないけど，今の場合，$-1-(2+2\cdot 3+2\cdot 3^2)=(-1)\cdot 3^3$ だから，左辺の3進附値は 3^{-3}. 一般に，$a_n=\sum_{0\leq k\leq n} 2\cdot 3^k$ と置くと $|-1-a_n|_3=3^{-(n+1)}$ で，これは n を大きくすれば，いくらでも0に近づくでしょ．3進距離の世

界では，この級数は収束し極限は -1 になる．この意味で $-1=\sum_{0\leq k\leq\infty}2\cdot 3^k$ と書いてもよいと思うけど．

ケン　その通りだよ．他にも，こんなことがある．$(1-a)(1+a+a^2+\cdots+a^n)=1-a^{n+1}$ という式，前にも出てきたよね．もしも $a\neq 1$ なら，これから $1/(1-a)=1+a+a^2+\cdots+a^n+a^{n+1}/(1-a)$．$a=3$ なら，$-1/2=1+3+3^2+\cdots+3^n-3^{n+1}/2$ だから，3 進距離の世界では $-1/2=\sum_{0\leq k\leq\infty}3^k$ と書ける．

ナツ　$1/2=1-1/2=\ 2+3+3^2+3^3+\cdots$ となるわけかな？ $2\times(2+3+3^2+3^3+\cdots)=4+2\cdot 3+2\cdot 3^2+\cdots)=1+3+2\cdot 3+2\cdot 3^2+\cdots=1+(1+2)3+2\cdot 3^2+\cdots=1+3^2+2\cdot 3^2+\cdots=1+(1+2)3^2+2\cdot 3^3+\cdots=1+3^3+2\cdot 3^3+\cdots=\cdots=1$ になる！

ケン　一方，$2\times(a_0+a_1 3+a_2 3^2+\cdots)=1$　$(a_k=0,1,2)$ と置いて，左辺を計算すると，先ず $2a_0\equiv 1 \pmod 3$ だから $a_0=2$ になるしかない．次に，$2\times(2+a_1 3+\cdots)=1+(1+2a_1)3+2a_2 3^2+\cdots=1$ から，$a_1=1$ が決まる．だから，$2\times(a_0+a_1 3+a_2 3^2+\cdots)=2\times(2+3+a_2 3^2+\cdots)=1+(1+2a_2)3^2+\cdots=1$．これから，$a_2=1$ も決定．以下，同様にして，$a_k=1\ (k\geq 1)$ が次々に決まってゆくね．このようにしても，3 進附値の世界で 2 の逆元を求めることができる．$4=1+3$ の逆元についても計算してみるといいよ．

さて，素数 p について，p 進整数環とよばれるものについて，説明しておこう．

$$\mathbb{Z}_p=\left\{\sum_{0\leq k\leq\infty}a_k p^k\,\middle|\,0\leq a_k\leq p-1\right\}$$

と置いて，これを **p 進整数環**，そのメンバーを **p 進整数**と呼ぶ．これまで見てきたのは 3 進整数だね．3 進整数と同様に，p 進整数同士も互いに足したり，掛けたりできる．繰り上げ計算を使うんだね．$-1=\sum_{0\leq k\leq\infty}a_k p^k,\ a_k=p-1$ となるのも，3 進整数の場合と同じだ．そうして，p 進整数環は整域になることが分かる．0 及び自然数は，有限和の形の p 進整数になるね．0 とは違う p 進整数

$\alpha=\sum_{0\le k\le\infty}a_k p^k$ が与えられたとき，$a_k\neq 0$ となるような最少の k を $w(\alpha)$ と書き，$|\alpha|_p=p^{-w(\alpha)}$ $(|0|_p=0)$ と置いてやると，これは非アルキメデス附値になることもすぐに分かる．

ユキ

$$\mathbb{Z}_p^{\times}=\left\{\sum_{0\le k\le\infty}a_k p^k \,\middle|\, a_0\neq 0\right\}$$

となるでしょ．

ナツ　$w(\alpha)=1$ となる p 進整数全体，つまり，単項イデアル (p) を取ると，これは p 進整数環のただ一つの極大イデアルであり，また，唯一の素イデアルになるでしょ．それに，この整域の (0) 以外のイデアルってすべて $(p)^k$　$(k=0, 1, 2, \ldots)$ と書けるわね．ずいぶんシンプル！前に出てきた局所環と似てる．

ケン　その通りだ．でもね，局所環と違い，この整域ではリミットが自由に使えるんだ．正確に言うと，この整域のなかでは，コーシー（A.L. Cauchy）列が必ず収束する，つまり，p 進整数環は完備だということが言える．

ナツ　コーシー列って？完備って言葉も初めて聞くけど．

ケン　$\sqrt{2}=1.41421356\cdots$ は無理数になるけど，$\sqrt{2}$ に収束する数列 $a_0=1, a_1=1.4, a_2=1.41, \ldots$ を取ると，これは有理数の列になるね．a_k は，先のほうでは皆 $\sqrt{2}$ にちかいから，k, l を，どちらもすごく大きくとると，a_k, a_l は互いにすごく近い．こういうのがコーシー列なんだ．詳しく言うと，S を距離空間，s_k $(k=0, 1, 2, \ldots)$ を S に含まれるものの列とするとき，k, l をどちらも十分に大きくとると，距離 $d(s_k, s_l)$ はいくらでも小さくなるとき，列 $\{s_k\}$ を**コーシー列**という．もっと正確に言うと，正数 ε を勝手に取ると，それに応じて，ある番号 n を選び，$k, l\ge n$ ならば必ず $d(s_k, s_l)<\varepsilon$ となるようにできるとき，$\{s_k\}$ を S に含まれる**コーシー列**というんだ．S の点に収束する列がコーシー列になることはすぐに分かるけど，S に含まれるコーシー列が S の点に収束するとは限らないことは，

$S=\mathbb{Q}$, $s_k=a_k$, $a_0=1$, $a_1=1.4$, $a_2=1.41$, ...の例からも分かるね．Sに含まれるコーシー列が必ずSの点に収束するとき，Sは**完備**だというんだ．$\mathbb{Q}$は完備ではないけど，$\mathbb{R}$や$\mathbb{C}$は完備になる．このことについては，大学で学ぶことになるよ．p進整数環も，実は完備になるんだ．

ナツ　二つのp進整数が互いに近いってことは，それらを級数として書いたとき，はじめのほうの項が同じになるってことでしょ．すると，p進整数のコーシー列って，番号の大きい方へ行くと，数列に並ぶ級数たちのはじめの方の項は，ずっと先まで共通のものになるわけよ．そしたら，数列が収束するのは，目に見えてるじゃない．

ケン　証明らしく整理してみようか．$\{\alpha_k\}$をp進整数から成るコーシー列とするね．今，0または正の整数nに対して，$\varepsilon_n=p^{-n}$と置こう．すると，ある番号$\tilde{n}$があり，$k, l\geq\tilde{n}$ならば$|\alpha_k-\alpha_l|_p<p^{-n}$となる．$n\leq\tilde{n}$としてよい．特に，$l=\tilde{n}, k\geq l$とすると，$\alpha_k$たちのはじめの$\tilde{n}$項は皆共通．特に，それらの第$n$項を$a_{n-1}p^{n-1}$と書こう．$\alpha=\sum_{0\leq k\leq\infty}a_kp^k$と置くと，明らかに

$$\lim_{k\to\infty}\alpha_k=\alpha$$

となる．

p進整数環の商体を$\mathbb{Q}_p$と書いて，これを***p*** **進体**と呼ぶ．

$$\mathbb{Q}_p=\left\{\sum_{m\leq k\leq\infty}a_kp^k\,\middle|\, m\in\mathbb{Z},\ a_k=0, 1, \ldots, p-1\right\}$$

となること，分るね．$\mathbb{Z}\subset\mathbb{Z}_p$, $\mathbb{Q}\subset\mathbb{Q}_p$となるけど，$p$進体もやはり完備だから，$\mathbb{Q}$よりも大きくなる．こうして，$\mathbb{Q}$を含む完備な体は，$\mathbb{R}$の他にも，無限に多い非アルキメデス的な完備 体$\mathbb{Q}_p$があることが分かった．

ユキ　$\mathbb{Q}$の代わりに有限次代数体Kをとっても似たようなことが言えそうね．Kの整数環$\mathfrak{o}_K$に含まれる素イデアル$\mathfrak{p}$を取り，$\pi\in\mathfrak{p}-\mathfrak{p}^2$を素数$p$の代わりにする．有限体$\mathfrak{o}_K/\mathfrak{p}$の代表元をワンセット選んでおき，それらの集合を$S_\mathfrak{p}$とする．$\mathbb{Z}_p$, $\mathbb{Q}_p$の代わりに

$$\mathfrak{o}_\mathfrak{p}=\left\{\sum_{0\le k\le\infty}a_k\pi^k \,\middle|\, a_k\in S_\mathfrak{p}\right\}$$

$$K_\mathfrak{p}=\left\{\sum_{m\le k\le\infty}a_k\pi^k \,\middle|\, a_k\in S_\mathfrak{p},\ m\in\mathbb{Z}\right\}$$

を考えると，$\mathfrak{o}_\mathfrak{p}$は整域，$K_\mathfrak{p}$はその商体になる．$K_\mathfrak{p}$に含まれる，0とは違う$\alpha=\sum_{m\le k\le\infty}a_k\pi^k$に現れる$a_k$で一番先に0以外になるものを$a_l$とするとき，$w(\alpha)=l$, $|\alpha|_\mathfrak{p}=N\mathfrak{p}^{-w(\alpha)}$, ($|0|_\mathfrak{p}=0$) と置けば，これは**$\mathfrak{p}$進附値**と呼ばれる非アルキメデス附値になって，$\mathfrak{o}_\mathfrak{p}, K_\mathfrak{p}$は，それぞれ完備になることも前と同じね．

ナツ　$\mathfrak{o}_K\subset\mathfrak{o}_\mathfrak{p}, K\subset K_\mathfrak{p}$，それに，$\mathfrak{o}_p^\times=\{\alpha\in\mathfrak{o}_\mathfrak{p}\,|\,w(\alpha)=1\}$も言えるでしょ．$\mathfrak{o}_\mathfrak{p}$はただ一つの素イデアル$(\pi)$を含み，他のゼロイデアル以外のイデアルは$(\pi)^k$の形になることも前と同じ．

ケン　そうだね．$\mathfrak{o}_\mathfrak{p}$を**$\mathfrak{p}$進整数環**，$K_\mathfrak{p}$を**$\mathfrak{p}$進体**という．有限次代数体$K$にある方向から光を当てると，$K$を含む完備な非アルキメデス体が見えてくる．

ナツ　完備な体というと，アルキメデス附値を持つ$\mathbb{R}$や$\mathbb{C}$もあるね．$\mathbb{Q}$は$\mathbb{R}$に含まれるし，ガウス体$K=\mathbb{Q}(\sqrt{-1})$は$\mathbb{C}$に含まれる．

ユキ　$\alpha=a+bi\in K$に，その共役$\overline{\alpha}=a-bi$を対応させても，Kから$\mathbb{C}$への同型が得られるね．

ケン　n次代数体$K=\mathbb{Q}(\alpha)$が与えられたとき，αの$\mathbb{Q}$上最少多項式をP，その$\mathbb{C}$での分解を$P=(X-\alpha_1)\cdots(X-\alpha_n)$とし，前にも出てきたように$\alpha$を，その共役$\alpha_k$に移す$K$から$\mathbb{Q}(\alpha_k)$への同型を$\sigma_k$と書くと，$\alpha_k$が実数のときは$K$を$\mathbb{R}$の中に移す同型，そうでない複素数になるときには$\mathbb{C}$の中に移す同型が得られる．そして，$\alpha_k$が$\mathbb{R}$には収まらないときには，その複素共役$\overline{\alpha}_k$も初めの$\alpha$の共役の一つになる．こうして，$K$を$\mathbb{R}$または$\mathbb{C}$の中に移す同型がちょうど$n$個得られる．これらの同型を，やはり$\sigma_k$　$(k=1, 2, \ldots, n)$と書くと，α_kが実数のときにはKの行き先は実数体になる．$k=1, \ldots, r_1$のとき$\alpha_k\in R$, $k=r_1+1 \ldots, n$のときα_kは実数ではない

としよう．α_k と $\overline{\alpha}_k$ はペアになってるから，$n=r_1+2r_2$ と書ける．$\overline{\alpha}_{r_1+i}=\alpha_{r_1+r_2+i}$（$i=1, \ldots, r_2$）のように α_k を並べると $\beta\in K$ について $\overline{\sigma_{r_1+i}(\beta)}=\sigma_{r_1+r_2+i}(\beta)$．共役 σ_k（$k=1, \ldots, n$）はそれぞれ $|\sigma_k(\beta)|$ によって K のアルキメデス附値を決める．実は，$k=1, \ldots, r_1+r_2$ のとき，こうして決まるアルキメデス附値は互いに同値ではなく，しかも K のアルキメデス附値はすべてこれら r_1+r_2 個の附値のどれか一つと同値になるんだ．σ_k（$k=1, \ldots, r_1+r_2$）によって決まるアルキメデス附値の同値類を $\mathfrak{p}_{\infty_k}$ と表し，これを**無限素点**と呼ぶ．$k=1, \ldots, r_1$ のとき $K_{\mathfrak{p}_{\infty_k}}=\mathbb{R}$，$k=r_1+1 \ldots, r_1+r_2$ のとき $K_{\mathfrak{P}_{\infty_k}}=\mathbb{C}$ のように書く．素イデアル $\mathfrak{p}$ についても似ていて，K の素イデアル $\mathfrak{p}$，$\mathfrak{q}$ が相違のとき $\mathfrak{p}$ 進附値と $\mathfrak{q}$ 進附値は同値でなく，しかも K の非アルキメデス附値はすべてある $\mathfrak{p}$ 進附値と同値になる．K の素イデアル $\mathfrak{p}$ によって決まる $\mathfrak{p}$ 進附値の同値類を，**有限素点**と呼び同じ $\mathfrak{p}$ で表す．無限個の有限素点と r_1+r_2 個の無限素点に応じて，代数体 K は非アルキメデス完備体及びアルキメデス完備体に含まれるわけだね．これらの完備体は**局所（ローカル）体**とも呼ばれ，K は**大域（グローバル）体**と呼ばれる．ローカルな体は，代数的にシンプルなだけでなく，極限というツールも使えて，いろいろなことの見通しがいいんだ．ローカルな理論とグローバルな理論は，もちろん，深く関係し合っている．代数体と，その拡大体に関する素イデアルの分解，特に分岐の理論と，ディフェレンテの関係についても，ローカルな理論を使って証明することができる．ローカルな体については，後でも話すことになるけど，ここでは，これ以上立ち入らないことにしよう．

ナツ　素点というと幾何学的イメージね．

ケン　実は整数論のパラレル・ワールドともえる有限体上の代数幾何学という世界があってね，その世界とまたペアになっている有限体上の代数関数の世界がある．代数関数の世界でも附値が大事な役割を果たす．というか，附値を通して，整数論と代数関数論が統一的に見通せる．素点は代数幾何学の世界にゆくと，より幾何学的なイメージに結びつくんだ．

第11章　イデアル類

11.1　$x^2+y^2=p$

ナツ　$1^2+2^2=5,\ 2^2+3^2=13,\ 1^2+4^2=17,\ 2^2+5^2=29$

ユキ　何してるの？右辺は皆奇素数ね．奇素数のなかで一番小さいのは3だけど，$x^2+y^2=3$ は整数解を持たないわね．7もだめ．ナッチャンの式に出てくる奇素数は皆 mod 4 で1と合同になってる．ちょっと待ってよ．x を整数とすると，$x^2\equiv 0, 1 \pmod 4$ じゃない．すると，整数 x, y をどのように取っても $x^2+y^2\equiv 0, 1, 2 \pmod 4$ でしょ，だから $p\equiv 3 \pmod 4$ のときには $x^2+y^2=p$ が整数解を持たないことは当たり前だったわけね．

ナツ　5, 13, 17, 29って，mod 4 で1と合同になる最初の4個の素数でしょ．もっと先まで計算してみると，そういう素数はどうも皆同じように二個の平方数の和として書けるみたいなのよ．

ケン　そう，ナッチャンが予想したことは，ガウスがいくつもの証明を与えた大定理なんだ．素数 $p\equiv 1 \pmod 4$ は必ず二個の平方数の和として，$a^2+b^2=p \quad (a, b\in\mathbb{N})$ と表わされるんだ．

ユキ　この式って，座標平面上で，原点を中心とする半径 $\sqrt{p}$ の円周上に格子点 (a, b) が乗ってるってことよね．格子点というと，ガウス平面上のガウス整数のことを思ってしまうけど．$\alpha=a+bi$ をガウス整数とすると，問題の式は $N(\alpha)=p$ と書ける．

ナツ　$K=\mathbb{Q}(\sqrt{-1})$ をガウス数体，$\mathfrak{o}_K$ をその整数環とすると，奇素数 $p\equiv 1 \pmod 4$ は $\mathfrak{o}_K$ で分解し，$(p)=\mathfrak{p}\bar{\mathfrak{p}}$ のように書けるのだったでしょ．そうか，もしも，ガウス整数環が単項イデアル環なら，$\mathfrak{p}=(\alpha), \alpha=a+bi \quad (a, b\in\mathbb{Z})$ のように書けるから，$p=a^2+b^2$ はすぐに出てくる！でも，§6.5で2次体の整数環って単項イデアル

環になるとは限らないってこと，話にあったよね．

ケン　ここで，イデアル類のことを話そう．これは整数論のメインテーマの一つなんだ．K を有限次代数体，$\mathfrak{I}_K$ をそのゼロイデアル以外の分数イデアル全体から成る集合としよう．この集合は，イデアルの積に関してアーベル群になるね．この群の部分群 $\mathfrak{P}_K$ を，単項イデアル (α)　$(\alpha \in K^\times)$ 全体から成るものとする．このとき商群 $\mathfrak{I}_K/\mathfrak{P}_K = \mathfrak{C}_K$ を K の**イデアル類群**と言い，そのメンバーを**イデアル類**と言う．$\mathfrak{a}, \mathfrak{b} \in \mathfrak{I}_K$ について，$\mathfrak{a}\mathfrak{P}_K = \mathfrak{b}\mathfrak{P}_K$，つまり，$\mathfrak{b} = \alpha\mathfrak{a}$ となるように $\alpha \in K^\times$ が取れるとき，$\mathfrak{a}, \mathfrak{b}$ は**同値**だといって，$\mathfrak{a} \sim \mathfrak{b}$ のように表す．イデアル類群は有限群になることが知られていてね，それに含まれるメンバーの個数 $h_K = |\mathfrak{C}_K|$ を K の**類数**と言う．整数環 $\mathfrak{o}_K$ が単項イデアル環になるってことは，類数 $h_K = 1$ となることと同値だね．

特に，K がある種の 2 次体，正確には，奇素数 p について，$K = \mathbb{Q}\left(\left(\frac{-1}{p}\right)p\right)$ と置いて得られる 2 次体などのとき，類数 h_K は，ある種の L 関数の特殊値を使って求められるという，驚くべき結果もある．

ナツ，ユキ　L 関数って？

ケン　K がいまでてきた 2 次体の場合について説明しとこう．これは，ゼータ関数の親類で，奇素数 p に対して有限体の乗法群 $\mathbb{F}_p^\times$ から，ガウス平面で原点を中心とする半径 1 の円周 T が作る乗法群への準同型 $\chi \neq e$ を使ってできる関数なんだ．ここで，e と書いたのは，自明な準同型，つまり，$\mathbb{F}^\times$ のすべてのメンバーに 1 を対応させるものだ．準同型 χ は $\mathbb{F}_p$ の**指標**とも呼ばれる．いま，自然数 n に対応する $\mathbb{F}_p$ のメンバー $(n)_p$ をとり，指標を使ってでてくる $\chi((n)_p) = \chi(n)$ と書こう．ただし，$n \equiv 0 \pmod{p}$ のときは，$\chi(n) = 0$ とするんだね．ここで，

$$L(s, \chi) = \sum_{n=1}^{\infty} \chi(n)/n^s$$

と置いて，これを**ディリクレ**（P.G.L. Dirichlet）**の L 関数**と呼ぶ．これは $s>1$ のときに収束し，s を右から限りなく 1 に近づけるときに極限 $L(1, \chi)$ を持つことが知られている．この値と，上の 2 次体 K の類数 h_K とが密接に関係しているんだ．詳しいことは，例えば，小野孝さんの「数論序説」（昇華房）に出ている．このことからも，イデアル類数や類群が奥の深いものだということが感じられるね．

ガウス数体の類数は 1 になる．証明はいくつか知られているし，なかなか面白い．だけど，いまはいろいろな代数体の類数を評価するのに使われるミンコフスキー（H. Minkowski）の定理と，その応用について話しておこう．

11.2　ミンコフスキーの定理とその応用

ケン　次の定理は，類数計算の出発点になる．証明にはいくつか準備が必要なので後回しにし，まずこの定理が成り立つことを仮定して話を進めよう．

定理 11.1（ミンコフスキー）　$K=\mathbb{Q}(\alpha)$ を n 次代数体とし，α の $\mathbb{Q}$ 上共役数のうち $2r_2$ 個が，実数には含まれない複素数になっているとする．$\mathfrak{o}_K$ を，K の整数環，$\mathfrak{a}\neq(0)$ を $\mathfrak{o}_K$ のイデアルとし，$N(\mathfrak{a})=(a)$　$(a\in\mathbb{N})$ とすると，$\mathfrak{a}$ に含まれる $\gamma\neq 0$ を選んで，$|N(\gamma)|\leq aM_K$ が成り立つようにできる．ただし，$M_K=\left(\dfrac{4}{\pi}\right)^{r_2}\dfrac{n!}{n^n}\sqrt{|d_K|}$ で，K の**ミンコフスキー定数**と呼ばれる．

定理に出てくる自然数 a だけど，§10.5 でイデアルのノルムのことを話したことを思い出してもらえば，$[\mathfrak{o}_K:\mathfrak{a}]=a$ となるわけだね．さて，この定理から，すぐに次の定理が出てくる．

定理 11.2　C を有限次代数体 K のイデアル類とすると，C に含まれるイデアル $\mathfrak{a}\subseteq\mathfrak{o}_K$　$(\mathfrak{a}\neq(0))$ で $[\mathfrak{o}_K:\mathfrak{a}]\leq M_K$ を満たすものが取

れる．

［証明］ $C\in\mathfrak{C}_K$ を勝手に取り，このなかに定理の条件を満たすイデアル $\mathfrak{a}$ があることを示そう．ところで，C^{-1} に含まれるイデアル $\mathfrak{b}\subset\mathfrak{o}_K$ をうまく取ると，ミンコフスキーの定理から，$\mathfrak{b}$ に含まれる $\gamma\neq0$ を選んで $|N\gamma|\leq bM_K$, $(N(\mathfrak{b})=(b),\ b\in\mathbb{N})$ が成り立つようにできる．$c=|N\gamma|$ と置こう．ここで，$\gamma\in\mathfrak{b}$ だからイデアル $\mathfrak{a}\subset\mathfrak{o}_K$ で $\mathfrak{a}\mathfrak{b}=(\gamma)$ を満たすものが取れる．このイデアル $\mathfrak{a}$ が条件を満たすことを示そう．先ず $\mathfrak{a}\mathfrak{b}\sim\mathfrak{o}_K$ だから $\mathfrak{a}\in C$．また，$N(\mathfrak{a})N(\mathfrak{b})=N(\gamma)$．ここで $N(\mathfrak{a})=(a)$ $(a\in\mathbb{N})$ とすると $ab=c\leq bM_K$ だから $a\leq M_K$ となって，定理が示された．

ナツ M_K は定数だから，それを超えない自然数は有限個しかないわね．§10.5 の終わりの方に出てきたことを使うとノルムが M_K を超えない $\mathfrak{o}_K$ のイデアルは有限個しかない．別々のイデアル類が同じイデアルを共有することは出来ないでしょ．すると，イデアル類の個数つまり類数も有限になる！

ガウス数体の場合はどうなるかしら？ $K=\mathbb{Q}(\sqrt{-1})$ なら $r_2=1,\ n=2,\ d_K=4$ だから $M_K=\dfrac{4}{\pi}\dfrac{2!}{2^2}\sqrt{4}=\dfrac{4}{\pi}$ となり $1<M_K<2$．この M_K を超えない自然数って 1 しかない．つまり K のイデアル類 C は必ず$\mathfrak{o}_K=(1)$ を含む．だから，$h_K=1$．これから，素数 $p\equiv1 \pmod 4$ は必ず $p=a^2+b^2,\ (a,\ b\in\mathbb{N})$ のように書けることも言えた！

ユキ ミンコフスキーの定理が成り立つなら $M_K<1$ となることはあり得ないわけだから，もしも $M_K<2$ が言えれば，今の場合と同じように $h_K=1$ が出てくるね．$K=\mathbb{Q}(\sqrt{-3})$ の場合はどうなるかしら？ $r_2=1,\ n=2,\ d_K=-3$ だから $M_K=\dfrac{2\sqrt{3}}{\pi}<2$ となって，やはり $h_K=1$！

ナツ $K=\mathbb{Q}(\sqrt{-5})$ だったらどうかな？ $r_2=1,\ n=2,\ d_K=-20$ だから，$M_K=\dfrac{4\sqrt{5}}{\pi}$．このときは $2<M_K<3$ になる．K のイデア

ル類 C には $N(\mathfrak{a})=(a)$, $a\leq M_K$ となるようなイデアル $\mathfrak{a}$ が含まれる．自然数 $a\leq M_K$ は $a=1, 2$ のどちらかになる．イデアル $\mathfrak{a}$ が $a=1$ を含めば，$\mathfrak{a}=(1)$．一方，このイデアルが 2 を含めばどうなるかしら？

ユキ　ずっと前，§6.5 で出てきたけど，$\mathfrak{o}_K$ のイデアル $\mathfrak{a}=(2, 1+\sqrt{-5})_{\mathbb{Z}}$ は単項ではなかったでしょ．このイデアルはもちろん 2 を含む．それに，$(2)=\mathfrak{a}^2$ だったよね．つまり，2 は K で分岐し，$\mathfrak{a}$ は 2 を含む極大イデアルになってる．$\mathfrak{o}_K$ に含まれるイデアル $\mathfrak{b}$ について $N(\mathfrak{b})=(2)$ になるなら $\mathfrak{b}=\mathfrak{a}$ となることも明らか．結局，K の，ゼロイデアルとは違う分数イデアルは，単項になるか，それとも $\mathfrak{a}$ と同じ類に入り，単項にならないかのどちらかになる．$h_K=2$ になり，イデアル類は $\mathfrak{o}_K$ によって代表される単項イデアルたちと，$\mathfrak{a}$ の仲間たちの二つになるわけね．

ナツ　実 2 次体 K については，$r_2=0$ だから，ミンコフスキー定数は $M_K=\dfrac{1}{2}\sqrt{|d_K|}$ になるでしょ．例えば $K=\mathbb{Q}(\sqrt{5})$ なら，$d_K=5$ だから，$M_K=\sqrt{5}/2<2$ となって，$h_K=1$ になる．ミンコフスキーの定理って，どうやって証明するのかしら．

ケン　小野孝さんの「数論序説」（裳華房）に紹介されている証明にそって，説明するね．でも，その前にいくつか準備が必要になる．

11.3　ミンコフスキーの定理の証明準備（1）

ケン　この節の主役はコンパクト集合だ．第 3 章でガウス平面の開集合や閉集合，それに，位相空間の話をしたね．コンパクト集合は，位相空間についての理論のなかで，とても大事な概念でね，いろいろなところに顔を出す．ミンコフスキーの定理の証明には，特にコンパクト集合の有限交差性という概念が使われる部分がある．定理の証明とは別のことだけど，コンパクト集合のことは，p 進体に関してもよく現れる．ここでは，位相空間といっても，距離の概念が使える距離空間について，コンパクト集合の話をごく簡単にしておこう．

ナツ　ガウス平面や p 進体は距離空間になる．3 次元空間でも，二点 $\boldsymbol{a}=(a_1, a_2, a_3)$，$\boldsymbol{b}=(b_1, b_2, b_3)$ の距離は $d(\boldsymbol{a}, \boldsymbol{b})=\sqrt{(a_1-b_1)^2+(a_2-b_2)^2+(a_3-b_3)^2}$ によって決まるんでしょ．

ケン　$\mathbb{R}$ 上の n 次元空間 $\mathbb{R}^n$ のことについて，整理しておこう．$\mathbb{R}^n$ に含まれるベクトル $\boldsymbol{a}, \boldsymbol{b}$ に対して内積 $<\boldsymbol{a}, \boldsymbol{b}>$ が決まること，その性質については第 10 章で話したよね．今，$|\boldsymbol{a}|=\sqrt{<\boldsymbol{a}, \boldsymbol{a}>}$ と置くと，$|\boldsymbol{a}|\geq 0$ で，この値がゼロになるのはベクトル $\boldsymbol{a}=\boldsymbol{0}$ になるとき，また，そのときに限るね．$d(\boldsymbol{a}, \boldsymbol{b})=|\boldsymbol{a}-\boldsymbol{b}|$ と置いてこれを $\boldsymbol{a}, \boldsymbol{b}$ の**距離**という．$n=3$ のときは，これはナッチャンが言った式になるね．こうして与えられる $d(\boldsymbol{a}, \boldsymbol{b})$ が距離の性質（1），（2）を満たすことは明らかでしょ．これが，三角不等式をも満たすことを説明しよう．そのために，ベクトル $\boldsymbol{a}, \boldsymbol{b}, \boldsymbol{c}$ が与えられたとき，$\boldsymbol{u}=\boldsymbol{a}-\boldsymbol{b}$, $\boldsymbol{v}=\boldsymbol{b}-\boldsymbol{c}$ と置くと，$d(\boldsymbol{a}, \boldsymbol{b})+d(\boldsymbol{b}, \boldsymbol{c})=|\boldsymbol{u}|+|\boldsymbol{v}|$ となる．一方，$\boldsymbol{a}-\boldsymbol{c}=\boldsymbol{u}+\boldsymbol{v}$ だから $d(\boldsymbol{a}, \boldsymbol{c})=|\boldsymbol{u}+\boldsymbol{v}|$．すると，三角不等式は $|\boldsymbol{u}+\boldsymbol{v}|\leq|\boldsymbol{u}|+|\boldsymbol{v}|$ が言えれば出てくる．この式は両辺ともに正またはゼロの実数だから，両辺を 2 乗しておいて証明してもいいね．

ユキ　左辺 $|\boldsymbol{u}+\boldsymbol{v}|$ の二乗を計算してみると $<\boldsymbol{u}+\boldsymbol{v}, \boldsymbol{u}+\boldsymbol{v}>=|\boldsymbol{u}|^2+2<\boldsymbol{u}, \boldsymbol{v}>+|\boldsymbol{v}|^2$．右辺 $|\boldsymbol{u}+\boldsymbol{v}|$ の二乗は $|\boldsymbol{u}|^2+2|\boldsymbol{u}||\boldsymbol{v}|+|\boldsymbol{v}|^2$ になる．すると，証明すればいいことは，

$$<\boldsymbol{u}, \boldsymbol{v}>\leq|\boldsymbol{u}||\boldsymbol{v}|$$

ケン　$\boldsymbol{u}=\boldsymbol{0}$ ならば両辺はともにゼロになるでしょ．ここで，$\boldsymbol{u}\neq\boldsymbol{0}$ とし，t を実数として $<t\boldsymbol{u}+\boldsymbol{v}, t\boldsymbol{u}+\boldsymbol{v}>=|\boldsymbol{u}|^2t^2+2<\boldsymbol{u}, \boldsymbol{v}>t+|\boldsymbol{v}|^2$ という，t についての 2 次式を考える．この式は，正またはゼロの値をとるね．

ナツ　そうか，すると判別式はゼロまたは負の値になる．それって，ユキチャンが言った式の両辺を 2 乗したものじゃない！これで，三角不等式が出てきたわけね．

ケン　次に距離空間の開集合，閉集合のことを話そう．S を距離

空間，aをその点，つまり，Sのメンバーとし，rを正の実数とする．ここで，$V_r(a)=\{x\in S\mid d(a,x)<r\}$と置いて，これを$a$の$r$**近傍**という．$S=\mathbb{R}^2$なら，これは$a$を中心とする半径$r$の円の中身だ．一方，$S$が$p$進体，$r=p^{-n}$なら，$V_r(0)=\{x\in\mathbb{Q}_p\mid p^n\mid x\}$になるね．さて，一般の場合に戻って，$U\subset S$が与えられたとしよう．$x\in U$のとき，$x$に応じて適当な$r>0$をとると$V_r(x)\subset U$となることがどんな$x\in U$についても言えるなら$U$を$S$の**開集合**という．$S$の開集合全体の集まりを$O(S)$と書けば，これは§3.3で出てきた開集合の性質を満たす．すぐにできるから，考えておいてね．一方，Uの補集合U^cが開集合ならば，Uを**閉集合**と呼ぶことも，ガウス平面の場合と同様だ．S,ϕつまり，空間全体と空集合がどちらも閉開集合になることも前と同じだ．

ユキ　$S=\mathbb{Q}_p$とすると，$\mathbb{Z}_p$は開集合になるでしょ．でも，その補集合も開集合になる．ガウス平面の場合には，閉開集合って平面全体か空集合しかなかったけど，p進体の場合は違うのね．

ナツ　$(p^k)=p^k\mathbb{Z}_p$　$(k\in\mathbb{Z})$も閉開集合になるよ．閉開集合がごろごろしてる．

ケン　位相空間に閉開集合が空間自体か空集合しかないとき，そのような空間は連結空間と呼ばれることは§3.3で話した．実数直線が連結していることは，平均値の定理など，微分論の根拠となっている．連結空間である$\mathbb{R}$や$\mathbb{R}^n$がバイオリンやフルートの世界だとすれば，閉開集合がごろごろしてるp進体や$\mathfrak{p}$進体はピアノやパーカッションの世界といえるかもね．

さて，コンパクト集合の話に入ろう．まず一つの例から．閉区間$I=[0,1]$を考え，次に1の近傍$U_n=V_{1-\frac{1}{n}}(1)$　$(n=2,3,\ldots)$を考える．1を中心として，だんだん大きくなり，その左端がどこまでも0に近づいてゆく開集合の列ができるね．これらの開集合全体を合わせて$\tilde{U}=\bigcup_{2\le n}U_n$を作ると，これは開区間$(0,2)$になるけど，$I$の左端0はこれから外れてしまう．ここで，もう一つの開集合$U_\infty=V_{\frac{1}{2}}(0)$を取り，これと$\tilde{U}$を合わせて$\tilde{V}=\bigcup_{2\le n\le\infty}U_n$を作ると，これは区間 I を覆い尽くす．

ナツ　I を覆い尽くすためなら，そんなにたくさんの U_n は要らないよ．$U_\infty \cup U_3 \supset I$ だから 2 個の開集合だけで I はカバーできちゃう．

ユキ　I の代わりに $J=(0,1]=\{x|0<x\leq 1\}$ を考えると $\tilde{U}$ はこれをカバーする．だけど，今度は $U_2, U_3, \ldots$ の中から有限個の開集合をとって J を覆い尽くすことは無理ね．

ケン　ようやくコンパクト集合の定義をするところまで来た．S を位相空間，C をその部分集合とし，開集合の集まり $\mathcal{U}=\{U_\lambda|\lambda\in\Lambda\}$ が C を覆い尽くしている，つまり，$C\subset\bigcup_{\lambda\in\Lambda}U_\lambda$ となっているとしよう．ここに出てくる集合 Λ は，$\{1,2\}$ のような有限集合でもよいし，無限集合でもよい．このとき，$\mathcal{U}$ は C の**開被覆**になっているという．C の開被覆をどのようにとっても，そのなかの有限個のものだけで C がカバーできるなら，C は**コンパクト集合**と呼ばれる．C が有限集合なら当然コンパクトになる．コンパクト集合は，有限集合の次に扱いやすい集合なんだ．

ユキ　区間 $J=(0,1]$ はコンパクトではないわけね．閉区間 $I=[0,1]$ はコンパクトになるのかしら？前の例では，I の開被覆の一つを考え，そのなかの 2 個だけで，I がカバーできることが分かったけど，それだけではなく，I の開被覆としてどんなものを取っても，そのなかの有限個のものだけで I がカバーできるってことが言えないとだめね．

ケン　I の開被覆 $\tilde{U}=\{U_\lambda|\lambda\in\Lambda\}$ として，各 U_λ が I の点 x の近傍 $V_r(x)$ になっている場合について先ず考えよう．近傍のなかから，有限個のものを選ぶわけだけど，どのように選んでもそれらだけでは I を覆い尽くせない，つまり，**有限被覆性**が成り立たないとして，矛盾を導いてみよう．そのために先ず I を中点で二等分し，$\left[0,\frac{1}{2}\right]$, $\left[\frac{1}{2},1\right]$ の二つの線分に分ける．これらのうち，少なくとも一つについては，有限被覆性が成り立たないはずだね．そのような長

さ半分の線分を選び，それを I_1 と書こう．次に，この I_1 について同じことを考える．やはり中点で二つの線分に分けると，そのうちのどちらかについて有限被覆性が成り立たないでしょ．その線分を I_2 と書く．こうして，次々に線分の列 $I_1, I_2, I_3, \ldots$ が現れ，$I \supset I_1 \supset I_2 \supset \cdots$ そして I_n の長さは $\dfrac{1}{2^n}$ になる．$I_n = [a_n, b_n]$ とすると，数列 $\{a_n\}, \{b_n\}$ はどちらも区間 I の一点 c に収束するね．この点は当然開被覆のなかのどれかの近傍 V に含まれる．番号 n を十分大きくとると，区間 I_n はこの近傍 V に含まれる．でも，区間 I_n については有限被覆性が成り立たないとしているのだから，これは矛盾だね．

ユキ　開被覆としてもっと一般のものを取る場合も，今のことを使えばできるわね．$x \in I$ なら，$x \in U$ となるように開集合 U を $\tilde{U}$ の中から選べるでしょ．そのとき，x の近傍で U に含まれるような $V(x)$ をひとつ選んでおく．このような $V(x)$ の全体を $\tilde{V}$ と置くと，これも I の開被覆になり，今見たことからこのなかから有限個の近傍 $\{V(x_1), V(x_2), \ldots, V(x_n)\}$ を取って，I を覆える．近傍 $V(x_k)$ は，それぞれ初めの開被覆の中のどれかの開集合に含まれる．そうして現れる有限個の開集合を合わせれば I は覆い尽くされる．

ナツ　この証明を見ると，前にテレビで見たスリラー映画を思い出すわ．ヒーローがね，狭い部屋に閉じ込められて，なんと部屋の壁や天井がズズ，ズズって動いて押し寄せてくるのよ．

ユキ　わたしも見たわ．その壁よせの術を使えば，正方形 $I^2 = \{(x_1, x_2) \in \mathbb{R}^2 \mid 0 \leq x_k \leq 1 \quad (k=1, 2)\}$ もコンパクトだってこと証明できるわね．また，この正方形が与えられた開被覆について有限被覆性を持たないと仮定し，今度は，正方形を 4 等分して，それらの中から，有限被覆性を持たないものをひとつ選び，今度はその小さい正方形をまた 4 等分して，同じことを繰り返してゆくのよね．これは，一辺の長さが 1 になるような正方形だけど，どんな正方形でも同じようにコンパクトになるでしょ．

ケン　もっと一般の $I^n=\{(x_1, \ldots, x_n)\in\mathbb{R}^n \mid 0\leq x_k\leq 1\quad (1\leq k\leq n)\}$ についても，壁よせの術を使ってこれがコンパクトだってこと言えるね．この I^n を n 次の**単位キューブ**と呼ぶことにしよう．もっと一般に $\boldsymbol{a}\in\mathbb{R}^n, c>0$ のとき $\boldsymbol{a}+cI^n$ は各辺の長さが c の **n 次元キューブ**になる．これもコンパクトになるね．

ところで，これは一般のコンパクトな位相空間 S について言えることだけど，C を S に含まれる閉集合とすると，C もコンパクトになる．なぜかわかるかな？

ユキ　$\tilde{U}$ を C の開被覆とすると，C の補集合 $C^c=S-C$ は開集合だから，これと $\tilde{U}$ を合わせたものは S の開被覆になるでしょ．S はコンパクトなんだから，この開被覆には有限の部分被覆が含まれる．それらの有限部分被覆から C の補集合は抜かしたものは C の有限被覆で $\tilde{U}$ の部分被覆になる．だから，C もコンパクトになる．

ナツ　すると，前に戻って n 次元のキューブに含まれる閉集合はすべてコンパクトになるね．

ケン　S を距離空間，$x\in S$ とする．S の部分集合 T が x のある近傍 $V_r(x)\quad(r>0)$ に含まれるとき，T を S の**有界部分集合**っていうんだ．例の n 次元キューブは有界だから，それに含まれる集合も有界だね．また，$\mathbb{R}^n$ に含まれる有界集合は，必ずある n 次元キューブに含まれることも明らかだね．

ナツ　そうか，すると $\mathbb{R}^n$ の有界閉集合 C は必ずコンパクトになる．だって，C を含むようなキューブが取れ，そのキューブはコンパクトでしょ．だから，C はコンパクト集合の閉部分集合になる．もっと一般の距離空間に含まれる有界閉集合もコンパクトになるかしら？

ユキ　$S=(0, 1]=\{x\in\mathbb{R} \mid 0<x\leq 1\}$ とすると，これは距離空間で有界．$C=S$ とすると，これは空間自身だから閉集合．閉集合で有界だけど，この集合はコンパクトではないよね．でも，逆に，距離空間に含まれるコンパクト集合は有界閉集合になるような気がす

る．今度は S を一般の距離空間とし，C をその部分集合とするでしょ．S 自身の開被覆として S の一点 x の近傍 $V_n(x)$　($n=1, 2, ...$) すべてから成り立つものが取れるでしょ．C も，もちろん，この開被覆で覆い尽くされる．でも C が有界でなければ，この近傍たちのなかから有限個のものをとって，それで C を覆い尽くすことはできっこない．だから，C がコンパクトなら有界．これが閉集合にもなることは，どうしたらわかるかしら？

ナツ　もしも C が閉集合でなければ，その補集合は開集合ではないわけだから，C^c に属する点 a で，そのどんな近傍にも C の点を含むようなものがあるはずね．コンパクト集合 C のなかに，点 a に向かっていくらでも近づくような点列があるのに，a は C の外にある．そんなことはないって言えればいいのよね．

ケン　ここで，コンパクト集合の有限交差性の出番だ．これは，また，S が一般の位相空間の場合に言えることでね，距離空間でなくてもいいんだ．いま，C を S の部分集合，$\tilde{F}=\{F_\lambda \mid \lambda\in\Lambda\}$ を S に含まれる閉集合の集まりとしてね，$\tilde{F}$ に含まれる有限個の閉集合を勝手に選ぶと，それらと C との共通部分が決して空集合にはならないとする．ここでも，Λ は適当に与えられた集合だ．そのような $\tilde{F}$ について必ず $\tilde{F}$ の閉集合すべてと C の共通部分も空にはならないって言えるなら，C は（閉集合についての）**有限交差性**を持つという．そうすると，C がコンパクトだということと，それが有限交差性を持つってことが同値になるんだ．このことについて説明する前に，有限交差性を使って，距離空間のコンパクト集合が閉集合になるしかないってことを証明してみよう．ナッチャンが言ってたことから続けると，問題の点 a を中心とする $\overline{V}_{1/n}(a)=\{x\in S \mid d(a, x)\leq 1/n\}$　($n=1, 2, ...$) を取る．これは，閉集合になるね．$n=1, 2, ...$ に対して $\overline{V}_1(a)\supset\overline{V}_{1/2}(a)\supset\overline{V}_{1/3}(a)\supset\cdots$ で，$\overline{V}_{1/n}(a)$ には必ず C の点が含まれる．だから有限交差性が使えて，このような $\overline{V}_{1/n}(a)$ すべてと C は共通部分を持たなければならない．

ナツ　$\overline{V}_{1/n}(a)$　($n=1, 2, ...$) すべてに含まれるものって点 a しか

ない．だから，a は C に含まれるしかない！有限交差性とコンパクト性が同値だってことの証明はどうするの？

ケン　その前に，集合論の初歩のことだけど，いくつかおさらいしておこう．今度は S はただの集合，$A, B, \ldots$ はその部分集合とする．それらの補集合を $A^c, B^c, \ldots$ と書く．たとえば，S として樹木全体の集合，A を針葉樹全体の集合とすると，A^c は桜やブナなど針葉樹以外の樹木全体の集合になるね．先ず $A^{cc}=A$．これは明らかだね．また，$B \subset A \Longleftrightarrow B^c \supset A^c$ になる．たとえば，B として高さ5メートル以下の針葉樹全体の集合をとると，B^c は針葉樹以外の木だけじゃなく，高さが5メートルを超える針葉樹をも含むでしょ．

次に，$(A \cup C)^c = A^c \cap C^c$．たとえば C として葉が黄色になる樹木全体の集合を取れば，$A \cup C$ にはイチョウとかも含まれる．だから，その補集合は針葉樹以外の樹木というだけじゃなく，葉が黄色にならない樹木という条件も入る．同様に $(A \cap C)^c = A^c \cup C^c$．部分集合がたくさんあっても同様だ．$A_\lambda$　$(\lambda \in \Lambda)$ がそれぞれ S の部分集合になっているとき $(\bigcup_{\lambda \in \Lambda} A_\lambda)^c = \bigcap_{\lambda \in \Lambda} A_\lambda^c$，$(\bigcap_{\lambda \in \Lambda} A_\lambda)^c = \bigcup_{\lambda \in \Lambda} A_\lambda^c$ も言える．

ユキ　最後の4式は**ド・モルガン**（A. de Morgan）**の式**ね．位相空間では開集合の補集合は閉集合だから，有限交差性のことどうやらわかってきた．S を位相空間，C を，その部分集合として，S の閉集合の集まり $\tilde{F} = \{F_\lambda \mid \lambda \in \Lambda\}$ を考えましょう．$U_\lambda = F_\lambda^c$ は開集合，それらの集まりを $\tilde{U}$ とする．C は $\tilde{F}$ をどのように選んでも，それについて有限交差性を持つとしましょう．つまり，先ず

(A)　$\tilde{F}$ から有限個の閉集合 $F_{\lambda_1}, \ldots, F_{\lambda_n}$ をどう選んでも $F_{\lambda_1} \cap \ldots \cap F_{\lambda_n} \cap C \neq \phi$

となるならば

(B)　$(\bigcap_{\lambda \in \Lambda} F_\lambda) \cap C \neq \phi$

が成り立つってことよね．この命題の対偶を取ると，先ず (B) を

否定して

(B)′　$\bigcap_{\lambda\in\Lambda}F_\lambda \subset C^c$

ならば，(A)の否定，つまり

(A)′　$\tilde{F}$ の中から適当に有限個の閉集合 $F_{\lambda_1}, \ldots, F_{\lambda_n}$ を選ぶと $F_{\lambda_1}\cap\ldots\cap F_{\lambda_n}\subset C^c$

のように出来るってことになる．これらの命題に現れる集合をそれぞれ補集合に置き換えて書き直すと

(B)″　$\bigcup_{\lambda\in\Lambda}U_\lambda \supset C$

つまり $\tilde{U}=\bigcup_{\lambda\in\Lambda}U_\lambda$ が C の開被覆ならば

(A)″　$\tilde{U}$ の中から適当に有限個の開集合 $U_{\lambda_1}, \ldots, U_{\lambda_n}$ を選ぶと $U_{\lambda_1}\cup\ldots\cup U_{\lambda_n}\supset C$

のように出来るってことになる．これって正に C がコンパクトだってことじゃない！

ケン　そういうことだね．もうひとつ，コンパクト集合のありがたさの根拠にもなっていることについて話しておこう．f を位相空間 S から位相空間 T への連続写像とする．つまり，T の開集合 U を勝手に取ると，それを f によって S に引き戻した逆像 $f^{-1}(U)$ は必ず S の開集合になっているわけだ．今 C を S に含まれるコンパクト集合だとすると，$f(C)$ は必ず T のコンパクト集合になるんだ．$f(C)$ を覆う開被覆があれば，それを f によって引き戻したものは C の開被覆になるから，これは明らかだね．特に $T=\mathbb{R}$，つまり f は S の各点 x に実数 $f(x)$ を対応させる関数とも言える場合について考えると，$f(C)$ は実数直線に含まれるコンパクト集合になる．つまり，有界閉集合．だから，このとき f による値には最大値，最小値がある．

ナツ　p 進体 $\mathbb{Q}_p$ と，それに含まれる $\mathbb{Z}_p$ のことだけど，0 の近傍 V を，どれでもよいから一つとると，$\mathbb{Z}_p-V$ って有限集合になるでしょ．これから $\mathbb{Z}_p$ はコンパクト集合になることが言えるでしょ．

ケン　そのとおりだ．もっと強く，$\mathbb{Q}_p$ の各点の近傍を取ると，

どのような取り方をしても，これはコンパクトになる．局所体についても同様なことが言える．こういうことから，局所体が位相的にいろいろありがたい性質を持っていることが分かるんだ．

11.4 ミンコフスキーの定理の証明準備 (2)

ケン　ガウス数体 $K=\mathbb{Q}(\sqrt{-1})$ のイデアル $\mathfrak{p}=(1+i)$ を考えよう．整数環 $\mathfrak{o}_K=(1, i)_{\mathbb{Z}}$ だから $\mathfrak{p}=(1+i, -1+i)_{\mathbb{Z}}=(1+i, 1-i)_{\mathbb{Z}}$ は複素数平面に星のように散らばる格子点の集合になる．ガウス平面の各点 $x+iy$ を $\mathbb{R}^2$ の点 $\begin{pmatrix}x\\y\end{pmatrix}$ に対応させると，イデアルは平面上の整数座標を持つ点の集合になる．特に $1+i$, $1-i$ はそれぞれ $\begin{pmatrix}1\\1\end{pmatrix}$, $\begin{pmatrix}1\\-1\end{pmatrix}$ に対応し，原点とこれら 2 点，それに $2=(1+i)+(1-i)$ の 4 点を頂点とする正方形から右側の二辺を取り除いたものを P としよう．そうすると，その面積は §8.6 で話したけど $\mathrm{vol}(P)=\left|\det\begin{pmatrix}1 & 1\\1 & -1\end{pmatrix}\right|=2$ になる．一方，ガウス平面の原点を中心として，円周が $1+i$ を通るディスク（円盤）D を取ると，これは平面の原点を中心とし，半径 $\sqrt{2}$ の円に対応し，面積は 2π．この円から円周を除いた円の内部にはイデアル $\mathfrak{p}$ の格子点は原点しか入らない．でも，やはり原点を中心とするディスクで，面積が 2π よりも大きいものを取れば，その内部に $\mathfrak{p}$ の格子点が複数入るね．

次に実 2 次体 $K=\mathbb{Q}(\sqrt{5})$ を考え，そのメンバー $z=x+y\sqrt{5}$ $(x, y\in\mathbb{Q})$ を平面上の点 $\boldsymbol{z}=\begin{pmatrix}x+y\sqrt{5}\\x-y\sqrt{5}\end{pmatrix}$ に対応させよう．この 2 次体の整数環は，$\theta=\dfrac{1+\sqrt{5}}{2}$ と置くと $\mathfrak{o}_K=\{a+b\theta \mid a, b\in\mathbb{Z}\}$ となり，そのメンバー $\alpha=a+b\theta$ は平面上の点 $\boldsymbol{\alpha}=\begin{pmatrix}a+b\theta\\a+b\theta^{\sigma}\end{pmatrix}$ に対応する．ここ

で，$\theta^\sigma=\dfrac{1-\sqrt{5}}{2}$ のことだね．いま，$\mathfrak{o}_K$ のイデアル $(3)=\{3a+3b\theta|$ $a, b\in\mathbb{Z}\}$ を取ると，このメンバー $3\alpha=3a+3b\theta$ たちは，平面上の格子点 $3\boldsymbol{\alpha}$ に対応する．特に $0, 3, 3\theta, 3+3\theta$ に対応する4点を考え，これらを頂点とする平行四辺形 P から右側の二辺を取り除いたものの面積を計算すると

$$\left|\det\begin{pmatrix}3 & 3\theta\\ 3 & 3\theta^\sigma\end{pmatrix}\right|=9\left|\theta^\sigma-\theta\right|=9\sqrt{5}$$

となる．さて，ここで，ガウス数体の場合と少し違って，座標平面上に原点を中心とするダイアモンドシェイプ $D_\rho=\{(x, y)\in\mathbb{R}^2||x|+|y|\leq\rho\}$　$(\rho>0)$ を考える．D_ρ の面積は $\mathrm{vol}(D_\rho)=2\rho^2$ になるね．ところで，いま考えている平行四辺形 P だけど，その頂点のなかで，原点以外に原点から一番近い点というと，何かな？

ナツ　絵を描いてみると分かるけど $\begin{pmatrix}3\\3\end{pmatrix}$ でしょ．$\rho=6$ とすると D_ρ の辺の上に $\pm\begin{pmatrix}3\\3\end{pmatrix}$ が乗っかるね．でも $\rho<6$ なら D_ρ に含まれるイデアル(3)の点は原点だけになる．

ディスクとかダイアモンドっていうと，ペンダントのことを思うけど，原点を中心とする上下左右対称のペンダントのなかに，イデアルの格子点が複数個入るかどうかを問題にしてるのね．

ケン　そうだね．定理の話に戻って，$K=\mathbb{Q}(\alpha)$ を n 次代数体，$P[X]\in\mathbb{Q}[X]$ を α の $\mathbb{Q}$ 上最少多項式，その $\mathbb{C}$ での分解を $P[X]=(X-\alpha_1)\cdots(X-\alpha_n)$ とし，ここに現れる α_k のうち，はじめの r_1 個は実数，残りは複素数で実数にはならないものとする．α_k が実数でなければ，$P[X]=0$ の解のなかには $\overline{\alpha_k}$ も含まれるから，$r_1<n$ ならば，r_1 番目より先の α_k 達は，その数とその複素共役がペアになって並ぶようにすると $2r_2$ の複素数が並ぶ．$n=r_1+2r_2$ だね．体 K から K の共役 $\mathbb{Q}(\alpha_k)=K_k$ への同型を σ_k とする．K に含まれ

る γ に対してその共役を並べ $\tilde{\boldsymbol{\gamma}}=\begin{pmatrix}\sigma_1(\gamma)\\ \vdots \\ \sigma_n(\gamma)\end{pmatrix}$ と置くと，これは n 次のベクトルになるね．ベクトル成分のはじめの r_1 個は実数，それから後の成分は複素数とその共役がペアで並ぶ．このベクトルのはじめの r_1 次の部分を $\boldsymbol{x}$，後ろの $2r_2$ 次の部分を $\tilde{\boldsymbol{z}}$ と書く．ベクトルの後ろの部分については，ペアで並ぶ複素数のそれぞれ最初の成分だけを取って r_2 次のベクトルを作りこれを $\boldsymbol{z}$ と書く．$\boldsymbol{\gamma}=\begin{pmatrix}\boldsymbol{x}\\ \boldsymbol{z}\end{pmatrix}$ と置くと，これは r_1+r_2 次のベクトルになるね．ここで，一般に 0 または正の整数 s, t について次のような空間 $E^{s,t}$ を考えると都合がいい：

$$E^{s,t}=\left\{\begin{pmatrix}\boldsymbol{x}\\ \boldsymbol{z}\end{pmatrix}\middle|\,\boldsymbol{x}\in\mathbb{R}^s,\ \boldsymbol{z}\in\mathbb{C}^t\right\}$$

いま考えた $\boldsymbol{\gamma}$ は，E^{r_1,r_2} のメンバーになっている．

ところで $E^{s,t}$ の定義に現れるベクトル $\boldsymbol{x}=\begin{pmatrix}x_1\\ \vdots \\ x_s\end{pmatrix}$, $\boldsymbol{z}=\begin{pmatrix}z_1\\ \vdots \\ z_t\end{pmatrix}$ に対して $|\boldsymbol{x}|=|x_1|+\cdots+|x_s|$, $|\boldsymbol{z}|=|z_1|+\cdots+|z_t|$ と定義する．ここで，改めて**ペンダント** D_ρ を

$$D_\rho=\left\{\begin{pmatrix}\boldsymbol{x}\\ \boldsymbol{z}\end{pmatrix}\in E^{s,t}\,\middle|\,|\boldsymbol{x}|+2|\boldsymbol{z}|\leq\rho\right\}$$

と置いて定義しよう．D_ρ については

1）原点 $\mathbf{0}=(0, \ldots, 0)$ は D_ρ に含まれる

2）$\boldsymbol{w}\in D_\rho$ ならば，その原点に関する対称点 $-\boldsymbol{w}\in D_\rho$

3）$\boldsymbol{u}, \boldsymbol{v}\in D_\rho$ ならば，それらを結ぶ線分上の点 $\lambda\boldsymbol{u}+\mu\boldsymbol{v}$ $(0\leq\lambda, \mu\leq 1, \lambda+\mu=1)$ も D_ρ に入る

という性質があることが分かる．1)，2) は明らかだね．3) については二人で考えておいてね．これらの性質 1), 2), 3) をもつ集合は

中心対称な凸集合と呼ばれる．

さて，複素数 $z=u+iv$　$(u, v\in\mathbb{R})$ に $\begin{pmatrix}u\\v\end{pmatrix}$ を対応させて $\mathbb{C}$ と $\mathbb{R}^2$ を同一視しておこう．$\boldsymbol{z}=\begin{pmatrix}z_1\\\vdots\\z_t\end{pmatrix}\in\mathbb{C}^t$　$(z_l=u_l+iv_l)$ に対しても $\mathbb{R}^{2t}$ のベクトル $\begin{pmatrix}u_1\\v_1\\\vdots\\u_t\\v_t\end{pmatrix}$ を対応させ，これを $\hat{\boldsymbol{z}}$ と置こう．$n=s+2t$ と置くと $E^{s,t}$ は，その各点 $\boldsymbol{w}=\begin{pmatrix}\boldsymbol{x}\\\boldsymbol{z}\end{pmatrix}$ に点 $\hat{\boldsymbol{w}}=\begin{pmatrix}\boldsymbol{x}\\\hat{\boldsymbol{z}}\end{pmatrix}$ を対応させることによって $\mathbb{R}^n$ と同一視される．さて，この空間 $\mathbb{R}^n$ の $\mathbb{R}$ 上基底 $\{\boldsymbol{w}_1, \ldots, \boldsymbol{w}_n\}$ をひとつ取り，それによって張られる**格子**と呼ばれる $L=\{\sum_{1\leq k\leq n}c_k\boldsymbol{w}_k \mid c_k\in\mathbb{Z}\quad(1\leq k\leq n)\}$ を考える．n 次元空間の中に格子点がキラキラ光って並んでいる．ガウス数体や実 2 次体を 2 次元空間とみなすとき，イデアルが格子の例になる．前に考えた正方形や平行四辺形から右側の二辺を除いたものにならって，格子 L に対し $P_L=\{\sum_{1\leq k\leq n}a_k\boldsymbol{w}_k \mid 0\leq a_k<1, (1\leq k\leq n)\}$ を考える．つぎの補題はミンコフスキーの定理の証明のために重要なポイントになる．これは，可測な中心対称凸集合について成り立つのだけど，今は D_ρ にしぼっておく．

補題 4　D_ρ を $E^{s,t}=\mathbb{R}^n$　$(s+2t=n)$ に含まれるペンダント，L を $\mathbb{R}^n$ の格子とする．もしも $\mathrm{vol}(D_\rho)>2^n\mathrm{vol}(P_L)$ ならば，D_ρ には原点以外の格子点が含まれる．

ナツ　ガウス平面の例だと，$\mathbb{C}=E^{0,1}=\mathbb{R}^2$ で格子 $L=\mathfrak{p}=(1+i)$ は平面 $\mathbb{R}^2$ のベクトル $\boldsymbol{w}_1=\begin{pmatrix}1\\1\end{pmatrix}$, $\boldsymbol{w}_2=\begin{pmatrix}1\\-1\end{pmatrix}$ で張られるものでしょ．

P_L は $\boldsymbol{w}_1, \boldsymbol{w}_2$ を二辺に持つ正方形から右側の二辺を取り去ったもので，面積 $\mathrm{vol}(P_L)=2$．ペンダント D_ρ としてはガウス平面の原点を中心とする半径 $\dfrac{\rho}{2}$ のディスクを取ればいいのね．この面積は $\mathrm{vol}(D_\rho)=\dfrac{\pi\rho^2}{4}$ になる．例えば $\rho=4$ とすれば $\mathrm{vol}(D_4)=4\pi>2^{2\times2}$ となって補題の条件が満たされる．でも，この場合は，半径 2 のディスクのなかに原点以外の格子点が含まれることは明らかね．

ケン　今の例をもう少し詳しく見てみよう．まず，格子点 $\boldsymbol{w}=a_1\boldsymbol{w}_1+a_2\boldsymbol{w}_2$ $(a_1, a_2\in\mathbb{Z})$ を使って $\boldsymbol{w}+P_L$ を作ると，P_L は次々と平行移動して，タイルのように平面全体を埋め尽くす．P_L の右側の二辺は取り去ってあるから，格子点 $\boldsymbol{w}, \boldsymbol{w}'$ が別々なら二枚のタイル $\boldsymbol{w}+P_L, \boldsymbol{w}'+P_L$ は共通部分を持たないこともすぐに分かる．すると，ディスク D_ρ は何枚かのタイルで切り分けられるでしょ．

ユキ　半径 2 のディスクは結構たくさんの部分に分けられるけど，半径 1 ならちょうど 4 個の部分に分割されるわね．それに，半径 1 のディスクでも面積 $\pi>2$ でタイルの面積より大きくなる．

ケン　そう，そこで，半径 1 のディスクの 4 個の部分を，基本のタイル P_L にそれぞれ平行移動させて移しこむんだ．

ナツ　移しこまれた 4 分円は隣同士共通部分を持つわね．もしそうでなければ，移しこまれたものたちの面積の総和，つまり，はじめの半径 1 のディスクの面積が基本タイルの面積より小さいことになるから，共通部分を持つのも当たり前か！

ケン　まさにそのとおりだよ．そこで，そのような共通部分に入る点 $\boldsymbol{u}$ をひとつ選ぼう．これは $\boldsymbol{u}=\boldsymbol{u}_0+\boldsymbol{w}$ $(\boldsymbol{u}_0\in D_1, \boldsymbol{w}\in L)$ と，ディスクの点 $\boldsymbol{u}_0$ を格子点を使って平行移動させたものだけど，これがもうひとつの点 $\boldsymbol{u}_1\in D_1$ を別の格子点 $\boldsymbol{w}'$ を使って移動させたものと同じになる．つまり，$\boldsymbol{u}=\boldsymbol{u}_1+\boldsymbol{w}'$．同じ $\boldsymbol{u}$ を表す二つの式から，$\boldsymbol{z}=\boldsymbol{w}-\boldsymbol{w}'=\boldsymbol{u}_0-\boldsymbol{u}_1\neq\boldsymbol{0}$ と，原点とは違う格子点 $\boldsymbol{z}$ が D_1 に含まれる二個の点の差として表されることが分かった．

ナツ　そうか，分ってきた．$\boldsymbol{u}_0, -\boldsymbol{u}_1$ は両方とも D_1 に入ってい

て，そのディスクの半径を2倍にしたものが今問題にしているD_2だよね．だから，$\boldsymbol{v}_0=2\boldsymbol{u}_0$, $\boldsymbol{v}_1=-2\boldsymbol{u}_1$はどちらも$D_2$のメンバーで，格子点$\boldsymbol{z}=(\boldsymbol{v}_0+\boldsymbol{v}_1)/2$となる．原点とは違う格子点が$D_2$の2点$\boldsymbol{v}_0$, $\boldsymbol{v}_1$を結ぶ線分の中点になる．これは，またディスクD_2に入るから，結局D_2に原点以外の格子点$\boldsymbol{z}$が入っていることが確認できた！

今の例で使った考え方で，一般の場合にも補題の証明ができそうね．まず，P_Lだけど，これはタイルというより，ブロックとでも呼んで，これを格子点$\boldsymbol{z}\in L$を使って平行移動させ，$\boldsymbol{z}+P_L$に移すと，こうしてできるブロックで空間$\mathbb{R}^n$が埋め尽くされ，しかも，格子点$\boldsymbol{z}, \boldsymbol{z}'$が違えば，ブロック$\boldsymbol{z}+P_L$, $\boldsymbol{z}'+P_L$は共通部分を持たないことも言えるでしょ．ペンダント$D=D_{\rho/2}$を取ると$\mathrm{vol}(D)>\mathrm{vol}(P_L)$．この$D$はいくつかのブロックで覆われる．つまり，格子点$\boldsymbol{z}$で，ブロック$\boldsymbol{z}+P_L$と$D$の共通部分が空でないようなもの全体の集合$C$を$\boldsymbol{z}_1, \ldots, \boldsymbol{z}_k$とすると，ペンダント$D$は互いに共通部分を持たない$k$個の$D\cap(\boldsymbol{z}_i+P_L)$の和集合になるでしょ．

ユキ　ちょっと待ってよ．空間の次元が2とか3なら分かるけど，一般のn次元空間の場合にもナッチャンの集合Cが有限集合になるって確かかしら？

ケン　鋭い疑問だね．格子点の集合が閉集合になることはいいよね．それと，ペンダントは有界でしょ．つまり，十分大きい実数Rを取ると，ペンダントは原点を中心とする半径Rの円のなかに入る．また，ブロックP_Lも有界だから，これについても十分大きなSを取れば原点を中心とし半径Sの円のなかに入る．ここで，$C=\{\boldsymbol{z}\in L \mid (\boldsymbol{z}+P_L)\cap D\neq\phi\}$だからもしも格子点$\boldsymbol{z}$が集合$C$に入るなら，$\boldsymbol{w}\in P_L$をとって$\boldsymbol{z}+\boldsymbol{w}=\boldsymbol{u}\in D$のようにできる．$\boldsymbol{z}-\boldsymbol{u}\in P_L$だから$|\boldsymbol{z}-\boldsymbol{u}|<S$．一方，点$\boldsymbol{u}$の原点からの距離は$R$以下．だから，格子点$\boldsymbol{z}$の原点からの距離は$R+S$以下になる．つまり，集合$C$も有界だ．

ユキ　あ，そうか！すると集合Cってコンパクトになる．ところで，格子点の近傍をごく小さくとれば，近傍にはその格子点以外の格子点は含まれないよね．集合 C に含まれる格子点のそれぞれについて，そのような小さい近傍を選んでおくと，それらの全体は C の開被覆になる．コンパクト集合の性質から，それらの近傍のなかから有限個のものをとって C を覆い尽くせる．ということは，もともとそのような格子点集合 C は有限集合だってことなのね．

ここから後は，ガウス平面の例と同じことね．つまり，ペンダントを覆う k 個の部分を平行移動させて基本ブロック P_L に移しこむんでしょ．ヴォリュームの大小関係から，そうして移しこまれた k 個のなかで，互いに共通部分を持つものがある．すると，ガウス平面のときと同じように，ペンダントが中心対称な凸集合だということを使って，はじめのペンダントに原点以外の格子点が含まれることが分かる．

ミンコフスキーの定理を証明するためには，そこで現れるペンダントやブロックのヴォリュームの計算をしておくことが必要になるんでしょ．

ケン　そうだね．例としてガウス数体 $K=\mathbb{Q}(i)$ とそのイデアル $\mathfrak{p}=(1+i)=(1+i, 1-i)_{\mathbb{Z}}$ のことに戻ろう．$1+i, 1-i$ に対応する $\mathbb{R}^2$ のベクトルは $\begin{pmatrix}1\\1\end{pmatrix}, \begin{pmatrix}1\\-1\end{pmatrix}$ となるね．

ナツ　格子 $L=\mathfrak{p}$ は，これら二つのベクトルで張られ，それらを並べると行列 $\widehat{A}=\begin{pmatrix}1 & 1\\1 & -1\end{pmatrix}$ になる．これから $\mathrm{vol}(P_L)=|\det \widehat{A}|=2$ になったわけよね．

ユキ　ところで，行列 $\widetilde{A}=\begin{pmatrix}1+i & 1-i\\1-i & 1+i\end{pmatrix}$ について，$\det \widetilde{A}=-4i$．イデアル $\mathfrak{p}$ の判別式は $d_{\mathfrak{p}}=|-4i|^2=4^2$ で，$|\det \widetilde{A}|=\sqrt{|d_{\mathfrak{p}}|}$．この行列 A ともうひとつの行列 $\widehat{A}$ って関係あるでしょ．つまり，複素数 $\alpha=a+bi$　$(a, b\in\mathbb{R})$ をとれば $a=\dfrac{1}{2}(\alpha+\overline{\alpha})$，$b=\dfrac{1}{2i}(\alpha-\overline{\alpha})=-\dfrac{i}{2}(\alpha-\overline{\alpha})$ だから，$T=\dfrac{1}{2}\begin{pmatrix}1 & 1\\-i & i\end{pmatrix}$ と置くと $T\widetilde{A}=\widehat{A}$．一般に，

$\alpha=a+bi, \beta=c+di, C=\begin{pmatrix}\alpha & \beta \\ \bar{\alpha} & \bar{\beta}\end{pmatrix}$ に対して $TC=\begin{pmatrix}a & c \\ b & d\end{pmatrix}$ となるね．行列式 $\det T=\dfrac{i}{2}$ だから，$|\det TC|=\dfrac{1}{2}|\det C|$．特に $C=\tilde{A}$ とすると $|\det T\tilde{A}|=|\det \hat{A}|=\dfrac{1}{2}|\det \tilde{A}|$．これから，$\mathrm{vol}(P_L)=\dfrac{1}{2}\sqrt{|d_{\mathfrak{b}}|}$．

ケン　n 次代数体 K に戻ろう．$\mathfrak{a}$ を $\mathfrak{o}_K$ のイデアルとし，$\mathfrak{a}=(\alpha_1, \ldots, \alpha_n)_{\mathbb{Z}}$ としよう．§9.5 の書き方を使って，行列 $\tilde{A}=(\tilde{\boldsymbol{\alpha}}_j^{(i)})$ をとると $|\det \tilde{A}|=\sqrt{|d_{\mathfrak{a}}|}$ になる．一方，$\alpha\in K$ に対して，$\hat{\boldsymbol{\alpha}}$ を対応させて K を $E^{r_1, r_2}=\mathbb{R}^n$ に移しこむと，イデアル $\mathfrak{a}$ はこの空間の格子 L に移される．例で考えたものと同じような行列 $\hat{A}$ として，ベクトル $\hat{\boldsymbol{\alpha}}_1, \ldots, \hat{\boldsymbol{\alpha}}_n$ を並べて出来るものを取ると，$\mathrm{vol}(P_L)=|\det \hat{A}|$．行列 $\tilde{A}, \hat{A}$ は関係してるよね．

ナツ　今度は α の共役のなかには実数のものもあり得るわけだから，そのことも考えに入れると，行列 $\tilde{T}$ として，対角線に先ず 1 を r_1 個書き入れ，それに続く対角線に沿った場所に，例で出てきた行列 T を r_2 個並べて書いて，それ以外の成分は全部 0 にしたものをとると，$\hat{A}=\tilde{T}\tilde{A}$ となるでしょ．$\det \hat{A}=\det T^{r_2}\det \hat{A}$ だから $\mathrm{vol}(P_L)=2^{-r_2}\sqrt{|d_{\mathfrak{a}}|}$．

ケン　§9.6 に出てきた式 $d_{\mathfrak{a}}=d_K[\mathfrak{o}_K:\mathfrak{a}]^2$ を使うと $\mathrm{vol}(P_L)=2^{-r_2}\sqrt{|d_K|}[\mathfrak{o}_K:\mathfrak{a}]$．今度はペンダントのヴォリュームを計算する番だね．話を整理しておこう．今考えるペンダントは

$$D_\rho=\left\{\begin{pmatrix}\boldsymbol{x} \\ \boldsymbol{z}\end{pmatrix}\in E^{r_1, r_2}\ \middle|\ |\boldsymbol{x}|+2|\boldsymbol{z}|\leq\rho\right\}$$

となってる．$\boldsymbol{z}$ の成分を $z_k=u_k+iv_k$ とすれば $|z_k|=\sqrt{u_k^2+v_k^2}$ になるけど，ここで $y_k=|z_k|$ と置いて変数変換すると $u_k=y_k\cos\theta_k$, $v_k=y_k\sin\theta_k$ となり，§8.6 で話したことを参考にすると，この変換のヤコビアンは y_k となる．$\boldsymbol{z}$ を $\hat{\boldsymbol{z}}$ に置き換えてペンダント D_ρ を $\mathbb{R}^n$ の中で考えると

$$\mathrm{vol}(D_\rho)=\int_{D_\rho} y_1\cdots y_{r_2}dx_1\cdots dx_{r_1}dy_1\cdots dy_{r_2}d\theta_1\cdots d\theta_{r_2}$$

ここで $|\boldsymbol{x}|+2|\mathbf{y}|\leq\rho,\ 0\leq\theta_k\leq 2\pi\quad(k=1,\ldots,r_2)$. これから

$$\mathrm{vol}(D_\rho)=(2\pi)^{r_2}\int_{D_\rho} y_1\cdots y_{r_2}dx_1\cdots dx_{r_1}dy_1\cdots dy_{r_2}$$

改めて, $s_k=x_k/\rho,\ t_l=2y_l/\rho\quad(k=1,\ldots,r_1\,;\,l=1,\ldots,r_2)$ と変数を置き換えると

$$\mathrm{vol}(D_\rho)=\rho^{r_1+2r_2}2^{-2r_2}(2\pi)^{r_2}\int_{D_\rho} t_1\cdots t_{r_2}ds_1\cdots ds_{r_1}dt_1\cdots dt_{r_2}$$

整理すると

$$\mathrm{vol}(D_\rho)=\rho^n 2^{-r_2}\pi^{r_2}\int_{D_\rho} t_1\cdots t_{r_2}ds_1\cdots ds_{r_1}dt_1\cdots dt_{r_2}$$

ここで, $|s_1|+\cdots+|s_{r_1}|+|t_1|+\cdots+|t_{r_2}|\leq 1$. 変数を正または0の範囲に限ると $0\leq t_e\quad(1\leq\rho\leq r_2)$ だから

$$\mathrm{vol}(D_\rho)=2^{r_1}\rho^n\left(\frac{\pi}{2}\right)^{r_2}\int_\varDelta t_1\cdots t_{r_2}ds_1\cdots ds_{r_1}dt_1\cdots dt_{r_2}$$

ここで, 積分の範囲は

$$\varDelta=\left\{\begin{pmatrix}\mathbf{s}\\ \mathbf{t}\end{pmatrix}\middle|\,0\leq s_k,\ t_l\quad(1\leq k\leq r_1\,;\,1\leq l\leq r_2),\ \sum_{k,\,l}(s_k+t_l)\leq 1\right\}$$

になる.

ナツ　あれ, この $\varDelta$ って, §8.7 で出てきた n 次元のプリズムじゃない！すると, §9.6 の計算式から

$$\int_\varDelta t_1\cdots t_{r_2}ds_1\cdots ds_{r_1}dt_1\cdots dt_{r_2}=\frac{1}{(r_1+2r_2)!}=\frac{1}{n!}$$

になる. 結局

$$\mathrm{vol}(D_\rho)=2^{r_1}\left(\frac{\pi}{2}\right)^{r_2}\frac{1}{n!}\rho^n$$

になる．

ユキ　$2^n\mathrm{vol}(P_L)/\mathrm{vol}(D_\rho)=\left(\frac{4}{\pi}\right)^{r_2}n!\sqrt{|d_K|}\,[\mathfrak{o}_K:\mathfrak{a}]\,\rho^{-n}$ になる．これってミンコフスキーの定理に現れる不等式の右辺 $M_K[\mathfrak{o}_K:\mathfrak{a}]$ にちょうど $(n/\rho)^n$ を掛けた形になっている．

11.5　ミンコフスキーの定理の証明

ケン　ρ を $2^n\mathrm{vol}(P_L)=\mathrm{vol}(D_\rho)$ となるように選ぶと $M_K[\mathfrak{o}_K:\mathfrak{a}]=(\rho/n)^n$ になるね．このとき，実はペンダント D_ρ には原点とは違う格子点 $\hat{\boldsymbol{\alpha}}$　$(\alpha\in\mathfrak{a},\ \alpha\neq0)$ が含まれることが分かってね，このことから定理が証明されるんだ．

ナツ　そのような格子点 $\hat{\alpha}$ があるなら $|\sigma_1(\alpha)|+\cdots|\sigma_{r_1}(\alpha)|+2|\sigma_{r_1+1}(\alpha)|+\cdots+2|\sigma_{r_1+r_2}(\alpha)|\leq\rho$ になるのね．でも，定理が言いたいことは $|N(\alpha)|=|\sigma_1(\alpha)|\cdots|\sigma_{r_1}(\alpha)||\sigma_{r_1+1}(\alpha)|^2\cdots|\sigma_{r_1+r_2}(\alpha)|^2\leq M_K[\mathfrak{o}_K:\mathfrak{a}]$ でしょ．

ユキ　待ってよ，相加平均と相乗平均の大小関係ってあるじゃない．それを使うと

$$|N(\alpha)|\leq\left\{\frac{1}{n}(|\sigma_1(\alpha)|+\cdots+|\sigma_{r_1}(\alpha)|+2|\sigma_{r_1+1}(\alpha)|+\cdots+2|\sigma_{r_1+r_2}(\alpha)|\right\}^n$$

となる．だから，今の場合

$$|N(\alpha)|\leq\rho^n/n^n$$

ρ は $2^n\mathrm{vol}(P_L)=\mathrm{vol}(D_\rho)$ となるように選んであるのだから，$(\rho/n)^n=M_K[\mathfrak{o}_K:\mathfrak{a}]$ つまり，$|N(\alpha)|\leq M_K[\mathfrak{o}_K:\mathfrak{a}]$ となって，定理が証明される！でも，ペンダントに原点とは違う格子点が入ってい

るってことが言えないとね．

ナツ　補題を使いたいところだけど，そのためには $2^n\mathrm{vol}(P_L) < \mathrm{vol}(D_\rho)$ じゃないとだめでしょ．

ケン　ρ よりも少し大きい $\rho_n = \rho + \dfrac{1}{n}$　$(n=1, 2, 3, \ldots)$ を取れば $2^n\mathrm{vol}(P_L) < \mathrm{vol}(D_{\rho_n})$ となって，補題が使え，ペンダント D_{ρ_n} に原点以外の格子点が含まれるわけだね．ペンダント $D_{\rho_1}, D_{\rho_2}, \ldots$ はだんだん縮んでそれら全体の共通部分が D_ρ になる．今，$F_n = D_{\rho_n} \cap (P_L - \{\mathbf{0}\})$，つまり，ペンダント D_{ρ_n} と格子から原点を除いたものとの共通部分とすると，$F_n (\neq \phi)$ は閉集合で，有限個の自然数 $n_1, n_2, \ldots, n_k$ を勝手に取ったとき，それらの最大値を m とすれば $F_m = F_{n_1} \cap F_{n_2} \cap \cdots \cap F_{n_k} \neq \phi$ となるよね．

ユキ　はは～，コンパクト集合の有限交差性を使おうというんでしょ！　D_1 はコンパクト，F_n はそれに含まれる閉集合で，$n=1, 2, 3, \ldots$ のとき有限交差性を持つ．だから，それらすべての共通部分は空集合ではない．$\bigcap_{n=1, 2, 3, \ldots} F_n = D_\rho \cap (P_L - \{\mathbf{0}\}$ で，これが空集合ではないというのだから，D_ρ に原点とは違う格子点が入っていることが言えた！これで，ミンコフスキーの定理の証明ができた！

第 12 章　類体論遠望

12.1　$L=\mathbb{Q}(i, \sqrt{5})$

ケン　4 次体 $L=\mathbb{Q}(i, \sqrt{5})$ のことは，これまであちらこちらで出てきたね．§9.1 では，L は $\mathbb{Q}$ のガロア拡大体で，そのガロア群 $G(L)$ はクラインの 4 元群 V または $C_2 \times C_2$ と同型で，L の恒等置換 e の他に，それぞれ位数 2 の $\sigma_1, \sigma_2, \sigma_3$ の合計 4 個のメンバーから成っていることを話した．σ_1 は $\sigma_1(i)=-i, \sigma_1(\sqrt{5})=\sqrt{5}$ によって決まり，σ_2 は $\sigma_2(i)=i, \sigma_2(\sqrt{5})=-\sqrt{5}$, σ_3 は $\sigma_3(i)=-i, \sigma_3(\sqrt{5})=-\sqrt{5}$ によって決まる．これら 3 個のメンバーに対応して L と $\mathbb{Q}$ との中間体 $K_1=L^{\langle\sigma_1\rangle}=\mathbb{Q}(\sqrt{5})$, $K_2=L^{\langle\sigma_2\rangle}=\mathbb{Q}(i)$, $K_3=L^{\langle\sigma_3\rangle}=\mathbb{Q}(\sqrt{-5})$ が現れるのだった．また，$\sigma_1\sigma_2=\sigma_2\sigma_1=\sigma_3, \sigma_k^2=e$　$(k=1, 2, 3)$ が成り立つ．§9.5 では L の整数環は $\mathfrak{O}_L=\{1, i, \theta, i\theta\}_{\mathbb{Z}}$　$\left(\theta=\dfrac{1+\sqrt{5}}{2}\right)$ となり，判別式は $d_L=2^4 5^2$ となることを話したね．

ナツ　2 次体 K_1, K_2, K_3 の整数環は，それぞれ $\mathfrak{o}_{K_1}=\mathbb{Z}[\theta]$, $\mathfrak{o}_{K_2}=\mathbb{Z}[i]$, $\mathfrak{o}_{K_3}=\mathbb{Z}[\sqrt{-5}]$ だったよね．判別式は，$d_{K_1}=5, d_{K_2}=-4, d_{K_3}=-4\times 5$ だった．§11.2 で見たように，類数は，$h_{K_1}=1, h_{K_2}=1, h_{K_3}=2$ で，K_3 には単項にはならないイデアルとして，たとえば $(2, 1+\sqrt{-5})_{\mathbb{Z}}$ があった．L の類数はどうなるのかしら？

ユキ　L は $\mathbb{Q}$ のガロア拡大だから，その共役はすべて L 自身になる．L には i が含まれるから，この体は実数体には含まれない．だから，ミンコフスキー定数 $M_L=\left(\dfrac{4}{\pi}\right)^{r_2}\dfrac{n!}{n^n}\sqrt{|d_L|}$ で $r_2=2$ になる．$n=4, d_L=2^4 5^2$ を代入すると $M_L=\dfrac{30}{\pi^2}=3.039...$ になり，これから

$3<M_L<4$ということが出てくる．§11.2 に出てきた定理 11.2 を使うと，もしも $h_L>1$ なら $\mathfrak{O}_L$ のイデアルで，そのノルムが 2 か 3 になるものがあるはずでしょ．2, 3 は素数だから，もしもそのようなイデアルあるなら，それは素イデアルになる．

ナツ　もし L の素イデアル $\mathfrak{P}$ について $N(\mathfrak{P})=(2)$ となるなら，$N(\mathfrak{P})=N_{L/\mathbb{Q}}(\mathfrak{P})=N_{K_2/\mathbb{Q}}(N_{L/K_2}(\mathfrak{P}))$ だから $N_{L/K_2}(\mathfrak{P})$ は $K_2=\mathbb{Q}(i)$ のイデアルでそのノルムは (2)．ということは $N_{L/K_2}(\mathfrak{P})=(1+i)$ になるわけね．つまり $\mathfrak{P}$ は $(1+i)\mathfrak{O}_L$ を割る素イデアルってことね．

ユキ　L/K_2 は 2 次拡大だから，K_2 の素イデアル $(1+i)$ は L で分岐するか，分解するか，または素イデアルになるかのどれかだったよね．もしも，第 3 の場合が起こるなら $\mathfrak{P}=(1+i)\mathfrak{O}_L$ となって，$N_{L/K_2}(\mathfrak{P})=\mathfrak{P}^2$ になる．$N(\mathfrak{P})=N_{L/\mathbb{Q}}(\mathfrak{P})=N_{K_2/\mathbb{Q}}(N_{L/K_2}(\mathfrak{P}))=N_{K_2/\mathbb{Q}}(\mathfrak{P}^2)=(2)^2$ となって条件に合わない．つまり K_2 の素イデアル $(1+i)$ が L でも素イデアルのままになったらノルムが 2 になるような L の素イデアルは取れないことになる．ところでガロア拡大での素イデアル分解のことを使うと，$(1+i)$ が L の素イデアルになるための条件は商環 $\mathfrak{O}_L/(1+i)$ が有限体 $\mathfrak{o}_{K_2}/(1+i)=\mathbb{F}_2$ の 2 次拡大 $\mathbb{F}_4$ と同型になることだった．

ナツ　$\mathfrak{O}_L=\{\alpha+\beta\theta \mid \alpha, \beta\in\mathfrak{o}_{K_2}\}$ で，$\alpha\in\mathfrak{o}_{K_2}$ は $\alpha\equiv 0, 1 \pmod{1+i}$ になるから，L の整数 $\gamma=\alpha+\beta\theta\equiv 0,\ 1,\ \theta,\ 1+\theta \pmod{1+i}$ になる．

$\theta=\dfrac{1+\sqrt{5}}{2}$ だから，$\theta^2=1+\theta$, $\theta^3\equiv\theta+\theta^2\equiv 1+2\theta\equiv 1 \pmod{1+i}$

となる！これから，$\mathfrak{O}_L/(1+i)$ が $\mathbb{F}_4$ と同型になることが出てくる！ということは，$(1+i)$ が L の素イデアルになるってこと．結局 L の素イデアルでノルムが 2 になるものはないってことね．

そういえば，素イデアル (3) はガウス数体 K_2 にいっても素イデアルのままだったじゃない．すると，L の素イデアル $\mathfrak{Q}$ でそのノルムが 3 になるものがあるとすると $\mathfrak{q}=N_{L/K_2}(\mathfrak{Q})$ は K_2 の素イデアルでノルムが 3 になる．$\mathfrak{q}$ は (3) を含む素イデアルだから $\mathfrak{q}=(3)$．でも $N_{K_2/\mathbb{Q}}(3)=(9)$ で，ノルムは 3 にならない．L の素イデアルでノルム3になるものもないってことね！結局$h_L=1$になる！　K_3の類数は2だったけど，この2次体をLまで拡大するとその整数環は単項イデアル環になるわけね．

ケン　今度はディフェレンテ$\mathfrak{D}_{L/K_3}$を計算してみよう．§10.6で話した方法を使うんだ．そこでわかったことの一つだけど，有限次代数体Fと，その有限次拡大体Kについて，もしも$\mathfrak{O}_K=\mathfrak{o}_F[\theta]$となるように$\theta\in K$が取れて，$\theta$の$F$上最少多項式でモニックなものを$f[X]$とすると，$\mathfrak{D}_{K/F}=f'[\theta]\mathfrak{O}_K$という式が成り立つ．それと，これは，$K$の整数環についての条件はどうでもよいのだけど，$F,K$に加えてもうひとつの体$L$があってこれが$K$の有限次拡大体になっているならば，$\mathfrak{D}_{L/F}=\mathfrak{D}_{L/K}\mathfrak{D}_{K/F}$という式も成り立つのだった．今の場合，

$$\mathfrak{D}_{L/\mathbb{Q}}=\mathfrak{D}_{L/K_2}\mathfrak{D}_{K_2/\mathbb{Q}},\ \mathfrak{O}_L=\mathfrak{o}_{K_2}[\theta],\ \mathfrak{o}_{K_2}=\mathbb{Z}[i]$$

だったね．$\theta=\dfrac{1+\sqrt{5}}{2}$の$\mathbb{Q}$上最少多項式は$f[X]=X^2-X-1$だけど，これは$\theta$の$K_2$上最小多項式にもなっている．だから$f'[\theta]=2\theta-1=\sqrt{5}$，$\mathfrak{D}_{L/K_2}=\sqrt{5}\mathfrak{O}_L$．また，同じようなやりかたですぐに分かるように$\mathfrak{D}_{K_2/\mathbb{Q}}=(2)$．だから，$\mathfrak{D}_{L/\mathbb{Q}}=(2\sqrt{5})$．一方，

$$\mathfrak{D}_{L/\mathbb{Q}}=\mathfrak{D}_{L/K_3}\mathfrak{D}_{K_3/\mathbb{Q}},\ \mathfrak{o}_{K_3}=\mathbb{Z}[\sqrt{-5}]$$

となり，$\mathfrak{D}_{K_3/\mathbb{Q}}=(2\sqrt{5})$となるね．

ナツ　あれ，そうすると$\mathfrak{D}_{L/K_3}=\mathfrak{O}_L$となる！これから，$K_3$の素イデアル$\mathfrak{p}$は，どれをとっても$L$では分岐しないということになる．$\mathfrak{p}$は$L$までゆくと，分解するか，素イデアルのままになるかのどちらかだわ．

ユキ　$\mathfrak{p}$がLで素イデアルの積$\mathfrak{P}\mathfrak{P}^{\sigma_3}$に分解するなら，$h_L=1$なんだからこれらの素イデアルはいずれも単項で$\mathfrak{P}=(\alpha)$，$\mathfrak{P}^{\sigma_3}=(\alpha^{\sigma_3})$となるような$\alpha\in L$が取れる．すると$\mathfrak{p}=(\alpha\alpha^{\sigma_3})$で，これは単項イデアルになる．

ナツ　$h_{K_3}=2$だからK_3のイデアルは単項になるか素イデアル

$\mathfrak{p}_2=(2, 1+\sqrt{-5})_{\mathbb{Z}}$ と同値になるかどちらかになる．ユキチャンの言ったことと合わせると，K_3 の素イデアルは単項でないとき，また，そのときに限って L までゆくとき素イデアルのままになるわけね！一方，K_3 の素イデアルは単項になるとき，また，そのときに限って L で二つの素イデアルの積に分解する．

ユキ　特に $\mathfrak{p}_2$ は L でも素イデアルのままで，しかも単項になるわけね．$1+\sqrt{-5}$ を L の整数 $\gamma=\alpha+\beta\theta$　$(\alpha, \beta\in\mathfrak{o}_{K_2})$ の形に書くと，$\sqrt{-5}=i\sqrt{5}=i(2\theta-1)$ だから $1+\sqrt{-5}=(1-i)+2i\theta=(1-i)\{1+(1+i)\theta\}$ となるでしょ．すると $2=(1-i)(1+i)$ から $\mathfrak{p}_2\subset(1-i)=(1+i)$．単項イデアル $(1+i)$ は L の素イデアルだから，結局 $\mathfrak{p}_2\mathfrak{O}_L=(1+i)$ となるわけね．

ケン　一般に有限次代数体 K と，その有限次ガロア拡大体 L を考える．ガロア群 $G(L/K)$ を G と書こう．K の素イデアルを $\mathfrak{p}$，それを含む L の素イデアルを $\mathfrak{P}$ とするとき，G の部分群 $Z(\mathfrak{P})=\{\sigma\in G|\sigma(\mathfrak{P})=\mathfrak{P}\}$ を $\mathfrak{P}$ の L/K に関する**分解群**と呼ぶ．今考えている例の場合，$G=G(L/K_3)$，$\mathfrak{p}$ を K_3 の素イデアルとし，$\mathfrak{P}$ を L の素イデアルで $\mathfrak{p}$ を含むものとすると，$\mathfrak{p}$ が単項なら L で $\mathfrak{p}=\mathfrak{P}\mathfrak{P}^{\sigma_3}$ だから，分解群 $Z(\mathfrak{P})=\{e\}$ になるね．$\mathfrak{p}$ が単項でなければ，$\mathfrak{p}=\mathfrak{P}$ となり，$Z(\mathfrak{P})=G$ となる．

また，一般の場合に戻るけど，剰余体 $\tilde{\mathbb{F}}=\mathfrak{O}_L/\mathfrak{P}$ は有限体 $\mathbb{F}=\mathfrak{o}_K/\mathfrak{p}$ の拡大体になり，分解群 $Z(\mathfrak{P})$ に含まれる σ から自然にガロア群 $\tilde{G}=G(\tilde{\mathbb{F}}/\mathbb{F})$ のメンバー $\tilde{\sigma}$ が決まる．σ に $\tilde{\sigma}$ を対応させる写像 γ は $Z(\mathfrak{P})$ から $G(\tilde{\mathbb{F}}/\mathbb{F})$ への準同型になる．例の場合について考えよう．素イデアル $\mathfrak{p}$ が単項のときは $\tilde{\mathbb{F}}=\mathbb{F}$，単項でない場合は $\tilde{\mathbb{F}}$ は $\mathbb{F}$ の 2 次拡大体になる．単項の場合は，分解群もガロア群 $\tilde{G}$ もともに単位群になる．単項ではない場合について考えよう．

ナツ　$\tilde{G}$ は，今の場合 C_2 と同型で，その単位元とは違うメンバーはフロベニウス置換 τ　$(\tau(a)=a^{N(\mathfrak{p})})$ となるのだったわね．だから，素イデアル $\mathfrak{p}$ が単項でない場合，$\tilde{\sigma}_3\neq e$ ならば，$\tilde{\sigma}_3=\tau$ になるわけね．

ユキ　$\sigma_3(\theta)=\dfrac{1-\sqrt{5}}{2}$ だから $\theta-\sigma_3(\theta)=\sqrt{5}$ で，これは $\mathfrak{P}$ どこ

ろか K_3 にさえ入らない．だから，$\theta \not\equiv \sigma_3(\theta) \pmod{\mathfrak{P}}$ となって，$\tilde{\sigma}_3 = \tau$ になる．

ナツ　$\mathfrak{p}$ が単項なら $\tilde{\sigma}_3 = e$ だから，$\mathfrak{p}$ が単項ではないとき，また，そのときに限って $\tilde{\sigma}_3 = \tau$ になる．

ケン　K_3 の素イデアル $\mathfrak{p}$ に対応して，**アルティン**（E. Artin）**記号**

$$\left(\frac{L/K_3}{\mathfrak{p}}\right)$$

と呼ばれるものを，$\mathfrak{p}$ が単項ならガロア群 G の単位元 e，単項ではないならば σ_3 を表すものとして導入する．K_3 の分数イデアル $\mathfrak{a} \neq (0)$ は素イデアルの積 $\mathfrak{a} = \mathfrak{p}_1^{e_1} \cdots \mathfrak{p}_k^{e_k}$ のように書けるね．このとき，アルティン記号を拡張して

$$\left(\frac{L/K_3}{\mathfrak{a}}\right) = \left(\frac{L/K_3}{\mathfrak{p}_1}\right)^{e_1} \cdots \left(\frac{L/K_3}{\mathfrak{p}_k}\right)^{e_k}$$

と置く．これはガロア群 G に入るね．しかも，

$$\left(\frac{L/K_3}{\mathfrak{a}}\right)$$

はイデアル $\mathfrak{a}$ が単項のときは e，そうではないときは σ_3 になる．

ナツ，ユキ　すごい，アルティン記号によって，イデアル類群 $C(K_3)$ からガロア群 $G(L/K_3)$ の上への同型写像が与えられる！

12.2　高木類体論

ナツ　L/K_3 の例は何とも綺麗．きっと奥にはなんかあるのね．特にアルティン記号によってイデアル類群からガロア群の上への同型が出来るところはすごい．

ケン　例の場合には $G(L/K_3)$ も $\tilde{G}$ も C_2 と同型だったから簡単だったけど，一般の場合には，もっと工夫しなければならない．前

の時と同様，K を有限次代数体，L をその n 次ガロア拡大体とし，$\mathfrak{p}$ を K の素イデアル，$\mathfrak{P}$ を L の素イデアルで $\mathfrak{p}$ を含むものとしよう．ガロア群 $G=G(L/K)$ の $\mathfrak{P}$ に関する分解群を $Z(\mathfrak{P})$ とする．例の場合と同じように，剰余体 $\mathbb{F}=\mathfrak{o}_K/\mathfrak{p}$ とその拡大体 $\tilde{\mathbb{F}}=\mathfrak{O}_L/\mathfrak{P}$ を考え，拡大次数を $f_\mathfrak{p}$ としよう．ガロア群 $\tilde{G}=G(\tilde{\mathbb{F}}/\mathbb{F})$ はフロベニウス置換 $\tau=\tau_\mathfrak{p}$ で生成される巡回群になるわけだったね．前に考えた分解群 Z からガロア群 $\tilde{G}$ への準同型 γ は例の場合にはいつでも同型写像になっていたね．実は一般の場合には，γ は同型にはならないこともあるけど，必ず全射になる．何故か説明してみよう．

例の場合と違って一般の場合には分解群の構造はかなり複雑なものになることもある．でもガロア群 $\tilde{G}$ は巡回群だし，有限体も単純な構造を持っているね．特に $\tilde{\mathbb{F}}^\times$ も巡回群だった．その生成元として $\tilde{\alpha}=\alpha (\mathrm{mod}\ \mathfrak{P})$ $(\alpha\in\mathfrak{O}_L)$ を取ろう．$\tilde{\mathbb{F}}=\mathbb{F}[\tilde{\alpha}]$ となるね．このことから，$\sigma\in Z$ のとき $\gamma(\sigma)$ の作用は，それが $\tilde{\alpha}$ にどのように作用するかによって決まることも分かる．

ユキ　$\gamma(\sigma)(\tilde{\alpha})=\tau(\tilde{\alpha})$ となるように分解群のメンバー σ を取ることができればいいのね．

ケン　先ずガロア群 G が分解群 Z と同じになる場合について考えよう．多項式 $P=\prod_{\sigma_k\in G}(X-\sigma_k(\alpha))=X^n+\alpha_{n-1}X^{n-1}+\cdots+\alpha_1X+\alpha_0$ の係数 α_k は皆 $\mathfrak{o}_K$ に含まれるね．これらの係数 α_k をすべて $\tilde{\alpha}_k$ で置き換えたものを $\tilde{P}$ と書こう．

ナツ　$\tilde{P}=\prod_{\sigma_k\in G}(X-\gamma(\sigma_k)(\tilde{\alpha}))$ になる．

ケン　次に $\tilde{\alpha}$ の $\mathbb{F}$ 上の最少多項式を $\tilde{Q}$ としよう．$\tilde{Q}=\prod_{1\leq l\leq f}(X-\tau^l(\tilde{\alpha}))$ になるね．

ユキ　$\tilde{P}(\tilde{\alpha})=0$ だから $\tilde{Q}$ は $\tilde{P}$ を割り切る．だから，$\gamma(\sigma_k)(\tilde{\alpha})=\tau(\tilde{\alpha})$ となるようにガロア群 G のメンバー σ_k が取れる．今，$G=Z$ としているのだから，これでいい！でも，G は一般的には Z より大きいでしょ．

ケン　§10.4 で話したように，$\mathfrak{p}\mathfrak{O}_L=(\mathfrak{P}_1\cdots\mathfrak{P}_g)^e$ とするとガロア群のメンバー σ_m　$(m=1,\ldots,g)$ を選んで $\sigma_m(\mathfrak{P})=\mathfrak{P}_m$ となるように

出来る．ガロア群 G は g 個のコセット $\sigma_m Z$ $(m=1, ..., g)$ に分解される．ユキチャンが言った σ_k が分解群 Z に入るように出来るっていえばいいわけだね．$f=f_{\mathfrak{p}}$ とすると $n=efg$ になって $|Z|=ef$ になるね．

ユキ　P の式で σ_k が分解群に入らないとき，$\sigma_k(\alpha)\equiv 0 \pmod{\mathfrak{P}}$ となってくれれば，

$$\tilde{P}=X^{n-ef}\prod_{\sigma_k\in Z}(X-\gamma(\sigma_k)(\tilde{\alpha}))$$

になり，これを $\tilde{Q}$ が割るのだから，やはり $\gamma(\sigma_k)(\tilde{\alpha})=\tau(\tilde{\alpha})$ となるように分解群のメンバー σ_k を選べる．

ナツ　$\sigma_k\notin Z$ のとき $\sigma_k(\alpha)\in\mathfrak{P}$ つまり $\alpha\in\sigma_k^{-1}(\mathfrak{P})$ となればいい．

ユキ　$\sigma_k\notin Z$ と $\sigma_k^{-1}\notin Z$ って同じことだから $\sigma_k\notin Z$ つまり $\sigma_k(\mathfrak{P})\neq\mathfrak{P}$ のときに $\alpha\in\sigma_k(\mathfrak{P})$ というか $m=2, ..., g$ のときに $\alpha\in\mathfrak{P}_m$ となるとありがたいわけね．

ケン　ここで中国の剰余定理にご登場願おう．必要ならば α の替わりに $\mathfrak{O}_L$ のメンバー β で $\beta\equiv\alpha \pmod{\mathfrak{P}}$，$m=2, ...g$ のときに $\beta\equiv 0 \pmod{\mathfrak{P}_m}$ となるようなものが選べるっていうのが定理でしょ．この β を α の替わりに使えばユキチャンがいったことがうまくゆくね！

ナツ，ユキ　$\gamma: Z \longrightarrow \tilde{G}$ が全射準同型になる！　$|Z|=ef, |\tilde{G}|=f$ だから，$e=1$ つまり $\mathfrak{P}$ が $\mathfrak{p}$ 上不分岐なら γ は同型になる．

ケン　その通りだ．γ が同型になるとき，分解群のメンバー σ で $\gamma(\sigma)=\tau$ となるものが確定するよね．この σ を

$$\left[\frac{L/K}{\mathfrak{P}}\right]$$

と表わす．$\mathfrak{P}$ の替わりに $\sigma(\mathfrak{P}), \sigma\in G$ をとってみようか．$\sigma(\mathfrak{P})$ の分解群は $Z(\sigma(\mathfrak{P}))=\sigma Z\sigma^{-1}$ になる．また，すぐ分かるように

$$\left[\frac{L/K}{\mathfrak{P}^{\sigma}}\right]=\sigma\left[\frac{L/K}{\mathfrak{P}}\right]\sigma^{-1}$$

となる．特に L/K がアーベル拡大なら

$$\left[\frac{L/K}{\mathfrak{P}^{\sigma}}\right]=\left[\frac{L/K}{\mathfrak{P}}\right]$$

となって，この記号は素イデアル $\mathfrak{p}$ によって決まる．これを

$$\left(\frac{L/K}{\mathfrak{p}}\right)$$

と書いて $\mathfrak{p}$ の L/K に関する**アルティン記号**と呼ぶ．前のセクションで話した

$$\left(\frac{L/K_3}{\mathfrak{p}}\right)$$

は，その例だね．

ユキ　L/K_3 の場合は，K_3 の素イデアルはどれも L で不分岐だったから，アルティン記号は分数イデアルにまで拡張できて，しかも，それによって K_3 のイデアル類群からガロア群 $G(L/K_3)$ の上への同型写像が得られたわけよね．でも，一般のアーベル拡大 L/K については，K の素イデアルで L まで行くと分岐するものもあるでしょ．

ケン　そう，ここから先に進むためには，分岐するイデアルを避けた形での議論が必要になる．イデアル類にしても，これまでよりもデリケートな定義が使われる．それとね，§10.7 で話したけど，素イデアルをグレードアップして「有限素点」，さらに，それと対照的なアルキメデス附値と対応する「無限素点」と呼ばれるものたちがあったけど，ここでは，これらの「素点」を使う考え方が出てくる．つまり，K を有限次代数体とするとき，先ず，その素イデアルをいくつか（有限個）選び，それぞれのべきを掛け合わせたものを $\mathfrak{m}_0=\mathfrak{p}_1^{v_1}\cdots\mathfrak{p}_m^{v_m}$ と置いてね，次に実無限素点をいくつか選んでそれらを $\mathfrak{p}_{\infty,1},\ldots,\mathfrak{p}_{\infty,l}$ として，それらを形式的に掛け合わせた形で $\mathfrak{m}_\infty=\mathfrak{p}_{\infty,1}\cdots,\mathfrak{p}_{\infty,m}$ と置く．そして，さらに $\mathfrak{m}=\mathfrak{m}_0\mathfrak{m}_\infty$ と置いて，こ

れを K の**整因子**と呼ぶ．整因子に現れる素点の指数はゼロまたは正の整数だ．指数がすべてゼロ，つまり $\mathfrak{m}=\mathfrak{o}_K$ も整因子の仲間に入れる．また，$\mathfrak{m}$ が整因子 $\mathfrak{m}_1, \mathfrak{m}_2$ の形式的な積として書かれる場合，$\mathfrak{m}$ を $\mathfrak{m}_1, \mathfrak{m}_2$ の**倍因子**と呼ぶ．

ナツ　実無限素点ってなんだったかしら？

ケン　無限素点に対しては，K の $\mathbb{Q}$ 上の共役が対応している．これが実数体に含まれるとき，その素点を**実無限素点**というんだ．例えば $K=\mathbb{Q}$ なら，その無限素点は実のものがただひとつ．K が虚 2 次体なら，実無限素点は一つもないし，K が実 2 次体なら実無限素点は二つある．K の有限次拡大体 L を考え，その $\mathbb{Q}$ の共役のひとつを L_k，それに含まれる K の共役の一つを K_j として，K_j に対応する無限素点 $\mathfrak{p}_\infty$ は実だけど，L_k に対応する無限素点は実ではなく複素素点になるとき，$\mathfrak{p}_\infty$ は L/K で**分岐**するという．例えば，$K=\mathbb{Q}$ で L が虚 2 次体なら，K の実無限素点は L/K で分岐するし，もしも L が実 2 次体なら分岐しないわけ．いま話してる $\mathfrak{m}_\infty=\mathfrak{p}_{\infty,1}\cdots\mathfrak{p}_{\infty,m}$ に現れる因子 $\mathfrak{p}_{\infty,k}$ に対応する $a\in K$ の共役を a_k と書くことにしよう．

ユキ　$\mathfrak{m}$ は，とりあえず，K だけについて考えているのね．それを使って，K のイデアルの類別をこれまでよりもデリケートなものにするわけ？

ケン　そう，これまでは K の分数イデアルでゼロとは違うもの全体が作る群を $\mathscr{I}(K)$，その部分群で単項イデアル全体から成るものを $\mathscr{P}(K)$ と書き，イデアル類群 $\mathscr{I}(K)/\mathscr{P}(K)$ を $C(K)$ と書いたね．分数イデアル $\mathfrak{a}, \mathfrak{b}$ が同値だというのは，$c\in K^\times$ をうまく選ぶと $c\mathfrak{a}=\mathfrak{b}$ となることで，このとき $\mathfrak{a}\sim\mathfrak{b}$ のように書いた．ところで，今度は分数イデアル $\mathfrak{a}$ を素イデアルの積に分解して，そこに現れる素因子のなかに $\mathfrak{m}_0$ の素因子が一つもないとき，$\mathfrak{a}$ は $\mathfrak{m}_0$ または $\mathfrak{m}$ と**無縁**であるといって，そのような分数イデアル全体から成る集合を $\mathscr{I}_\mathfrak{m}(K)$ と表わす．これは $\mathscr{I}(K)$ の部分群になることはすぐに分かる．特に $\mathfrak{m}_0=\mathfrak{o}_K$ ならば，$\mathscr{I}_\mathfrak{m}(K)=\mathscr{I}(K)$ となる．この $\mathscr{I}_\mathfrak{m}(K)$ を類別するわけだけど，そのために，$K^\times$ の部分群 $S_\mathfrak{m}$ として

$$S_{\mathfrak{m}}=\left\{\frac{a}{b}\,\middle|\,(a),(b)\text{ は }\mathfrak{m}\text{ と無縁, }\frac{a_k}{b_k}>0(1\leq k\leq m),\ a\equiv b\pmod{\mathfrak{m}_0}\right\}$$

を考え，$\mathfrak{a},\mathfrak{b}\in\mathscr{I}_{\mathfrak{m}}(K)$ について $c\in S_{\mathfrak{m}}$ を選び $c\mathfrak{a}=\mathfrak{b}$ となるときに，これらの分数イデアルを mod $\mathfrak{m}$ で同値であるとし，$\mathfrak{a}\sim\mathfrak{b}$ と書くことにする．$S_{\mathfrak{m}}$ は mod $\mathfrak{m}$ の**シュトラール群**と呼ばれる．シュトラール（Strahl）はドイツ語で光線という意味だ．シュトラール群のメンバーで生成される単項イデアル全体から成る $\mathscr{P}(K)$ の部分群を $\mathscr{P}_{\mathfrak{m}}(K)$ と書き，新たに $\mathscr{I}_{\mathfrak{m}}(K)/\mathscr{P}_{\mathfrak{m}}(K)$ を考えるといいたいとこだけど，実はもう少し先がある．

ユキ　結構大変なのね．先へ行く前に，確認しときたいけど，先ず，$\mathfrak{m}_\infty$ の部分が無い場合には，シュトラール群の定義に出てくる符号のパートは要らないのね．それと，さらに，$\mathfrak{m}_0=\mathfrak{o}_K$ だったら，$\mathscr{I}_{\mathfrak{m}}(K)=\mathscr{I}(K)$ となって，これは普通の分数イデアルの群だし，シュトラール群は $K^\times$ になって，これによるイデアルの類別も普通の類別になるのね．

ケン　その通りだよ．先へ行くっていったけど，その前に簡単な例を考えてみよう．$K=\mathbb{Q}$ とし，先ず $\mathfrak{m}_0=(3)$ としてね，$\mathfrak{m}_\infty$ としては $\mathbb{Q}$ に付随するただ一つの無限素点である実素点 $\mathfrak{p}_\infty$ を取ろう．つまり $\mathfrak{m}=(3)\mathfrak{p}_\infty$ とするわけ．

ナツ　すると

$$\mathscr{I}=\mathscr{I}_{\mathfrak{m}}(\mathbb{Q})=\left\{\frac{(a)}{(b)}\,\middle|\,a,b\in\mathbb{N},(a,3)=(b,3)=1\right\}$$

$$S=S_{\mathfrak{m}}(\mathbb{Q})=\left\{\frac{a}{b}\,\middle|\,a,b\in\mathbb{N},(a,3)=(b,3)=1,\ a\equiv b\pmod 3\right\}$$

としていいわけね．自然数 a は $a\equiv1\pmod 3$ のとき，また，その場合に限って S に含まれる．

ユキ　$\mathscr{I}$ に含まれる $\dfrac{(a)}{(b)}$ を取ると $(b,3)=1$ だから，自然数 c を選んで $bc\equiv1\pmod 3$ となるように出来る．このとき $(c,3)=1$ だし $bc\dfrac{(a)}{(b)}=(ac)$，$(ac,3)=1$ だから $(ac)\in\mathscr{I}$ となり，$\dfrac{(a)}{(b)}\sim(ac)$．つ

まり$\mathscr{I}$のメンバーはいつもある自然数によって生成される単項イデアルと同値になる.

ナツ　自然数a, bについて$(a, 3)=(b, 3)=1$, $a\equiv b \pmod 3$となるなら$\dfrac{b}{a}$はSのメンバー. $\dfrac{b}{a}(a)=(b)$だから$(a)\sim(b)$.

ユキ　逆に3と互いに素になる自然数a, bについて$(a)\sim(b)$なら, Sに入る$\dfrac{c}{d}$を取って$\dfrac{c}{d}(a)=(b)$となるように出来る. だから$ac=bd$. しかも$c\equiv d \pmod 3$でc, dは3と素. これから$a\equiv b \pmod 3$. 結局$(a)\sim(b) \Longleftrightarrow a\equiv b \pmod 3$. $\mathscr{P}=\mathscr{P}_{\mathfrak{m}}$とすると$\mathscr{I}/\mathscr{P}\cong C_2$で, $\mathscr{I}/\mathscr{P}$は$1, 2 \bmod 3$で代表される.

これって, §5.7で出てきた局所化の話と似てるわね.

ケン　そうだね. このあたりのことは, 局所化の話で考えたことをもう少し緻密にして拡張したものともいえるね. 今度は, 同じ$K=\mathbb{Q}$について$\mathfrak{m}'=(2)^2(3)\mathfrak{p}_\infty$としてみよう. $\mathscr{I}'=\mathscr{I}_{\mathfrak{m}'}$, $S'=S_{\mathfrak{m}'}$と置いて計算してごらん.

ナツ

$$\mathscr{I}'=\left\{\frac{(a)}{(b)}\middle| a, b\in\mathbb{N}, (a, 6)=(b, 6)=1\right\}$$

$$S'=\left\{\frac{a}{b}\middle| a, b\in\mathbb{N}, (a, 6)=(b, 6)=1, a\equiv b \pmod{12}\right\}$$

でいいでしょ. $\mathscr{P}'=\left\{\dfrac{(a)}{(b)}\middle|\dfrac{a}{b}\in S'\right\}$と置くと, 前と同じように$\mathscr{I}'/\mathscr{P}'$のメンバーは$(a)\quad(a\in\mathbb{N}), (a, 6)=1$で代表され, $(a)\sim(b) \Longleftrightarrow a\equiv b \pmod{12}$だよね. だから, $\mathscr{I}'/\mathscr{P}'$は$(1)$, (5), (7), (11)で代表される.

ユキ　$(5)^2\sim(7)^2\sim(11)^2\sim(1)$, $(5)(7)\sim(11)$, $(5)(11)\sim(7)$, $(7)(11)\sim(5)$になる. $\mathscr{I}'/\mathscr{P}'$はクラインの4元群と同型になる!

ケン　$\mathscr{H}'=\mathscr{P}'\cup(7)\mathscr{P}'$としてみよう. これは$\mathscr{I}'$の部分群で$\mathscr{P}'$を含む, つまり$\mathscr{I}'$と$\mathscr{P}'$との中間群になる. もちろん$\mathscr{I}'/\mathscr{H}'$は$C_2$と

同型だ.

ユキ　$S'\subset S$ になる．それと $\mathscr{I}$ の定義式に出てくる自然数 a, b を 2 と素になるものに限れば$(a, 6)=(b, 6)=1$ になって，$\mathscr{I}'$ の定義式の条件を満たすわね.

ケン　一般の場合に戻って，$\mathscr{I}=\mathscr{I}_{\mathfrak{m}}(K)$ と $\mathscr{P}_{\mathfrak{m}}(K)$ の中間群 $\mathscr{H}$ が与えられているとし，$\mathfrak{m}'$ を整因子，$\mathscr{H}_{\mathfrak{m}'}$ を $\mathscr{H}$ に含まれる部分イデアルで $\mathfrak{m}'$ と無縁なもの全体から成る集合としよう．これは $\mathscr{I}_{\mathfrak{m}'}$ の部分群になる．例の場合に，$\mathscr{P}_{\mathfrak{m}'}$ がどうなるか考えてみよう.

ナツ　$\dfrac{(a)}{(b)}\in\mathscr{P}$ なら $(a, 3)=(b, 3)=1$．ここで，さらに $(a, 2)=(b, 2)=1$ となるから，これはユキチャンがいったこととダブルけど $(a, 6)=(b, 6)=1$．だから a, b は mod 6 で 1 か 5 と合同．でも $\dfrac{(a)}{(b)}\in\mathscr{P}$ から $a\equiv b \pmod 3$ でしょ．ということは，$a\equiv b \pmod 6$ にもなってる．つまり

$$\mathscr{P}_{\mathfrak{m}'}=\left\{\frac{(a)}{(b)}\,\middle|\, a, b\in\mathbb{N}, (a, 6)=(b, 6)=1, a\equiv b \pmod 6\right\}$$

そういえば，$\mathscr{P}'$ は $\mathscr{P}_{\mathfrak{m}'}$ の部分群になる．ということは $\mathscr{P}_{\mathfrak{m}'}$ は $\mathscr{I}'$ と $\mathscr{P}'$ との中間群になってるわけね．$(7)=\dfrac{(7)}{(1)}$, $7\equiv 1 \pmod 6$ だから $(7)\in\mathscr{P}_{\mathfrak{m}'}$ だけど (5), (11) はこの中間群に入らない．なんだ！ $\mathscr{P}_{\mathfrak{m}'}=\mathscr{H}'$ になるじゃない！

ケン　例の場合に $\mathscr{H}'_{\mathfrak{m}'}=\mathscr{H}'$ となることも明らかだね．ここで，また一般の場合の話に移る．K を有限次代数体，$\mathfrak{m}, \mathfrak{m}'$ をそれぞれ K の整因子とし，$\mathscr{H}$ を $\mathscr{I}_{\mathfrak{m}}(K)$ と $\mathscr{P}_{\mathfrak{m}}(K)$ の中間群，$\mathscr{H}'$ を $\mathscr{I}_{\mathfrak{m}'}(K)$ と $\mathscr{P}_{\mathfrak{m}'}(K)$ の中間群としよう．$\mathfrak{m}, \mathfrak{m}'$ またはそれぞれの倍因子 $\tilde{\mathfrak{m}}, \tilde{\mathfrak{m}}'$ をうまくとって，$\mathscr{H}_{\tilde{\mathfrak{m}}}=\mathscr{H}'_{\tilde{\mathfrak{m}}'}$ となるとしよう．このとき，$\mathscr{H}, \mathscr{H}'$ は互いに**同値**になるという．これが同値関係になることはすぐに分かる．例の場合，$\mathscr{P}$ と $\mathscr{H}'$ とは同値になるね．それぞれに対応している整因子 $\mathfrak{m}=(3)\mathfrak{p}_\infty, \mathfrak{m}'=(2)^2(3)\mathfrak{p}_\infty$ を見ると，$\mathfrak{m}'$ は $\mathfrak{m}$ の倍因子で，

$\mathfrak{m}$ の方が無駄がない．

ここでまた一般の場合に戻るけど，有限次代数体 K と，その整因子 $\mathfrak{m}$，それに $\mathscr{I}_{\mathfrak{m}}(K)$ と $\mathscr{P}_{\mathfrak{m}}(K)$ の中間群 $\mathscr{H}$ を K の mod $\mathfrak{m}$ に関する**イデアル群**と呼ぶことにする．$\mathscr{H}$ と同値になる mod $\mathfrak{m}'$ に関するイデアル群 $\mathscr{H}'$ はいろいろあり得るけど，それらの中で対応する整因子 $\mathfrak{m}'$ に最も無駄が少ないものが取れることが証明できる．つまり，ある mod $\tilde{\mathfrak{m}}$ に関するイデアル群 $\tilde{\mathscr{H}}$ を取ると，それが $\mathscr{H}$ と同値になり，しかも，同じく $\mathscr{H}$ と同値なイデアル群に対応する整因子はすべて $\tilde{\mathfrak{m}}$ の倍因子になることが言えるんだ．これは，中国の剰余定理を使って証明出来る．ここでは省略するけど，高木先生の「代数的整数論」に証明が紹介されているよ．こうして決まる整因子 $\tilde{\mathfrak{m}}$ はイデアル群 $\mathscr{H}$ または，その同値類の**導手**といって，$\mathfrak{f}$ のように書かれることが普通だ．

ナツ　例の場合，$\mathfrak{m}=(3)\mathfrak{p}_\infty$ が $\mathscr{P}=\mathscr{P}_{\mathfrak{m}}$ の導手だったりして．

ユキ　$\mathfrak{m}$ よりも無駄が少ない整因子っていうと，$(3), \mathfrak{p}_\infty, \mathfrak{o}_K=\mathbb{Z}$ のどれかよね．

ナツ　$\mathscr{I}_{(3)}(\mathbb{Q})=\mathscr{I}_{\mathfrak{m}}(\mathbb{Q})=\mathscr{I}$ でしょ．シュトラール群は前のものと少し違って $S_{(3)}(\mathbb{Q})=\left\{\dfrac{a}{b}\middle| a, b\in\mathbb{Z}, (a, 3)=(b, 3)=1, a\equiv b \pmod 3\right\}$ となる．a, b は同符号でなくてもいいのね．

ユキ　$\mathscr{P}_{(3)}(\mathbb{Q})$ は前の $\mathscr{P}=\mathscr{P}_{\mathfrak{m}}(\mathbb{Q})$ と違うのかしら？例えばイデアル $(2)=\dfrac{(2)}{(1)}$ だから $\mathscr{P}, \mathscr{P}_{(3)}(\mathbb{Q})$ のどちらにも入らないよね．

ナツ　ちょっと待って．$(2)=\dfrac{(2)}{(-1)}$ とも書けるじゃない．$\dfrac{2}{-1}\in S_{(3)}(\mathbb{Q})$ だから $(2)\in\mathscr{P}_{(3)}(\mathbb{Q})$ となるんじゃないの？

ケン　その通りだよ．一般に，有限次代数体 K とその整因子 $\mathfrak{m}$，それにこの因子と無縁な $a, b\in K^\times$ が与えられた時，分数イデアル $\mathfrak{a}=\dfrac{(a)}{(b)}$ を表す a, b はいろいろ取れるけど，そのなかで $\dfrac{a}{b}\in S_{\mathfrak{m}}(K)$ となるようなものが取れるとき，$\mathfrak{a}\in\mathscr{P}_{\mathfrak{m}}(K)$ とするわけなんだ．

ユキ　例に戻って，前の場合を思い出すと，$\mathscr{I}/\mathscr{P}$ は $(1),(2)$ で代表され，巡回群 C_2 と同型になっていたでしょ．今度は $(2)\in\mathscr{P}_{(3)}(\mathbb{Q})$ だから，$\mathscr{I}_{(3)}(\mathbb{Q})=\mathscr{P}_{(3)}(\mathbb{Q})$ となるのね．整因子 (3) は $\mathscr{P}$ の導手にはなれないわけだ．整因子として $\mathfrak{p}_\infty$ を取ったらどうなるかしら？この因子には有限部分がないわけだから $\mathscr{I}_{\mathfrak{p}_\infty}(\mathbb{Q})=\{(a)\,|\,a\in\mathbb{Q}^\times\}$．シュトラール群は $S_{\mathfrak{p}_\infty}(\mathbb{Q})=\{a\,|\,a\in\mathbb{Q},\ a>0\}$ だから $\mathscr{P}_{\mathfrak{p}_\infty}(\mathbb{Q})=\mathscr{I}_{\mathfrak{p}_\infty}(\mathbb{Q})$．今度も $\mathfrak{p}_\infty$ は $\mathscr{P}$ の導手にはなれない．最後に因子として $\mathbb{Z}$ を取ったら，このときも $\mathscr{I}_{\mathbb{Z}}(\mathbb{Q})=\{(a)\,|\,a\in\mathbb{Q}^\times\}$ で，シュトラール群は $S_{\mathbb{Z}}(\mathbb{Q})=\{a\,|\,a\in\mathbb{Q}^\times\}$，だから $\mathscr{P}_{\mathbb{Z}}(\mathbb{Q})=\mathscr{I}_{\mathbb{Z}}(\mathbb{Q})$．これも駄目ね．結局ナッチャンの感が当たって，$\mathscr{P}$ の導手は $\mathfrak{m}=(3)\mathfrak{p}_\infty$ だったわけね！

ケン　ここで，$K=\mathbb{Q}$ の 2 次拡大体として虚 2 次体 $L=\mathbb{Q}(\sqrt{-3})$ を取ろう．ガロア群は $G=G(L/K)\cong C_2$ は複素共役 σ で生成されるね．それと，L/K で分岐する素イデアルは (3) だけだ．§6.8 で話したように，素数 $p\neq 2$ は，$\left(\dfrac{-3}{p}\right)=1$ のとき，また，そのときに限って L で分解し $(p)=\mathfrak{p}\mathfrak{p}^\sigma$ のようになる．一般の奇素数 p について

$$\left(\frac{-3}{p}\right)=\left(\frac{-1}{p}\right)\left(\frac{3}{p}\right)=(-1)^{\frac{p-1}{2}}\left(\frac{3}{p}\right)$$

だね．ここで §7.3 で話した相互法則を使うと

$$\left(\frac{3}{p}\right)=(-1)^{\frac{3-1}{2}\frac{p-1}{2}}\left(\frac{p}{3}\right)=(-1)^{\frac{p-1}{2}}\left(\frac{p}{3}\right)$$

結局

$$\left(\frac{-3}{p}\right)=\left(\frac{p}{3}\right)=\begin{cases}1 & (p\equiv 1 \pmod 3)\\ -1 & (p\equiv 2 \pmod 3)\end{cases}$$

$p=2$ については，これも §6.8 の最後の部分にまとめてあったし，同じセクションでクンマーの定理について話した時，定理のすぐ後

に出てきたことでもあるけど，(2) は2次体 L までいっても素イデアルのままだった．

ユキ　例の話に戻り，今度は整因子 $\mathfrak{m}=(3)\mathfrak{p}_\infty$ が導手だったからこれを $\mathfrak{f}$ と書きなおすと，$\mathcal{I}=\mathcal{I}_\mathfrak{f}(\mathbb{Q})$ に含まれる分数イデアル (a) は (3) と無縁だからアルティン記号 $\left(\dfrac{L/K}{(a)}\right)$ を考えることが出来るでしょ．特に $a=p$ が素数 $(p\neq 3)$ なら

$$\left(\frac{L/K}{(p)}\right)=\begin{cases} e & (p\equiv 1\ (\mathrm{mod}\ 3)) \\ \sigma & (p\equiv 2\ (\mathrm{mod}\ 3)) \end{cases}$$

ナツ　$(a)\in\mathcal{I}$ なら $a=p_1^{m_1}\cdots p_n^{m_n}$　$(m_1, \ldots, m_n\in\mathbb{Z})$ のように3以外の素数の積に分解される．$\mathcal{P}_\mathfrak{f}(K)$ を $\mathcal{P}$ と書けば，ユキちゃんの言ったことを使うと

$$\left(\frac{L/K}{(a)}\right)=\begin{cases} e & ((a)\in\mathcal{P}) \\ \sigma & ((a)\notin\mathcal{P}) \end{cases}$$

すごい！アルティン記号によって，群 $\mathcal{I}/\mathcal{P}$ からガロア群 G の上への同型が得られる！

ケン　ようやく高木類体論について話せるところまで到着したようだ．理論は二つの部分から成る．

1)　K を有限次代数体 L をその有限次アーベル拡大体とし $G=G(L/K)$ をそのガロア群とする．このとき，K の整因子 $\mathfrak{f}$，それに $\mathcal{I}=\mathcal{I}_\mathfrak{f}(K)$，$\mathcal{P}=\mathcal{P}_\mathfrak{f}(K)$ との中間群 $\mathcal{H}$ を適当に選ぶと次の $a)$, $b)$, $c)$ が成り立つ：

$a)$ $\mathfrak{f}$ は $\mathcal{H}$ の導手

$b)$ $\mathfrak{f}$ の有限部分の素因子はディフェレンテ $\mathfrak{D}_{L/K}$ の素因子と同じになる

$c)$ $\mathfrak{a}\in\mathcal{I}$ に対してアルティン記号 $\left(\dfrac{L/K}{\mathfrak{a}}\right)$ を対応させ，これを $\alpha(\mathfrak{a})$ と書くと，α は群 $\mathcal{I}/\mathcal{H}$ からガロア群 G の上への同型写像を与える．

$\mathfrak{f}$ は拡大体 L の整因子ともみなせるが，そのとき，$\tilde{\mathcal{I}}=\mathcal{I}_\mathfrak{f}(L)$ に

属する分数イデアルの K へのノルム全体を $N_{L/K}(\tilde{\mathscr{I}})$ と書くと，これは $\mathscr{I}$ の部分群になる．そして，$\mathscr{H}=N_{L/K}(\tilde{\mathscr{I}})\mathscr{P}$ となる．

2)有限次代数体 K とその整因子 $\mathfrak{f}$，それと，上と同じ意味の $\mathscr{I},\mathscr{P}$ の中間群 $\mathscr{H}$ を選び，$\mathfrak{f}$ がその導手になっているとする．そのとき，K のアーベル拡大体 L で上の b), c) の性質をもつものが一つ，そしてただ一つ存在する．

上の 2)に現れるアーベル拡大体 L を K 上の，イデアル群 $\mathscr{H}$ に対する**類体**と呼ぶ．特に整因子 $\mathfrak{f}=\mathfrak{o}_K$，イデアル群 $\mathscr{H}=\mathscr{P}=\{(a)\,|\,a\in K^{\times}\}$ のとき，L を K の**絶対類体**と呼ぶ．

ナツ　§12.1 に出てきた $K_3=\mathbb{Q}(\sqrt{-5})$ の 2 次拡大体 $L=K_3(i)$ は K_3 の絶対類体だった！そして，2 次体 $\mathbb{Q}(\sqrt{-3})$ は $\mathbb{Q}$ の整因子 $\mathfrak{f}=(3)\mathfrak{p}_\infty$ を導手とするイデアル群 $\mathscr{H}=\mathscr{P}_{\mathfrak{f}}(\mathbb{Q})$ に対する類体になるのね．わくわくするようなことだけど，証明は難しいの？

ケン　高木先生の「代数的整数論」に出ているけど，かなり長くて難しいね．有限次代数体の素イデアルが，その体のアーベル拡大体でどのように振る舞うか，それと，ガロア群との関係についての緻密な考察を含む証明で，その本質的部分に L 関数の深い性質が使われる．

12.3　類体論の流れ

ケン　類体論の歴史について，Keith Conrad（K. コンラド）さんというアメリカのコネティカット大学の先生が書いた"History of Class Field Theory"（類体論の歴史）によくまとめられている．数学の学生のために書かれたものなので，難しいところもあるけど，その一部を紹介しよう．でも，その前にいくつか準備が必要だ．

先ずガウス平面の話．ガウス平面 $\mathbb{C}$ の点 z に $w=f(z)=z^2$ を対応させよう．z が属する平面を z 平面，w が属する平面を w 平面と呼ぶと，関数 f は z 平面から w 平面への全射になるね．このとき，z 平面は w 平面のカバリングになるという．w に対して $w=z^2$ を満たすzは$\pm z$だから，$w\neq 0$のとき，条件を満たすzは2個，$w=0$ならば，$z=0$となるね．$w\neq 0$はカバリング平面で分解し，$w=0$は分岐するともいうんだ．

ナツ　有限次代数体の素イデアルが，拡大体で分解したり分岐することを思い出すわね．wに対して$w=z^2$を満たすzを対応させると，$w=0$以外のときには多価関数が出てくる．

ケン　それを何とか一価関数に出来ないかということで，工夫するんだけどね．先ずガウス平面の中の0または正の実数全体が作る半直線を$\mathbb{R}^+$と書くことにして，w平面を二枚用意する．それぞれW_1, W_2と名前をつける．ここで，マジックを使ってW_1, W_2平面の中の半直線$\mathbb{R}^+$同志を合体させる．$W_1\cap W_2=\mathbb{R}^+$となるようにするんだ．こうして$\mathbb{R}^+$の部分でつながった曲面を$\tilde{w}$曲面と呼ぶことにする．

さて，今度はz平面だけど，虚部が正の複素数$z=x+yi$　$(y>0)$全体が作る上半平面をHと書こう．原点を中心とする半径$r>0$の円に沿って変数zを動かし，それに$w=f(z)=z^2$を対応させるわけだけど，先ず$z=r$から始めて正の方向にまわり，上半平面を通りながら$-r$のすぐ手前まで進む．このとき，対応するwは$\mathbb{R}^+$上のr^2から動き始め，W_1平面を通って原点を中心とする円を描き，出発点のr^2のすぐ手前まで来るね．zが$-r$に到着したときwはr^2になるけど，その点はW_2平面の点でもある．次に変数zを下半平面を通りながら半径rの円周上を出発点のrの手前まで滑らせる．このとき，対応するwはW_2平面を通らせるんだ．二枚目の平面上で原点を中心とする半径r^2の円が描かれ，また出発点だったr^2に近づくね．こんな風にして，z平面から$\tilde{w}$曲面への写像$\tilde{f}$が出来る．もちろん，z平面の0は$\tilde{w}$曲面の0に対応させる．この写像は全単射になり，逆写像は$\tilde{w}$曲面からz平面への一価関数になる．

ユキ　$f(z)=z^3$とかについても似たようなことが出来そうね．今度は行き先の曲面として3枚のガウス平面を$\mathbb{R}^+$の部分で張り合わせたものを使うのかな．

ケン　$w=\log z$ についても似たことを考えると，今度は無限に多くのガウス平面を張り合わせた曲面を考えることになる．こうして出来るいろいろな曲面は，このようなことについて 19 世紀半ばに初めに考えたリーマン（G.F.B. Rieman）にちなんで**リーマン面**と呼ばれる．例えば「現代数学の源流　下」（佐武一郎，朝倉書店）にも説明があるけど，リーマン面の概念は 19 世紀以降の数学にとって画期的な意味を持つようになるんだ．ガウス平面はリーマン面の一種になり，リーマン面からもうひとつのリーマン面へのカバリングも考えられる．そこでも，点のカバリング面での分解や分岐という概念が現れ，ナッチャンが言ったように有限次代数体の素イデアルが拡大体で分解したり分岐する有様と似た現象が起こる．

リーマン面としては，球面とか，トーラスと呼ばれる浮輪型の曲面，それに何人も一緒に乗れるタイプの浮輪型曲面などもある．それに，前に出てきた上半平面 H もシンプルだけど大事なリーマン面の例だ．上半平面についてありがたいのは，$SL_2(\mathbb{R})$ がこの平面に綺麗に作用することだ．つまり，

$$z\in H,\ A=\begin{pmatrix} a & b \\ c & d \end{pmatrix}\in SL_2(\mathbb{R})$$

のとき

$$w=\frac{az+b}{cz+d}=Az$$

と置くと，$w\in H$ となる．

ナツ

$$w-\overline{w}=\frac{(ad-bc)(z-\overline{z})}{|cz+d|^2}=\frac{z-\overline{z}}{|cz+d|^2}$$

となるから，確かに $w\in H$ だわ．

ケン　$A, B\in SL_2(\mathbb{R})$ のとき $A(Bz)=(AB)z$　$(z\in H)$ となることもすぐに分かるよ．これから，$SL_2(\mathbb{R})$ のメンバーによる作用は

H からそれ自身への全単射になることも分かるね.

ひとつ，実験してみよう.

$$A=\frac{1}{\sqrt{2}}\begin{pmatrix}1 & 5\\0 & 2\end{pmatrix}$$

が原点を中心とする半径 1 の上半円にどのように作用するか計算してみよう．上半円の点は $z=e^{i\theta}\quad(0<\theta<\pi)$ と書けるね.

ナツ，ユキ

$$Ae^{i\theta}=\frac{e^{i\theta}+5}{2}=\frac{e^{i\theta}}{2}+\frac{5}{2}$$

だから，上半円の点は $\frac{5}{2}$ を中心とする半径 $\frac{1}{2}$ の上半円の点に移される！

ケン　実は $SL_2(\mathbb{R})$ のメンバーは上半平面に含まれる円を円に，実数軸に直交する上半円を，同じタイプの上半円に移す．これも難しくないから確かめておいてごらん.

ユキ

$$A=\frac{1}{2}\begin{pmatrix}1 & -1\\2 & 2\end{pmatrix}$$

とすると，

$$Ae^{i\theta}=\frac{e^{i\theta}-1}{2(e^{i\theta}+1)}=\frac{(e^{i\theta}-1)(e^{-i\theta}+1)}{2(e^{i\theta}+1)(e^{-i\theta}+1)}=\frac{i\sin\theta}{2(1+\cos\theta)}$$
$$=\frac{i}{2}\tan\frac{\theta}{2}$$

だよね．この A は原点を中心とする半径 1 の上半円を虚数軸の上半部分に移すでしょ.

ケン　確かにその通りだ．実数軸に直交する H の半直線も半径無限大の半円の仲間に入れるんだね.

ナツ

$$A=\begin{pmatrix}1 & a\\ 0 & 1\end{pmatrix},\ B=\begin{pmatrix}\sqrt{b} & 0\\ 0 & \sqrt{b}^{-1}\end{pmatrix} \quad (a+bi\in H)$$

とすると　$Bi=bi,\ Abi=a+bi$ になる．ということは，上半平面のどの点 α をとっても $C\in SL_2(\mathbb{R})$ をうまくとれば $Ci=\alpha$ のように出来るわけね．

ユキ

$$A=\begin{pmatrix}a & b\\ c & d\end{pmatrix}\in SL_2(\mathbb{R})$$

に対して $Ai=i$ とすると，$\dfrac{ai+b}{ci+d}=i$ から

$$A=\begin{pmatrix}a & b\\ -b & a\end{pmatrix},\ a^2+b^2=1$$

になる．すると $a=\cos\theta,\ b=\sin\theta$ のように書けるでしょ．つまり，§8.6 の書き方を使うと

$$A\in SL_2(\mathbb{R}) \text{ について} \quad Ai=i \Longleftrightarrow A\in SO_2(\mathbb{R})$$

となる．コセット空間 $SL_2(\mathbb{R})/SO_2(\mathbb{R})$ と上半平面 H との間に全単射があるわけね．

ケン　実は $SO_2(\mathbb{R})$ は $SL_2(\mathbb{R})$ のコンパクトな部分群でね，しかもそれを含んでコンパクトになるような $SL_2(\mathbb{R})$ の部分群はもうないんだ．$SO_2(\mathbb{R})$ は $SL_2(\mathbb{R})$ の極大コンパクト部分群になるわけ．リー群と呼ばれる群で，群の構造とうまくマッチするような位相空間の構造をも持つ一連の群があって，$SL_2(\mathbb{R})$ はそれらの中でとてもシンプルだけど，すごく大事な群なんだ．ある種のリー群をその極大コンパクト部分群で割った形の空間は**対称空間**と呼ばれて，微分幾何学の大事な対象になるんだけど，上半平面はそれらの中で最もシンプルなものといえる．

ところで，$z=x+yi\in H$ に対応して $q=q(z)=e^{2\pi iz}$ と置くと $q=e^{-2\pi y}e^{2\pi ix}$ になる．q はガウス平面上の原点を中心とする半径 1 の円盤から円周と中心を除いたもの D に含まれ，z から q への写像は H から D への全射になる．z が「無限遠点」に近づくとき，つまり，原点からの距離が無限に大きくなるように動くとき，対応する q は円盤の中心にいくらでも近づくね．

ナツ　$q(z+1)=q(z)$ になって，$q(z)$ は周期性を持つのね．上半平面の中で虚数軸を中心とする幅 1 のベルト $B=\left\{x+yi\in H \,\middle|\, -\frac{1}{2}\leq x\leq\frac{1}{2}\right\}$ を考えると，$q(H)=q(B)$ になる．

ユキ　$SL_2(\mathbb{Z})$ に含まれる

$$T=\begin{pmatrix}1 & 1\\ 0 & 1\end{pmatrix}$$

を取ると $Tz=z+1\quad(z\in H)$ でしょ．それと，これも $SL_2(\mathbb{Z})$ に含まれる

$$Z=\begin{pmatrix}0 & -1\\ 1 & 0\end{pmatrix}$$

を取ると $Zz=-\dfrac{1}{z}$ となって，Z は単位円周に関する反転を引き起こす．ナッチャンのベルト B の中で単位円周から下にある部分は，この反転と T によってベルトの中の単位円周から上の部分に移される．

ケン　そうだね．実は $SL_2(\mathbb{Z})$ はユキチャンが言った T と Z によって生成されることが分かる．$D=\{z\in B\,|\,|z|\geq 1\}$ つまり，ナッチャンのベルトで単位円周から上の部分（単位円周上の部分を含む）だけど，この D を取ると，上半平面上の勝手な点 w に対して D の点 z と $SL_2(\mathbb{Z})$ のメンバー A を適当に選んで $Az=w$ となるように出来る．この D は上半平面の $SL_2(\mathbb{Z})$ に関する**基本領域**と呼ばれる大事な集合だ．この領域に「無限遠点」を付け加えて出来る

$\overline{D}$ はコンパクトな集合で綺麗な幾何学的構造を持つ．上半平面をグレイドアップしたものとして対称空間と呼ばれるものがあることについて言ったけど，基本領域や，すぐあとで話す保型関数や保型形式の考え方も高次元の場合に拡張される．解析学，代数幾何学，数論が交錯しあう実り豊かな分野だ．

さて，周期性の考え方をグレードアップして出てくる，保型形式と呼ばれる関数について説明しよう．上半平面 H で定義される微分可能な関数 $f(z)$ について

$$A=\begin{pmatrix} a & b \\ c & d \end{pmatrix}\in SL_2(\mathbb{Z}) \text{ とすると } f(Az)=(cz+d)^{2k}f(z) \quad (k\in\mathbb{Z})$$

が成り立ち，さらに，$q=e^{2\pi iz}$ のとき $\tilde{f}(q)=f(z)$ によって定義された関数 $\tilde{f}$ が $q=0$ の近くで

$$\tilde{f}(q)=\sum_{0\leq n\leq\infty}\alpha_n q^n$$

のように展開されるとき f を重さ $2k$ の**保型形式**という．特に $\tilde{f}(0)=f(\infty)$ と置き，これを f の無限遠点における値と呼ぶ．二番目の条件を少し緩めて，級数の和に有限個の負の整数 n を含むことを許すとき，f は**保型関数**と呼ばれる．特に $k=0$ のとき，保型関数 f は基本領域 D で定義された関数とみなされ，さらに，f が重さ 0 の保型形式になるなら，これは $\overline{D}$ で定義される関数となる．

$SL_2(\mathbb{Z})$ の替わりに

$$\Gamma_N=\left\{\begin{pmatrix} a & b \\ c & d \end{pmatrix}\in SL_2(\mathbb{Z})\,\middle|\, c\equiv 0 (\mathrm{mod}\ N)\right\} \quad (N\in\mathbb{N})$$

と置き，上の一番目の条件に現れる A が Γ_N の中を動くようにして出てくる関数 f が同じ条件を満たすとき，これを重さ $2k$，レベル N の**保型形式**と呼ぶ．ただ，「重さ $2k$ の保型形式」といったら，レベルは $N=1$ の場合を考えているわけだ．保型形式については J. P. セール（J.P. Serre）の「数論講義」（彌永健一　訳，岩波書店），

それに加藤和也さんの「類体論と非可換類体論　1　フェルマーの最終定理・佐藤－テイト予想解決への道」（岩波書店）に説明がある．ここでは，類体論に関係することについてだけ，簡単に話しておこう．

$k>1$ を自然数，$z\in H$ とするとき

$$G_k(z)=\sum\nolimits'_{m,\,n}\frac{1}{(mz+n)^{2k}}\quad (m,\,n\in\mathbb{Z}, (m,\,n)\neq(0,\,0)\text{ についての和})$$

と置くと，これは重さ $2k$ の保型形式になることが知られ，これを**アイゼンシュタイン**（F.G.M. Eisenstein）**級数**と呼ぶ．実は $G_k(\infty)=2\zeta(2k)$ となることも分かり，リーマンのゼータ関数が現れる．前にガロアの話をしたときに楕円関数について触れたけど，実はアイゼンシュタイン級数は楕円関数と関係がある．詳しいことは飛ばすけど，類体論と縁が深い**モジュラー不変量**と呼ばれる楕円関数の一種で $j(z)$　$(z\in H)$ と書かれるものがあってね，$g_2=60G_2$, $g_3=140G_3$, $\varDelta=g_2^3-27g3^2$ と書くとき

$$j=1728g_2^3/\varDelta$$

によって定義される．これは $A\in SL_2(\mathbb{Z})$ について $j(Az)=j(z)$ という不変性を持ち，H で微分可能，$j(\infty)=\infty$ となる．j は重さ 0 の保型関数になるんだ．

この辺から，ようやく類体論の話が出てくるんだけど，その前にレムニスケートって知ってる？

ナツ　∞ の形の曲線でしょ．

ケン　$(x^2+y^2)^2=a^2(x^2-y^2)$　$(a>0)$ で定義される曲線だね．ここでは $a=1$ の場合を考えよう．極座標を使って $x=r\cos\theta$, $y=r\sin\theta$ と置くと，定義式は $r^2=\cos 2\theta$ と書ける．これは原点に関して対称な曲線で，$\theta=0$ のとき $r=1$．点 $(1,0)$ から出発して θ をだんだん増やしてゆくと，r は次第に小さくなり，$\theta=\dfrac{\pi}{4}$ まで来ると $r=0$，つまり原点になる．それからしばらくは $\cos 2\theta<0$ になるか

ら条件に合う点は現れない．次に $\cos 2\theta \geq 0$ となるのは $\theta = \dfrac{\pi}{2} + \dfrac{\pi}{4}$.
それからは，$\cos 2\theta$ は次第に大きくなり，$\theta = -\pi$ のときに最大値 1，このとき曲線の点は $(-1, 0)$．そこから点は座標平面の第 3 象限に進み，後は同様．∞ のシェイプを描きながら出発点の $(1, 0)$ まで戻ってくる．

レムにスケートのことは山下純一さんの「ガロアへのレクイエム」（現代数学社）にも書かれている．それによると，18 世紀のイタリアのアマチュア数学者ファニャーノ（G.C. Fagnano dei Toschi）がこの曲線の等分問題について研究し，その重要性に気づいたオイラーによっていろいろな結果が求められている．一方，ガウスは，ガウス平面内の単位円の等分点が 1 のべき乗根となることとパラレルに，ガウス平面上に書かれたレムにスケートの等分点が重要な意味を持つだろうことを，1801 年に出された「数論研究」（Disquisitiones arithmeticae）の中で明らかにしていたという．

ユキ　単位円の等分点 $e^{2\pi i/n}$ を $\mathbb{Q}$ に添加して円分体を作ったわね．

ケン　コンラドさんによれば，1829 年にアーベルは，ある種の楕円関数がレムニスケートの等分点でとる値をガウス数体に添加して，そのアーベル拡大体を作っていたそうだ．19 世紀の終わりに近い時期に，クロネッカー（L. Kronecker）は，ガウス数体だけでなく，あらゆる虚 2 次体について，そのアーベル拡大体を楕円関数や保型関数の特殊値を使って作ることに成功している．彼が 1880 年にデデキント宛てに書いた手紙の中で，クロネッカーは虚 2 次体の有限次アーベル拡大体はすべて彼が構成した特別な拡大体の部分体になるのではないだろうかと予想している．この予想は「**クロネッカーの青春の夢**」として有名になる．それだけではなく，彼は今話したモジュラー不変量 j を使って実にすごいことを見つけている．つまり，K を虚 2 次体，その整数環が上半平面の点 τ を使って $\mathfrak{o}_K = \mathbb{Z}[\tau]$ と書けるとき，$j(\tau)$ は K 上代数的になり，その K 上の共役元の個数と K の類数は等しくなる．また，$L = K(j(\tau))$ は K

のアーベル拡大体で，ガロア群 $G(L/K)$ はイデアル類群 $C(K)$ と同型．しかも，L/K は不分岐拡大体になり，整数環 $\mathfrak{O}_L$ は単項イデアル環になるというんだ．

ナツ　それって，ほとんど虚2次体上の類体論じゃない！

ケン　クロネッカーは $K(j(\tau))$ を K に係る「**種**」(species) と名付けたんだって．これを K の**類体** (class field) と呼んだのは，ウェーバー (H. Weber) で，1891年に出版された彼の楕円関数と代数的数体についての本の中でそのように書いたそうだ．当時は，K としては虚2次体が考えられていたけど，その後ウェーバーは一般の有限次代数体 K についても類体の考えを拡張することを試みる．そのため，先ず K のイデアル類の概念を広げるわけ．そこで登場したのが，前に話した K の整因子 $\mathfrak{m}$ と $\mathscr{I}_{\mathfrak{m}}, \mathscr{P}_{\mathfrak{m}}$ の中間群 $\mathscr{H}$ を使う方法だった．ウェーバーは $\mathscr{I}_{\mathfrak{m}}/\mathscr{H}$ を一般的イデアル類と呼んだ (1897年)．更に1908年，彼は K 上のガロア拡大体 L について，K の素イデアル $\mathfrak{p}$ で $\mathfrak{m}$ を割らないものが L で完全分解するための必要十分条件が $\mathfrak{p}\in\mathscr{H}$ となるとき，L を K の群 $\mathscr{H}$ に係る類体と呼ぶようになった．

ユキ　類体論にかなり迫っていたのね．

ケン　類体といっても，絶対類体だけど，これについて決定的な一歩を踏み出したのはヒルベルト (D. Hilbert) だった．彼は，円分体や有限次代数体の2次拡大体などについて深い研究を進めていたが，素イデアルが拡大体で分解したり分岐する様子とリーマン面の点が被覆面まで行って見せる振る舞いとの間に成り立つ類似にもヒントを得て，1898年に次のような予想を立てた：

K を有限次代数体とすると，そのガロア拡大体 L で以下の条件を満たすものがただ一つある

1) $G(L/K)\cong C(K)$

2) K の素点はすべて L で不分岐である．また，K のアーベル拡大体でこの条件を満たすものは L の部分体になる

3) K の素イデアル $\mathfrak{p}$ の L/K に関する相対次数を $f=f_{\mathfrak{p}}$ とすると $\mathfrak{p}^f$ は単項イデアルになる．また，自然数 f' が f よりも小さいな

らば $\mathfrak{p}^f$ は単項ではない

4）K のイデアルはすべて L で単項になる．

2）については，コンラドさんが書いているけど，実はヒルベルトが考えていたのはすべての素点ではなく，有限素点つまり素イデアルから決まる素点についてだけだった．ここでは，普通のように，無限素点をも含めた形で書いた．

1）の同型が実はアルティン記号によって与えられることなどは後になって分かる．4）は「単項化定理」と呼ばれ，類体論のまとめのなかでは出てこなかったけど，これもすごいよね．

1907 年になって，ヒルベルトは K が 2 次体で類数 2 の場合に，その絶対類体の存在についての証明に成功した．

1913 年，第一次世界大戦の前年だけど，フルトウェングラー（Ph. Furtwängler）が，上の 1)，2）を証明し，平方剰余の相互法則を拡張した．彼は 3）についても，2 年前の 1911 年に証明している．単項化定理の証明には大分時間がかかり，やはり彼が 1930 年になって証明に成功．同じ年に，彌永昌吉，私の父だけど，が一般の類体についての単項化定理にあたるものを証明している．それらの証明はかなり複雑なものだったけど，アルティンは，定理の証明がある群論の定理に帰着できることを示し，それに基づいてマグナス（W. Magnus），彌永昌吉が 1934 年に証明を簡素化した．父は当時 28 歳でドイツに留学中だったけど，証明をアルティンに褒められて，とてもうれしかったようだよ．

ナツ　高木類体論というと，絶対類体だけじゃなく，一般の類体についての理論でしょ．

ケン　高木先生がドイツに留学されていたのは 1898 年から 1901 年のこと，23 歳から 26 歳のことだ．日本に戻られてから，1903 年に，学位論文を書かれ，ガウス数体についてのクロネッカーの青春の夢にあたる定理を示されている．その後，1914 年になり，第一次世界大戦が始まってドイツやフランスなどの数学者たちとの連絡も取れなくなっていた時期に，類体論に没頭されていたんだ．コンラドさんによれば，先生は，初めは有限次代数体のアーベル拡大体がすべて類体になることはあり得ないと思われていたそうだ．なんとかして，その考えを根拠づけようと悪戦苦闘し，ノイローゼになりかけたともいう．結局，先生にとっても信じられなかったことが真実だったわけだ．高木類体論として知られるようになった結果は1920年に発表され，その中でクロネッカーの青春の夢も理論の応用として解決されることが示された．残酷を極めた戦争が終わり，1917年にはロシア革命が成功．ヒルベルトは58歳だったときだ．高木先生による証明はかなり複雑で，素イデアルに関するガロア群の分解群についての緻密な分析，円分体や，それに近いクンマー体と呼ばれるものについての考察，それに，本質的な部分でL関数の深い性質をも使うものだったことについては，前にも話したね．類群とガロア群とが同型になることは証明されたけど，その同型がアルティン記号を使って得られることは，当時はまだ見えていなかった．1922年に，1920年の論文に続く「第2論文」が発表され，その中で「一般相互法則」と呼ばれるアルティンの結果を示唆する相互法則に関する結果が示されているが，一般相互法則についてのアルティンによる証明が得られたのは1927年のことだった．

「日本の数学百年史」（岩波書店）によると，1920年に論文が発表されたのと同じ年の秋にストラスブールで国際数学者会議が開かれ，出席された高木先生は得られた結果について報告されたが，そこには「敵国」の数学者とされたドイツ人たちは招かれておらず，理論の内容は十分に理解されなかったそうだ．高木類体論が広く理解され正しく評価されるようになったのは，1926年にハッセ（H. Hasse）がドイツ数学者協会の年報に高木理論の詳しい紹介をしてからのことだという．

ユキ　1926年というと，ナチズムが台頭し始めていたころね．1929年には世界恐慌が起こった．社会的にも大変動の時代だったのね．

ケン　父の昌吉は1931年から1934年まで，25歳から28歳までの3年間，ドイツとフランスに留学し，ハンブルグでハッセ，ヘッケ（E. Hecke），アルティンやシュヴァァレイ（C. Chevalley）たちに会っっている．ところが 1932 年にはナチスが政権を奪取し，状況は緊迫する．第 2 次世界大戦が近づくにつれ，ユダヤ人とみなされた人々や，左翼系の主張をしていた人々にとって，死と隣り合わせの日々が続くようになる．一方，1931 年には日本による中国東北部への軍事侵略も激しくなっている．

ナツ　昌吉先生の「若き日の思い出」（岩波書店）に，彼がフランスでアダマールのセミナーに出ていたとき，隣に座ったヴェイユ（A. Weil）に "*Abas l'armée!*" って日本語で書いて見てって頼まれ，「軍隊反対！」と漢字で書いたというエピソードが書かれているわね．日本軍による侵略反対っていう意味だったのよね．ヴェイユは後に兵役を拒否して監獄に入れられている．でも，1944 年，昌吉先生が東大で教えていたとき，陸軍参謀に頼まれ，学生たちと一緒に暗号解読のことで協力したことも，書かれている．

ケン　陸軍参謀は，初め，当時はもう定年退職しておられた高木先生に協力依頼し，先生から父に話が回ってきたんだね．父は，学生たちを戦地に送るよりはよいと思って協力したとも書いている．でも，そうして軍部に協力したことには変わりないと，父は反省もしている．

「追想　高木貞治先生」に再録された「数学セミナー」(14 巻 1 号）に掲載された正田建次郎さんによる「高木先生をしのんで」によると，1933 年に，ユダヤ人であることを理由としてドイツの大学から追放されそうになっていたネター（A.E. Noether）の助命のために助力を頼む手紙がハッセから高木先生宛てに来ていたという．先生はいろいろ手を尽くされたようだ．でも，戦後になって，そのハッセも体制側にいたということで，数学者の国際会議などに彼を呼ぶことに反対する人々もあったようだ．

数学以外のことが長くなったけど，ハッセは局所体についての類体論をも展開し重要な結果を得ている．

ユキ　局所体というと，p 進体や実数体，複素数体などね．グローバル体，つまり，有限次代数体よりもいろいろなことがシンプルになるのよね．一つのグローバル体に対して，それを含む局所体が無限にたくさんあるわけね．

ケン　それらの局所体を全部ひとまとめにすることが考えられる．つまり，有限次代数体 K の素点 v を全部考え，直積 $\prod K_v$ を考えるんだけど，実はこうすると集合として少し大きすぎる．大事なことは K や，その素イデアルについての理論で，K に含まれる α は，有限個の素点を除いて局所体の整数部分に入ることに注目する必要がある．直積 $\prod K_v$ のメンバーで，その各成分が，有限個の素点以外についてはすべて $\mathfrak{o}_{K_v}$（v は有限素点）に入るようなものの全体から成るものを A_K と書き，これを K の**アデール**と呼ぶ．A_K は K を含む単位的可換環になる．アデールにはいろいろありがたい性質があり，局所体の理論や積分論なども使える．グローバルな体を幹とする巨木のようなもので，アデールまでゆくと，類体論もシンプルな形で記述できる．シュバレイは，このアデール理論を使って，1940年に，類体論の証明を純粋に代数的なものにすることに成功した．

第2次世界大戦後になって現れたコホモロジー理論も類体論に新しい視点を導入した．ホホシルト（G. Hochoschild），中山正，ヴェイユ，アルティン，テイト（J. Tate）たちの仕事が際立っていると，コンラドさんは書いている．

ナツ　コホモロジーって？

ケン　結晶にはいろいろあるよね．例えば4面体を考え，その頂点の個数を V，辺の個数を E，面の個数を F として $P=V-E+F$ を計算して見よう．

ナツ　$V=4, E=6, F=4$ だから $P=2$.

ユキ　今度はキューブ，つまり6面体を考えて見ようかな．$V=8, E=12, F=6$ だから $P=2$．あれ，4面体と同じになる．他の結晶でもそうかしら？

ケン　実は，どんな結晶についても同じになる．結晶ではなくて，平面図形については，例えば3角形の場合，$V=E=3, F=1$ だから $P=1$ でしょ．これは，ネットワークと呼ばれる他の平面図形についても同じになる．いろいろな図形の間に驚くような共通性がある．このようなことは，17 世紀，デカルト（R. Descartes）によっても認められていたけど，こうした現象について系統的に研究したのはオイラーで，18 世紀の中頃のことだ．19 世紀の終わり頃にはポアンカレ（H. Poincaré）が理論を発展させている．その後，理論はホモロジーやコホモロジー理論として純粋に代数的な形に整理され，それが整数論，特に類体論にも適用されるようになったんだ．これについても面白いことがあるけど，ここでは省略しよう．

次のテーマは有限体の上の多項式環 $\mathbb{F}_q[X]$ や，その商体 $\mathbb{F}_q(X)$，それに，その拡大体についてのことだ．

ナツ　体 F の上の多項式環 $F[X]$ が単項イデアル環になることは §5.4 に出てきた．モニックな既約多項式は素数みたいだったし，$F[X]$ って整数環 $\mathbb{Z}$ と似てる感じだった．その商環 $F(X)$ は有理数体と似ているわけね．

ケン　コンラドさんによると，1921 年に提出された学位論文のなかでアルティンは $\mathbb{F}_q(X)$ の 2 次拡大体とゼータ関数について書いている．

$\mathbb{F}_q(X)$ の拡大体というと，例えば $\mathbb{F}_q(X, Y)$ で，X, Y が $\mathbb{F}_q$ 上の方程式を満たすようなもので，代数曲線という幾何学的対象とも結びつくんだ．もっと変数が増えるときに現れるものは，一般的に代数多様体と呼ばれ，ここで現れる拡大体は代数関数体と呼ばれる．整数論と代数幾何学との関係については，すでにクロネッカーが 1882 年に著した「代数的量の数論概説（Grundzüeiner arithmetischer Theorie der algebraischen Grössen）」にも触れられていると，山下純一さんの「ガロアへのレクイエム」に書かれている．

アルティンの仕事に続いて 1930 年代に，代数関数体に関する相互法則や類体論について，シュミット（F.K. Schmid），ハッセ，ウィット（E. Witt）やカーリッツ（Carlitz）による結果が出され，より最近 1970 年代になるとヘイエス（Hayes），ドリンフェルト（Drinfeld）たちによる仕事がある．

第10章の最後の所でも話したけど，代数関数体の整数論は，代数体の整数論のパラレルワールドみたいなところがあってね，しかも基礎になる体が有限体だからありがたい．

前にヒルベルトによる類体論の予想のところで少し言ったけど，リーマン面の被覆についての幾何学的理論も代数体の整数論と不思議につながるところがある．リーマン面の理論は代数幾何学や微分幾何学の分野にもつながってゆく．

ユキ　もしかして，リーマン予想のそっくりさんも，代数関数論や代数幾何学の世界に現れていたりして．

ケン　その通りなんだ．有限体上の代数曲線に係るゼータ関数や，それについてのリーマン予想について書いていたのがアルティンの学位論文でね，それを見事に解決したのがヴェイユだった．彼は，1949年にリーマン予想をさらにより高次の代数多様体に関するものに拡張する．**ヴェイユ予想**として有名になったこの予想に取り組むなかで，グロタンディーク（A. Grothendieck）たちによる代数幾何学を新しい視点から構築しなおそうという壮大な試みが始まる．1960年代からのことだ．こうして展開され始めたドラマについては，山下純一さんの「グロンタンディーク」（日本評論社）に詳しい．

ナツ　グロタンディークというと，1970年から始まったサバイバル運動のことで聞いたことがある．もう昔のことだけど，全共闘運動や三里塚闘争の時代，パリの「五月革命」．火炎瓶と花や詩が不思議とマッチしていた．それまでは生産力や学問の進歩は文句なしによいことだったのが，環境汚染やベトナム戦争に反対するなかで，命と大地という原点に戻ること，文明や学問についても問い直すことが言われ始めた．サバイバル運動も，その潮流のなかで注目されたよね．でも，その後グロタンディークはぐっとスピリテュアルな方向へ進み，最近は隠者のような暮らしをしているそうね．学問を問い直す運動の先頭に立っていた彼が現代数学の最先端にいたことも面白いわね．

ユキ　あの頃からほぼ半世紀．気候変動や生息地破壊で生物種が雪崩を打つように絶滅へ向かっている．地球が数億年かけてため込んだ太陽エネルギーを 1，2 世紀くらいで使い切ろうという勢いでエネルギーの浪費が続いているのだから，バランスが崩れるのも当然よね．

ナツ　CO_2 の排出は化石燃料の使用もあるけど，鉄やコンクリートの生産過程で大量に排出されるのよね．ハイウェイ，巨大空港，ダム，高層建築，増える一方の自動車などなど，ピカピカの「文明」が地球規模の破壊をもたらしている．温暖化対策といって，原子力発電の推進をするのもとんでもないことだと思うけど．あらゆる生命を損なう放射能を果てしなく生み続ける施設だものね．サバイバル運動が提起した問題は，緊急性を増していると思うわ．

ケン　そうだね．数学の話に戻ろうか．ヴェイユ予想は 1973 年にグロタンディークのお弟子ドリーニュ（P. Deligne）によって解決された．保型関数論をも使い最新の方法と「古典的」整数論とを合わせて解いたという．

ユキ　リーマン予想はどうなっているの？

ケン　未解決のままだ．でも 1630 年代からの大問題だったフェルマ（P. de Fermat）予想がワイルス（A. Wiles）やテイラー（R. Taylor）によって解かれたことを思えば，リーマン予想も解かれる日が来るだろうね．でも，このような大問題の価値は，その解にあるよりも，問題に取り組むなかでそれまでは見えていなかった世界が開かれたり，離れていた分野がつながり豊かな実りが得られたりすることにあると思うよ．仮に問題が解決されたとしても，また新たに実り豊かな問題が生まれるのだと思う．

ナツ　**フェルマ予想**というと 3 以上の自然数 n については

$$x^n+y^n=z^n$$

を満たす自然数 x, y, z は存在しないという主張ね．**志村 − 谷山予想**と関係しているって聞いたけど．

ケン　最近出た加藤和也さんの「類体論と非可換類体論 1　フェルマーの最終定理・佐藤 − テイト予想解決への道」（岩波書店）に，

とてもわかりやすい解説がある．類体論を，素数や素イデアルが拡大体でどのように振る舞うかというテーマについての理論だとすれば，高木類体論は可換拡大についての理論だね．非可換の場合にも拡大体と関連するある種の保型関数や L 関数の姿に素イデアルの振る舞いが驚くような形で反映されていることが分かってきた．志村 － 谷山予想というのも $\mathbb{Q}$ 上の楕円関数と上半平面上の重さ 2 の保型形式の関わりについての深い内容のものでね，1955 年に日光で開かれた整数論の国際会議で谷山さん（谷山豊）が提出したオープンプロブレムに端を発する．谷山さんは 1958 年に自殺されたが，志村さん（志村五郎）はその後もこの問題に取り組まれ，1950 年代後半から 1960 年代にかけて次々と論文を発表された．「予想」についても志村さんによって正確な形を与えられ，ヴェイユによっても注目される．「予想」の内容は，加藤さんの本では楕円関数と保型形式のゼータ関数についての関係という形で紹介されている．具体例もあげられ，分りやすいよ．フェルマ予想と志村 － 谷山予想の関係についても説明されている．それによると，1984 年にフライ（G. Frey）が面白いことに気づいた．もしもフェルマ予想が成り立たず

$$a^n+b^n=c^n,\ n\geq 3,\ a,\ b,\ c\in\mathbb{N}$$

のような等式が成り立てば

$$y^2=(x-a^n)x(x+b^n)$$

によって与えられる楕円曲線については志村 － 谷山予想が成り立たないのではないかということだった．1990 年になって，リベ（K. Ribet）はフライの予想に証明を与え，志村 － 谷山予想が一挙に注目されるようになる．ワイルスたちは志村 － 谷山予想を特別の場合について証明することに成功し，それによってフェルマ予想も最終的に解かれたんだ．その後，2001 年にブルイエル（C. Breil），コンラド（B. Conrad），ダイヤモンド（F. Diamond），テイラーの共同研究の結果，志村 － 谷山予想は完全に解かれた．

ユキ　わくわくすることが今でも起こってるのね．数の神秘って，ごく身近なところにもあるけど，掘り下げて行くと宇宙のはてまでもつながっているような気になる．「文明世界」のせいで，これまでの地球生命システムがこのままでは崩れそうになっているけど，こういう話を聞くと，この世界って，まだまだ捨てたものじゃないように思えてくるわ．

索　引

[タ行]

［マ行］

［ヤ行］

著者紹介：

彌永健一（いやなが・けんいち）

1939 年東京で生まれる.

1961 年東京大学理学部数学科卒業.

1967 年シカゴ大学大学院 Ph.D.

東京海洋大学名誉教授.

主な著書：

代数学（岩波書店・共著）

集合と位相（岩波書店・共著）

ヒルベルト—現代数学の巨峰（岩波書店・訳書）

闘いの世紀を生きた数学者—ローラン・シュヴァルツ自伝
（シュプリンガー・ジャパン・訳書）

など.

双書⑨・大数学者の数学／高木貞治

類体論への旅

2012 年 2 月 8 日　初版第 1 刷発行

著　者　　彌永健一

発行者　　富田　淳

発行所　　株式会社　現代数学社

〒 606-8425　京都市左京区鹿ヶ谷西寺ノ前町 1

TEL&FAX 075（751）0727　振替 01010-8-11144

http://www.gensu.co.jp/

印刷・製本　　株式会社　合同印刷

検印省略

ISBN978-4-7687-0394-6